长江水网
防洪河道动态监测
技术研究

 梅军亚　周建红　郑亚慧　刘世振　白亮　等　著

上

长江出版社
CHANGJIANG PRESS

图书在版编目（CIP）数据

长江水网防洪河道动态监测技术研究 / 梅军亚等著.
-- 武汉：长江出版社，2023.9
ISBN 978-7-5492-9213-4

Ⅰ．①长… Ⅱ．①梅… Ⅲ．①长江中下游－河道－防
洪－动态监测－研究 Ⅳ．① TV882.2

中国国家版本馆 CIP 数据核字（2023）第 213306 号

长江水网防洪河道动态监测技术研究

CHANGJIANGSHUIWANGFANGHONGHEDAODONGTAIJIANCEJISHUYANJIU

梅军亚等　著

责任编辑：　郭利娜　闫彬　张晓璐
装帧设计：　汪雪
出版发行：　长江出版社
地　　址：　武汉市江岸区解放大道 1863 号
邮　　编：　430010
网　　址：　https://www.cjpress.cn
电　　话：　027-82926557（总编室）
　　　　　　027-82926806（市场营销部）
经　　销：　各地新华书店
印　　刷：　武汉新鸿业印务有限公司
规　　格：　787mm×1092mm
开　　本：　16
印　　张：　67
字　　数：　1660 千字
版　　次：　2023 年 9 月第 1 版
印　　次：　2023 年 12 月第 1 次
书　　号：　ISBN 978-7-5492-9213-4
定　　价：　518.00 元（上、下册）

前　言

　　我国地理气候条件特殊，人多水少，水资源时空分布不均，是世界上水问题最复杂、最具挑战性的国家。2023 年 5 月 25 日，中共中央、国务院印发的《国家水网建设规划纲要》，提出要建设以自然河湖为基础、引调排水工程为通道、调蓄工程为结点、智慧调控为手段，集水资源优化配置、流域防洪减灾、水生态系统保护等功能于一体的国家水网，并与交通网、能源网、信息网构成现代社会的"四大基础性网络"，以支撑国家高质量发展。习近平总书记站在实现中华民族永续发展的战略高度，亲自擘画、亲自部署、亲自推动国家水网建设，多次深入国家水网工程实地考察，作出一系列重要讲话和重要指示批示。2021 年 5 月 14 日，习近平总书记主持召开推进南水北调后续工程高质量发展座谈会，对加快构建国家水网作出系统部署，强调要以全面提升水安全保障能力为目标，加快构建国家水网主骨架和大动脉，为全面建设社会主义现代化国家提供有力的水安全保障。

　　国家水网主骨架由主网及区域网组成，主网以长江、黄河、淮河、海河四大水系为基础，以南水北调东、中、西三线工程为输水大动脉，以重大水利枢纽工程为重要调蓄结点形成流域区域防洪、供水工程体系。未来将逐步扩大主网延伸覆盖范围，与区域网互联互通，形成一体化的国家水网。国家水网既是现代化基础设施体系的重要组成部分，也是建设现代化产业体系的重要支撑，能起到行蓄洪水、排水输沙、供水灌溉、内河航运、水力发电、维护生态等多种功能作用。

　　长江是亚洲的第一大河，世界第三大河，流域面积达 180 万 km^2，约占中国陆地总面积的 1/5。长江发源于青海省唐古拉山，自西而东横贯中国中部，经青海、四川、西藏、云南、重庆、湖北、湖南、江西、安徽、江苏、上海 11 个省（自治区、直辖市），一路上气势磅礴，最终在上海市长江口汇入东海；数百条支流延伸至贵州、甘肃、陕西、河南、广西、广东、浙江、福建 8 个省（自治区）的部分地区，总计 19 个省级行政区。大小湖泊与干支流众多，共同形成了"远似银藤挂果瓜，近如烈马啸天发。雄浑壮阔七千里，通络润泽亿万家"的长江流域国家水网（以下简称"长江水网"）。

　　行蓄洪水、提升流域防洪减灾能力是国家水网的主要功能之一，更是长江水网的重要功能。洪水灾害一直是长江流域的主要自然灾害，是对长江乃至全国经济社会可持续发展的严重威胁。长江流域洪水泛滥可能淹及的地区面积约 15.38 万 km²,占流域面积的 8.5%,占全国国土面积的 1.6%。该地区是长江流域乃至全国经济发展活跃的区域,拥有上海、南京、武汉、长沙、南昌、荆州、岳阳、黄石、九江、安庆、芜湖、合肥及成都、重庆等一大批特大城市和大中城市,一旦发生致灾洪水特别是特大洪水,将对该区域经济社会发展和生态环境造成严重影响。因此,新中国成立 70 多年来,国家一直都把防洪列为长江治理开发保护的首要任务。1951 年,水利部长江水利委员会在大量调查与研究的基础上,提出了以防洪为主的治江三阶段战略计划;1959 年编制的《长江流域综合利用规划要点报告》确定长江中下游防洪为首要任务,提出了以三峡水利枢纽工程为主体的五大开发计划;1972 年和 1980 年,水利部主持召开两次长江中下游防洪座谈会,明确了"蓄泄兼筹,以泄为主"的治江方针;1990 年,国务院批准了《长江流域综合利用规划简要报告》;2012 年,国务院批准了《长江流域综合规划(2012—2030 年)》。通过以上长江流域兴水治水规划体系构建,明确以防洪为主的治江方针,并基于该规划,编制长江防洪规划,制定防洪方案,全面构建了成体系的长江流域防洪布局,并在此布局下,开展了系统的防洪治理工作。经过几十年的治理开发与保护,长江中下游干堤已全部达到防洪规划标准,三峡工程也全面建成,长江中下游形成了以堤防为基础,以三峡为骨干,干支流水库、蓄泄洪区、河道整治相配套,结合封山育林、退耕还林、平垸行洪、退田还湖、水土保持等工程措施以及非工程措施构成的综合防洪体系,防洪能力显著提高。其中,非工程措施包括洪水测报预报、监测与预警系统、防洪预案、防洪政策法规、防汛组织建设等,而长江防洪河道动态监测作为整个综合防洪体系的重要基础与前期工作,不仅是非工程措施的重要组成部分,也是河道综合治理与保护的重要依据,更是长江经济带发展战略的重要支撑与先导。

在长江流域防洪总体布局框架下,根据长江水网防洪减灾的需求、任务与目标,长江水利委员会水文局自 20 世纪 50 年代起,在长江水网主网开展了系统的治水河道勘测与研究工作,主要是以防洪为主的河道动态监测及原型资料分析研究工作。长江水网防洪河道动态监测是一项非常复杂的系统工程,具有线长面广、内容多、采集项多、测次多、尺度多、资料系列性强、精度高、准确性高、数据复杂、资料处理量大、分析研究综合性强,且测区条件困难、复杂,时效性要求高等诸多特点。鉴于长江治水兴水的需要,长期以来,长江水利委员会水文局紧跟时代科技发展,不断推动技术创新,以新技术为核心,结合生产与科研,通过防洪河道动态监测技术全方位的系统研究与关键创新技术研究,已基本建成自主可控的新型河道观测基础设施,并由此构建了智慧化时代下现代长江水网防洪河道动态监测体系。

几十年来,以长江水网防洪河道动态监测体系为支撑,长江水利委员会水文局在长江水网主网,如长江干支流、洞庭湖、鄱阳湖、巢湖,三峡水库及丹江口水库等区域开展了大量的监测工作,除基础资料与动态资料的收集外,还针对不同阶段的防洪重点任务开展了大量的专项观测、专题观测及应急监测工作,获得丰硕且成系列的原型监测资料及分析成果。在监测工作过程中,基于国家"七五""八五""九五""十五""十一五""十二五"科技攻关、1998年大洪水专题研究、三峡工程泥沙问题研究专项、国家综合研发计划等,开展了大量防洪河道动态监测专题研究工作,包括泥沙、河床冲淤、河势演变、动水模型、监测技术研究及信息系统研发等,积累了丰硕的科技成果,为治江工作提供了重要的技术支撑及基础数据支持。

本书是一本关于长江防洪河道动态监测技术研究的专业书籍,是对几十年来长江水网防洪河道动态监测技术研究成果、技术经验及监测综合分析成果的总结与凝练,更是长江水文人几十年来防洪河道勘测工作的结晶。本书选择的成果资料,范围主要为长江中下游,包括洞庭湖与鄱阳湖。成果涵盖试验数据成果、比测数据成果、原型监测资料、调查资料、影像成果、分析成果及技术研究数据等,并引用了部分上游水库观测试验对比资料及数据。因涉及内容、区域或目的有所不同,书中资料的起止时间未完全要求一致。鉴于时间跨度长,且受历史技术方法限制,为保持数据的代表性,有的研究成果直接采用了原型成果。原型成果分析中,河道勘测资料只到2016年,水文测验资料只到2018年。本书资料翔实,内容丰富,理论与实际结合紧密,信息量巨大,创新性、技术性与资料性兼备,填补和发展了水网防洪河道动态监测技术。

本书由梅军亚、周建红、郑亚慧、刘世振、白亮等著。本书分14章,共166万字。前言由周建红、刘世振执笔;第1章绪论,由刘世振撰写;第2章防洪长程多尺度演变河道动床形态数据快速获取技术,由全小龙、黄童、张振军、陆德中撰写;第3章防洪全域多覆盖度河道岸滩地形高精度测制技术,由魏猛、刘瑞斌、刘大伟、王华撰写;第4章水情复杂区域高精准性控制水深测量关键技术研究,由魏猛、刘瑞斌、刘大伟、王华撰写;第5章河道崩岸监测预警与应急监测关键技术研究,由马耀昌、冯国正、解祥成、邓宇、冯传勇、张晓皓撰写;第6章河道动水面两岸复杂边界实时获取关键技术研究,由彭全胜、沙红良、晏黎明、谢静红、彭万兵、何良、杜亚南、杨波撰写;第7章大时空尺度下河势控制水沙要素快速获取及处理关键技术研究,由彭全胜、沙红良、晏黎明、谢静红、彭万兵、何良、杜亚南、杨波撰写;第8章典型河段不平衡输沙测定及匹配性控制分析处理技术,由马耀昌、冯国正、解祥成、邓宇、冯传勇、张晓皓撰写;第9章超大长度多河型河道冲淤边界确立及分级控制计算技术,由彭全胜、沙红良、晏黎明、谢静红、彭万兵、何良、杜亚南、杨波撰写;第10章监测成果综合整编技术及系统实现,由全小龙、黄童、张振军、陆德中撰写;第11章监测数据管理及分析系统研发与实现,由戴永洪、杨松撰写;第12章防洪河道电子图研发关键技术及实现,由董炳江、张革联、彭严波、邹振华、胡立、王驰撰写;第13章防洪河道动态监测成果分析,由董炳江、张革联、彭严波、邹振华、胡立、王驰撰写;第14章总结与展望,由刘世振撰写。全书由梅军亚主持,周建红、郑亚慧、刘世振、白亮组织撰写并主审,周建红、刘世振组稿与统稿,梅军亚审定。

本书在写作与研究过程中,项目专家组段光磊、李云中、周丰年、高键、樊云、李强、张世明、刘德春、曹磊、闫金波、王宝成、杨军、毛北平、罗兴、韦立新、赵洪星、吴敬文、张志林、许宝华、薛剑锋、林云发、龙雪峰、李光辉等进行了系统指导及总体审查,并提出大量有建设性的意见。武汉大学赵建虎教授对第1—12章进行了全面的专业技术审查,长江上游水文水资源勘测局刘德春副总工程师对第13—14章进行了全面的专业技术审查,长江下游水文水资源勘测局蒋建平正高级工程师完成了第6—7章的组稿及修改。项目技术组蒋建平、张美富、夏定华、柳长征、彭玉明、周儒夫、孙振勇、郭文周、牛兰花、聂金华、李腾、李伯昌、刘杰、赖修尉、何庐山、郭亮、郭志金、魏凌飞、付强、黎鹏、桂志成、毛金锋、郭凯、陈建民、王露、付五洲、闻卫东、唐磊、王正洋等进行了数据检核及全书全面审核,程玉、琚泽强完成了全书数学公式编辑,在此表示衷心感谢。

长江水利委员会水文局大批河道勘测一线工作人员参与了大量的河道测绘、水沙测验、技术比测、专题研究、资料收集、数据处理及成果整编与分析工作,还有很多科研人员参与了研究工作。特别需要指出的是,赵蜀汉、蒋建平、闫金波、许弟兵、周儒夫、王炎良、张美富、孙振勇、梁武南等提供了部分重要的研究成果,在此特别感谢!本书在研究与成书过程中,参阅和借鉴了大量的学术文献与书籍,还得到武汉大学、河海大学、中国地质大学(武汉)、湖北省自然资源厅、长江航道局以及长江出版社的鼎力支持,在此一并致谢。在水下监测技术研究过程中,还得到中船集团无锡市海鹰加科海洋技术有限责任公司、上海华测导航技术股份有限公司、上海地海仪器有限公司等的大量技术帮助,谨此鸣谢。

限于作者水平,加之书中涉及面广,采用资料繁杂,书中欠妥或谬误之处,敬请读者批评指正。

作 者
2023 年 9 月

CONTENTS

目 录

上 册

下　册

第1章 绪 论

1.1 概述

长江是我国第一大河,发源于青藏高原的唐古拉山主峰格拉丹冬雪山西南侧,干流全长6300余km,横贯我国西南、华中、华东三大区,自西而东流经青海、四川、西藏、云南、重庆、湖北、湖南、江西、安徽、江苏、上海等11个省(自治区、直辖市),支流展延至甘肃、陕西、贵州、河南、浙江、广西、广东、福建等8个省(自治区)。流域面积约180万km²,约占我国陆地面积的18.8%。

长江中下游干流河道上起宜昌,下迄长江河口原50号灯标(北纬31°42′,东经122°43′),全长1893km,流经湖北、湖南、江西、安徽、江苏、上海等6个省(直辖市),控制流域面积80万km²。长江中下游沿江地区经济发达、人口密集、城镇化水平高,水资源丰沛,是长江流域的精华地带。区内有1个直辖市(上海)、2个副省级城市(武汉、南京)、20个地级市。长江中下游地区在长江流域乃至我国经济社会发展中占有极其重要的地位。

根据河势河型和控制节点,将长江中下游河道划分为30个河段,其中重点河段16个,分别为宜昌至枝城河段、上荆江、下荆江、岳阳、武汉、鄂黄、九江、安庆、铜陵、芜裕、马鞍山、南京、镇扬、扬中、澄通、长江口河段(图1.1-1)。

长江中下游河道流经广阔的冲积平原,沿程各河段水文泥沙条件和河床边界条件不同,形成的河型也不同。从总体上看,中下游的河型可分为顺直型、弯曲型、蜿蜒型和分汊型四大类。其中以分汊型为主,其长度约占总长的60%。弯曲型与分汊型河道相间分布,分汊河道越往下游越多。蜿蜒型河道主要集中在下荆江段。

宜昌至枝城河段是山区河流进入平原河流的过渡段,两岸有低山丘陵和阶地控制,河岸抗冲能力较强,为顺直或微弯型,河床稳定性较好。

上荆江河段弯道较多,弯道内多有江心洲,属微弯分汊河型,受边界条件和历年抛石护岸工程的控制,总体河势相对较稳定,河道演变主要表现在分汊段的过渡段,主流有一定的摆动,部分分汊段主支汊呈周期性交替变化。

下荆江河段为蜿蜒型河道,凹岸崩塌速率大,凸岸相应淤长,当河湾发展到一定程度,在一定的水流边界条件下发生自然裁弯、切滩、撇弯。经过多年的整治，河势总体得到初步控制，但下荆江河床仍处于调整阶段，局部河势变化仍很剧烈，如石首河段和监利河段等。

图 1.1-1　长江中下游形势

城陵矶至湖口段总体为宽窄相间的藕节状分汊河道，河势相对较稳定，河道演变主要表现为顺直段主流摆动，两岸交替冲淤，弯道内凹岸冲刷，分汊段主、支汊交替消长。

湖口至徐六泾段总体为分汊河型，较湖口以上更为发育。洲汊众多，河道分汊段一般为二汊或三汊，少数有四汊至五汊。窄段一般一岸或两岸有山矶节点控制，河槽窄深而稳定。分汊段主流易发生往复摆动，有些河段的主流摆幅较大，使江岸冲淤反复，主汊南北易位，河床演变强度大于中游河道。

徐六泾以下的河口段呈喇叭形三级分汊、四口入海的格局，共有北支、北港、北槽、南槽 4个入海通道。长江河口段受径流、潮流及风暴潮等多种动力因素的影响，加之河道宽阔，暗沙密布，河势变化复杂，河道稳定性较差。

1.2　长江中下游洪水特征及河势变化特点

1.2.1　洪水特征

长江是一条雨洪河流，洪水基本上都由暴雨形成，夏秋多暴雨，面广雨强大，且山丘区面积为流域的 87%，植被率低，径流集中快。全流域年平均降水量 1057mm，地区上、时间上的分布是很不均匀的。地区分布大致是从东南向西北递减，从 2000mm 减至 300mm。以大通站计，在时间分布上，5—9 月占年雨量的 59%～89%；连续最大 6—8 月，则占全年的 43%～

69.8%,降雨时段较为集中。流域年总径流量约 1 万亿 m³,6—10 月占年径流量的 63%,7—8 月占 28%。大水年则更为突出,1954 年 7—8 月径流占 31.5%(干流湖口站以上 7、8 月径流量 4586.7 亿 m³)。暴雨集中在 5—10 月,占全年雨量的 70%~80%,流域大部分地区都可能发生暴雨或大暴雨,其中主要暴雨区有:以赣东北为中心,包括湘北、皖南、鄂南,中心区年均降雨量 1800~2000mm;以川西为中心,包括川东、川北、陕南、鄂西、滇黔西北,中心区年均雨量约 2000mm。两个多发暴雨区的暴雨,前者多发生在 5—6 月,后者多发生在 7—8 月。暴雨发生发展的基本规律,与大气环流天气系统和上升运动紧密相连,且与洪水发生时间和地区一致,一般是:4—6 月主要分布在鄱阳湖水系及湘江,沅江、资水、澧水为 5—7 月,汉江为 7—10 月。在中下游干流 7—8 月出现洪峰最多,为长江主汛期,10 月以后,长江汛期结束。这种洪峰时空交错分布,且有巨大的湖泊水网调节的区域,是有利于河道宣泄与防御的。但有的年份各区域或支流洪水赶前错后,雨期延长,雨区增大,干支流洪水发生不利遭遇,湖泊洼地排水不畅,从而使河道流量急剧增大,乃至超出安全泄量,造成防洪上的紧张局面,甚至产生严重灾害损失。流域内洪灾危害很广,而中下游平原区,则因暴雨洪水汇流,干支流洪水遭遇,可形成巨大洪流。

长江洪灾从汉代起就有简略记载。隋代以前,长江中下游沿江一带人口尚不密集,两岸分蓄洪水的湖泽多,虽洪水泛滥但损失有限。自唐代以后,长江中下游地区人口渐密,洲滩筑堤围垦活动日多,水灾逐渐严重。据历史记载粗略统计,自西汉(公元前 206 年)至清末(1911 年)的 2117 年间,长江水灾共 214 次,平均约 10 年一次。长江水灾愈到近期愈多,同时,随着经济社会的发展,灾情也愈严重;唐代平均 18 年一次,宋、元时期平均 5~6 年一次,明、清时期平均 4 年一次。历代水灾次数,尽管与历史记载(包括洪水碑刻,题记)的详略和对于水灾的取舍标准有关,仍能大致反映出长江水灾的变化趋势。

长江中下游属于典型的平原河道,地面高程低于河湖洪水水位几米至十几米,主要靠 3 万余千米的堤防防御洪水,一旦长江发生大洪水,特别是全流域性的大洪水,就可能造成堤防溃决、淹没面积大、历时长(达 3~4 个月)的严重洪水灾害。近现代以来,长江中下游发生全流域性的大洪水有 1931、1954、1998、2016、2020 年洪灾。尤其是 2020 年,长江发生了新中国成立以来仅次于 1954 年、1998 年的全流域性大洪水。2020 年 7—8 月,长江干流先后发生 5 次流量超 50000m³/s 的洪水。其中,长江上游发生特大洪水,上游支流岷江发生超历史洪水,沱江、嘉陵江发生超保证洪水;干流朱沱至寸滩江段发生超保证洪水,寸滩站洪峰水位超保证水位 8.12m;沱江、嘉陵江等支流和上游干流来水均居历史前列,三峡水库出现建库以来最大入库流量,长江中下游莲花塘至大通江段洪峰水位列有实测记录以来的第 2~5 位,马鞍山至镇江江段潮位超历史,鄱阳湖发生流域性超历史大洪水。长江干流河道发生了 3 处较为严重的崩岸险情。三峡水库对洪水进行调蓄削峰,两湖及中下游多个地区启用洲滩民垸、蓄滞洪区进行分洪,有效降低洪水带来的损失,见表 1.2-1。

表 1.2-1　　　　　　　　　　　　　　　　近现代长江中下游洪水情况

年份	洪水主因（类型）	主要险情	致灾影响
1931	长期降雨造成全国性大洪水	武汉丹水池堤决口	汉口市区被淹
1954	长江中下游洪水与川水遭遇，全流域大洪水	开辟荆江分洪区；武穴至铜陵河段左岸 20 余处溃口	123 个县（市）受灾；农田 317 万 km² 受灾 1888 万人；死亡 3.3 万人
1998	全流域性大洪水。鄱阳湖"五河"、洞庭湖"四水"，长江上中游干支流洪水 8 次洪峰叠加	长江干堤发生险情 9405 处，其中较大险情 698 处；九江城市防洪堤决口	仅湖北：123 个民垸溃决，受灾 275 万人，淹没农田 13 万 hm²，死亡 345 人，直接损失超 500 亿元
2016	长江中下游区域性大洪水。干流水位高，持续时间长	干流 50 处一般险情，其中管涌 30 处	5 个省超警戒水位堤段 1.1 万 km，长江干流 2950km
2020	长江流域强降雨覆盖范围广，暴雨强度大。洪水呈现洪量大、河流涨势迅猛的特点	湖北、湖南、江西、安徽、江苏等 5 个省运用（溃决）861 处洲滩民垸，其中 136 处圩垸主动运用，725 处圩垸发生漫溢或决口	仅湖南省就有 13 个市（州）55 个县（市、区）共 59.3 万余人受灾，紧急转移安置 28783 人，需紧急生活救助 9520 人，倒塌房屋 210 户 548 间，严重损坏房屋 321 户 722 间

1.2.2　河势变化特点

三峡水库蓄水运用以来，随着以三峡水库为核心的长江上游水库群联合调度运用，受自然变化和人类活动的双重影响，长江泥沙输移与河床边界变化十分剧烈，河床冲淤演变出现了一些新特点，主要表现如下：

（1）长江中下游水沙边界条件发生显著变化

长江中下游水沙边界条件发生显著变化，主要表现为输沙量大幅减少、同流量条件下枯水位明显下降、荆江三口分流分沙能力持续衰退等。

①三峡水库蓄水运用后，长江中下游干流径流总量基本维持不变，受自然变化和人类活动的双重影响，输沙量显著减少。1950—1990 年上游控制站宜昌站、入海控制站大通站年均输沙量为 5.21 亿 t、4.58 亿 t，1991—2002 年两站年均输沙量减少至 3.91 亿 t、3.25 亿 t，三峡水库蓄水后进一步锐减至 0.337 亿 t、1.32 亿 t。

②三峡水库蓄水运行以来，长江中下游主要水文站枯水期同流量下水位除大通站无明显变化外，其他各站均有不同程度的降低。与 2003 年相比，2021 年汛后宜昌站、枝城站、沙市站、螺山站、汉口站分别下降了 0.76m、0.61m、2.82m、1.73m、1.66m。

③下荆江裁弯、葛洲坝水利枢纽和三峡水库的兴建等导致荆江河床冲刷下切、同流量下

水位下降,三口洪道河床淤积以及三口口门段河势调整等因素影响,荆江三口分流分沙能力一直处于衰减之中。1999—2002 年,荆江三口年均分流量和分沙量分别为 625.3 亿 m³ 和 5670 万 t,较 1956—1966 年分别减小了 53%、71%,其分流比和分沙比也减小至 14%、16%。三峡水库蓄水运用后,荆江三口分流、分沙量分别为 499.1 亿 m³、850 万 t,较 1999—2002 年均值分别减少 20.2%、85.0%,分流分沙比分别为 11.6%、20.9%。

(2)局部河段冲淤规律发生新变化

受水库清水下泄影响,长江中下游河道由建库前的冲淤平衡的自然演变转变为持续冲刷的非平衡演变态势,导致局部河段冲淤规律发生新变化,切滩撇弯现象初步显现,局部河势仍处于不断调整之中。

2002 年 10 月至 2021 年 4 月,长江中下游宜昌至湖口干流河道平滩河槽累计冲刷 26.24 亿 m³,河床深泓平均冲刷下切 2～4m,最大冲刷深度接近 20m;湖口至徐六泾河段累计冲刷 23.23 亿 m³。其中,荆江河段冲淤演变最为显著,主要表现为上荆江局部岸线崩退,下荆江主流线剧烈摆动,顶冲点位置改变造成边滩演变剧烈,弯曲半径较小的弯道出现"切滩撇弯"现象;城陵矶至湖口段滩槽格局仍处于调整变化之中,出现"支汊少冲""主长支消"等新变化;湖口至徐六泾河段弯道、汊道段河床冲淤变化也十分频繁,部分河段河势不太稳定;长江口南支河段累计冲刷 3.95 亿 m³,北支河段淤积 3.14 亿 m³,总体延续了三峡水库蓄水运用前长江口南支冲刷、北支淤积的趋势。受径潮流共同影响,历来河床冲淤演变规律十分复杂。局部河势的变化、水流顶冲点的变化和近岸河床的冲刷下切,为长江中下游河势稳定、防洪安全带来隐患。

(3)冲刷重心逐渐向下游发展,河道冲刷宜延伸至长江口

随着三峡水库蓄水进程的深入和金沙江下游梯级水库群相继蓄水运行,三峡水库入出库泥沙均持续减少,坝下游河床冲刷进一步加剧。2003—2012 年,长江中下游宜昌至徐六泾河段年均冲刷总量为 1.728 亿 m³,2013—2021 年,年均冲刷总量增大至 2.944 亿 m³。河床冲刷强度增大,冲刷重心逐渐向下游发展,城陵矶以下河段河床冲刷强度逐渐加大至接近上游宜昌至城陵矶段,湖口以下河段冲刷量较蓄水初期增多 50% 以上,冲刷范围已延伸至长江口。另一方面,受三峡水库蓄水影响,坝下游河段年内径流过程发生改变,中水流量持续时间加长,导致中水以下河槽冲刷加剧,对险工护岸段、堤脚处近岸河床的冲刷产生影响;同时,三峡水库削减上游来水,使得坝下游河道高滩过流机会减小,导致河道行洪能力减弱,部分支汊过流能力萎缩,出现"塞支强干"的现象,对长江中下游河道防洪安全、用水安全、航运安全以及生态环境带来影响。

(4)长江中下游河段崩岸险情仍时有发生

受清水下泄和局部河势调整的影响,长江中下游河段崩岸险情仍时有发生,对长江干堤安全和社会稳定仍造成重大威胁。长江中下游干流河道为冲积平原河流,河岸地质构造多

呈二元结构,河岸抗冲性较差,河床冲淤变化剧烈、频繁,迎流顶冲段常发生崩塌险情,这是制约长江防洪安全的主要短板之一。长江中下游重点险工段大多主流贴岸,受河床冲刷下切的影响,险工段坡比增大、冲刷坑发展、顶冲点摆动幅度大等问题突出,部分险工护岸段岸坡稳定性进一步下降,崩岸发生可能性增大。三峡水库蓄水后,据水利部长江水利委员会及沿江各省开展的崩岸巡查资料统计,长江中下游干流河道共发生崩岸 1046 处,累计总崩岸长度约 757.3km,坝下游出现崩岸的岸段大部分仍在水库蓄水运用前的险工段范围内,经过修护和加固,暂未发生重大险情。但是,随着水库运行方式的常态化和坝下游河道泥沙冲淤的不断累积,今后坝下游河道的河势将发生进一步调整,一些目前尚未暴露的问题将逐步显现,这仍对长江干堤安全和社会稳定造成威胁,需实时掌握信息,及时加以处置。

（5）"一江两湖"庞大的江湖水系泥沙冲淤格局进一步调整

三峡水库运用后,"一江两湖"庞大的江湖水系泥沙冲淤格局进一步调整,两湖湖区泥沙由持续沉积逐渐转变为相对平衡,部分区域出现冲刷,湖泊水文节律发生改变,水安全问题突出。首先,坝下游河床冲刷逐渐向下游发展,水位降低,三口断流时间提前,三口分流量的减小,一方面导致分洪能力下降,增加长江中下游干流的泄洪压力,对江湖关系及中下游防洪布局产生影响,另一方面也导致枯水期水资源利用形势更为紧张;此外,洞庭湖、鄱阳湖入湖沙量大幅减小,加上局部挖砂严重,湖区泥沙淤积量和沉积率均呈明显减小的趋势,湖区泥沙由沉积转变为相对平衡,鄱阳湖入江水道区域、赣江、修水河口区域冲刷明显,鄱阳湖南部、青岚湖下游区域也呈冲刷状态,东洞庭湖也出现冲刷;最后,受水文泥沙情势、干流及湖泊冲淤调整和水库群联合调度等影响,洞庭湖、鄱阳湖极端洪枯水文情势出现频次加大,枯水期提前和延长的问题极为突出,水文节律发生改变,对水生态环境、水资源利用等造成一定影响。

（6）长江口河段北支咸潮倒灌呈加重趋势

北支咸潮倒灌呈加重趋势,影响南支淡水资源利用。据上海市水务局提供的监测资料,2002—2007 年,共发生盐水入侵 37 次,平均每年超过 7 次,平均每次超标天数历时 5 天。其中,2003—2004 年、2004—2005 年、2006—2007 年均有 9 次以上,以 2006—2007 年发生盐水入侵最多,达 13 次。可见,盐水入侵频次加大。另外,长江口盐水入侵一般发生在枯季 11 月至次年 4 月,以 1—3 月三个月内含氯度出现超标的天数较多。但近年汛期也出现了盐水入侵,如2001 年汛期,陈行水库连续不宜取水天数超过 6 天,2006 年 9 月上海市出现了 2006—2007 年的第一次盐水入侵。从盐水入侵发生的时间来看,盐水入侵时间有提前的趋势。

目前,上海市有两大水源地,黄浦江上游江段原水供应占供应总量的 80% 左右;长江口水源地原水供应占原水供应总量的 20% 左右。由于黄浦江水源地水体污染严重,且取水量已达径流量的 25% 以上,因此不仅上海市的原水增量需要依靠开发长江口水源来解决,而且为了提高上海市的原水水质,也需要增加利用长江口优质原水的比重。根据上海市城市总体规划,将来长江原水供应量将达到全市原水供应总量的 70%。随着长江口原水供应比重的增加，一旦发生超过设计标准的盐水入侵情况，其影响程度和影响范围将进一步加大。

1.3 长江中下游防洪河道动态监测体系

1.3.1 河道防洪体系

长江中下游平原地区承泄了上游干支流及中下游支流的巨大来洪，虽有比较宽、深的河道宣泄洪水，但安全泄洪能力仍远小于巨大洪水来量，平原区地面高程又普遍低于洪水位几米至十几米，因而是长江流域洪水灾害最集中、最严重、最频繁的地区，有由江河洪水上涨漫溢造成淹没两岸河谷阶地的洪水灾害，也有干流中下游及支流尾闾冲积平原由江河洪水泛滥或堤防溃决造成的严重灾害及滨海河口地区除受暴雨洪水灾害外又受风暴潮的侵袭。近现代以来，由于平原区地理条件变化、洪水特性发生改变、经济发展迅速、人口增长，防洪问题更为突出。同时，与洪水斗争的手段也在相应地发展、完善，据《中国水利史》载"堤防之设，始自楚相孙叔敖"，可见距今 2600 多年，堤防在长江中游已开始兴建了。随着时间的推移，泥沙的沉积，长江中下游平原区，大江南北两岸先后逐步地围成堤垸（圩垸）群，有的又合成大圈，使断续堤线连成整线。至 1949 年，中下游平原堤垸多达 2000 处以上，其中湖南洞庭湖区圩垸近 1000 个，堤线 6400 多 km，保护农田 500 万亩。荆江以北地区圩垸大，个数少，保护农田多，防洪堤线长达 7000 多 km，保护农田 1500 万亩以上。下游鄱阳湖区，据记载圩垸修建较晚，始于唐代元和年间（806—820 年），至明万历三十五年（1607 年），总计达到 345 圩，保护耕地 100 余万亩。用以防御海滨潮汐与风暴潮的海塘始于五代（907—960 年）。至 1949 年长江中下游平原地区易受洪灾的圩垸有农田 3000 余万亩，防洪堤线总计约 33000km。堤防防洪能力低，几乎每年都有大小不同的溃垸洪灾。1949 年以前，长江防洪工程，除堤防和河道整治工程外，没有防洪水库、分洪、蓄洪等工程，且由于地方各自为政，盲目围垦兴建堤圩，因此河汊水系紊乱、水流相互干扰，对防洪局面十分不利，致使洪灾有日益严重的趋势。

新中国成立以来，根据"蓄泄兼筹，以泄为主"的防洪方针，长江中下游的防洪建设取得了巨大成就，初步建立了以三峡水库为骨干的干支流防洪水库，以堤防为基础，分蓄洪区为辅的工程措施，并通过观测、收集、整理、编印大量水文、洪水资料，分析长江洪水灾害的基本规律，进而研究制定防洪标准、规划防洪方案，采用长江中下游防洪河道动态监测及洪水预警预报等非工程措施，共同组成了长江中下游综合防洪体系，见图 1.3-1。

主要的工程措施有堤防、拦蓄洪工程（包括蓄洪垦殖工程）、河道整治工程和山谷水库等。非工程措施有开展长江中下游防洪河道动态监测，并基于监测成果，开展洪水预报、警报，编制防洪工程的安全度汛紧急方案，开展平原分蓄洪区的管理以及防洪调度等。考虑到长江洪水洪峰高、洪量大、中下游河道安全宣泄能力远不能与上游来量相适应，如 1954 年洪水，长江中下游溃垸分洪成灾水量达 1000 亿 m³ 以上。且各种矛盾多，上、中、下游地区水利关系复杂,要给洪水安排好出路,解决长江防洪问题,不能毕其功于一役。因此,规划中确定长江防洪分三个阶段:第一阶段,以加培堤防为主,整顿平原水系,有条件的地方陆续兴建分蓄洪工程,这阶段的任务已在 1953—1958 年基本完成;第二阶段,继续兴建分蓄洪工程、整治河道并加培堤防,在条件成熟的干支流上修建水库,承担部分防洪任务;第三阶段,结合兴利要求,大量修建山谷水库,逐步减少中游地区分蓄洪工程的防洪任务,减轻修堤防汛工作量。现在中下游平原区的堤防,总长近 30000km,保护农田已达 8500 万亩,受保护区域还包括上海、南京、武汉等十多处大城市和工商业基地。到 1984 年堤防加培土方 30 多亿 m^3,堤防防御水位都有所提高,其中干流堤防的防御能力已达到 10～20 年一遇洪水的标准。兴建分蓄洪工程,1950 年和 1952 年,在洞庭湖区和荆江区先后建成两处分蓄洪区,蓄洪量共约 90 亿 m^3,能有计划地分蓄河道超额洪水,提高重点地区、城市和堤段的防洪标准,同时还进行了河道抛石护岸,完成抛石方量超过 6000 余万 m^3,崩岸严重的河岸 69% 已初步稳定。此外,在 1967 年和 1969 年,对蜿蜒型的下荆江河道先后做了两处人工裁直,加上 1972 年一处自然裁直,缩短河长 78km,在航运、防洪方面取得好的效益。1949—1984 年,在长江干支流上兴建了大中小型水库 4 万多座,防洪作用主要在所在支流水库的下游区,其中丹江口、柘溪、柘林、陈村、漳河等水库防洪作用较大。丹江口水库防洪,不仅提高了汉江中下游平原区的防洪标准,且明显地减轻武汉市的防汛压力。已建成运行的三峡水利枢纽,是长江防洪系统的关键性工程。三峡水利枢纽工程在葛洲坝枢纽上游约 40km,正位于长江上游与中下游平原河道的分界段,可控制上游集水面积 100 万 km^2,三峡以上洪水来量占汉口以上长江洪水总量的 2/3。三峡水利枢纽工程建成后,遇百年一遇洪水,可不再运用荆江分洪区,沙市最高水位可控制在 45m 以下,即使 1870 年洪水再现,也能力争保住荆江大堤的安全,同时对长江中下游地区,无疑将发挥巨大的调节作用。随着三峡水利枢纽建成和上、中游干支流水库陆续兴建,中下游堤防不断加固,将可逐步减少中下游地区的分蓄洪量,达到保障中下游地区广大人民生命财产和工农业生产安全的目的。

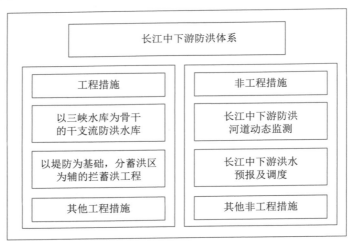

图 1.3-1 长江中下游防洪体系

1.3.2 河道监测体系

长江中下游河道观测目的主要体现在3个方面：一是宏观了解长江中下游河道总体河势演变情况；二是定量掌握长江中下游河床冲淤的年际、年内变化；三是及时掌握局部河段和险工险段年际、年内变化。针对以上目的，提出构建长江中下游防洪河道监测体系，见图1.3-2。

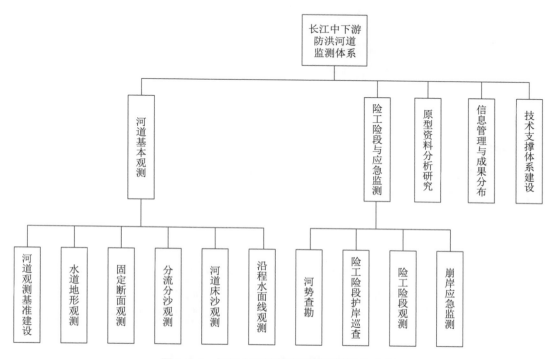

图1.3-2 长江中下游防洪河道监测总体布局

长江中下游防洪河道监测体系由河道基本观测、险工险段与应急监测、原型资料分析研究、信息管理与成果分布、技术支撑体系建设5个模块组成。其中，河道基本观测包括河道观测基准建设、水道地形观测、固定断面观测、分流分沙观测、河道床沙观测和沿程水面线观测6个子模块；险工险段与应急监测包括河势查勘、险工险段护岸巡查、险工险段观测、崩岸应急监测4个子模块。

水道地形观测、固定断面观测、沿程水面线观测与分流分沙观测是为了定量掌握河道冲淤和演变特点。河势查勘是为定性了解河势情况。险工险段护岸巡查、险工险段观测是为了掌握局部河段年内、年际演变情况。应急监测是针对突发事件开展的临时观测。技术支撑体系建设是各子模块顺利开展的保障。原型资料分析研究、信息管理与成果分析是在水道地形观测、固定断面观测等工作基础上，及时进行分析并发布长江中下游河道演变、冲淤量、崩岸情况等相关成果，为长江中下游河势控制规划的制定和防洪对策研究提供依据。

1.4 长江中下游河道监测难点及需突破的关键技术

1.4.1 难点

（1）高精度

平面坐标系统应采用现行国家坐标系统，3度分带；高程系统采用现行的国家高程基准。测点位间距：陆上图上 0.8～1.5cm，水下点距图上 0.6～1.0cm，断面间距图上 1.5～2.0cm。地形图精度：平原水道地物点平面位置允许中误差小于图上 0.5mm，高程注记点允许中误差小于 $h/4$，等高线高程允许中误差小于 $h/2$（h 为基本等高距）。断面测图精度：断面点平面位置允许中误差，岸上为图上 ±0.3mm，水下为 ±0.5mm，断面点高程允许中误差为 ±0.1m。

（2）时机性

长河段河道在水位平稳时期施测；重点河段河道演变一年内按水情布置测次，包括汛前、汛中、汛后，各项要素观测同时开展；水文测验在特征水位（如高洪高水位、枯水期枯水位等）时期应及时布置观测流量、泥沙等观测。

（3）时效性

长河段河道观测完成控制时间在 25 天以内；重点河段河道演变每测次完成时间控制在 10 天以内；水文测验每次观测应当天完成，在外业观测后及时发布重要特征值，在 2～3 天完成简要数据分析报告。大范围水情观测数据实时传送到水文局水情中心，报送准确率 100%。

（4）同一性

观测技术指标一致；水下测深设备应保持相对稳定。

（5）同步性

长河段河道观测，上下游河段同步观测；同一河段水下、陆上同步观测，水边线同步施测；左右汊道同步观测；河道空间因子与水沙因子同步观测等。

1.4.2 关键技术

（1）长程河道动态河床数据获取技术研究

长程河道动态河床数据获取对观测时机、观测精度、时效性等有着严格的要求，同时存在观测基准建设及维护、数据采集同一性保障等一系列问题。长程河道动态河床数据获取技术研究就是为了解决以上各类问题，主要研究内容包括：长程河道水下地形观测时机研究、长程水道断面布设密度研究、长程带状河道无缝基准系统研究、长程河段数据采集同一性保障、长程河道水深数据快速获取技术构建方式、测深高精度控制基准场技术研究、测深综合技术研究、水位控制技术研究、水深数据处理技术研究等。

（2）广域范围多覆盖度岸滩高精度测量关键技术研究与应用

针对多覆盖度岸滩观测难的问题，通过不同岸滩的类型，分为低植被岸滩、高植被岸滩、极高植被岸滩3类，采用不同的技术手段，如引进机载三维激光扫描仪进行扫测，结合航摄，直接获取岸滩点云数据与影像，对点云数据进行坐标转换和拼接，植被过滤和构网，点云合并和关键信息的提取、点云分割和建模等，对岸滩地形图测制关键技术开展研究。

（3）水情复杂河段河道演变观测数据保证关键技术研究及应用

对典型河段、江湖汇流段、潮流河段、水网、近岸封闭式水域或淤泥滩、特殊水流河段等不同水情特征加以分析，从水面形态复杂水域水深精确获取、近岸封闭式水域作业、水深数据处理等多个方面开展水情复杂河段河道演变观测数据保证关键技术研究及探索。

（4）河道崩岸动态监测及预警关键技术研究

河道崩岸险情具有隐蔽性和突发性的特点，崩岸的应急监测技术与预警方法研究一直是该领域的难题，也制约着长江河道的崩岸预防及河道治理工作。因此开展河道崩岸动态监测及预警关键技术研究，从船载多传感器崩岸水陆立体测量系统技术、崩岸坎上窄状岸滩快速监测技术、崩岸稳定性影响因素监测、广域河道险工险段风险排查技术研究、近岸水沙因子观测、河道应急测绘、崩岸变化数据综合处理分析与预警等方面开展研究，推动河道崩岸监测的技术进步。

（5）河道曲折水边界高效连续获取关键技术研究

河道水边线是重要的水域陆地分界线，受上游来水来沙、水位、风力及岸线失稳等变化影响，水体边界一般处于动态变化之中。水边线测量工作一般要求与水下地形同步推进，并在规定的时间点和期限内完成，这与单纯的陆上地形测量存在差异。目前，常规方法获取水边线，一般采用全球导航卫星系统（Global Navigation Satellite System，GNSS）现场施测，但GNSS现场施测投入人员设备多、作业时间长。因此通过开展船载X波段雷达施测水边线核心技术研究、多传感器水边获取研究及影像解译潮汐河口动态水边获取研究等一系列研究工作，破解传统手段水边线观测的难题。

（6）大时空尺度下的水沙要素快速获取及处理

通过进一步梳理水沙监测架构，引进吸收国内外新的测验手段和自主研发的相关数据处理及整编技术，通过控制断面流量快速获取技术、控制断面悬移质泥沙快速测量技术及沿程流速流向观测技术研究，对现有临底悬沙、推移质、床沙测量技术进行进一步的升级，并自主开发泥沙颗粒分析及数据处理系统，提高大时空尺度下的水沙要素快速获取及处理能力。

（7）重点防洪河段不平衡输沙观测技术研究

不平衡输沙问题一直以来是河道防洪的重要问题，通过梳理不平衡输沙理论，优化不平衡输沙观测布置,整合不同类型的不平衡输沙观测方法,深入开展不平衡输沙观测技术研究,强化不平衡输沙观测成果分析,提高重点防洪河段不平衡输沙观测能力。

(8)河道冲淤计算技术研究

防洪河道冲淤计算有着自身的特点与要求,将从资料预处理技术、计算方法、节点河道划分与河长量算、计算流量级确定、计算分级高程及水面线确定等计算过程进行研究,同时在冲淤计算精度控制、体积法与重量法匹配性、计算成果分析方面开展工作,进一步提高河道冲淤计算技术能力。

(9)河道监测资料综合整编关键技术及应用

长江防洪动态河段监测涉及的点多、线长、面广,动态性强,涉及巨量的地理空间信息及专题要素信息的采集、生产、处理及加工。由于时效性强、工序复杂、内外业资料集成标准化要求高,对河道监测资料综合整编能力提出了很高的要求,因此需要从资料整编系统布局开始,在河道空间要素资料整编、基本控制断面水沙要素资料整编、河段动态水沙要素资料整编、整编质量控制等方面开展研究工作,提高河道监测资料综合整编能力及水平。

(10)河道海量数据管理及分析系统研发与应用

为长江水文河道泥沙信息科学管理和永久保存提供条件,实现海量水文泥沙及河道原型观测和分析信息的数字化管理、三维可视化,有效保证长江水文泥沙信息管理的统一性、科学性、实时性、实用性,为实现数字长江打下基础。系统按照信息流程分为信息采集与传输、计算机网络、数据库管理与信息服务 4 个主要部分,其中信息服务包括长江水文泥沙实时分析计算、河道演变分析、信息查询及成果输出、三维显示和信息发布系统等。

长江泥沙信息分析管理系统基于先进的分布式点源信息系统的设计思路,遵循科学性、实时性、实用性、开放性和安全性相结合的开发原则,以三维可视化地学信息系统——GeoView 为平台,充分利用先进的计算机数据管理技术、空间分析技术、空间查询技术、计算模拟技术和网络技术,建立数据采集、管理、分析、处理、显示和应用为一体的水文泥沙信息系统。该系统既具备数据接收、整理、加工、输入、存储和管理能力,又具备强大的数据综合分析能力和图件编绘能力;既具备数据的科学分类管理、快速检索和联机查询的功能,又能够提供面向防洪、发电、泥沙调度等决策的主题信息服务,能够充分发挥水文泥沙信息资源的作用。

(11)防洪河道电子图关键技术及研发

防洪河道电子图是防洪重要的工作底图,要求能够直观反映河道防洪形势,展示防洪专题信息,为防洪抢险、决策提供科学依据。

第 2 章　防洪长程多尺度演变河道动床形态数据快速获取技术

2.1　概述

2.1.1　目的

获取长系列长程河道地形数据主要是为了宏观掌握长江中下游水道的一般特性及其演变规律。获取河道河床数据的工作内容主要包括长程水道地形测量、长程固定断面测量、重点河段河道演变观测及重点汊道水沙要素观测等，其数据资料具有长系列、积累性等特点，其目的主要有为长江中下游水资源开发、水道管理及综合治理等提供基本资料，为水道有关工程建设的规划、设计、施工、运行与管理及科学研究等提供技术支撑，为水道防洪、抢险、工农业、交通和国防等建设收集基础地理信息资料。

2.1.2　河道特点及监测难点

长江中下游河道具有以下特点：

（1）河道长，水系复杂

长江中下游河道河汊纵横交错，湖荡星罗棋布，仅湖泊面积就达到 2 万 km^2，相当于长江中下游平原面积的 10%。与长江相通的湖泊主要有洞庭湖、鄱阳湖、太湖、巢湖等淡水湖；与长江相连的较大支流有清江、汉江、沅江、湘江和赣江等，在荆江河段有松滋口、太平口、藕池口、调弦口（于 1959 年建闸封堵）分流入洞庭湖，使得长江中下游河道构成复杂水网，且水域面积辽阔。

（2）长程河道各河段河型及水文特征差异显著

受河道地质边界条件、水文泥沙条件及人类活动等诸多因素影响，长期以来长江中下游干流河道呈现顺直型、弯曲型、蜿蜒型和分汊型 4 种河型，其中以占长江中下游干流河道总长度的 60% 的分汊型河道为主，弯曲型河道与分汊型河道相间分布，而蜿蜒型河型仅在长江中游的下荆江段呈现。

长江流域属亚热带季风气候区,在正常年份长江流域的雨季从3、4月起,自东南向西北移动,中下游的雨季早于上游,江南早于江北。降雨量分布由东南向西北递减,中下游降雨多于上游。长江是雨洪河流,洪水变化规律与暴雨大体相应,其入汛时间中下游早于上游。一般年份,鄱阳湖水系和洞庭湖水系的湘江的主汛期为4—6月,洞庭湖水系的资水、沅江、澧水主汛期则为5—7月,上游各支流主汛期为7—9月,如遇有秋汛,10月也会发生大洪水。长江干流各控制站年最高水位和最大流量出现时间一般在6—9月,而以7—8月为最多。总体上,河流夏季水位高、水量大,冬季形成枯水期;河流含沙量较小;冬季无结冰期;中上游流速较快,下游流速较慢。但受区域降水不平衡的影响,长江中下游河道内形成较长时间的水位顶托,河床的冲淤变化及水位关系变得极为复杂,如江湖关系等。

长江下游近海河段,受潮汐影响比较强烈。从镇江开始,长江进入三角洲河段,其中江阴以下为河口段,江面不断扩张成喇叭状。南通附近江面宽约18km,长江口从北面的启东嘴到南面的南汇嘴宽达91km。由江水带来的泥沙进入河口区,河水与海水混合,发生絮凝作用,引起泥沙下沉,在长江口形成许多沙洲。

（3）水沙条件多变,河床、水位、流量变化关系复杂

长江中下游干流河道沙量主要来自长江上游干支流,并以悬移质泥沙输移为主,受荆江三口分流、洞庭湖及区间支流与湖泊的调节作用,宜昌—武汉输沙量沿程有所减少,武汉—大通因区间支流入汇则输沙量略有增加,且年内输沙主要集中在6—10月,6—10月输沙量占全年输沙量的78%～91%。

随着长江上游梯级水电的兴建与运行,虽然年径流量在年际无明显变化趋势,但年输沙量在近十多年来沿程大幅减少,致使长江中下游河道的水沙过程发生明显改变。坝下游河道由于水流挟沙能力处于不饱和状态将发生长时间、较长距离的冲淤变化,因此坝下游河道下切,同级流量下水位下降,同时弯道水流出现明显的横比降,湖泊、水库与周边入汇等出现纵比降。这些比降的大小与水位流量又有直接的关系,流量的不确定性又导致水面的复杂性。

（4）局部河段河势变化加剧,河道应急事件频发

长江中下游干流河道由于各河段河型、地质边界条件及水沙条件的差异,各河段的河势存在不同的调整,部分河段变化进一步加剧,直接引起河道崩岸险情呈现多发态势,危及长江大堤安全,影响长江河势稳定,给防洪安全、航道运输和两岸经济发展带来严重影响,也严重危及两岸人民生命财产安全。2018年以来在江西、湖北等长江中下游省份已发生多起严重崩岸险情。

基于长江中下游河道的上述特点,需要解决以下监测难题:

（1）水深的高精度测量

长程河道水下动态河床数据获取主要取决于水深测量精度，不同于海洋底边界在一定时间内变化不大、基本稳定的特点。长江河道河床变化较为频繁，主要由于河道河床既有临底悬移质、推移质的运动，还有河床质导致的整体沙波运动等，边界的不确定性会使水深的代表性失真。同时河道一般水深较浅，水深测量影响因素与海洋明显不同，而且修建涉水工程所要求的精度高。因此，如何高精度测量诸如河流、湖泊、水库等不同类型水域的水深，是急需解决的问题。

（2）水面线的精确计算

河道受降水、水位、流量等多重因素影响，其水体与陆地的交汇水面线形态多变，水下地形测量的精度取决于测点水位和水深测量精度，因此测点水位精度异常重要。众所周知，河道受水流运动的影响，水面是倾斜的非水平面，测量时受沿岸控制条件及工作量的影响，水位观测又不可能无限密集，因此如何用有限的水位观测数据计算沿程水面线，并保证其有足够的精度，是陆地和海洋测绘所不涉及的。

（3）需多技术、多设备集成

水下河床不可见，且影响测量精度的因素众多（如测深仪安装精准度，载体的姿态变化，平面、水深、水位的采集同步性，船速、动态吃水、延时现象，河道河床边界反射声波强度等），加上不同河段水情特性的差异性较大，因此水下河床高程测量，需采用不同的仪器和不同测量方法获取。如何进行精确控制与精密水深测量，其技术难度较陆上地形测量复杂。

（4）河口地区高程与深度基准转换

长江中下游河道与海洋测绘都需要固定的基准面。长江中下游一般使用绝对基本面，如吴淞、黄海、1985国家高程基准等，河道测绘一般亦采用这些高程基准面。海洋测绘使用长期海平面以下的深度基准起算，主要是为考虑航海安全。由于长江中下游地区高程系统本身就因观测时间与观测单位的不同而有所不同，因此高程基准的换算也一直是令人困扰的问题。长江口地区因深度基准与理论最低潮位计算方法存在不确定性，导致在河口地区与海洋基准的换算极为繁杂。

2.1.3　河道地形数据快速获取技术

总结长江水利委员会水文局多年水深数据获取技术研究及长程河道水下动态河床观测经验，长程河道水深数据快速获取技术构建可由图2.1-1表示。

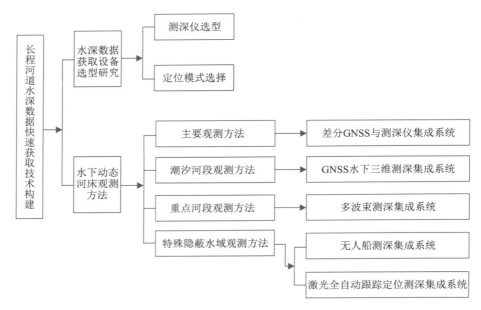

图 2.1-1 长程河道水深数据快速获取技术构建

2.2 测量时机及断面布设

2.2.1 顾及水情和沙情的测量时机选择

从 2003—2016 年坝下游宜昌站、汉口站、大通站 3 站的月均流量分析来看，10 月至次年 4 月各站月均流量明显偏少，相对水位较低，水下地形测量面积相对较小，对测量安全性、引起河床的冲淤变化、资料的准确性等方面都较为有利。

从三峡水库蓄水后 2003—2016 年坝下游宜昌站、汉口站、大通站 3 站的月均输沙率来看，10 月至次年 4 月各站月均输沙率明显偏少，宜昌站 11 月至次年 4 月输沙率更是大幅减少。河道中来沙量少，引起河床的冲淤变化调整相应更小，因此在河道地形测量期间，河床相对较为稳定，实测资料更能较好地反映测次间河床的冲淤变化情况。

从 2003—2016 年宜昌站、汉口站、大通站年内月均流量、月均输沙率统计分析来看，每年 10 月至次年 4 月，长江干流月均流量、月均输沙率相对减少较为明显。在此期间，河床相对趋于稳定，而汛期受较大来水来沙的作用，河床冲淤调整尚在变化中，汛期观测成果不能准确反映当年的河床冲淤变化情况。而在枯水期，水位相对较低，众多潜洲、潜滩出露，能较好地实测其形态。另外在枯水期观测，流量小，流速相对较缓，船测安全性也大为提高。

总体来看，长江干流水下地形观测时机安排在枯水期是较为适当的，一般项目完成时间在 3 个月左右。遇特殊水情年，可视情况具体布置测次。一般情况下，长江河道水下地形观测安排在 10 月至次年 2 月完成较为恰当。

2.2.2 测量断面布设

长江中下游固定断面布设,应符合下列规定。

①固定断面的断面间距可为 0.5~1.0km,须使断面法与地形法计算的运行水位下库容相对误差在 5% 以内,这样能基本控制区间地形变化,正确地反映淤积部位和形态。

②固定断面应尽量与已有水文测验断面结合。

③断面布设须控制河道平面和纵向的转折变化。

④断面方向宜垂直于水位变幅内的地形等高线走向。对库容较小、库区地形变化比较规则的水库,也可平行布设。

⑤分期开发的水库,固定断面布设宜适用于各期需要。

⑥固定断面一经选定,应保持断面位置相对稳定,长期不变。

同时,断面法作为河道淤积测验方法中常用的简便方法,根据《水道观测规范》(SL 257—2017),淤积断面的布设应符合下列要求。

①固定断面的布设应能控制河道地形、满足计算淤积量的精度要求,正确反映淤积部位和形态。

②用断面法计算的总量与地形法计算的总量相比,相对误差不得超过±10%。

③所设固定断面尽量与已有的水文测验断面和固定断面结合。

断面法淤积测量的测次,必须先多测后少测,重点淤积区多测,一般淤积区少测,冲淤厚度小于测深允许误差的可简测或停测。

长江中下游冲淤变化、河道演变是社会各界关注的重点。固定断面的布设目的,一方面应满足泥沙淤积计算;另一方面应满足水沙数学模型的需要,包括水动力学模型和泥沙模型的率定、验证和预测计算。基于此,固定断面的布设,应主要满足以下原则。

①基本能够满足河段断面布设相关规范的要求;按照《水道观测规范》(SL 257—2017)、《水库水文泥沙测验规范》(SL 339—2006)的规定,已有泥沙淤积观测断面间距为 0.5~1.0km。

②断面布设能够满足对长江中下游河道冲淤特性、淤积量大小与分布,以及对水库库容影响的总体控制。

③断面布设能够满足对重点河段、重点区域河道冲淤及分布的控制,特别是荆江河段、武汉河段等重点河段。

④断面布设能够满足对分汊河道、弯道、宽窄过渡段等特殊河势河型区域河道冲淤及分布的控制。

2.3 无缝基准体系建立

长江长程河道资料,对于研究长江河道演变、综合治理长江、保护开发长江资源而言都是重要的基础资料。但是不同的测绘基准所施测的地形图成果，将给资料的利用带来困难。不同的基准之间存在基准转换的问题，同一基准在不同的时期存在不一致性的问题，主要如下：

①旧 1954 年北京坐标系成果不是统一平差，而是分块平差，跨区块之间的平面坐标存在裂隙。

②新 1954 年北京坐标系成果采用了整体平差，克服了旧 1954 年北京坐标系分块平差的问题，但是新旧测绘成果之间存在裂隙。

③1954 年北京坐标系是参心坐标系，CGCS2000 国家大地坐标系是地心坐标系，将已有1954 年北京坐标系的测绘成果转换成 2000 国家大地坐标系成果，存在转换方法、转换精度问题。

④多个高程基准之间的基准转换问题。

⑤同一高程基准，由于地区沉降程度不同，地区之间存在裂隙。

⑥不同省市所采用的独立平面与高程基准和国家统一采用的平面与高程基准之间的转换问题。

为了保证长程地形图资料具有一致的测绘基准，方便成果的利用，需要研究不同测绘基准之间、同一测绘基准不同时期之间的基准转换问题。通过 GNSS 三维高精度控制网测量，可以检验 1954 年北京坐标系区域之间是否存在平面坐标不相容性，判断控制网区域内高程点高程值的相容性，为长江长程带状河道控制提供裂隙解决方案，实现无缝基准。

2.3.1　河道平面基准无缝转换

以长江口为例，下面介绍河道统一平面基准的建立方法。

2.3.1.1　平面参考基准框架建立

（1）控制网设计

长江口控制网是为长江口河道测量和水文勘测而布设的，控制网的大小应覆盖河道范围，控制网的等级应满足最高精度的工程测量的精度指标和《全球定位系统（GPS）测量规范》的精度要求。由于长江口江面宽阔，南槽河段部分江面宽超过 20km，因此长江口 GNSS控制网设计为 C 级。

确定了控制网的规模和等级后，就要收集现有的平面及高程资料及区域内已经建造的局部 GNSS 控制网资料，将已有的控制点和局域控制网纳入新设计的 GNSS 控制网里。例如，长江口 C 级控制网将南京以下 12.5m 一、二期局域控制网和上海达华、上海海测大队 4个局域控制网共 10 个控制点纳入新控制网，这样既不需要重复造标，可以共享资源，节约成本，又扩大了原有局域控制网的控制范围，提高了原有控制网的精度。此外，新建控制网附近有 IGS 跟踪站，也要纳入新建网。长江口 C 级控制网将 IGS SHAO 站纳入并将该点作为约束平差起算点，取得了很好的效果。收集到区域平面和高程控制点资源以及已有 GNSS

埋石点后,就可以设计控制网,新设点位置可以选择概略位置。

（2）选点

根据测区范围实地查勘,按照以下选点原则确定点位。

①远离微波站,如手机基站、电视塔、码头区域的雷达站、高压线,距离不小于200m。

②避免在可能被水冲击的码头、水位自记台、桥梁上造标。

③避免周围存在高大建筑物。

④尽量用已有的GNSS标石。

⑤选择具有稳定基础的大楼、水闸楼顶作为基础平台造标。

⑥尽量用有利于GNSS观测的高等级水准点,或者在高等级水准点附近布点。

⑦标石应方便使用、有利于长期保存。

⑧对某些必须选择,又不确定GNSS信号是否会受到干扰的点位,需用双频GNSS接收机采集静态数据12h以上,采用TEQC软件或华测的CHCDATA软件对所测数据进行质量检查,检查内容包括数据利用率(越高越好)、多路径误差Mp1、Mp2(越小越好)、观测数据与周跳比(越大越好)。

⑨当所选点位满足要求时,就可以与土地所有权属管理者协商,商定在何处造标、确定标型,要取得对方的许可,并协商托管和未来的使用权限,然后初步确定各控制网点概略坐标,设计出控制网图,再进行造标。

（3）造标

GNSS标石要求稳定、牢固、易于安装GNSS接收机和量测天线高,并方便水准接测,因此标石高度应适中,标芯应采用强制归芯标。根据点位环境,选择合适的标型,可以在原有基础上浇筑混凝土标,也可以建造预制的钢管标。造标时,应保证标芯铅直,标芯平面应在水平面上。为了方便使用和保管,在建造标石时,标石上宜嵌入标石名称或编号,并注明所属单位名称和联系电话。

（4）静态测量

静态测量按照《全球定位系统(GPS)测量规范》的技术规定实施,每个同步环观测时间不小于4h,同一点设站次数不少于2次。静态测量对中误差小于2mm,天线高测量精确到1mm。测中测后检查接收机的稳定情况,天线高变动小于2mm,在专用测量记录本上做好记录,并拍摄静态测量时仪器的架设照片。

每天对已取得的静态数据进行预处理检查,编制每日各测站静态测量信息表,主要记录各点的测量仪器及其编号、测量时间段、天线高及量取的位置、静态数据文件名称等信息,为控制网的后续计算提供详细的现场测量记录。完成外业静态测量后,需要检查各站点设站的观测时段数,每站设站数不能少于规范规定的次数,然后计算全网平均设站数,全网平均设站数亦不能少于规范指标。

（5）高程测量

GNSS 控制网不仅仅提供平面控制成果，还要为 GNSS 高程拟合、WGS84 三维坐标转换到目标坐标系如 CGCS2000 平面加 1985 国家高程基准或 1954 年北京坐标系加 1985 国家高程基准三维坐标转换提供配对成果，因此 GNSS 控制网点的高程接测十分必要，这也是发挥 GNSS 控制网最大用途的又一关键测量工作。

GNSS 点高程宜采用不低于四等水准接测，起算点成果采用各省市最新的二、三等高程控制网成果。应检测高程起算点高程值的准确性，可以检测两个相邻已知高程点的高差与成果高差的符合性。左右岸和岛屿之间以及相邻省市之间的高程应检测成果的一致性，如果区域之间的高程存在系统偏差，应查明原因，统一高程基准。

水准测量应严格按照《国家三、四等水准测量规范》（GB/T 12890—2009）的规定操作。有些 GNSS 标石建造在房顶时，其高程接测采用优于 1″精度的全站仪对向三角高程接测，测回数及各项限差应满足规范规定。

GNSS 点高程接测完成后，应按照规定进行高差平差计算，并建立起算点高程、起算点至 GNSS 点高差、GNSS 点高程计算的关系表。这样便于在起算点更新高程成果时更新 GNSS 点高程。

（6）控制网计算

控制网计算包括基线解算、无约束网平差、约束平差 3 个步骤。

GNSS 基线解算及网平差一般步骤为：

①建立项目的新工程，确定坐标系统、投影参数等。

②导入 GNSS 静态观测数据，确定每一个观测数据的站点名称或编号、接收机类型、天线类型、天线相位中心到标石高程点位的高度的信息。

③设置基线解算参数，确定解算方法，选择需要解算的基线进行解算。

④检查基线解算的质量，基线解算的质量控制指标包括：单位权方差因子、RMS、RATIO、同步环闭合差、异步环闭合差及重复基线较差。

a. RMS 表明观测值的质量，RMS 越小，表明观测值质量越好；反之，RMS 越大，表明观测值质量越差。

b. RATIO 反映了所确定出的整周未知数参数的可靠性，这一指标取决于多种因素，既与观测值的质量有关，也与观测条件的好坏有关。

c. 同步环闭合差是由同步观测全部基线所组成的闭合环的闭合差。

d. 异步环闭合差是由不是完全同步观测的全部基线所组成的闭合环的闭合差。当异步环闭合差满足限差要求时，说明基线的向量是合格的，反之则不合格。

e. 重复基线较差是不同观测时段对同一条基线的观测结果的差。

⑤网平差。

a. 无约束网平差。

无约束网平差用于检查全网的观测质量和内符合精度，是 GNSS 控制网主要的精度验证方法，同时可获得 WGS84 自由网平差成果。

b. 约束网平差。

约束网平差是给定两个以上已知点的三维坐标，或一个以上已知点和一条以上观测边长及方位角等限制条件下的网平差，其目的是得到目标坐标系的控制网成果，如 2016 年对长江口 C 级控制网进行约束平差，取得了 1954 年北京坐标系控制点成果和 CGCS2000 国家大地坐标系控制点成果。

2.3.1.2　平面基准转换

（1）四参数

在一个椭球的不同坐标系中进行平面坐标转换一般采用四参数和平面网格拟合两种方法，其中四参数法在国内用得较多。

在已有两个公共已知点在两个不同平面直角坐标系中的四对 XY 坐标值的前提下，通过四参数方程组解算，将一个平面直角坐标系下一个点的 XY 坐标值转换为另一个平面直角坐标系下的 XY 坐标值。

四参数转换模型为：

$$
\begin{bmatrix} X_2 \\ Y_2 \end{bmatrix} = \begin{bmatrix} \Delta X \\ \Delta Y \end{bmatrix} + K \begin{bmatrix} X_1 \cos\alpha & Y_1 \sin\alpha \\ -X_1 \sin\alpha & Y_1 \cos\alpha \end{bmatrix} \tag{2.3-1}
$$

①两个坐标平移量（ΔX，ΔY），即两个平面坐标系的坐标原点之间的坐标差值。

②平面坐标轴的旋转角度 α，通过旋转一个角度，可以使两个坐标系的 X 和 Y 轴重合。

③尺度因子 K，即两个坐标系内的同一段直线的长度比值，通过尺度因子，可以实现尺度的比例转换。

（2）七参数

七参数转换用于将地理坐标系所对应的空间直角坐标转换为另一坐标系的空间直角坐标。七参数法（包括布尔莎模型、一步法模型、海尔曼特等）是解决坐标转换比较严密和通用的方法，通常应用较为普遍的模型为布尔莎模型。

七个参数可以通过在需要转化的区域里选取 3 个以上的转换控制点对而获取。其转换方程为：

$$
\begin{bmatrix} X_2 \\ Y_2 \\ Z_2 \end{bmatrix} = (1+m) \begin{bmatrix} X_1 \\ Y_1 \\ Z_1 \end{bmatrix} + \begin{bmatrix} 0 & \varepsilon_z & -\varepsilon_y \\ -\varepsilon_z & 0 & \varepsilon_x \\ \varepsilon_y & -\varepsilon_x & 0 \end{bmatrix} + \begin{bmatrix} \Delta X \\ \Delta Y \\ \Delta Z \end{bmatrix} \tag{2.3-2}
$$

①3 个坐标平移量（ΔX，ΔY，ΔZ），即两个空间坐标系的坐标原点之间的坐标差值。

②3个坐标轴的旋转角度（ε_x，ε_y，ε_z），按照指定角度旋转3个坐标轴，可以使两个空间直角坐标系的XYZ轴重合。

③尺度因子m，即两个空间坐标系内的同一段直线的长度比值，可实现尺度的比例转换。

七参数在选取合适公共点的情况下，应用范围一般为50km²。如果区域范围不大，最远点间的距离不大于30km（经验值），此时可以用三参数（莫洛登斯基模型），即ΔX平移，ΔY平移，ΔZ平移，并将旋转参数ε_x，ε_y，ε_z和尺度因子m均视为0。可见，三参数只是七参数的一种特例，只需通过1个控制点对就能获取。

2.3.2 垂直基准及其无缝转换

当前长江流域建设主要涉及1985国家高程基准及资用吴淞高程系统，航道部门还使用航行深度基准和理论最低潮面。考证各个时期所采用的基准的产生及变迁，是高程基准转换的基础工作。

2.3.2.1 现有的垂直基准

1985国家高程基准是以青岛验潮站1952—1979年的潮汐观测资料为计算依据确定的黄海（青岛）多年平均海平面作为统一基面，并用精密水准测量位于青岛的中华人民共和国水准原点。

"吴淞高程基准"采用上海吴淞口验潮站1871—1900年实测的最低潮位所确定的海面作为基准面。该系统自1900年建立以来，一直为长江的水位观测、防汛调度以及水利建设所采用。

为了避免当时同一地区各次高程测量所采用的假定高程造成的高程起算面的变化，水文（位）站将本站的最低水位面作为测站基面，并固定下来作为本站水位观测使用的基面，也叫作冻结基面。冻结基面是为了维持测站历史数据的连续性，作为基础资料进行累积。测站冻结基面用测站的基本水准点高程表达，由于基本水准点可能会沉降甚至遭到破坏，水文测验规范规定，测站基本水准点用于附近的国家水准网点联测，确定"冻结基面与绝对基面的关系"，并维护好基本水准点的高程系统。

航行基准面又称航行零点，是指内河航行图所标注的航道水深的起算基准面。通常取为设计最低通航水位或日平均最低水位。船舶驾驶人员根据图注水深加上当地按该基准面测得的水位，可得出当时航道中的水深，借以判断航行的安全性。

深度基准是表示海洋深度的起算面，在平均海面以下，它与平均海面的距离叫基准深度。海上声呐测深都以瞬时海面为准，后者随时在变化。为了测制海图和使用海图，必须找到一个固定的水面作为深度的起算零面，将不同时刻的测深结果换算到以固定面为基准的统一系统中，这就是深度基准面。深度基准面的确定原则是，既要保证航行安全，又要顾及航运的使用率。因此深度基准面必须在平均海面以下，最低潮位面以上。

2.3.2.2 深度基准面传递

调和分析方法确定深度基准面是针对某验潮站的求定方法,要求具有足够长的潮位观测资料及较为稳定的调和常数。然而在实际海图测量中,设立的临时验潮站由于观测时间短,无法采用调和函数方法求算临时验潮站的理论深度基准面,这时就需要采用深度基准面传递推估技术,利用测区内已有的长期验潮站的理论最低潮面估算得到临时验潮站的平均海平面 $MSL(x,y)$ 及 $L(x,y)$。

(1)直接传递法

直接传递法的确定公式为:

$$L(x_B,y_B)=L(x_A,y_A) \tag{2.3-3}$$

式中,$L(x_B,y_B)$ 及 $L(x_A,y_A)$——短期验潮站 B 及长期验潮站 A 的深度基准面(与海平面)差值。

当附近有多个长期验潮站可以利用时,可采用距离加权法来确定短期站的深度基准面。

(2)同步改正法

深度基准面同步改正法公式为:

$$L_0(x_B,y_B)=M(x_B,y_B)+L_0(x_A,y_A)-M(x_A,y_A) \tag{2.3-4}$$

式中,$M(x_B,y_B)$ 及 $M(x_A,y_A)$——同步观测期间验潮站 B 及 A 的短期平均海平面;

$L_0(x_B,y_B)$ 及 $L_0(x_A,y_A)$——同步观测期间验潮站 B 及 A 从各自验潮站零点起算的深度基准面的高度。

$L(x_B,y_B)$ 可由下式求出:

$$L(x_B,y_B)=MSL(x_B,y_B)-L_0(x_B,y_B) \tag{2.3-5}$$

(3)潮差比传递法

主要假设及数学模型为:

$$L(x_B,y_B)=\frac{R_B}{R_A}L(x_A,y_A) \tag{2.3-6}$$

式中,R_A,R_B——长期验潮站 A 及短期验潮站 B 的潮差。

由于深度基准面实质上为理论最低潮面,因此潮差越大,深度基准面越低,式(2.3-6)假定其关系为线性关系。需要有 3~6 天的同步水位观测资料,通过比较高、低潮位来确定潮差比。在确定深度基准面绝对位置时,需先用其他方法确定出平均海平面。

(4)最小二乘潮位拟合传递法

传递推估公式为

$$L(x_B,y_B)=\gamma_{AB}L(x_A,y_A)+\varepsilon_{AB} \tag{2.3-7}$$

式中,γ_{AB} 和 ε_{AB}——两验潮站 A,B 间的潮差比和基准偏差。

2.3.2.3 垂直基准面模型建立及无缝转换

水域和陆域有着各自不同的垂直起算基准,水、陆多源数据融合已成为数字长江的一个关键问题，而垂直基准间的转换和统一则成为多源数据融合的关键。垂直基准间关系见图 2.3-1。

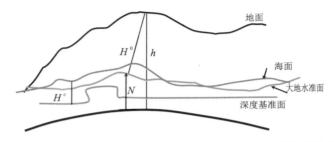

h—大地高；N—大地水准面差距；H^0—正常高；H^c—海图基准高

图 2.3-1　垂直基准间关系

（1）似大地水准面模型的构建

我国陆地高程系统为基于似大地水准面的正常高系统，因此若要实现海图深度基准与陆地高程基准间的转换，首先得确定似大地水准面模型。利用局域内均匀分布的 GNSS 水准点，采用几何法建立局域似大地水准面模型；同时，利用 EGM 2008 全球 $1' \times 1'$ 的全球重力场模型，采用组合法建立似大地水准面模型。比较几何法似大地水准面和组合法似大地水准面模型的精度，以确定研究区域内采取哪种方法建立高程转换模型更合适，见图 2.3-2。

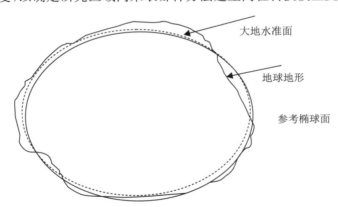

图 2.3-2　地形面、大地水准面和参考椭球面

采用 GNSS 水准法建立似大地水准面模型时，首先根据区域分区建模。

①当区域为带状，呈东西走向时，则可建立与经度相关的数学模型：

$$\Delta \xi(\Delta L) = f(\Delta L) = a_0 + a_1 \Delta L + a_2 \Delta L^2 \tag{2.3-8}$$

②当区域为带状，呈南北走向时，则可建立与纬度相关的数学模型：

$$\Delta \xi(\Delta B) = f(\Delta B) = b_0 + b_1 \Delta B + b_2 \Delta B_2 \tag{2.3-9}$$

③当区域为面状时，则可建立高程异常与经纬度相关的函数模型：

$$\Delta \xi(\Delta B, \Delta L) = f(\Delta B, \Delta L) = c_0 + c_1 \Delta B + c_2 \Delta L + c_3 \Delta B \Delta L + c_4 \Delta B^2 + c_5 \Delta L^2$$

$$\tag{2.3-10}$$

式中,ΔB——GNSS 水准点与几何中心点间纬度差,$\Delta B = B - B_0$;

　　ΔL——GNSS 水准点与几何中心点间经度差,$\Delta L = L - L_0$;

　　(B,L)、(B_0,L_0)——GPS 水准点的大地坐标和中心坐标。

上式中各多项式系数可以通过最小二乘获得:

$$X = (M^T M)^T M^T \Delta \xi \qquad (2.3\text{-}11)$$

式中,X——各式中的多项式系数;

　　M——系数矩阵。

通过代入 GNSS 水准点,利用最小二乘求得多项式系数 $a_i (i=0,1,\cdots,5)$,从而确定高程异常模型。对于区域内任意一点,若已知观测得到其大地高,再代入其大地坐标 (B,L) 就可得到该点的正常高。

组合法建立区域似大地水准面模型采用"移去—恢复"方法。利用局部 GNSS/水准测量数据和 EGM 2008 $1' \times 1'$ 重力场模型建立高程转换模型的方法如下:

①计算出 GNSS 控制点位置 EGM 2008 重力场模型中的大地水准面差距。

②将 GNSS 控制成果的大地高减去相应的大地水准面差值,即"移去"重力似大地水准面的影响。

③按照几何法建立"移去"重力水准面影响的似大地水准面。

④将得到的似大地水准面加上相应位置的重力似大地水准面,即"恢复"重力似大地水准面的影响。

（2）无缝理论深度基准面模型的建立

我国沿海及江河流域采用的是理论深度基准面。

利用长江口沿岸 30 天或更长潮位观测数据,计算当地的理论深度基准面,分潮主要包括主太阴半日分潮 M_2、主太阳半日分潮 S_2、主太阴椭圆率半日分潮 N_2、太阴太阳合成半日分潮 K_2,太阴太阳合成日分潮 K_1,主太阴日分潮 O_1,主太阳日分潮 P_1,主太阴椭圆率日分潮 Q_1、太阴浅海 1/4 日分潮 M_4,太阴太阳浅海 1/4 日分潮 MS_4,太阴浅海 1/6 日分潮 M_6、太阳年气象分潮 S_a 和太阳半年气象分潮 Ss_a。

计算模型如下所示:

$$L = \sum_{j=1}^{11} (fH)_j \cos(\varphi_j)_{\text{最低}} + H_{S_a} \cos\varphi_{S_a} + H_{SS_a} \cos\varphi_{SS_a} \qquad (2.3\text{-}12)$$

式中,L——深度基准面在平均海面以下的高度;

　　f——节点因数;

　　H——多年平均半潮差;

　　j——分潮的序数,为 $1,2,3,\cdots$;对应 M_2、S_2、N_2、K_2、K_1、O_1、P_1、Q_1、M_4、MS_4、M_6 共 11 个分潮;

　　φ_j——第 j 个分潮的相角;

H_{S_a}——太阳年气象分潮 S_a 的平均半潮差；

φ_{S_a}——太阳年气象分潮 S_a 的相角；

$H_{S_{Sa}}$——太阳半年气象分潮 S_{Sa} 的平均半潮差；

$\varphi_{S_{Sa}}$——太阳半年气象分潮 S_{Sa} 的相角。

深度基准面是相对于当地长期平均海平面垂线方向以下 L 的基准面,而长期平均海平面的确定可通过验潮数据的算术平均值或平均海平面的传递方法得到,其值是相对于验潮站的验潮零点。通过深度基准面与长期平均海平面之间的关系,可进一步得到深度基准面与验潮零点的关系。而验潮站在布设时,一般可测得其验潮零点在国家陆地高程基准下的高程或基于参考椭球的大地高程,因此可得到海图深度基准面在陆地高程基准下的绝对高程或椭球高。此外,在一般情况下,验潮站平面位置 (x,y) 也可获得,所以根据验潮站已知的平面位置和深度基准面高,可采用几何插值或拟合方法来构建某一区域连续无缝深度基准面,其几何模型可简单表示如下：

$$H_L = F(x,y) \tag{2.3-13}$$

式中, H_L——深度基准面高,平面位置 (x,y) 的函数。

得到任一点的平面坐标后,便可知该处的深度基准面高。

（3）长江口无缝垂直基准转换模型的建立

由于长江口 GNSS 控制网的测点位置与潮位站的位置不同,因此不可能直接利用椭球面与理论深度基准面的分离量。通过构建几何曲面模型,实现大地高到海图高程的一步转换,需采用两步法实现。

①构建似大地水准面模型,实现大地高到正常高转换；

②构建无缝深度基准面模型,实现正常高到海图高程的转换。

根据以上两步,结合测点位置,实现大地高到海图高程的转换。

2.4 测深系统集成及作业方法

2.4.1 设备选型

针对长江中下游河道空间跨度大、水沙条件复杂的特点,对测深系统的选择要兼顾精度及稳定性,同时对复杂的水文条件要有较好的适应性。

2.4.1.1 测深原理及测深仪选型

测深仪是利用超声波在水介质的传播特性和水底的反射特性测量水深的仪器。测深仪测深的基本工作原理是：船在理想状态下,用安装在测量船下的发射换能器,垂直向水下发射一定频率的声波脉冲,声波以声速 C 在水中传播到水底,经反射或折射返回,被接收换能器所接收。由于发射的声波脉冲有一定的开角,因此选定从发射至接收水底回波时间最短的声波脉冲为中心脉冲,设传播时间为 t,则换能器表面至水底的距离（水深）H 为：

$$H = \frac{1}{2}Ct \tag{2.4-1}$$

上式中的水中声速 C 与水介质的体积弹性模量及密度均有关，而体积弹性模量和密度又是随温度含盐度及静水压力变化而变化的，而时间 t 是仪器测量得到的。一旦声速 C、时间 t 确定，即可得到换能器到水底的距离，加上吃水改正即得水深。

由于声波在传播的过程中，受水的温度、含盐度、静水压力等诸多因素影响，在不同的时间、地点，声波的传播速度均不同，也不可能知道。在实际生产上，通常用一个平均传播速度 C_m 来替代，则换能器表面至水底的距离（水深）H 表示为：

$$H = C_m(t_r - t_t)/2 \tag{2.4-2}$$

式中，t_t 和 t_r——发射声波和接收回波的瞬间时刻。

在对测深仪进行选型时，既要考虑测深仪的工作频率、指向角、功率等对测深的影响，也要考虑河底声波特性与反射损失。

（1）波束角大小对测深的影响

测深仪是根据声波在水下的反射时间来计算测点水深的，其测深精度与回声仪的声测面积有关，声测面积越大其测深精度越低。回声仪换能器指向角的主波瓣所覆盖的河底（平坦河床）为一半径为 r 的圆的面积，其声测面积公式可用下式表示：

$$r = h \tan\beta \tag{2.4-3}$$

式中，h——测点水深；

β——换能器半指向角。

从表 2.4-1 可以看出，当换能器波束角为 8°时，在 150m 深的河床中测量得到覆盖直径为 21m，与换能器波束角为 24°在 50m 深的河床床面覆盖直径为 21.1m 基本一致。假设水介质、河床床面特性和测深仪工作频率相同，其水深测量精度相同，则可推出换能器波束角越小，在深水河床中测深精度越高。

表 2.4-1　　　　　　　　　**不同波束角在不同深度条件下覆盖河床面直径**　　　　　　　（单位：m）

测点水深	覆盖河床面直径					
	$2\beta=6°$	$2\beta=8°$	$2\beta=10°$	$2\beta=14°$	$2\beta=20°$	$2\beta=24°$
50	5.2	7.0	8.8	13.2	17.6	21.1
100	10.4	14.0	17.6	24.5	35.2	42.5
150	15.7	21.0	26.2	36.8	52.9	63.8
200	21.0	28.0	35.2	49.1	70.4	85.0

（2）回声测深仪工作频率对测深精度影响

工作频率是超声波测深仪最重要的参量之一，测深仪性能指标的工作频率与许多因素有关，必须优先加以考虑。

声呐方程可以表示为：

$$SL - TL = NL - DI + DT \qquad (2.4\text{-}4)$$

式中，DI——接收指向性指数，$DI = 10\lg\gamma$。

γ——接收聚集系数，对于圆形、正方形换能器 $r = 4\pi s/\lambda^2$，其中，s 为换能器面积，λ 为换能器波长；则 $DI = 10\lg(4\pi s/\lambda^2) = 10\lg(4\pi s/c^2 f^2)$，$f$ 为换能器工作频率。

SL——声源级，$SL = 7.15 + \lg p + \mathrm{Dit}$，$p$ 为发射器辐射声功率。

Dit——发射指向性指数，$\mathrm{Dit} = 10\lg(4\pi s/c^2) + 20\lg f$。

NL——噪声级，NL 的大小决定于发射脉冲宽度。

TL——传播损失，$TL = 20\lg\gamma + \alpha r/1000 + A$，$A$ 为常数项。

α——水体介质的吸收系数，$\alpha = kf^h$。

声呐方程中，除检测阀 DT 与 f（工作频率）无关外，其他几项均与频率相关，不考虑外界因素（如水的浑浊度、流速等），选择超声波测深仪工作频率在不同水深的条件的最佳范围。

换能器发射频率越高，超声波在水中传播损失越大，因被水体吸收而不能有效返回至换能器。若换能器收到的回波信号为换能器发射的主波束的回波信号，则测深精度更高。当发射频率较低时，其声波信号在水下传播损失较小，若声波束功率较大，换能器指向角旁瓣信号也能反射至换能器，导致回声测深的精度下降。

（3）床面泥沙组成对水深测量影响

理论上，对于硬质平坦床面，在相同高程水面不管使用何种测深仪测量的水深都应该是相同的；在床面松软或存在沉积物（淤泥）的情况下，使用不同频率测深仪测量的水深值普遍存在差异。

沉积物（泥沙）颗粒之间总存在空隙，声波在沉积层面上能产生反射与透射。泥沙的粒径与穿透深度的关系比较复杂，不是单一的对应关系，主要由表面反射、内部反向散射和分层反射等信号叠加而成。沙粒间孔隙距对声波散射起到较大的作用，一般情况下，粒径较大的沙底穿透较大，粒径较小时，穿透较小。沉积物的密度、孔隙度、声速和反射系数存在相关关系。典型沉积物的密度、孔隙度、声速和反射系数见表 2.4-2。

表 2.4-2　　　　　　　　典型沉积物的密度、孔隙度、声速和反射系数

沉积物类别	平均粒径 /mm	沙 /%	粉砂 /%	黏土 /%	密度 /(g/cc)	孔隙度	声速 /(m/s)	反射系数
沙	—	—	—	—	—	—	—	—
粗砂	0.530	100.0	—	—	2.03	38.6	1836	0.4098
中砂	0.376	99.8	0.2	—	2.01	39.7	1749	0.3835
细砂	0.153	88.1	6.3	7.1	1.98	43.9	1742	0.3749

续表

沉积物类别	平均粒径/mm	沙/%	粉砂/%	黏土/%	密度/(g/cc)	孔隙度	声速/(m/s)	反射系数
极细砂	0.090	83.9	13.0	2.9	1.91	47.4	1711	0.3517
粉砂质沙	0.073	65.0	21.6	13.4	1.83	52.8	1677	0.3228
沙质粉砂	0.036	34.5	51.2	14.3	1.56	68.3	1522	0.2136
沙—粉砂—黏土	0.018	32.6	41.2	26.1	1.58	67.5	1578	0.2504
黏土质粉砂	0.006	6.1	59.2	34.8	1.43	75.0	1535	0.1767
粉砂质黏土	0.003	5.3	41.5	53.6	1.42	76.0	1519	0.1586

不同频率的超声波对床面泥沙的敏感度是不一致的,一般情况下高频超声波比低频超声波敏感。根据长江水利委员会水文局在长江宜昌河段进行不同测深仪试验研究可得,在同一床面沉积的泥沙干容重为 0.18kg/cm³ 时,使用 EF500 型测深仪(工作频率 100kHz)、DF3200 型测深仪(工作频率 200kHz)测量同点水深,低、高频水深测量值差值达 5.2m。工作频率越低的测深仪测量的水深值越大,中、高工作频率测深仪测量的水深值间差别较小。随着沉积泥沙干容重增加,不同工作频率测深仪测量的水深值之差逐渐减少,床面泥沙干容重达到某一量值后,使用高低工作频率测深仪测量的水深值基本一致。根据实测资料分析,床面泥沙的干容重在 1.20kg/cm³ 左右时,使用低频与高频测深仪测量同一平坦床面的水深基本相同。三峡大坝坝前河段水底的泥沙粒径为 0.004～0.129mm,干容重约为 0.90kg/cm³ 时,使用工作频率 24kHz 与 200kHz 的测深仪测量的水深值存在差别,见图 2.4-1。

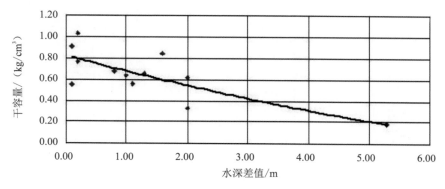

图 2.4-1 24kHz 与 200kHz 测深差与床面泥沙容重关系

(4)床面起伏对水深测量影响

理论上对于硬质平坦床面,使用不同的测深仪测量获得的水深数据应该一致,但实际上存在差异。表 2.4-3、表 2.4-4 为目前较典型的几种回声测深仪在长江宜昌河段比测成果。

表 2.4-3 不同型号测深仪定点与检查板对比成果分析

测深仪型号	统计项目	高频		低频		备注
		仪测—绳测/m	误差/%	仪测—绳测/m	误差/%	
EF-500	变化范围	−0.25~0.30	−1.64~0.50			2006 年 4 月 3 日，水温 13.6℃，声速 1460m/s
	平均值	0.11	0.36			
	河底测板					
EF-200	变化范围	−0.60~0.00	−1.96~0.00			2006 年 4 月 4 日，水温 13.6℃，声速 1460m/s
	平均值	0.24	0.75			
	河底测板					
HY1600	最大值	−0.12~0.00	−0.79~0.00			
	平均值	0.05	0.22			
	河底测板	−0.05	−0.08			
HY1620	变化范围	0.06~0.35	0.32~0.59	0.14~0.34	0.33~1.09	
	平均值	0.18	0.42	0.23	0.65	
	河底测板					
HD-27	变化范围	−0.10~0.10	−0.22~0.49			
	平均值	0.05	0.58			
	河底测板					
HD-28	变化范围	−0.14~0.06	−0.92~0.10	−0.21~0.22	−0.17~0.44	
	平均值	0.05	0.22	0.12	0.41	
	河底测板					
KNUD SEN320M	变化范围	0.14~0.26	0.32~1.23			2006 年 4 月 5 日，水温 14.5℃，声速 1463m/s
	平均值	0.21	0.63			
	河底测板	0.45	0.70			
HDT100	变化范围	0.02~0.34	0.13~0.66	0.11~0.45	0.68~1.32	
	平均值	0.18	0.45	0.34	0.88	
	河底测板					
Bathy-500DF	变化范围	0.00~0.40	0.00~0.75	0.10~0.40	0.50~1.00	
	平均值	0.20	0.49	0.25	0.71	
	河底测板	0.30	0.5	0.40	0.6	
HydroBox	变化范围	−0.07~0.11	−0.46~0.55	0.02~0.17	0.03~0.56	
	平均值	0.04	0.17	0.11	0.31	
	河底测板					
ODOM DF3200 MKⅢ	变化范围	0.19~0.80	0.44~1.25	0.02~0.51	0.03~3.36	
	平均值	0.34	0.76	0.19	0.79	
	河底测板					

表 2.4-4 测深仪高低敏施测平坦河床表面成果分析

测深仪型号	灵敏度	高频			低频			备注
		平均水深/m	最大差/m	误差/%	平均水深/m	最大差/m	误差/%	
HY1600	低敏	66.10	0.12	0.18				
	高敏	65.94	0.06	0.09				
HY1620	低敏	66.14	0.17	0.26	66.06	0.05	0.08	
	高敏	66.10	0.04	0.06	66.16	0.02	0.03	
HD-27	低敏	22.60	0.01	0.04				有雾河边测
	高敏	22.29	0.02	0.09				
HD-28	低敏	66.13	0.05	0.08	66.22	0.08	0.12	
	高敏	66.49	0.05	0.08	66.40	0.03	0.05	
KNUDSEN 320M	低敏	66.58	0.27	0.41	70.11	0.08	0.11	
	高敏	66.67	0.37	0.55	70.10	0.04	0.06	
HDT100	低敏	66.37	0.00	0.00	66.48	0.03	0.05	
	高敏	66.27	0.04	0.06	66.32	0.03	0.05	
Bathy-500DF	低敏	66.40	0.00	0.00	66.40	0.00	0.00	
	高敏	66.40	0.00	0.00	66.40	0.00	0.00	
HydroBox	低敏	66.46	0.09	0.14	66.49	0.01	0.02	
	高敏	66.31	0.01	0.02	66.48	0.01	0.02	
ODOM DF3200 MKⅢ	低敏	65.67	0.27	0.41	65.04	0.04	0.06	
	高敏	65.63	0.27	0.41	65.43	0.08	0.12	

根据表 2.4-3,测深仪测量的水深与使用测量绳测量值相比最大差 1.96%,随水深的增加,不同测深仪间的差别更明显。根据表 2.4-4,使用同一台测深仪测量同一床面点(面),调节测深仪的灵敏度,高敏与低敏情况下的水深值也存在差值,最大差 0.41%,其原因与测深仪稳定性相关。

在起伏床面,由于测深仪具有一定的波束角,发射的超声波覆盖的床面为不规则的面。根据最短边声波优先反射的原理,不同波束角的测深仪,在相同床面区测量,测量的水深值可能存在差异,差异大小取决于床面起伏变率。表 2.4-5 为目前较典型的几种回声测深仪在长江宜昌河段 S34 断面水深试验成果分析。

表 2.4-5　　　　　　　　不同型号测深仪施测 S34 断面固定起点距高程统计　　　　　　（单位：m）

仪器型号	改正方法	−60m/边坡 3.1°			−120m/边坡 25.7°			140m/边坡 36.7°		
		L-R	R-L	差值	L-R	R-L	差值	L-R	R-L	差值
DF3200 MKⅢ	未改正	94.27	93.33	0.94	115.64	116.73	−1.08	56.49	58.19	−1.70
	时改	94.31	93.18	1.13	116.31	116.07	0.24	62.19	56.90	5.28
	时姿改	94.31	93.18	1.13	116.32	116.05	0.27	62.17	56.84	5.32
EF200	未改正	94.95	94.56	0.40	118.23	118.37	−0.14	61.10	60.57	0.53
	时改	94.95	94.59	0.36	118.85	117.76	1.09	61.68	60.12	1.56
	时姿改	94.90	94.59	0.31	118.87	117.74	1.13	61.71	60.11	1.59
HDT100	未改正	95.18	94.28	0.91	117.18	116.83	0.35	64.13	60.94	3.19
	时改	95.43	94.34	1.09	116.20	118.31	−2.12	64.51	62.90	1.60
	时姿改	95.44	94.35	1.10	116.22	118.28	−2.06	64.53	62.88	1.65
HY1600	未改正	94.20	93.24	0.97	116.48	115.93	0.55	61.85	50.66	11.19
	时改	94.17	93.18	0.98	116.24	116.83	−0.59	60.08	53.19	6.90
	时姿改	94.16	93.48	0.68	116.72	116.80	−0.08	60.12	53.11	7.02
Knudsen 320M	未改正	94.38	93.76	0.62	115.12	117.65	−2.52	57.39	61.36	−3.96
	时改	94.43	93.85	0.58	116.99	115.73	1.26	59.99	58.07	1.92
	时姿改	94.47	93.88	0.58	117.02	115.77	1.35	60.08	58.00	2.00
统计	最小值	94.16	93.18	0.31	115.12	115.73	−2.52	56.49	50.66	−3.96
	最大值	95.44	94.59	1.13	118.87	118.37	1.35	64.53	62.90	11.19
	平均值	94.64	93.85	0.75	116.83	116.99	1.09	61.20	58.26	3.71
	标准差	0.41	0.48	0.29	0.83	0.82	1.27	1.75	2.81	3.74

注：①未改正，指未进行延时及姿态改正。

②时改，指进行了延时改正。

③时姿改指同时进行延时和船姿改正。

根据表 2.4-5，对同一台测深仪，径向测量的同一点的水深差值，随河床起伏度增大而增加。如使用 HY1600，采用未改正方法径向测量 S34 断面，在固定起点距 140m（边坡斜率约 36.7°）时，差值达 11.19m；床面的起伏度越大，波束角大的测深仪测量的水深值较波束角小的测深仪测量的水深值小。

综上研究，给出测深仪选型原则如下：

①地形复杂水域或最大水深大于 100m 的水域，宜选择换能器波束角小于 8°的测深仪；其他较平坦水域所用换能器波束角不得大于 12°；港口航道等浅水区域宜选用浅水型测深仪。

②测深仪工作频率以 100～200kHz 为宜，输出功率宜大于 150W。

③多测次水深测量时宜保持设备型号一致，因特殊情况选用不同型号设备时，在水深测量前需进行水深测量精度比测。

④当回波记录有模糊记录和浓黑记录在同一个测点同时存在时,以浓黑的回波记录为测点更贴近于实际的水深。

⑤采用双频测深仪测深时,要尽可能保证高频水深的回波质量,以提高测深成果精度。

2.4.1.2 GNSS 定位原理及定位模型选择

根据差分基准站发送的信息方式可将差分工作模式分为 4 类,即位置差分、伪距差分、相位平滑伪距差分和载波相位差分,其中载波相位差分定位精度较高。实时载波相位差分技术也称为 RTK(Real-time kinematic)技术,是将基准站的相位观测数据及坐标信息通过数据链方式及时发送给动态用户,动态用户将收到的数据链连同自采集的相位观测数据进行实时差分处理,从而获得动态用户的实时三维位置,这是目前长江中下游长程水下动态河床数据定位的主要方法。

河道水深数据获取的定位作业模式可分为常规模式和一体化模式,定位作业模式应根据定位精度与测图比例尺进行选择,一般应符合表 2.4-6 规定。随着全球卫星定位系统技术及应用不断深入,测深仪设备数字化程度不断提高,差分 GNSS 与测深仪集成系统已成为当前河道水深数据获取的主要途径。

表 2.4-6   河道水深数据获取定位作业模式选择

作业模式	定位方法	测深方式	测图比例尺
常规模式	前方交会、后方交会、侧方交会	测深仪、测深锤、测深杆	≤1∶5000
	极坐标法(全站仪)	测深仪、测深锤、测深杆	≤1∶200
	极坐标法(经纬仪配合光电测距仪)	测深仪、测深锤、测深杆	≤1∶5000
	断面索法	测深仪、测深锤、测深杆	≤1∶500
一体化模式	RBN GNSS/SBAS GNSS	多(单)波束测深仪	≤1∶2000
	GNSS RTD	多(单)波束测深仪	≤1∶1000
	RTK/CORS	多(单)波束测深仪	≤1∶200

注:①大比例尺测图作业模式也适合小比例尺测图。
②RBN GNSS 是无线电信标差分 GNSS 定位系统,RBN GNSS/SBAS GNSS 定位精度均为米级精度。
③GNSS RTD 定位精度为分米级,适用于大中比例尺水下地形图测量。
④RTK/CORS 的三维定位结果均达到厘米级精度,可用于无验潮水域测量。

2.4.2 差分 GNSS 与测深仪集成系统及作业方法

2.4.2.1 系统集成

差分 GNSS 与测深仪集成系统作业流程主要包括作业准备、设备安装与调试、检测比测、数据采集等。差分 GNSS 与测深仪集成系统作业流程见图 2.4-2。

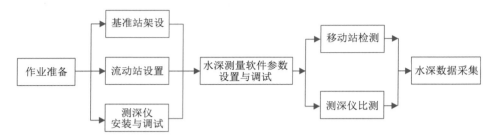

图 2.4-2 差分 GNSS 与测深仪集成系统作业流程

2.4.2.2 作业方法

（1）作业前准备

作业开展前应收集测区已有资料，有必要时开展外业查勘工作，主要工作包括：

①收集测区历史地形图、计划测线等资料用于导航底图及计划测线布设。

②外业查勘主要了解测区礁石、沉船、水流、险滩、浅滩等分布情况，以制定适宜的工作计划。

计划测线布设注意事项：

①测区已有计划测线时，应检查是否符合设计要求，符合后方可采用，否则需调整或重新布设。

②横断面法布设测线时，主测深线宜垂直于等深线总方向、挖槽轴线或岸线，测线布设间距应符合表 2.4-7 规定。

表 2.4-7   水下地形测深线及测点间距   （单位：m）

测图比例尺	测深线间距	测点间距
1：500	8～13	5～10
1：1000	15～25	12～15
1：2000	20～50	15～25
1：5000	80～150	40～80
1：10000	200～250	60～100
1：25000	300～500	150～250
1：50000	750～850	230～400

注：①当河宽小于测深线间距时，测深线间距和测点间距均应适当加密。当河宽超过 3km 且地形平坦时，1：10000～1：25000 比例尺测图线间距可放宽 20%。

②边滩及平滩地区测点间距可放宽 50%，测线间距可放宽 20%。

③山区性河道、河道弯度较大时宜加密布设。在崩岸、护岸、陡坎、峭壁附近及深泓区，测点应适当加密。

④固定断面测线应根据断面端点成果布设，断面零点宜布设为测线起点，测线布设后应检查测线起止点是否正确。

⑤测深检查线布设时，宜垂直于主测深线，检查线的总长度不宜小于主测深线总长度的 5%。

⑥分区作业，相邻测区宜布设 1～2 条重合测深线；同区作业，测深间隔时间超过 2 天，应布设 1～2 条重合测深线。

（2）设备安装与调试

1）差分 GNSS 基准站设站要求

①基准站上空应尽可能开阔，能跟踪和观测到所有在视野中的卫星，在 15°高度角以上不能有成片的障碍物。

②基准站周围约 200m 的范围内不能有强电磁波干扰源，如大功率无线电发射设施，高压输电线等。

③基准站应远离对电磁波信号反射强烈的地形、地物，如高层建筑、成片水域等。

④基准站电台的功率要大，电台频率应与移动站一致，频率应该选择在本地区无线电使用较少的频率。

⑤基准站参数设置应正确，包括椭球参数、投影参数、坐标转换参数、差分 GNSS 作业模式参数、GNSS 天线高参数、控制点坐标等。

2）差分 GNSS 移动站设站要求

①差分 GNSS 天线安装轴线宜与测深换能器安装轴线保持一致，若偏移量大于 3cm 应确定二者的相对平面位置并进行偏移改正，进行偏移改正时应安装罗经设备。

②移动站电台频率应与移动站一致，电台工作参数设置应正确。

③移动站数据输出端口参数设置应正确，包括定位数据输出模式、波特率、端口号等。

3）测深仪安装与调试

①安装前应对测深仪器及配套设备的符合性、适应性进行检查。

②测深仪换能器安装应考虑船舶机器振动、船舶航行产生气泡等影响因素，一般安装在船长 1/3～1/2 近船首侧，可舷外安装，见图 2.4-3，条件允许时，可内装（船底安装），见图 2.4-4。换能器与船体应保持刚性连接，入水深度可视情况而定，以船体吃水深度的 2/3 为宜。安装轴线宜与定位设备天线安装轴线保持一致，若偏移量大于 3cm 应确定二者的相对平面位置并进行偏移改正。

③测深仪换能器安装轴线应与水平面垂直，可采用铅垂线法或经纬仪观测法辅助纠正。

④测深仪换能器静态吃水应在测船正常负载下量取，量测两次，取平均值，记录至 0.01m。

⑤测深仪设备连接应符合设备连接要求，有接地装置的应正确接地。

⑥测深仪参数设置应正确，其主要内容包括声速设定、静态吃水设定、量程设置、输出接口参数设置、作业模式选择等。

⑦作业前应对测深仪进行连续试验，试验时间宜大于作业时仪器连续工作的最长时间，试验中应每间隔 15min 比对一次水深，测定一次电压和声速，并做好记录。新购或经过大修的测深仪宜进行停泊稳定性及适航性试验。

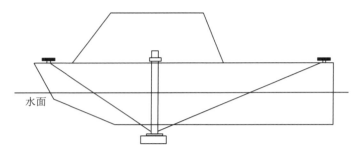

图 2.4-3　舷外安装

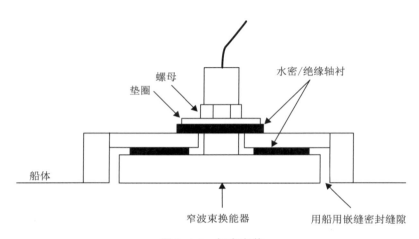

图 2.4-4　船底安装

（3）水深测量软件参数设置与调试

①水深测量软件宜采用成熟的商业软件，采集软件应具备延时校正、坐标系定义、定标和非定标数据信号全采样等功能，避免采用只记录定标时刻测量数据的软件。

②参数设置应正确，包括项目参数、椭球参数、投影参数、坐标转换参数、数据端口参数、导航定位参数等。

③外部端口（如定位设备端口、测深仪端口等）连接后，应进行数据传输测试，以确保数据端口连接正常和数据格式正确。

（4）检测比测

作业前应对差分 GNSS 移动站定位精度和测深仪测深精度进行检测及比测。

①差分 GNSS 移动站定位检测可采用定位已知控制点、全站仪极坐标法、RTK 测定等方法，检测及较差应满足规范或设计要求。

②测深仪比测可采用比对板、测深锤或测深杆等测具进行，比测方法及精度应满足规范或设计要求。

③在每个测次的开始、结束或较长时间的测量过程中，应对测深仪测深进行校对，校对

方法及精度应满足规范或设计要求。

④同一测区不同测次采用不同型号测深仪。水下测深作业中途换另一种型号的测深仪时,需要将新更换的测深仪与原已使用的测深仪同时于同一断面进行作业平行比测,建立改正关系,以使测深资料衔接。原测深仪出现故障的部分应与其已施测的正确断面资料进行平行比测。平行比测按以下要求进行。

a. 平行比测严格控制在同一断面线上,两部测深仪分别施测一个往返,然后绘横断面进行比较,其误差不得大于原已用测深仪所测水深的±1%(前提是原已使用的仪器精度可靠),超出此限,应分析查明原因。

b. 将两部测深仪的换能器靠在一起安装,进行定点比测。在平坦河床处,同时测定比测点的水深,其误差不得大于原用测深仪所测水深的±1%(前提是原已使用的仪器精度可靠)。

c. 两部发射频率相同(或相近)的测深仪进行定点比测时,应注意先开启其中一台测深仪测出比测点的水深,随后关机,再将另一台测深仪及时启动测出同一比测点的水深进行比较,以免互相干扰。

(5)水深数据采集

①水深测量前应量测水体水温、含盐度,校正声速和检测检验精度。水温和含盐度应在水深不小于1.0m处测定,观测时间不小于5min。一般内陆水域可只测定水温,潮汐河段还应测定含盐度。当测深水域流速大于1.0m/s时,可只在畅流区测定一个水温与含盐度;当测深水域为滞流和流速普遍小于1.0m/s的缓流,水面与水底水温相差3℃以上或垂直方向含盐度梯度变化明显时,水温与含盐度应分层测定或直接测定垂线声速剖面。

②在进行精密水深测量或1:5000以上比例尺测图时,应测定换能器动态吃水改正数。当动态吃水大于0.05m时应做动态吃水改正,测量时测船航速宜与动态吃水测定时的速度保持一致,动态吃水改正宜在数据后处理中进行。

③水深测量作业宜在风浪较小的情况下进行。测深时由风浪引起测船颠簸从而造成回波线起伏变化达到0.3m(内河)或0.5m(近海)时,应停止作业。多波束测深作业天气应优于(含)海况2级(风4级,浪高1m),当姿态传感器(波浪补偿器)测出的横摇或纵摇超过8°时应停止作业。

④水深测量应控制船速,保持测船匀速姿态稳定。地形较平坦或水深不超过100m的水域,船速宜控制在6km/h以下;地形复杂或水深超过100m/h的水域,船速宜控制在4km/h以下。

⑤当山区河段地形测区比例尺大于或等于1:5000时,平原河段地形测区比例尺大于或等于1:2000时,GNSS应进行延时测定。

⑥水边线及水位观测应与水深测量同步。

⑦作业过程中,作业人员应密切注意定位和测深等设备工作状态,当出现设备状态报警

时或观测数据不正常时应及时停止作业，并进行检查处理。作业结束后应对水深数据采集文件和作业区域是否有空白等进行检查，原始数据文件应备份保存。

2.4.3　GNSS 三维测深集成系统及作业方法

2.4.3.1　GNSS 三维测深集成系统

GNSS 水下三维测深集成系统是利用 GNSS 动态测量技术、测深仪及其他附属设备实测的数据，通过实时或事后联合解算，计算出测深仪换能器声学中心的三维位置，从而获得水下测点的平面位置和高程。该方法也被称作无验潮测深、随船一体化测深等。GNSS 水下三维测深可以采用实时动态测量（RTK）或者后处理动态测量（Post Processed Kinematic，PPK）的方法进行，但测区附近应具备必要的平面、高程控制网和高程转换模型，在测区合适的位置应至少布设一个水位站，以对 GNSS 三维水下测深进行可靠性控制。GNSS 水下三维测深集成系统是长江中下游受潮汐影响河段河道水深数据快速获取的主要技术方法，该技术方法能有效减弱潮位观测误差，提高水深数据获取精度。

2.4.3.2　测量方法

（1）GNSS 水下三维测量要求

①建立测区内高程转换模型，以实现从 WGS84 大地高向测图高的转换。当测区面积不大时可采用七参数转换模型；当测区面积较大或带状测区长度超过 50km 时，宜选用曲面拟合模型，或将测区分段并计算每段的坐标转换参数。

②用于求解高程转换模型参数的已知点应覆盖整个水深测量区域，且分布均匀；坐标转换的点位精度应小于 5cm，垂直基准转换的外符合精度和内符合精度应小于 5cm；应避免在转换参数有效范围外实施测深作业。

③在辅以姿态传感器和罗经的条件下，需要建立准确的坐标系统，确定姿态传感器、罗经、GNSS 相位中心、测深仪换能器中心的相对关系，以用于实时或者后续的数据处理。

④测量前，严格测量 GNSS 和测深系统的时延参数，并用于后续时延改正。

⑤当采用 RTK 测量时，需要确保数据链的连续稳定，测量过程中保持 RTK 测量状态的时段应占总测量时段的 95% 以上，且每次连续失锁的时间不得超过 10min，否则应予以补测。

⑥当采用 PPK 测量时，基准台静态测量数据记录和流动台动态测量数据记录应连续稳定，测量过程中 GNSS 保持锁定状态，以便能在后处理中得到连续的固定解。

⑦避免多路径、强磁场或其他微（电）波干扰。

⑧观测期间，应保持 GNSS 良好的观测条件，一般要求几何精度因子 GDOP 小于 4.0，卫星数大于 5 颗。

⑨采用合理的数据处理方法，计算出连续的水面高程，并与附近的常规水位站或其他手

段测量出的水面高程进行比测校核。

⑩准确测量出静止状态下 GNSS 相位中心与水面差值。

⑪采用数据平均法计算出可靠准确的水面高程，宜选用某时刻前后各 1min 的数据的均值作为该时刻的水面高程值，均值计算的数据不少于 20 个，且中误差不大于 5cm。

（2）GNSS 水下三维测量作业方法

①仪器设备主要由 2 台以上的双频 GNSS 接收机、一台数字测深仪、计算机及测量数据采集软件组成。其中船站采用一台 GNSS 接收机，基准台站可以有多台。辅助仪器包括姿态传感器、声速剖面仪、盐度计、水温表、钢卷尺、比测杆等。

②船泊于码头或平静的水面，固定 GNSS 天线于测深仪换能器连接杆的上方，准确测量 GNSS 接收机天线相位中心至测深仪换能器声学中心的高度以及至水面的高度，读数精确到 0.01m。

③采用姿态传感器时，考虑到数据的同步性，采用实时动态的方式测量水面高程，准确测量各传感器之间的关系，构建船体坐标系。

④设备安装方法如下：

a. 将姿态传感器安置在船体大致重心位置，以此为原点，船体龙骨方向为 X 轴，通过原点垂直 X 轴的右舷方向为 Y 轴，垂直向下为 Z 轴，建立船体坐标系（VFS）。

b. GNSS 天线安置在船体坐标系原点附近较高的位置，避免遮挡。

c. 罗经安置在平行测船龙骨方向，指向前方。对于磁性罗经，应避免周围铁磁性物质对罗经的影响。

d. 测深仪换能器应固定在船体重心正下方或船舷边。

e. 在船泊于码头时，利用架设在岸边的全站仪测量 GNSS 天线相位中心、换能器、姿态传感器的坐标，并以姿态传感器为原点，计算其他各传感器相对姿态传感器的坐标。

⑤定位设备、测深设备、姿态传感器等仪器安装完成后，需进行仪器校准。校准内容包括罗经安装方向校准（艏向测量设备的零方向与船纵轴线的偏差）、运动传感器横向和纵向偏差校准（运动传感器与测船稳定状态下平面的偏差，此时假定换能器是垂直安装的）、测深系统时延校准（主要校准定位数据与测深数据的不同步性）。

a. 罗经安装方向校准：在测船保持静止的条件下，采用 GNSS 或常规测量方法精确地测量出船体轴线的方位，与一段时间内罗经测量出的数据进行对比，计算罗经的安装偏差，用于数据的后处理。

b. 运动传感器横向和纵向偏差校准：将测量船锚定在平静的水域，如码头，连续记录 5min 以上运动传感器姿态数据，数据稳定后，根据测量出的横摇（Roll）、纵摇（Pitch）各自的均值，计算运动传感器的安装偏差（此时测深系统的探头需保持近似铅垂状态）。

c. 测深系统时延测试：选择特征河床水域，设计断面线，进行往返测量，根据特征点统计法和断面移动综合匹配法确定系统时间延迟，并对系统进行时延改正，确保 RTK 定位与测深数据的严格同步。

⑥数据采集期间，采用 RTK 测量模式时，GNSS 数据更新率应不小于 10Hz，输出并记录 GGA 或 GGK 格式数据。采用 PPK 后处理模式时，需与基准台以相同的采样率记录 GNSS 观测数据，以便后续数据处理。同步采集的数据包括定位、测深和姿态数据。需要采集的运动传感器姿态数据有横摇、纵摇和升沉，数据采样率不小于 10Hz。

⑦采集的数据需经过专业的软件进行处理，鉴于计算模型的复杂性，采用 RTK 测量模式测深时，需同时采用布设常规的水位站的方式测量部分区域水深，以评价 GNSS 三维水深测量成果的可靠性，两种方法得到的检查点的差异应满足测深要求中有关检查线的精度要求。

⑧当测量中无姿态传感器时，需选择风浪小的时间进行测量，得到连续的水面高程数据需经过时段平均或滤波等数据处理方法，且应有至少两组的数据与常规方法测量出的水面高程进行校核比对，两者的差值应不超过±0.10m。

2.4.4 多波束测深集成系统及测量方法

2.4.4.1 多波束测深集成系统

多波束测深集成系统（Multi-beam Bathymetric System）是一种用来进行水底地形地貌测绘的大型组合设备，它利用相互垂直且呈"T"形结构的发射基阵和接收基阵（米尔斯交叉阵）进行条带式全覆盖测量，通过各种传感器对各个波束测点的空间位置归算，从而获取与航向垂直的条带式高密度水深数据。

换能器由方向垂直的发射阵和接收阵组成。发射阵平行船纵向（龙骨方向）排列，并呈两侧对称向正下方发射扇形脉冲声波；接收阵则沿船横向（垂直龙骨方向）排列，接收来自水底相应照射扇区的回波。在垂直于测量船航向的方向上，根据各角度声波到达的相位或时间就可以分别测得与每个波束相应测点的水深值。通过若干个测量周期的组合，形成一条以测量船航迹为中心线的带状测量区域，因此多波束测深集成系统也称作条带测深系统。

多波束测深集成系统是一个综合性的系统，由多个子系统组成。对于不同厂家的多波束测深集成系统，虽然组成部件有所不同，但大体上可将系统分类为多波束声学系统、多波束数据采集系统、外围辅助传感器和数据处理系统。

多波束测深集成系统的组成单元（图 2.4-5）包括：

（1）多波束声学系统

多波束声学系统以换能器为代表，负责波束的发射和接收。

（2）多波束数据采集系统

多波束数据采集系统完成波束的形成和将接收到的声波信号转换为数字信号，并反算其测量距离或记录其往返程时间。

（3）外围辅助传感器

外围辅助传感器主要包括定位导航设备（如 GNSS、罗经）、实时姿态测量设备（如姿态传感器）、声速测量设备（声速剖面仪 CTD），这些外围辅助单元主要实现测量船瞬时位置、姿态、航向的测定以及水中声速传播特性的测定。

（4）数据处理系统

数据处理系统综合处理定位、船姿、声速剖面和潮位信号等，并计算波束脚印的 xy 坐标和深度 H，并绘制水底平面或三维图。

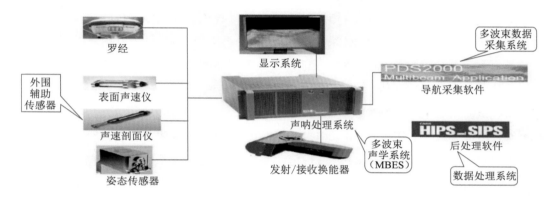

图 2.4-5　多波束测深系统组成单元

2.4.4.2　测量方法

多波束勘测技术作为一项全新的水下地形探测技术，采用多组阵和广角度发射与接收，形成条幅式高密度水深数据，突破了传统单波束测深技术的局限性，已成为目前高精度水下地形探测的主要手段。该技术在长江中下游重点河段动态河床数据获取中得到广泛应用。

（1）多波束测深集成系统作业准备

开展水下扫测作业前，应收集测区已有的水深、水文等资料并根据测区实地查勘情况及任务的要求制定周密的测量计划和多波束扫测质量控制方案，并使其贯穿于多波束测量全过程。测前准备阶段质量控制的具体内容主要如下：

1）测区查勘与资料收集

测区查勘与资料收集是进行多波束测深集成系统作业设计和观测布置的主要依据，作业前应充分收集测区已有成果资料并需开展实地查勘。收集的资料应包含测区控制成果、地形图资料、水文资料等；测区查勘内容应包括测区水流、过往船舶、水悬物分布、礁石浅滩分布等情况。当在新测区开展作业时，应在作业前布置一次较小比例尺的单波束测量，并将其施测成果作为多波束测深集成系统作业布线依据。

2）传感器系数校正

在作业前应对集成系统各传感器进行测试、检查与校准。定位系统可采用已知点检测、全站仪比测、系统定点连续观测等方式，并将采集获得的比测数据和定位数据进行分析处理，评估其稳定性、误差、差分信号质量和接收卫星数是否符合精度要求。测前应对姿态传感器和罗经进行必要的检查和系统测试，以确定信号是否正常、连续，并进行必要的校正。

3）系统稳定性试验

系统稳定性试验应在测区不同深度、不同航速下进行。可选一水深大于 20m 的平坦水域，对水深进行重复测量，根据测量数据进行系统精度评估，同时观察主机、定位系统、船姿、罗经等传感器设备是否工作正常，精度是否可靠。在测区选择地形起伏变化较大的水域进行数据采集，以观测系统在不同水深、不同航速下是否工作正常，每个发射脉冲接收到的波束数是否大于总波束数的 80%，系统其他方面的工作是否正常。

4）位置与水深误差评估

系统试验所有采集的测深点应采用 95% 的置信度对位置和水深进行误差估计，观察其是否符合精度要求。对于位置，可以用多条检查线进行对比，检测其精度是否符合设计及规范要求。对于水深，可采用联络测线进行精度评价，并确定主检不符值的误差分布特征。同时，由于各传感器（如定位、姿态、罗经等）具有各自独特的误差特征，因此应在试验采集的数据中抽取各传感器的数据进行独立的误差分析，以便发现问题并及时解决。

5）测线布设

测线应沿测区主体地形走向（即水深等值线走向）平行布设，测线间距应能保证相邻测幅有一定的相互重叠区，测幅间重叠度应根据任务要求进行设定。作业期间要根据实际水深情况和相互重叠的程度合理调整测线间距，以避免扫测盲区，或不必要的过量重叠。在测区要布设至少一条跨越整个测区并与大多数测线方向垂直的检查测线。

（2）多波束测深集成系统安装与校准

多波束测深集成系统是一套多传感器的综合性测量系统，除多波束本身外，还包括导航定位测量系统、船舶姿态测量系统和船首向测量系统。多波束测深集成系统安装与校准是系统作业的一个重要环节，其校准数据的好坏将直接影响测量精度和成果质量。系统安装与校准主要内容如下：

1）系统设备安装

系统设备安装应严格按照相关设备安装技术要求进行，系统安装布局应使综合噪声水平降至最低，多波束换能器应优先考虑船底安装。多波束换能器安装应牢实稳固，位置不宜靠近测船机房，其探头安装深度需超出船体，探头轴线方向应与船体轴线平行。换能器安装完成后应进行走航检验，并测定探头从静止到最大航速间不同速度的下沉量；姿态传感器安装应牢实稳固，安装位置应接近船体重心，其轴线方向应与船体轴线方向平行；罗经安装应牢实稳固,其安装轴线应尽量与船体轴线重合,读数零点应指向船首方向;GNSS 天线安装时应考虑多路径效应及电磁干扰影响。所有设备安装完成后,应精确测量各相关设备至测船坐标参考点间偏移(Offset)量,并认真填写多波束测深系统设备安装记录。

2)测船坐标系建立

测船坐标系应严格按照多波束测深系统设备及数据采集软件要求进行定义,并注意正负取值。测船坐标系的参考点(测船坐标原点)与参考面应严格按照数据采集软件要求进行定义。

3)系统安装偏差校准

系统安装偏差校准项目包括横摇偏差(横偏)、时延(Latency)、纵摇偏差(纵偏)、艏摇偏差(艏偏)4 个方面内容。系统校准观测应在系统设备安装完成后,作业前进行。如果在测量过程中发生仪器更换、维修、移位等情况,应及时增加系统校准观测。观测人员应认真做好系统校准外业记录。在大型多波束测量项目中,系统校准观测应安排 3 次,即测量前期、中期、后期各观测一次。系统校准项目的顺序一般为横偏、时延、纵偏、艏偏,当使用的多波束软件有不同要求时,应按软件要求的校准顺序进行。多波束测深集成系统校准时,应进行4 组特定测线测量,为保证校准效果,每组测量还需要反向加测一次。系统校准参数计算应在校准项目结束后现场完成,校准计算结果应使所有校准测线数据基本重叠,校准后残差呈正态分布。当校准计算结果不符合要求时,应重新进行系统校准观测。当采用的罗经需要校准时,应在测量前按罗经校准要求进行校准。表 2.4-8 为 SeaBat 8101 型多波束测深集成系统校准方法与要求,某项目多波束测深集成系统校准校结果见图 2.4-6。

表 2.4-8　　　　　　　　　多波束测深集成系统校准方法与要求

序号	项目	地形要求	校准要求	航速要求
1	横偏	平坦地形	同一条线、同方向测两次	两次同速、正常测量速度
2	时延	斜坡或目标物	同一条线、同方向测两次	不同速、两次航速差一半
3	纵偏	斜坡或目标物	同一条线、同方向测两次	两次同速、正常测量速度
4	艏偏	目标物	两条线、目标物两侧约 15m、反方向	两次同速、正常测量速度

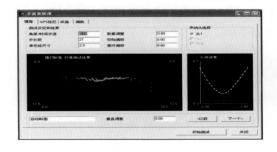

（a）多波束校正——横偏

（b）多波束校正——时延

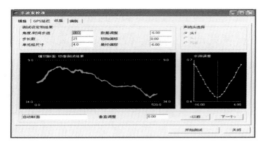 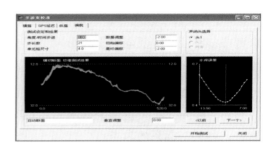

（c）多波束校正——纵偏　　　　　　　　　　　（d）多波束校正——艏偏

图 2.4-6　某项目多波束测深集成系统校准结果

（3）多波束测深集成系统作业

多波束测深集成系统作业应按照系统说明书、操作手册和相关规范或设计规定进行操作。外业操作应配备专业技术人员，要求专业技术人员能熟练掌握系统操作程序，在系统出现异常情况时，能够及时排除故障。作业主要注意事项如下：

①作业过程中应实时监测姿态传感器、罗经、定位及多波束设备的运行状态，发生故障时应停止作业。

②测船应沿预定测线匀速测量，宜使用小舵角修正航向，尽量避免急转弯。在正式记录数据前，应保证测船有一定的稳定时间。

③当更换测线或遇过往船只、水上障碍物、测船故障等使测船航向、航速发生较大改变时，应停止扫测数据记录。

④多波束数据采集时，要求每个发射脉冲接收到的波束数大于总波束的 80％；采集的数据中，噪声数据应小于总数据的 20％；测线间测宽重叠度 100％覆盖，也可适当放宽，但不应低于 30％。

⑤每个作业周期开始前和结束后或每次测量前和测量间隙应经常测量多波束换能器的静态吃水，以引入吃水变化的改正；有条件的情况下，应在测量中定时测量换能器在作业时的实际吃水。声速（或声速剖面）应在多波束测深前、后各测定一次，有迹象表明声速（或声速剖面）发生显著变化时，应增加声速（或声速剖面）的测定次数。在大区域测量时，测量前应在测区不同位置和不同时间段进行声速（或声速剖面）测量。遇春秋季节，由于天气变化比较剧烈，此时应适当增加声速（或声速剖面）测量密度。

⑥作业过程中应密切关注测量环境的变化。作业天气应优于（含）海况 2 级（风 4 级，浪高 1m），当姿态传感器测出的横摇过 8°，或纵摇超过 8°时应停止作业。当测区流速较大（大于 3m/s）时，多波束测深应采取逆水方向作业，顺水方向不宜采集数据。当多波束测深集成系统在泡漩、顺流、回流、翻花水的情况下采集水深信号时，应注意数据质量。作业过程中，应与过往船舶保持一定的水平距离，应避免在过往船舶的尾部测量。当测区水下地形变化幅度较大时，在该区域应确保采集足够多的数据以消除空档对测量数据的质量影响。

⑦作业结束后,应现场核对多波束测深集成系统的关键参数设置,及时备份原始数据,并将外业原始数据转换至内业数据处理软件包能使用的数据格式。

⑧采用相干声呐原理的多波束测深仪时,在布设计划线时应考虑相邻测线对盲区全覆盖,如有遗漏应补测;如发现可能遗漏或漏测被隆起的地形遮挡的区域时,应及时补测;由噪声影响导致的测区空档应补测;在船舶航行盲区及导航定位盲区等区域应采用单波束测深仪或其他方式补测。

(4) 多波束测深集成系统数据后处理

多波束测深集成系统数据后处理应严格按照所用软件要求的流程进行操作,流程错误将会对整个处理结果产生一定的影响。多波束数据后处理流程一般为:系统校准与改正→项目参数设置→数据回放→数据格式转换→声速改正及潮位改正→数据滤波与编辑→二维与三维浏览→DTM 构建→成果输出。不同软件的数据后处理流程不相同,数据后处理流程应按所使用的后处理软件所规定的流程操作。数据后处理主要注意事项包括:

①在数据转换和处理前,应严格定义项目名称、测量船只、实施日期等内容,以形成符合数据处理软件要求的文件目录结构。

②在数据转换前应正确选取测量船配置文件与滤波参数,在确保数据完整的前提下剔除导航、水深等数据的粗差,使得数据处理时的显示结果更合理。声速(或声速剖面)改正应在数据处理前进行。

③水深数据处理分为线模式和子区模式。线模式水深处理时,滤波参数设定应比较保守,以剔除大部分粗差及虚假信号,然后再进行人机交互处理。对于异常浅点的处理应慎重,应从作业区、回波个数、信号质量、声呐影像等方面予以考虑。子区模式处理时,可同时打开全部或部分测线进行子区模式处理,子区的尺寸应视同时打开测线数目、水深采样频率、计算机性能等因素而确定。子区的方向应与测线的走向一致。相邻子区应有5%以上的重叠,以保证处理后的各分组水深拼接合理。

④数据抽稀模型的主要参数为水平和竖直门限。水平门限值宜小于单侧扫宽中心处的波束底点(Footprint)宽度,竖直门限值应视水底起伏程度而定。

⑤数据编辑的主要方法如下:

a. 水深变化区间法:通过人工编辑结合深度滤波功能剔除区间外的水深数据点。

b. 地形连续变化法:数据编辑应保留连续变化的水深数据,剔除孤立点、跳跃点。

c. 相邻测线对比法:单条测线数据编辑宜把相邻测线数据合并编辑,通过地形变化趋势区分噪声和真实地形数据。

d. 中央波束标准法:数据编辑应利用中央区水深数据剔除相邻测线重叠的边缘数据点。

e. 实测与编辑相结合法:数据编辑过程宜与实际数据采集相结合,在实时采集数据过程中观察地形连续变化,判断真实信息和噪声信息。

2.5 测深技术

2.5.1 单波束测深技术

测深仪的基本工作原理是通过换能器将电能转换为声波,然后向水底发射,遇到水底淤泥或礁石等进行回传,并通过换能器将声波转换为电子信号进行水深数据的处理计算。用数学模型表达为:换能器发射一定频率的声波脉冲,声波以速度 C 在水中传播至水底,然后反射到换能器,换能器将接收到的信号放大并过滤掉其中的噪声,最后通过传播时间 t 计算换能器底面至水底的距离。即换能器底面至水底的距离见式(2.4-1):

测深仪基本工作原理见图 2.5-1,图 2.5-1 中 h 为换能器的动态吃水,通过实际测量后输入测深软件,对水深数据进行改正。

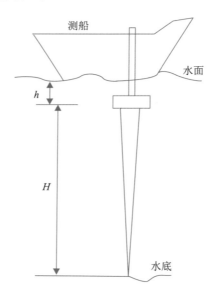

图 2.5-1 测深仪基本工作原理

2.5.2 GNSS 三维测深技术

无验潮测深法是相对于传统的验潮测深的水下地形测量技术而言的,无验潮测量集成多种类型传感器和软件,包括高精度定位设备、姿态传感器和测深设备及数据采集软件。无验潮测深法的基本原理是:采用 GNSS 椭球高及测深仪的深度,测得附近水准点的深度基准面大地高,通过比测求得转换参数,获取水底高程。具体是指高精度定位技术,包括 RTK、PPK、PPP(Precise Point Positioning),和定姿技术与测深技术(单波束/多波束)相结合,在已知测区似大地水准面(或似大地水准面未知,但测量区域较小,只需固定的高程异常)和深度基准面的区域,基于 GNSS 瞬时椭球高、测深仪瞬时水深和姿态传感器瞬时姿态等观测信息,通过姿态信息对椭球高和瞬时水深进行改正,直接确定基于椭球面的水深(或高程),再利用高程异常和深度基准面(垂直基准),将水深换算到国家高程基准或理论深度基准面。

以单波束测深为例,该系统由 RTK(或 PPK、PPP)系统、单波束测深系统、姿态传感器组成。当前 PPK 技术和 PPP 技术日趋成熟,在动态情况下,80km 范围内,PPK 的平面定位精度可以达到 5cm 以内,垂直方向定位精度也可以达到 10cm 以内;PPP 不受作用距离的局限,在动态情况下,PPP 的平面定位精度可以达到厘米级,垂直方向定位精度可以达到 10cm 左右。这些技术为远距离潮位测量提供了有力的技术保障。

2.5.2.1　GNSS 高精度定位技术

(1)RTK 定位技术

RTK(Real Time Kinematic)实时动态测量技术,是以载波相位观测为根据的实时差分 GNSS(RTD PS)技术,其测量原理见图 2.5-2。在基准站上安置 1 台接收机为参考站,对卫星进行连续观测,并将其观测数据和测站信息,通过无线电传输设备,实时地发送给流动站。流动站在接收 GNSS 卫星信号的同时,通过无线接收设备接收基准站传输的数据,然后根据相对定位的原理,实时解算出流动站的三维坐标及其精度,即基准站和流动站坐标差(Δx、Δy、Δh),加上基准坐标得到的每个点的 WGS84 坐标,通过坐标转换参数得出流动站每个点的平面坐标(x、y)和高程 h,从而得到经差分改正后流动站准确的实时位置。

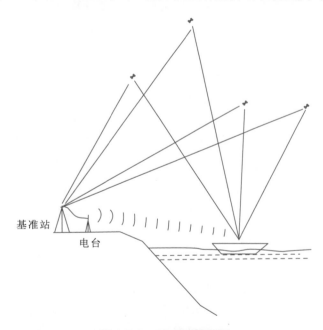

图 2.5-2　RTK 测量原理

单基站 RTK 由基准站接收机、数据链、流动站接收机 3 个部分组成。差分的数据类型有伪距差分、坐标差分和相位差分 3 类,前两类定位误差的相关性会随基准站与流动站间距离的增加迅速降低，故 RTK 通常采用相位差分。

（2）PPK 定位技术

在 PPK（Post Processsde Kinematic）后处理动态测量工作模式下，基准站和流动站只需将 GNSS 的原始数据记录下来，无需在站间进行实时数据通信。事后，利用 IGS 提供的精密星历、原始记录数据和基准站的已知坐标，解算出基准站的相位改正数。由于基准站和流动站间的定位误差具有很好的空间相关性，因此利用基准站的相位改正数对流动站的相位观测数据进行改正，进而获得流动站的准确三维位置。

PPK 区别于 RTK 技术的最大优势在于可以事后采用 IGS 提供的精密星历进行数据后处理，大大提高了其精度和作业距离。为了确保 PPK 作业模式的准确性和整周模糊度的准确解算，在进行 GNSS 潮位观测以前，需在码头进行不低于 5min 的初始化测量。

PPK 定位技术虽然相对 RTK 技术提高了作用距离，不再受无线电传播距离的影响，但仍受局域差分误差相关思想的局限，定位误差将随作用距离的增大而增大。

（3）PPP 定位技术

与 PPK、RTK 技术不同，PPP（Precise Point Positioning）精密单点定位作业无需基准站，本书所采用的 GNSS 潮位测量数据处理模式为事后处理模式。首先利用全球若干 IGS 跟踪站的 GNSS 观测数据计算出精密卫星轨道参数和卫星钟差，然后以此为基础对单台接收机采集的相位或伪距观测值进行非差定位处理，其主要计算过程是：先采用双频观测值消除电离层影响，然后利用卫星钟差估计值削去卫星钟差项，再用精密星历计算得出 GNSS 卫星坐标，最后采用双频无电离层组合观测值组成观测方程。

电离层延迟可以通过双频观测值消除，对流层延迟运用 Hopfield 或 Saastamoine 模型消除。在动态载波相位测量时，一般进行初始化测量，即在动态用户航行之前，需要进行 20min 左右的静态测量，精确地计算出整周模糊度。当动态用户航行后，将解算出的整周模糊度视为已知值。因此，只要 GNSS 接收机能够始终保持不中断的多普勒计数，即不发生周跳，就可以利用上述模型作为观测方程解出测站的三维位置。此外，PPP 定位中，许多误差不能像相对定位那样得到消除，加之定位的精度要求又比较高，所以必须对可能影响定位精度的各种误差精确地进行修正。经过上述改正得到的事后处理精度，在平面位置可以达到厘米级，垂直方向也可以达到 10cm。

2.5.2.2 GNSS 三维测深技术

水下地形测量的主要任务是确定水下某一点的平面坐标 (x, y) 和水底高程 h。传统的水下地形测量方法一般采用 GNSS 定位确定平面坐标，而水底高程 h 则需要通过验潮。验潮测深见图 2.5-3，通过验潮可求得水面标高 h_0，若测深仪换能器到瞬时水面的深度为 h_1，且由测深仪换能器测得至泥面的高度为 h_2，则根据几何关系就可求得测点水底高程：

$$h = h_0 - h_1 - h_2 \tag{2.5-1}$$

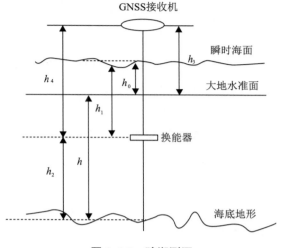

图 2.5-3　验潮测深

采用这种方法计算水面高 h_0 时,一般至少需要 2 个验潮站,如果验潮站少于 2 个或验潮站在测点的同一侧,则需要采用有关模型才能计算出测点的水面标高 h_0。如图 2.5-3 所示,若将 GNSS 天线架设在测深仪换能器的正上方,且已知 GNSS 天线的标高 h_3,GNSS 天线至换能器的高度 h_4,则测点的水底高程为:

$$h = h_3 - h_2 - h_4 \tag{2.5-2}$$

采用 RTK 技术可实时求得厘米级的 GNSS 天线的三维坐标(x,y,h),但 RTK 得到的高程是 WGS84 坐标系中的大地高,而在工程测量中,通常需要得到测点的正常高。因此 RTK 的高程无法直接用于工程测量中。如果能够利用精确的大地水准面模型或局部大地水准面拟合模型,将大地高转换成正常高,则由式(2.5-2)无需验潮就可以直接确定水底高程,这种方法被称为 RTK 无验潮测深。

我国在 1956 年以后采用理论深度基准面(即理论最低潮面)作为测深的基准面。深度基准面的高度从当地平均海平面起算,一般情况下,它应与国家高程基准进行联测。深度基准面一经确定且在正规水深测量中已被采用者,一般不得变动。由于采用 RTK 直接确定的天线大地高是基于参考椭球面的,且将大地高转换为海拔高时必须依赖大地水准面,而大地水准面的确定需要进行重力测量,因此该方法的工程应用在一定程度上受到了限制。同时,为了满足海道测量规范以深度基准面为深度起算基准的要求,真正实现基于 RTK 的无验潮水深测量,就有必要对上述模型进行进一步的优化。

RTK 无验潮测深关系分析见图 2.5-4,假定参考站天线高为 h_1,参考站的正常高为 h_2,参考站 GNSS 天线处的大地高和正常高分别为 h_3 和 h_4,流动站 GNSS 的天线高为 h_5,测量船上流动站测点距水面高度为 h_6,换能器的吃水深度为 h_7,流动站 GNSS 天线至换能器间的距离为 h_8,换能器的高程为 h_9,换能器位置到水底高差为 h_{10},流动站 GNSS 天线处的正常高和大地高分别为 h_{11} 和 h_{12},测点泥面高程为 h。由图 2.5-4 可以可得:

$$h_4 = h_1 + h_2 \qquad (2.5-3)$$

$$h_{11} = h_8 + h_9 \qquad (2.5-4)$$

根据 GNSS 差分原理，如果参考站与流动站间的距离不是很大（小于 30km），则可认为下式成立：

$$h_3 - h_4 = h_{12} - h_{11} \qquad (2.5-5)$$

根据式(2.5-3)、式(2.5-4)可得换能器的瞬间高程 $h_9 = h_4 + h_{12} - h_3 - h_8$，换能器瞬间高程确定后，则水底高程 $h = h_9 - h_{10}$。这样就实现了水深测量中无需验潮就能确定水底高程，即实现了 RTK 的无验潮优化测深。

通过以上的公式可知，基于式(2.5-5)的假设，无验潮方法不需要利用大地水准面的信息，因而克服了验潮方法需要利用重力资料进行高程转换的困难，这是 RTK 无验潮优化测深方法的主要优势。另外，由于测量船的动态吃水发生在垂直方向，因此受到影响的仅仅有 h_6，而上述水底高程的计算中均不涉及 h_6，采用该方法时，船体的动态吃水也不用专门测定，这是该方法相对传统验潮方法测量精度高的原因。

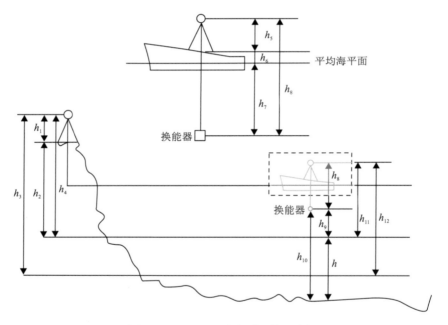

图 2.5-4 RTK 无验潮测深关系分析

2.5.3 多波束测深技术

多波束测深系统由多传感器组成，其原理也较为多元和复杂。多波束测深系统是计算机技术、导航定位技术和数字化传感器技术等多种技术的高度集成，是一种全新的高精度全覆盖式测深系统。多波束水下地形测量模拟见图 2.5-5。

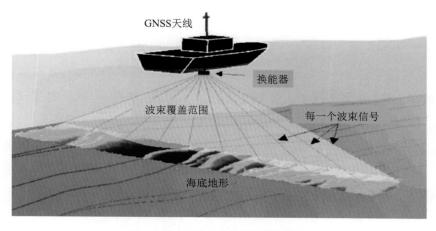

图 2.5-5　多波束水下地形测量模拟

多波束测深系统涉及的原理包括声学原理、定位与导航原理、姿态修正原理、水体声速变化原理和数据采集及处理原理。

（1）声学原理

声学原理主要包括相长干涉和相消干涉以及换能器指向性理论，换能器基阵的束控理论和波束的形成、发射与接收理论（赵建虎和刘经南，2008）。多波束换能器通过计算机给出指令并在电子柜的控制下沿龙骨垂直方向向下呈扇形发射声波脉冲。声波在水中传播，碰到水底部界面时发生反射和散射，换能器的多阵列接收单元利用窗口（窄缝）原理接收回波信号。多波束几何构成见图 2.5-6。

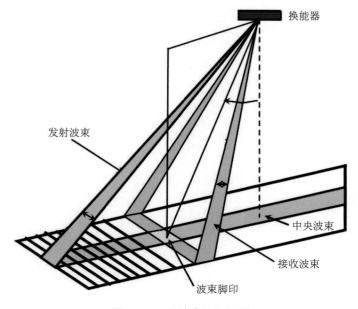

图 2.5-6　多波束几何构成

（2）定位与导航原理

水底地形测量中，除了需测定水深外，还要给出被测点的位置。运用 GNSS 卫星定位理论，确定 GNSS 接收仪器放置点位置，通过船体坐标系统以及换能器坐标系统可解算水底每一波束点地理位置。测量船在水上航行过程中受风和水流的影响，船只的航向和航迹方向往往存在一个偏角，而只有在水流速度为零以及船只完全顺流或逆流的情况下，这个角度才会趋于零，但这只是理想状态。由于多波束换能器总是沿垂直航向方向朝两侧发射接收波束，而每一次扇区扫描得到的点阵总是垂直航向而非航迹，因此只有通过罗经实时测定航向才能将接收到的波束进行正确空间归位。单个波束点信号见图 2.5-7。

（3）姿态修正原理

在船航行过程中，受风浪等影响，船体瞬时姿态改变，姿态参量主要包括船体横摇、纵摇、艏摇和涌浪。姿态参量值通过姿态传感器测量获取，姿态修正则通过船体坐标系统瞬时姿态与理想姿态转换解算原理进行。

（4）水体声速变化原理

水文研究表明，对于一个局部水域来说，水体的声速结构一般为水平层状结构。多波束系统中，通过声速剖面仪测量获取水体层状声速信息，运用声速改正理论确定声波轨迹，辅助水底测点归位计算。

（5）数据采集及处理原理

数据采集及处理原理包括计算机、存储设备和绘图仪等相关原理。

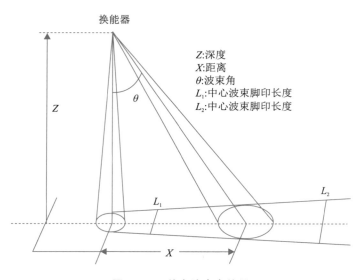

图 2.5-7　单个波束点信号

2.6　水位观测技术

　　水位控制测量的目的就是将陆地的高程基准引到水面上,得到水面高程基准(瞬时水面基准),然后将测得的水深数据通过水位转换为河床测点高程。因此,水位控制测量对河道成果质量有直接的、重要的影响。水位控制点布置的合理性及水位控制测量等级与方法等,都直接影响到长程河道测量成果,并且对河床数据具有区域性或整体性的影响,所以水位控制测量属于长程河道河床数据测量中的关键性数据和重点控制环节,是外业测量、室内资料检查的重点和工作难点。

2.6.1　潮位站控制测量

　　水位控制测量的高程引据点一般不低于四等水准精度;测定水面点高程应不低于五等几何水准精度或相应于五等水准的三角高程,即采用水准仪进行联测时,线长在 1km 以内时,水面点高程往返闭合差应不大于 3cm,超过 1km 时按五等水准限差计算;当采用 2 秒级及以上全站仪极坐标测量高程时,其高程精度也应达到五等水准精度。用于比降观测使用的水尺的零点高程,不得低于四等水准精度。

　　目前,水位控制测量常用方法主要有几何水准、三角高程测量、RTK 测高及无验潮模式等。

　　(1)水准测量

　　利用水准仪提供的水平视线,读取竖立于两个点上的水准尺读数,进而测定两点间的高差,再根据已知点高程计算水面点高程,水准测量基本原理见图 2.6-1。

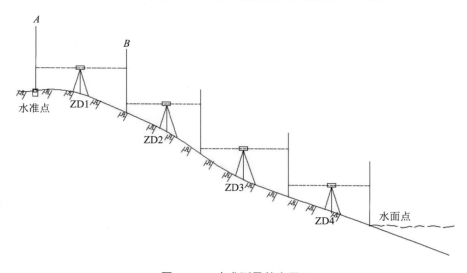

图 2.6-1　水准测量基本原理

　　若 A,B 两点标尺上读得标尺分划数分别为 a 和 b,则 A、B 两点间的高差为:

$$h_{AB} = a - b$$

(2.6-1)

当水准点、水面点两者间相距较远或高差较大时,安置一次仪器无法测得其高差,就需要在两点间增设若干个立尺点来传递高程,如图 2.6-1 中的 ZD1,ZD2,…,并依次连续设站观测,设测出的各站高差为 $h_1,h_2,\cdots$,则两点间的高差的计算公式为:

$$h_{AB}=\sum h=h_1+h_2+\cdots=(a_1-b_1)+(a_2-b_2)+\cdots=\sum a-\sum b \quad (2.6\text{-}2)$$

水面点高程,即测时水位 $H_{水面}$,计算公式为:

$$H_{水面}=H_{水准点}+h_{AB} \quad\quad\quad (2.6\text{-}3)$$

（2）极坐标法

利用全站仪在已知高程点上设站直接测得水位值,其原理是通过全站仪测定两点间的距离及天顶距,利用三角函数关系求得两点间的高差。全站仪极坐标一站法测量原理见图 2.6-2。如图 2.6-2 所示,A、B 分别为已知高程点及水面点,在 A 点设全站仪,在 B 点设觇标（棱镜杆）,自 A 点观测 B 点的天顶距为 α_i（90°−观测垂直角）和斜距 S（水平距 $D_{AB}=S\cos\alpha_i$）,i_A 为仪器高,l_B 为 B 点觇标高,则 B 点水面高程 $H_{水面}$ 为:

$$H_{水面}=H_A+i_A-D_{AB}\tan\alpha_i-l_B \quad\quad (2.6\text{-}4)$$

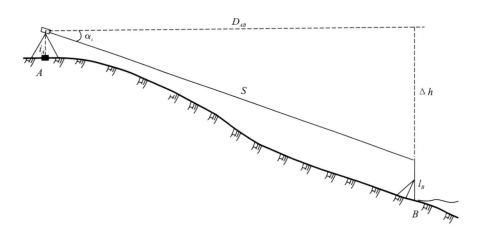

图 2.6-2　全站仪极坐标一站法测量原理

式（2.6-4）是假设地球表面为水平面,观测视线为直线条件推导出来的。一般当两点距离大于 300m 时,必须考虑地球曲率和大气折光对高差的影响,则测站至水面单向观测高差 Δh 按式（2.6-5）计算:

$$\Delta h=D_{AB}i_A\cot\alpha_i-l_B+\frac{i-k}{2R}D_{AB}^2 \quad\quad (2.6\text{-}5)$$

式中,k——大气垂直折光系数;

R——地球平均曲率半径。

（3）RTK 测量

水位点一般布设在水体有水位变化或开收工位置，因此 RTK 测定的高程点容易受到地形条件的限制，同时水位点处于水体与陆地结合部位，GNSS 信号易产生多路径效应，以及 GNSS 信号被岸坡及岸坡高大植被遮挡，多数区域获得 RTK 固定解非常困难或测定的高程值误差较大，根本无法达到五等水准精度要求，即获得的水位值可靠性较差。因此，除偏远山区性河流缺乏控制条件等特殊情况外，RTK 测量在实际生产中一般不允许采用。

采用水准测量精度可靠，但投入的人力物力较多，作业效率较低；采用 RTK 测定水位，作业效率高，但测定的水位值可靠性差；而采用全站仪极坐标法（一站法、隔点设站法）测定水位既可保障河道测绘产品质量，又可提高工作效益。全站仪极坐标一站法的具体方法及技术要求如下：

①全站仪极坐标一站法适用于已知高程点至水面点距离小于 1km，且测时成像条件清晰稳定的情况，如成像条件较差，测距须相应缩短。

②当视距超过 600m 时，采用隔点设站法较极全站仪坐标一站法测量精度更高，但设站位置宜保持前、后视距及高差大致相当。

③当视距小于 200m、成像条件好时，天顶距对测量高差实际影响很小，因此天顶距可放宽至 20°～30°，既能保证成果质量，又可大大提高作业效率。

④为增强全站仪测定水位值的可靠性，不能单靠多测回观测，而应采用变动仪器高和移动水面点棱镜杆平面位置，采用正倒镜各测 1 个测回（共 3 测回），各测回间高差较差平原应控制在 ±5cm，山区控制在 ±10cm 范围内，满足限差取平均值作测时水位，无须采用往返观测或左右路线观测。

2.6.2　水位节点布置密度

按照现有行业标准规范，水位点布置总体应能充分控制水体沿程水位变化，同时应考虑特殊水体横比降变化。由于天然水道边界状况及水流条件差异明显，水面高低起伏不规则，长程河道河床数据水位控制测量精度要求不超过 ±0.05m、推算水位误差不超过 ±0.10m 的要求，因此合理布设水位节点，解决实际生产问题十分必要。

2.6.2.1　沿程水位特点

（1）非感潮河段

平原河流一般处于河流的中下游，最终汇入大江大河或湖泊，通过大江大河汇入大海，也有直接汇入大海的，水位涨落受径流、潮汐以及水工建筑物（涵、闸等）等因素影响，其水位变化特点明显。主要有五点：一是平原河流水位年内变化较大，汛期、洪水期水位较高，枯水期、平水期水位较低；二是平原河流水位比降较小，一般不大于 0.2×10^{-4}；三是一定时期内，平原河流水位变化幅度不大,比较平稳;四是有些河流的水位会受到海洋潮汐的影响而涨落;五是为满足防洪、航运、工农业及生活用水的要求,对平原河流水位变化的监测要求更高。

（2）感潮河段

感潮河段受径流和潮流的双重影响,其水位变化与径流量和超流量的变化密切相关。在短时期内(以 h 计),径流量是稳定的,而潮流量是变化的,故水位的变化主要取决于潮位的变化。

感潮河段水位的变化,不同的季节、同一天内不同的时刻都不相同,有时候同一天内的变化可达 2～3m。受两岸地形、河段中洲滩的影响,沿程水位的比降在不同的季节、同一涨落潮周期中的不同时刻产生变化,同一断面上的水面形态也不尽相同。

水位观测是进行水下地形测量最普遍的高程控制方法。对于感潮河段中某一固定的位置而言,虽然水面的变化是一个连续的过程,但在一段不长的时间内,其变化的趋势和速率近乎均匀,只要控制住高潮位和低潮位的观测时刻,其水面变化过程就很容易掌握了。

图 2.6-3 是长江河口某潮位站在大潮附近一段时间内的潮位过程变化。

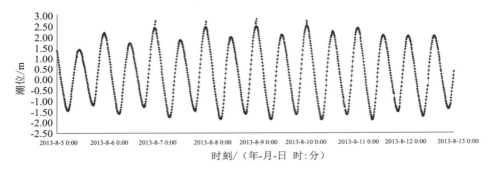

图 2.6-3 潮位过程变化

2.6.2.2 水位节点试验性研究

（1）非感潮河段

选取天然代表性河段长江荆江芦家河浅滩和郝穴河湾进行水位观测试验。芦家河浅滩包括弯道、汊道、窄深宽浅河道、支流分流,芦家河浅滩河势及水尺布设见图 2.6-4,测区布设 10 组水尺,左岸 8 组、右岸 2 组(其中董 3、马家店两组为横比降水尺)。郝穴河湾为单一顺直微弯型河段,郝穴河湾河势及水尺布设见图 2.6-5,测区布设 9 组水尺,左岸 6 组、右岸 3 组(其中荆 72、郝穴水位站、荆 76 三组为横比降水尺)。

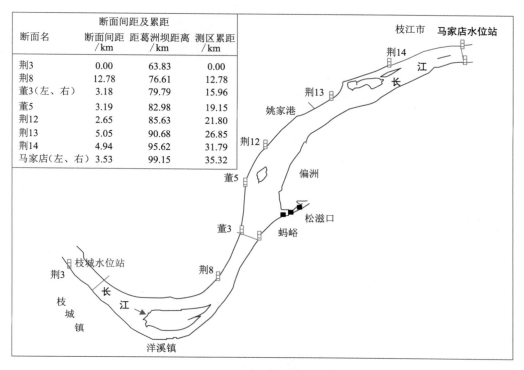

断面间距及累距		
断面名	断面间距 /km	距葛洲坝距离 /km	测区累距 /km
荆3	0.00	63.83	0.00
荆8	12.78	76.61	12.78
董3（左、右）	3.18	79.79	15.96
董5	3.19	82.98	19.15
荆12	2.65	85.63	21.80
荆13	5.05	90.68	26.85
荆14	4.94	95.62	31.79
马家店（左、右）	3.53	99.15	35.32

图 2.6-4　芦家河浅滩河势及水尺布设

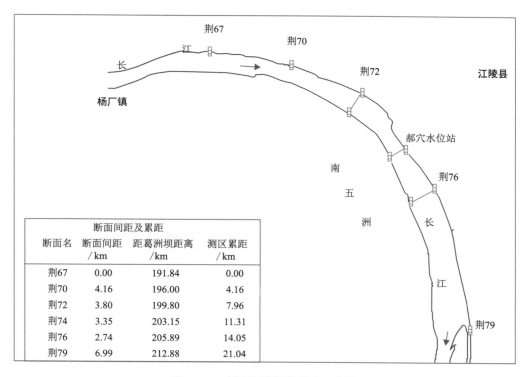

断面间距及累距		
断面名	断面间距 /km	距葛洲坝距离 /km	测区累距 /km
荆67	0.00	191.84	0.00
荆70	4.16	196.00	4.16
荆72	3.80	199.80	7.96
荆74	3.35	203.15	11.31
荆76	2.74	205.89	14.05
荆79	6.99	212.88	21.04

图 2.6-5　郝穴河湾河势及水尺布设

对不同时刻同步观测的水位分别按不同类型河段、不同间距、水道深泓线距离、水下预制横断面数等不同方法进行水位推算。表 2.6-1、表 2.6-2 分别为芦家河浅滩和郝穴河湾选取任一时刻水位推算与实际观测水位的较差统计结果。

表 2.6-1　　芦家河浅滩某时刻沿程水位观测值及不同测段间水位推算较差统计

比降水尺	组号	距离/km	观测水位/m	推算水位/m 按水道距离	按断面数	互差	推算水位与观测水位较差/m 按水道距离	按断面数	河段性质
荆3枝城站	1	0.00	40.54						
荆8左岸	2	12.78	39.95	39.79	40.24	−0.45	−0.16	0.29	
董3左岸	3	3.18	39.86	39.61	39.95	−0.34	−0.25	0.11	
董3右岸			39.85				−0.24	0.10	
董5左岸	4	3.19	39.66	39.42	39.66	−0.23	−0.24	0.00	
荆12左岸	5	2.65	39.54	39.27	39.36	−0.09	−0.27	−0.18	全试验段
荆13左岸	6	5.05	39.28	38.97	39.07	−0.09	0.31	−0.21	
荆14左岸	7	4.94	38.73	38.69	38.78	−0.09	−0.04	0.05	
马家店左岸	8	3.53	38.48						
马家店右岸			38.44						
董3右岸	1	0.00	39.85						
荆12左岸	2	5.84	39.54	39.44	39.53	−0.09	−0.10	−0.01	分流宽窄顺直河段
荆13左岸	3	5.05	39.28	39.08	39.18	−0.10	−0.20	−0.10	
荆14左岸	4	4.94	38.73	38.73	38.82	−0.09	0.00	0.09	
马家店	5	3.53	38.48						
荆12左岸	1	0.00	39.54						
荆13左岸	2	5.05	39.28	39.14	39.23	−009	−0.14	−0.05	宽窄顺直河段
荆14左岸	3	4.94	38.73	38.76	38.85	−0.09	−0.03	0.12	
马家店	4	3.53	38.48						
荆13左岸	1	0.00	39.28						
荆14左岸	2	4.94	38.73	38.81	38.89	−0.07	0.08	0.16	顺直汊道
马家店	3	3.53	38.48						

表 2.6-2　　郝穴河湾某时刻沿程水位观测值及不同测段间水位推算较差统计

比降水尺	组号	距离/km	观测水位/m	推算水位/m			推算水位与观测水位较差/m		河段性质
				按水道距离	按断面数	互差	按水道距离	按断面数	
荆67左岸	1	0.00	33.57						全试验段河段
荆70左岸	2	4.16	33.49	33.47	33.47	0.00	−0.02	−0.02	
荆72左岸	3	3.80	33.39	33.37	33.36	0.01	−0.02	−0.03	
荆72右岸			33.42				−0.06	−0.07	
荆74(自记)	4	3.35	33.35	33.29	33.26	0.03	−0.06	−0.09	
荆74右岸			33.37				−0.09	−0.12	
荆76左岸	5	2.74	33.33	33.22	33.16	0.06	−0.11	−0.17	
荆76右岸			33.30				−0.08	−0.14	
荆79左岸	6	6.99	33.05						
荆67左岸	1	0.00	33.57						微弯宽窄河段
荆70左岸	2	4.16	33.49	33.50	33.51	−0.01	0.01	0.02	
荆72左岸	3	3.80	33.39	33.44	33.45	−0.01	0.05	0.06	
荆74(自记)	4	3.35	33.35	33.38	33.35	0.03	0.03	0.04	
荆76左岸	5	2.74	33.33						
荆72左岸	1	0.00	33.39						顺直河段
荆74(自记)	2	3.35	33.35	33.36	33.35	0.01	0.01	0.00	
荆76左岸	3	2.74	33.33						

纵比降方面,从表2.6-1可以看出,对于弯道、汊道、分流、水道平面形态突变等复杂河段,即便水位推算间距较小,按水道距离或水下断面数推算水位,绝大多数还是超过了±0.10m限差的要求;从表2.6-2可以看出,对于单一顺直微弯型河段水位推算结果较好,若按水道距离推算,基本满足推算水位精度要求。横比降方面,由于观测期实验河段处于中水期,水位相对较高,5组断面水尺横比降均未超过4cm,因此规范要求横比降可不作改算。

(2)感潮河段

在长江口澄通河段某次的潮位比降研究中,设立了任港、营船港、南农闸、一德码头、ZT1、ZT2、ZT3、农场水闸1、七干河、望虞河等临时潮位站,进行纵横比降观测,通过大、中、小3个典型潮汐过程中潮位资料的同步收集,得到了完整的潮汐比降观测数据。

图2.6-6为水位比降观测各临时水位站的设置位置。

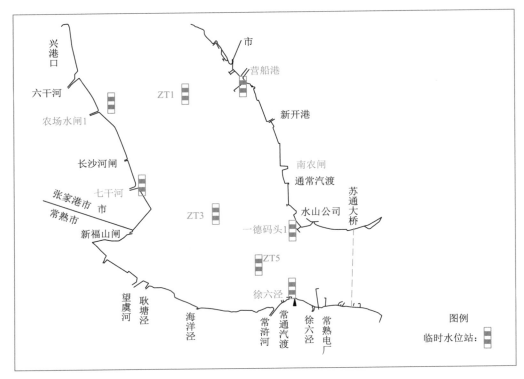

图 2.6-6　水位比降观测各临时水位站的设置位置

2012 年 9 月通州沙河段沿程纵、横比降统计结果分别见表 2.6-3、表 2.6-4。根据统计结果分析,落急时刻通州沙河段左岸最大纵比降约 0.4×10^{-4},江中和右岸最大纵比降约 0.2×10^{-4},左岸落急纵比降大于江中和右岸;涨急时刻通州沙河段左岸纵比降小于江中和右岸。通州沙河段进出口均为弯道,加之江面宽阔,涨落潮期间沿程两岸均存在一定的横比降。通州沙河段上段落潮期间最大横比降可达 0.21×10^{-4}(左岸潮位高于右岸),徐六泾河段在徐六泾处潮位总体表现为右岸高于左岸,最大横比降约 -0.6×10^{-4}。

表 2.6-3　　　　　　　　　　　**2012 年 9 月大潮实测工程河段沿程纵比降统计**

位置	河段	间距/km	落潮期间最大纵比降/$\times 10^{-4}$	涨潮期间最大纵比降/$\times 10^{-4}$
左岸	任港—营船港	11.6	0.24	-0.34
	营船港—南农闸	8.4	0.38	-0.61
	南农闸——德码头	4.2	0.45	-0.48
江中	ZT1~ZT3	7.6	0.18	-0.69
	ZT3~ZT5	6.3	0.27	-0.38
右岸	五干河—农场水闸	9.6	0.24	-0.55
	农场水闸—七干河	4.3	0.28	-0.67
	七干河—徐六泾	15.4	0.07	-0.47

表 2.6-4　　　　　　　　　　　　2012 年 9 月大潮实测工程河段沿程横比降统计

计算断面		间距 /km	落潮期间最大横比降 /×10⁻⁴	涨潮期间最大横比降 /×10⁻⁴
任港	任港—五干河	7.0	0.21	0.47
营船港	营船港—ZT1	4.0	0.43	−1.00
	ZT1—农场水闸	5.1	−0.06	0.13
	营船港—农场水闸	9.1	0.21	−0.42
南农闸	南农闸—ZT3	5.7	−0.17	0.06
	ZT3—七干河	5.6	−0.08	0.40
	南农闸—七干河	10.7	−0.14	0.20
水山码头	一德码头—ZT5	3.6	−0.33	0.09
	ZT3—徐六泾	3.6	−0.20	−0.80
	一德码头—徐六泾	5.3	−0.33	−0.09

2.6.2.3　水位节点对水位推算的影响分析

水位推算起止间距是影响水位推算精度的主要因素,断面间距越大水位推算误差就越大。特殊河段(如弯道、汊道)水道测量长度与水道主泓距离相差悬殊,极易造成预制断面数剧增或剧减,水位推算误差变大,如表 2.6-1 中荆 8 等断面推算水位出现错误。

水道水流平面形态由窄深进入宽浅时,在宽浅河段内易形成死水或回流,造成下游水位高于推算水位;在水位涨落期间,窄深处河段水位涨落幅度、速度明显高于宽浅河段,如试验期同步观测董 3 左岸涨 21cm,荆 12 左岸只涨了 2cm;藕节型河道易出现跌坎,水位发生突变,上下游的水位差值较大。

河段内有较大支流汇入或分流时,上下游河段水位会发生改变,一般汇流岸接点处较对岸水位偏高,分流反之;分汊河道,一般主汊流速大,支汊易形成回流,造成主汊水位偏低;弯曲河道水体受向心力、地球引力等影响,形成内弯水位高,外弯水位低。若河道主流方向明显贴岸,且左右岸流速差异大,则横断面方向必然存在横比降。图 2.6-7 为 2005 年 2—3 月芦家河浅滩董 3、荆 12 断面在枯水期主流归槽贴岸时,逐日 8 时横比降变化图(左岸水位—右岸水位)。从图上可以看出,董 3、荆 12 的月平均横比降右岸比左岸分别高出 0.09/m、0.33/m。可见,水道形态变化导致水流方向改变会产生较大的横比降。

河槽边壁粗糙程度、滩地植被、河槽纵横形态坡比、水深以及多沙河道河床冲淤等变化会引起糙率大小随之改变。天然多沙河道高洪时,随着洪水流量和流速的增减,水流挟沙能力随之改变。洪峰前后因行洪流量的增减,河床发生明显冲淤,所以洪水期及枯水期对水位节点的控制和推算应不相同。

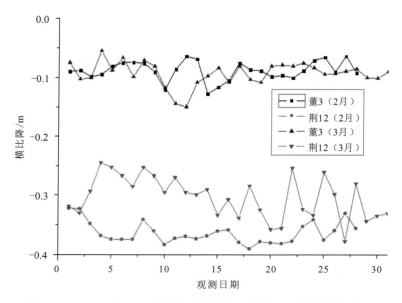

图 2.6-7　2005 年 2—3 月芦家河浅滩董 3 及荆 12 断面横比降变化

2.6.3　水位观测方法

水位观测方法主要分为人工观测法和仪器观测法。人工观测法是采用有刻度的水尺实现，常用于临时的短时间的水位观测；对于长时段的高密度的水文观测，一般采用不同原理的水位计进行。水位观测常用的仪器设备有：水尺、浮子式水位计、压力式水位计、超声波水位计和雷达水位计等。

（1）水尺

水尺是传统式直接观测水位的设备。直立式水尺是最具代表性的水位直接观测设备，由水尺靠桩和水尺板组成。一般沿水位观测断面的河岸不同高度设置一组水尺靠桩，将水尺板固定在水尺靠桩上，构成直立水尺组。水尺靠桩可采用木桩、钢管、钢筋混凝土等材料制成，水尺靠桩要求牢固，打入河底，避免发生下沉。水尺靠桩布设范围应该在高于测站历年最高水位及低于测站历年最低水位 0.5m 这个范围之间。水尺板通常由长 1m、宽 8～10cm 的搪瓷板、木板或合成材料制成。水尺的刻度一般是 1cm，误差不大于 0.5mm。相邻两水尺之间的水位要有一定的重合，重合范围一般要求 0.1～0.2m，当风浪大时重合部分应增大。水尺板固定好后，及时测量各组水尺 0 刻度的高程（零点高程），记录备用。观测水位时，在水尺板上读得水面与水尺板交接的刻度数（水尺读数）并立即记载，水尺读数加上该水尺零点高程即为水位数值（水面高程）。

另外，也可在岩石或者水工建筑物上直接涂绘水尺刻度（倾斜面上应校正到竖直）测算水位。还有通过从水面以上某一已知高程的固定点用悬垂水尺测量离水面竖直高程差来计算水位，以及用测针测算水位（如蒸发观测就是用测针测量水面高度）等。悬垂式水尺见图 2.6-8。

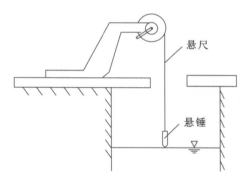

图 2.6-8 悬垂式水尺

（2）浮子式水位计

浮子式水位计是利用水面浮子随水面一同升降，并将它的运动通过比例传送给记录装置或指示装置的一种仪器。该类水位计设备装置由自记仪和自记台两部分组成。自记仪由感应部分、传动部分、记录部分、外壳等组成。自记台按结构型式和在断面上的位置可分为岛式、岸式、岛岸结合式。

图 2.6-9 为岸式浮子式水位计。岸式浮子式水位计由设在岸上的测井、仪器室和连接测井与测道的进水管组成，可以避免冰凌、漂浮物、船只等的碰撞，适合岸边稳定、坡岸较陡、淤积较少的测站。岛式自记台由测井、支架、仪器室和连接至岸边的测桥组成，适用于不易受冰凌、船只和漂浮物碰撞的测站。岛岸结合式自记台兼有岛式和岸式的特点，与岸式自记台相比，可以缩短进水管，适合于中低水位易受冰凌、漂浮物、船只碰撞的测站。

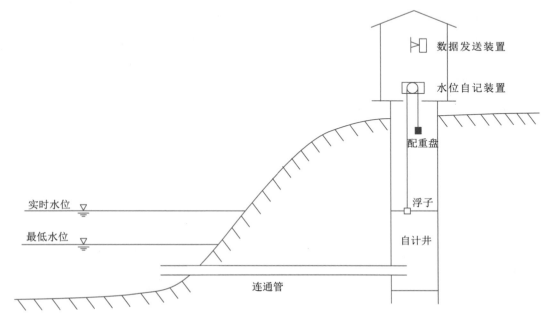

图 2.6-9 岸式浮子式水位计

还有一种改良式的光电浮子水位计,它融合了光电技术,能将浮子水位计的运动转换成数字信号进行记录和存储。

（3）压力式水位计

压力式水位计是根据压力与水深成正比关系的静水压力原理,运用压敏元件作传感器的水位计。

压力式水位计需要固定安装在水下,有压敏元件直接接触到水体,感应水压。由于在水下某点的压力实际上受到水柱压力和大气压的共同作用,因此压力式水位计测量到的压力需要消除大气压的影响,一般采用3种方法消除影响:①将压力传感器的内部与大气连通来平衡大气压;②压力传感器的内部与大气不连通,但在传感器工作前进行气压校准;③实时测量大气压的变化,在数据处理时采用模型改正,以消除大气压的影响。第二种方式实现简单,但由于大气压是一个不断变化的值,因此其测量精度受到一定的影响。

当传感器固定在水下某一测点时,采用该测点以上水柱压力高度加上该点高程,即可间接地测出水位。压力式水位计适用于不便建测井的地区,对于环境的适应性要比超声波水位计强。

一种性能优良的压力式水位计参数为:①采样频率,4Hz(个数据每秒)。②采样间隔,1s～24h。③量程范围,0～100m。④精度,满量程的0.05％。⑤分辨率,满量程的0.001％。其配置的软件能用于不同的操作系统平台,全部图形化界面,用户可轻松设置时钟、采样间隔、采样脉冲长短、起始结束时间等。图形化显示并分析数据资料,如参数选择独立分析,时间序列研究、$X-Y$坐标图、放大缩小等。其内存和内置电池可以连续工作并存储数年测量的数据。

（4）超声波水位计

超声波水位计是由微处理器控制的数字液位仪表。在测量中超声波脉冲由传感器(换能器)发出,声波经液体表面反射后被同一传感器或超声波接收器接收,通过压电晶体或磁致伸缩器件转换成电信号,并通过声波的发射和接收之间的时间来计算传感器到被测液体表面的距离。由于采用非接触的测量,被测介质几乎不受限制,可广泛用于各种液体和固体物料高度的测量。

气介超声波水位计的安装和工作原理见图2.6-10。

$$H = \frac{1}{2}vt \qquad (2.6\text{-}6)$$

$$H_水 = H_传 - H \qquad (2.6\text{-}7)$$

式中,H——传感器与水面的高差,m;

V——声波传播速度,m/s;

t——声波传播时间,s;

$H_水$——水面高程(水位),m;

$H_传$——传感器高程,m。

影响声波脉冲的因素较复杂,需要专门试验或借用已有成果。性能良好的超声波水位计其测距分辨率能达到 0.5cm,测距精度达到 1~2cm。

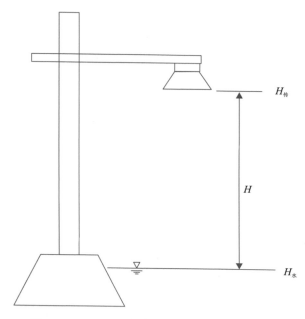

图 2.6-10   气介超声波水位计的安装和工作原理

(5)雷达水位计

雷达水位计与超声波水位计类似,只是雷达水位计是通过电磁波而非声波来进行距离测量。在理想的情况下,雷达水位计的测距分辨率能达到 0.1cm,测距精度达到 0.3cm。

需要注意的是,无论是超声波水位计还是雷达水位计,对探头安装的姿态要求较高,最佳的情况是探头能垂直向下发射声波或者电磁波。

在测量期间,潮水位观测的次数应该以能观测到潮汐变化的全过程为原则,水位观测应该覆盖水深测量的全过程。

在一般情况下,沿海港口及感潮河段水位观测频次按照表 2.6-5 中规定执行。

表 2.6-5   沿海港口及感潮河段水位观测频次规定

观测时期	观测频次	加密观测	
		加密频次	加密时间
观测系列水位时	每小时观测一次	每 10min观测一次	1. 高、低潮前后各 30min 内; 2. 受混合潮或者副振动影响,高、低潮过后又出现小的涨落起伏时
水深测量时	每 10~30min观测一次	每 10min观测一次	1. 高、低潮前后各 30min 内; 2. 30min 内水位差大于 0.5m 时; 3. 水位变化异常时

2.7 测深数据处理技术

2.7.1 基本技术

2.7.1.1 动态吃水确定

在通常情况下，在船体静态时，换能器被固定在船体上，其平面与水平面平行；在动态时，换能器面不再保持水平，它会随着船体姿态的变化而变化，从而影响测深精度，导致所描绘的水域地形失真。测船在某航速下的动态吃水应为静态吃水加上测船在该船速下的动态吃水值。

（1）动态吃水计算模型

动态吃水值按霍密尔公式计算：

$$\Delta D = K \sqrt{\frac{D}{h}} v^2 \qquad (2.7-1)$$

式中，ΔD——动态吃水改正值，m；

v——测量水深，m；

D——测船静态吃水值，m；

K——船型系数。

其中船型系数 K 与船的长、宽比和船体吃水线以下的形状有关，是由实测资料推算，按船舶长与宽之比值为引数查取。霍密尔公式中 K 值推算见表 2.7-1。

表 2.7-1 霍密尔公式 K 值推算

船的长宽比 l/b	3.0	4.0	5.0	6.0	7.0	8.0	9.0
K	0.047	0.042	0.038	0.035	0.032	0.030	0.028

霍密尔公式中的 K 值随不同的船型和船动力情况存在差异，在水深测量前宜采用实测法比对霍密尔公式，以适当调整和确定 K 值。

（2）动态吃水测定

采用常规水位改正方式进行 1：5000 以上比例尺水深测量时，应采用合适的方法对测船进行动态吃水测定。动态吃水可通过 GNSS 法、水准法和浮标法等方法进行测定。为提高观测精度，应尽可能选择晴好天气、无风浪和水面较平静时进行动态吃水测定。

1）GNSS 法

在测深仪换能器安装处安装一台 GNSS。测船静止不动时，用 RTK 测量一组高程数据。在测船以高、中、低航速航行时，分别测量一定数量的 RTK 数据。将测船运动与静止时 GNSS 观测的高程之差值作为相应船速下的测船动态吃水值。高程值求差计算前，需先进行水位改正,消除水位变化对高程测量的影响。动态吃水值加上静态吃水值,即为测船在该航速下的动态吃水。

2)水准法

水准法要求如下:

选择一个河底平坦、底质较坚硬的区域,水深为船吃水的 7 倍左右,该区域能保证测船以不同航速航行。

岸上选择适当位置架设一台水准仪,在船上换能器的位置竖立水准尺,应调整水准仪架设高度以保证观测到水准尺,并具有上下 1m 左右的动态范围。

在测量区域设立一个测点,测点处设置浮标,缩短其缆绳。当测船靠近浮标时停下,岸上用水准仪观测水准尺并记录读数;然后测船以测量时的各种速度通过浮标一侧(与原停靠点一致),水准仪照准船上标尺读数,两次读数应去掉水位的影响,再取两者差值,即船体在换能器所处位置的下沉值。任一船速应按上述方法观测 3 次以上,然后取平均值。该平均值加上静态吃水,即为测船在该航速下的动态吃水。

3)浮标法

区域条件同上,在测定区域设置浮标,船停于浮标旁,用测深仪精确测定水深,然后测船以测量时的各种速度通过浮标同一相对位置(船在停止状态下的测深位置)时,再测水深。当换能器处于船尾一端时,动态吃水为静态吃水和所测得的船尾下沉值之和。若换能器处于船首,航行时船首上抬,动态吃水为静态吃水减去所测得的船首升值之差。

动态吃水除与测船航行速度相关外,还受测船船型及大小影响,且与换能器安装部位相关。在相同航行速度下,测船越大(受水动力影响越大),动态吃水越大;换能器安装部位距船舷中部越近,受影响越小。当动态吃水不小于 0.05m 时应做动态吃水改正,动态吃水改正宜在数据后处理中进行。

2.7.1.2 时延探测

水深测量中平面测量与高程测量分属两个不同的测量单元,平面定位通常是由卫星定位系统测定的,其工作环境位于水面上。高程定位由换能器发射的声波所决定,其工作环境位于水面下,若不能保证平面定位与水深测量完全同步,就会产生水深测量过程中的延时效应。

水深测量时,测深仪的测深数据和 GNSS 接收卫星信号通过数据线传输给计算机,由于定位和测深属于两个系统,信号传输会有一个时间间隔,因此水深数据与平面定位数据的读取不能同步,定位信息滞后于水深值的输入。

目前常采用的延时探究方法,主要是通过定位数据寻求同一水深特征点的两个位置 P_1(x_1,y_1)和 P_2(x_2,y_2),得到延时位移 L,结合船速 v 计算延时 Δt,即

$$\Delta t = L/2v \qquad (2.7\text{-}2)$$

$$L = \sqrt{(x_1 - x_2)^2 + (y_1 - y_2)^2} \tag{2.7-3}$$

这种方法是利于普遍理解的，但是实用性不大。由于受到风浪的作用，船体会在水中摇摆不定，因此船体姿势对测量水深的影响很大。在水体中无法进行同一个水深点的重复量测。此外，一个特征点计算出来的时间延迟量也很难正确反映出整个系统的时间延迟。

为有效测定水下地形测量系统的延时，可以通过特征点对法与断面整体平移法进行确定。

（1）特征点对法

其原理是利用单一特征点进行往返观测获得有效的高程序列。由于测量船在水上受风浪的影响，不能对水底同一点进行准确的重复观测，因此可以选取有代表性的水域，并设计好相应的测量路线，对每条路线用不同的航速进行往返测量，通过式（2.7-4）计算出该点的延时值 Δt_k。

$$\Delta t_k = L_k / (V_1 + V_2) \tag{2.7-4}$$

式中，L_k——同一特征点往返断面中的距离；

V_1、V_2——测量船往、返的速度。

通过全部延时值的算术平均值得到最终延时量 Δt，见式（2.7-5）。

$$\Delta t = \frac{1}{n} \sum_{k=1}^{n} \Delta t_k \tag{2.7-5}$$

式中，n——测量次数。

通过较多的特征点解决了传统方法的稳定性问题。

（2）断面整体平移法

使用 RTK 进行水深测量，在船速一定的情况下，测量船可以捕获往返断面上的地形，因为水下地形是不变的，所以比较往返断面的相似性就可以确定延时的变量。两个断面的相关系数可以通过式（2.7-6）确定。

$$R_{h^A h^B}(d) = \frac{\sum_{i=0}^{D} h_i^A h_{i-d}^B}{\sqrt{\sum_{i=0}^{D} (h_i^A)^2 \sum_{i=0}^{D} (h_{i-d}^B)^2}} \tag{2.7-6}$$

式（2.7-6）表明，存在两个断面 h^A 和 h^B，当两个断面相同时，则相关系数 R 为 1；当两个断面不相同时，相关系数 R 为 0。

平移时以断面 h^A 为参考，平移距离设置为 d，根据式（2.7-6）计算出一系列相关系数 R。当 R 最大时，说明两者相关系数最大，此时对应的平移量 d 就可认为是由延时误差造成的两个断面不相似，用 $d_{R-\max}$。假设往返测量的船速分别为 $\bar{v}_A$ 和 $\bar{v}_B$，则系统延时 Δt 为：

$$\Delta t = \frac{d_{R-\max}}{\overline{v}_A + \overline{v}_B} \tag{2.7-7}$$

测量船在用断面匹配法进行延时探测时,要采用高频率采集断面数据,通过这样的方法可以最大限度地实现相似性匹配。由于这种方法采用大密度数据进行往返断面系统延时效应的测定,因此在精度和稳定性上比传统方法更加准确可靠。

2.7.1.3　水位改正

当采用常规验潮方式进行水深测量时,应进行水位改正。水位改正计算前,首先应确定各潮(水)位站的基面,然后根据测区的位置和测量时间整理相应的水位资料,最后选择合适的水位改正方法对水深数据进行改正。一般常用的水位改正方法有单站水位改正、双站水位改正和多站水位改正。

（1）单站水位改正

在水位站控制范围内,水底高程根据回声测深仪测得的实测水深与相应的水位按式(2.7-8)计算获得：

$$G = z - h \tag{2.7-8}$$

式中,G——水底高程,m;

z——该水位站在某一基面以上的水位,m;

h——测点施测时的水深,m。

（2）双站水位改正

在双站水位可控制或比降较小的河道中,两相邻站之间的水位可按距离线性内插求得。

双站水位改正平面见图 2.7-1。设 A_1、A_2 2 个潮位站某时刻的潮位为 Z_1、Z_2,求 P 点的潮位。

由 A_1,A_2 和 P 的坐标,可按式(2.7-9)求得 A_3 的坐标,然后在直线 $A_1 A_2$ 上按距离内插得到 A_3 的潮位。

$$Z_P = Z_1 + (Z_2 - Z_1) S_{A_1 A_3} / S_{A_1 A_2} \tag{2.7-9}$$

式中,$S_{A_1 A_2}$——A_1 与 A_2 间距离;

$S_{A_1 A_3}$——A_1 与 A_3 间距离。

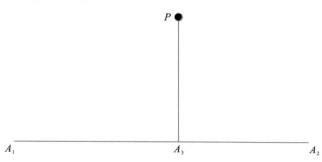

图 2.7-1　双站水位改正平面

（3）多站水位改正

在计算测点潮位时，应考虑横向潮位变化。根据不同的条件，可采用二步内插法、平面内插法、距离加权法等方法进行潮位改算。

1）二步内插法

潮位站平面见图 2.7-2。设 A、B、C 三个潮位站某时刻的潮位分别为 Z_A，Z_B，Z_C，求 P 点的潮位。

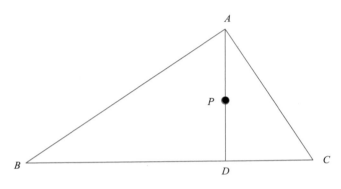

图 2.7-2 潮位站平面

设已知 A、B、C 和 P 的坐标，可联解求得 BC 与 AP 两个直线方程，得交点 D 的坐标，然后在直线 BC 上以这两点潮位按距离内插得到 D 的潮位；再在直线 AD 上，以 AD 的潮位线性内插求得测点 P 的潮位：

$$Z_P = Z_A + (Z_D - Z_A) S_{AP} / S_{AD} \tag{2.7-10}$$

$$Z_D = Z_C + (Z_B - Z_C) S_{CD} / S_{BC} \tag{2.7-11}$$

式中，S_{AD}——A 与 D 的距离；

　　　S_{AP}——A 与 P 的距离；

　　　S_{BC}——B 与 C 的距离；

　　　S_{CD}——C 与 D 的距离。

2）平面内插法

若 3 个验潮站之间潮时差很小，且潮时差均匀变化，则可将瞬时水面作为一个平面处理，潮位站平面见图 2.7-3。

设 3 个潮位站 A、B、C 的空间坐标分别为 (X_A, Y_A, Z_A)、(X_B, Y_B, Z_B)、(X_C, Y_C, Z_C)，其中 Z 为水位，P 点某时刻的空间坐标为 (X_P, Y_P, Z_P)，根据四点共面的条件，计算出 P 点的水位 Z_P。

3）距离加权法

在湖泊地区，可采用距离加权法进行水位改算。设 A_1、A_2、A_3、A_4 4 个潮位站某时刻的水位分别为 Z_1、Z_2、Z_3、Z_4，则 P 点的水位 Z_P 可由 P 点至 4 个已知潮位站距离的倒数加权求得。

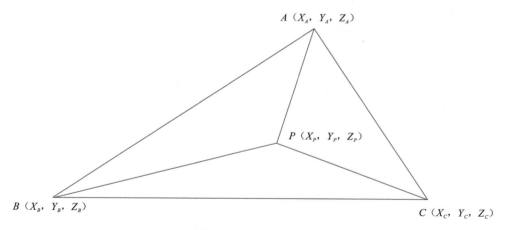

图 2.7-3 潮位站平面

2.7.1.4 声线跟踪技术

由于水介质随深度变化,各层的温度、含盐度和声波传播的速度也在不断变化。一方面声波在水中的传播速度不尽相同,另一方面声线遇到介质物理特性变化时,其传播方向将会发生改变从而产生折射,折射的程度与介质的声速变化率有关。因此,当声线在分层介质中传播时不断地发生折射,声线的方向就不断地偏折和弯曲。如果使用平均声速或不正确的声速剖面,就会使实际水底发生水平偏移和深度偏差,所获得的测深数据精度下降,严重的甚至会使采集的数据完全报废。因此为了获得高精度的水深测量资料,对多波束测量系统进行声速改正非常必要。

声线跟踪有层内常声速声线跟踪和层内常梯度声线跟踪,相对前者,后者与实际比较接近,算法也相对严密。

理论上,波束传播路线(即声线)的长度(即声程)R 通过式(2.7-12)获得。

$$R = \int_t C(t) \mathrm{d}t \tag{2.7-12}$$

式(2.7-12)中的 $C(t)$ 为声速函数,在实际计算中无法准确地获得该函数,只能借助声速剖面仪得到声速剖面 SVP(Sound Velocity Profile),为此,需将一个连续积分问题离散化,采用式(2.7-13)层追加处理思想实现声程的计算。

$$R = \sum_{i=1}^{n} C_i t_i \tag{2.7-13}$$

声线跟踪不仅可以获得声程,更重要的是可以获得波束在水底投射点的位置,即在换能器坐标系的坐标。

假设波束经历 n 层水柱,声波传播速度在每层内以常梯度变化,引起的声线变化见图 2.7-4。

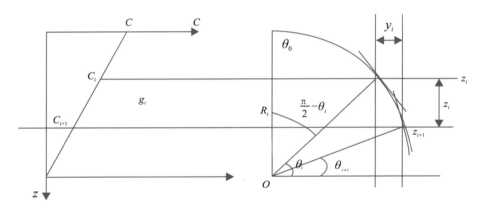

图 2.7-4　声线变化

　　针对水层 i，设层 i 上、下界面处的深度分别为 z_i 和 z_{i+1}，层厚度为 $\Delta z_i = z_{i+1} - z_i$；又因为声速在层内以常梯度声速传播，那么波束在层内的传播轨迹应为一连续的且带有一定曲率半径 R_i 的弧段。

$$R_i = -1/pg_i = \frac{C_i}{|g_i|\sin\theta_i} = \frac{C_i}{|g_i|\cos\varphi_i} \tag{2.7-14}$$

式中，R_i——第 i 层水体内声线曲率半径；

　　　I——水体分层层数；

　　　g_i——第 i 层水体内声速梯度；

　　　C_i——第 i 层水体内声速；

　　　θ_i——第 i 层水体内声线折射角；

　　　$\varphi_i = 90° - \theta_i$；

　　　p——Snell 常数。

根据图 2.7-4 中的三角几何关系，层 i 内声线的水平位移 y_i 为：

$$y_i = R_i(\cos\theta_{i+1} - \cos\theta_i) = \frac{\cos\theta_i - \cos\theta_{i+1}}{pg_i} \tag{2.7-15}$$

又因为：

$$\cos\theta_i = [1 - (pC_i)^2]^{\frac{1}{2}} \Delta z \tag{2.7-16}$$

则：

$$y_i = \frac{[1-(pC_i)^2]^{\frac{1}{2}} - [1 - p^2(C_i + g_i\Delta z)^2]^{\frac{1}{2}}}{pg_i} \tag{2.7-17}$$

结合图 2.7-4，波束在该层经历的弧段长度为：

$$S_i = R_i(\theta_i - \theta_{i+1}) \tag{2.7-18}$$

则传播时间为：

$$t_i = \frac{R_i(\theta_i - \theta_{i+1})}{C_{H_i}} = \frac{\theta_{i+1} - \theta_i}{pg_i^2\Delta z_i} = \ln\left[\frac{C_{i+1}}{C_i}\right] \tag{2.7-19}$$

式中，C_{H_i}——第 i 层的 Harmonic 平均声速，其定义为：

$$C_{H_i} = \frac{z - z_0}{t} = (z - z_0) \left[\int_{z_0}^{z} \frac{\mathrm{d}z}{C(z)} \right]^{-1} \tag{2.7-20}$$

基于上述层内波束水平位移量和传播时间计算模型，根据声速剖面提供的层厚度以及水深，推演出整个追踪得到时间和水平位移量为：

$$T = \sum_{i=1}^{n} t_i \tag{2.7-21}$$

$$y = \sum_{i=1}^{n} y_i \tag{2.7-22}$$

由于以上追踪得到的总时间和总位移是根据声速剖面提供的深度以及层声速得到的，而实际测深处的深度并不等于声速剖面位置处的深度。此外，借助以上算法并没有得到波束在水底点的深度。因此，为了解决上述问题，获得波束在水底点的真实水平位移量和深度，还需以测量时波束传播的实际时间为依据，开展以下两项工作。

（1）加追踪

若 $T_{追踪} < T_{实际}$，表明基于声速剖面追踪位置并不是波束在水底投射点的位置，还需继续追加，即"加追踪"。加追踪层的声速等于声速剖面最后一个水层的声速，直至满足 $T_{追踪} = T_{实际}$，此时的波束点相对换能器的水平位移量和深度即为波束在水底投射点在换能器坐标系下的坐标 y 和深度 D。

波束的水底投射点最终水平位移量 y 和深度 D 为：

$$y = \sum_{i=1}^{n} y_i + \Delta y \tag{2.7-23}$$

$$D = \sum_{i=1}^{n} D_i + \Delta D \tag{2.7-24}$$

式中，Δy 和 ΔD——"加追踪"的水平位移量和深度。

（2）减追踪

若 $T_{追踪} > T_{实际}$，则表明多追踪了一段声程，需将多追踪的去除，即所谓的"减追踪"。减追踪是沿着追踪路径反方向追踪，反方向追踪的时间即为二者的时间差，采用的声速即为对应水层的声速。当减追踪实现 $T_{追踪} = T_{实际}$ 后，则终止，此时的 y 和 D 就是实际波束在水底投射点的换能器坐标系下的坐标。

波束在水底投射点的最终水平位移量 y 和深度 D 为：

$$y = \sum_{i=1}^{n} y_i - \Delta y \tag{2.7-25}$$

$$D = \sum_{i=1}^{n} D_i - \Delta D \tag{2.7-26}$$

式中，Δy 和 ΔD——"减追踪"的水平位移量和深度。

在上述声线跟踪中，需要注意的是，波束的实际入射角应为波束阵列中分布波束入射角θ与横摇姿态角r和换能器的横向安装偏角θ_0之和，若认为 Ping 断面与航迹方向正交，则只需顾及横向姿态角和换能器的横向安装偏角θ_0，则实际的波束入射角θ为：

$$\theta = \theta_0 + r + dr \qquad (2.7\text{-}27)$$

2.7.1.5　姿态改正和归位计算技术

船体姿态主要受风、水流等外界的作用影响。根据多波束测量中各个系统的标定原则，理想状态下，换能器的波束断面与航向正交。但在实际测量中，由风、水流等外界因素造成船姿时时刻刻都在变化，安装在船体上的多波束换能器姿态也随之变化，多波束的瞬时实测断面与理想测量状态存在一定旋转变化，同样铅垂方向也会存在一定的夹角。瞬时姿态的变化也导致波束入射角等的改变，致使后续水底测点无法正确反映波束脚印在理想坐标系下的位置。因此，讨论船姿的受动因素，分析姿态及进行姿态改正对于真实反映水底实际地形非常重要（赵建虎等，2001）。

船体姿态主要是横摇、纵摇、艏摇和涌浪 4 个参数，外界干扰因素主要是风、浪、水流、偏航角、船速和水深等。

偏航角受动因素主要是船体操纵和外界因素影响，在流速一定的情况下，船速越高偏航情况越容易发生。水深对偏航角的影响为：水深越浅，流速越大，偏航角越大。当螺旋桨转速不变时，外界因素会使船偏离航线，这时只有通过改变偏航角来使船航向不变。

船体横摇主要受船速影响，船速突然改变的瞬间横摇会有显著变化。船体的横摇还与航偏角有着密切的关系，航偏角发生突变时，横摇幅度较大，只是这种变化有 5～10s 的延迟（李矩海，2000）。横摇与水深和测区的相关性为：在深水区横摇受动影响小，但在深水与浅水交界区，横摇变化相对较大。

一般情况下，纵摇受动影响相对较弱（赵建虎，2000）。纵摇与船速有关，船体加速或减速时，纵摇变化较大，加速度最大和最小时纵摇最大。匀速时，纵摇变化幅度较小，相对稳定。纵摇与航偏角有一定的关系，航偏角突变时，纵摇变化幅度相对较大，平稳变化时，变化幅度相对较小（李矩海，2000）。

船体的动态吃水总体表现为：船首的动态吃水较尾部动态吃水要大，船边的动态吃水因受多种因素的影响，呈现无规律性变化（赵建虎，2000）。船体动态吃水与船速（或加速度）关系密切，加速时船首上扬，船尾下沉，到达一定极限后，船首迅速下沉；减速时船首动态吃水开始减小，尾部亦上扬，随即又下沉；速度变化不大时，首尾动态吃水变化不大。

姿态改正原理和计算过程如下：

（1）基本原理

多波束换能器固定在测量船上，受波浪、船体操纵等因素影响，换能器随着船体姿态发生瞬时变化，影响了理想状态下波束在水底投射点位置的正确计算，因此需要进行姿态改正。

姿态改正的作用有两个：

①消除姿态因素对测深点位置计算的影响。

②将不同位置传感器的观测值归算到相同位置。

声线跟踪只能得到测深点在换能器坐标系下的相对坐标，而要实现测深成果的统一表达，则需要将不同 Ping、条带以及条带之间的测量成果归算到统一地理坐标系下，即需要开展归位计算。

（2）传统方法

1）坐标系统

在姿态改正和归位计算中涉及 3 个坐标系，分别为换能器坐标系 TFS（Transducer Frame System）、船体坐标系 VFS（Vessel Frame System）和地理坐标系 GRF（Geographic Reference Frame）。

TFS 的原点在换能器的中心，x 轴、y 轴和 z 轴与 VFS 的 3 个轴平行，但因为安装偏差的存在，与 VFS 存在绕 x 轴的旋转角 dr、绕 y 轴的旋转角 dp 和绕 Z 轴的旋转角 $dYaw$，这 3 个角度实际上就是换能器的安装偏角。

船体坐标系 VFS 以测量船重心/中心 RP 为原点，船首方向为 X 轴，右手垂直方向为 Y 轴，垂直 $X-RP-Y$ 平面为 Z 轴建立船体右手坐标系 VFS。换能器、GNSS 和罗经安装于船体见图 2.7-5。

2）TFS 向 VFS 转换

没有安装偏角的情况下，换能器坐标系 TFS 与船体坐标系 VFS 除了原点不同外，轴向是平行的。由于换能器安装偏角的存在，两套坐标系不仅原点不同，还在 VFS 下存在绕 z 轴与船首有一个 $dYaw$ 轴与 $X-RP-Y$，以及绕 X 面存在一个 dr 角（该影响已经在声线跟踪中顾及）。根据这些参数，基于式（2.7-28）可实现测深点 p 在 TFS 下坐标 $(0, y, D)_{TFS-p}$ 向 VFS 下坐标 $(x, y, D)_{VFS-p}$ 的转换。

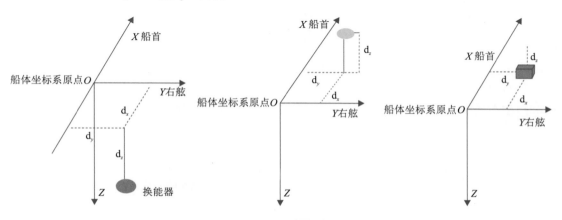

图 2.7-5　各部件安装

$$\begin{pmatrix} x \\ y \\ D \end{pmatrix}_{\text{VFS}-p} = \begin{pmatrix} x \\ y \\ z \end{pmatrix}_{\text{VFS}-T} + R(\text{d}Yaw)R(\text{d}p)\begin{pmatrix} O \\ y \\ D \end{pmatrix}_{\text{TFS}-p} \tag{2.7-28}$$

式中，$(0,y,D)_{\text{TFS}-p}$——声线跟踪结果；

$\quad\quad[x,y,z]_{\text{VFS}-T}$——换能器在船体坐标系 VFS 下坐标；

$\quad\quad(x,y,D)_{\text{VFS}-p}$——测深点在 VFS 下坐标；

$\quad\quad R(\text{d}Yaw)$ 和 $R(\text{d}p)$——由换能器安装偏角 $\text{d}Yaw$ 和 $R(\text{d}p)$ 构成的 3×3 旋转矩阵。

式(2.7-28)中的第二项实则是借助换能器安装偏角构建的旋转矩阵实现瞬时 TFS 向理想 TFS 的变换，实现了与理想 VFS 3 个坐标轴的平行；式(2.7-28)中的第一项实则是换能器在理想船体坐标系下的坐标。

3）VFS 下姿态改正

如前所述，船体姿态$(\text{roll}(r),\text{pitch}(p))$改变了各位置传感器在理想船体坐标系下的坐标，而所有的计算需在理想（设计）船体坐标系下进行，为此，需要进行姿态改正，消除姿态因素的影响，获得这些传感器在理想船体坐标系下的坐标。

理想状态下，若换能器在初始安装时测定的船体坐标为 $[x,y,z]_{\text{VFS}-T0}$，受船体姿态影响，瞬时换能器在理想船体坐标系下的坐标为$(x,y,z)_{\text{VFS}-T}$：

$$\begin{pmatrix} x \\ y \\ z \end{pmatrix}_{\text{VFS}-T} = R(p)R(r)\begin{pmatrix} x \\ y \\ z \end{pmatrix}_{\text{VFS}-T0} \tag{2.7-29}$$

类似地，若 GNSS 在初始安装时测定的船体坐标为$(x,y,z)_{\text{VFS}-\text{GNSS}0}$，受船体姿态影响，瞬时 GNSS 在理想船体坐标系下的坐标为$(x,y,z)_{\text{VFS}-\text{GNSS}}$：

$$\begin{pmatrix} x \\ y \\ z \end{pmatrix}_{\text{VFS}-\text{GNSS}} = R(p)R(r)\begin{pmatrix} x \\ y \\ z \end{pmatrix}_{\text{VFS}-\text{GNSS}0} \tag{2.7-30}$$

在式(2.7-30)中，波束在水底投射点只顾及了横向角的影响，即在声线跟踪中考虑了 $\text{roll}(r)$ 姿态角和 $\text{d}r$ 旋转角，未顾及 $\text{pitch}(p)$ 姿态角的影响，因此测点在船体坐标系下的坐标$(x,y,z)_{\text{VFS}}-p$ 应该为：

$$\begin{pmatrix} x \\ y \\ D \end{pmatrix}_{\text{VFS}-p} = \begin{pmatrix} x \\ y \\ z \end{pmatrix}_{\text{VFS}-T} + R(p)R(\text{d}Yaw)R(\text{d}p)\begin{pmatrix} O \\ y \\ D \end{pmatrix}_{\text{VFS}-p} \tag{2.7-31}$$

其中换能器的船体坐标$(x,y,z)_{\text{VFS}-T}$ 借助式(2.7-29)获得。

以上各式中，$R(p)=\begin{pmatrix} \cos p & 0 & -\sin p \\ 0 & 1 & 0 \\ -\sin p & 0 & \cos p \end{pmatrix}$，$R(r)=\begin{pmatrix} 1 & 0 & 0 \\ 0 & \cos r & \sin r \\ 0 & -\sin r & \cos r \end{pmatrix}$。

4）归位计算（VFS 坐标系向 GRF 坐标系的转换）

获得了瞬时 GNSS 天线和波束水底投射点在船体坐标系下的坐标后，结合 GNSS 天线处给出的地理坐标 $(X,Y,Z)_{GRF-GNSS}$ 以及测量船的当前方位 A，通过归位计算，可获得波束水底投射点的地理坐标。

VFS 原点 RP 地理坐标的计算见式（2.7-32）：

$$\begin{pmatrix} X \\ Y \\ Z \end{pmatrix}_{GRF-RP} = \begin{pmatrix} X \\ Y \\ Z \end{pmatrix}_{GRF-GNSS} - R(A+dA)\begin{pmatrix} x \\ y \\ z \end{pmatrix}_{VFS-GNSS} \tag{2.7-32}$$

式中，$(X,Y,Z)_{GRF-GNSS}$——GNSS 天线处的地理坐标；

$(x,y,z)_{VFS-GNSS}$——GNSS 天线在 VFS 下相对原点 RP 坐标，由式（2.7-27）获得。

经过上述改正后，得到 VFS 原点 RP 在地理坐标系下的坐标 $(X,Y,Z)_{GRF-RP}$。

波束水底投射点在地理坐标系下坐标的计算见式（2.7-33）：

$$\begin{pmatrix} X \\ Y \\ Z \end{pmatrix}_{GRF-p} = \begin{pmatrix} X \\ Y \\ Z \end{pmatrix}_{GRF-RP} - R(A+dA)\begin{pmatrix} X \\ y \\ Z \end{pmatrix}_{VFS-p} \tag{2.7-33}$$

式中，A——测量船当前方位；

dA——罗经安装偏角；

$R(A+dA)$——由 $A+dA$ 构建的 3×3 阶矩阵。

$$R(A+dA)=\begin{pmatrix} \cos(A+dA) & -\sin(A+dA) & 0 \\ \sin(A+dA) & \cos(A+dA) & 0 \\ 0 & 0 & 1 \end{pmatrix} \tag{2.7-34}$$

（3）综合法

综合法是建立在现有传统方法的基础上，考虑多个参量方向的一致性而开展的综合性归位计算方法。

对瞬时 GNSS 天线、换能器在理想船体坐标系下的坐标计算，即姿态改正，方法同传统方法中的 VFS 下姿态改正，即

$$\begin{pmatrix} X \\ Y \\ D \end{pmatrix}_{VFS-GNSS} = R(p)R(r)\begin{pmatrix} x \\ y \\ z \end{pmatrix}_{VFS-GNSS0} \tag{2.7-35}$$

$$\begin{pmatrix} X \\ Y \\ D \end{pmatrix}_{VFS-T} = R(p)R(r) \begin{pmatrix} x \\ y \\ z \end{pmatrix}_{VFS-T0} \tag{2.7-36}$$

换能器地理坐标的计算：

$$\begin{pmatrix} X \\ Y \\ Z \end{pmatrix}_{GRF-T} = \begin{pmatrix} X \\ Y \\ Z \end{pmatrix}_{GRF-GNSS} - R(A) \begin{pmatrix} X \\ y \\ Z \end{pmatrix}_{VFS-GNSS} + R(A+dA) \begin{pmatrix} X \\ y \\ D \end{pmatrix}_{VFS-T} \tag{2.7-37}$$

波束水底投射点地理坐标的计算公式为：

$$\begin{pmatrix} X \\ Y \\ Z \end{pmatrix}_{GRF-p} = \begin{pmatrix} X \\ Y \\ Z \end{pmatrix}_{GRF-T} + R(A+dA+dYaw)R(p+dp) \begin{pmatrix} O \\ y \\ D \end{pmatrix}_{VFS-p} \tag{2.7-38}$$

综合归位计算方法的步骤是：首先获得换能器在地理坐标系下的坐标，然后将声线跟踪得到的换能器坐标系下的坐标转换到地理坐标系下，最终获得波束在水底投射点（测点）的地理坐标。

2.7.2 传统单波束测深数据处理

单波束测深数据处理主要包括测深数据编辑、定位数据滤波、声速改正、吃水改正、水位改正以及地形点云数据滤波等内容。

2.7.2.1 测深数据编辑

受仪器不稳定、浅水混响及发射余振、水中漂浮物（如鱼群、水草）和二次反射回波等因素的影响，单波束测深仪的测量数据常出现水深异常值，表现为突然出现"畸变"或者零值，使得水底地形图绘制出现偏差。因此需要对深度数据进行准确处理，剔除粗差和虚假信号，提高测深精度。在水深数据处理前，可采用卫星定位差分模式、卫星数、测船航速等组合方式进行定位数据滤波，自动剔除卫星状态不好和定位误差大的跳点数据。

所谓滤波就是从测量到的或接收到的各种带有干扰的信号中取出有用信号的方法或技术。水深数据滤波按数据处理的自动化程度分为人工交互式滤波和自动滤波。

2.7.2.2 时延改正

由于GNSS接收机测量计算过程中的时延、测深设备及测量软件在定位数据和水深数据的传输采集率的不同步，水深测量的真实位置（理论值）与测量位置不一致，产生了偏移，这种偏移为延时效应。延时效应常呈现为系统性。

单波束测深系统性延时主要由测深仪数据延时、GNSS定位延迟、采集软件系统处理时间和换能器安装偏差组成。时延探测已在前面介绍，这里不再赘述。借助探测到的时延，开展时延改正。

2.7.2.3 声速改正

水深改正计算的精度与声速剖面观测密切相关,特别是当水体中存在水温跃层(水面与水底温差超过3℃)时,声速剖面的观测质量直接影响到水深改正计算。因此,改正计算前应对声速剖面数据质量进行检查,不合格的声速剖面观测数据不得用于改正计算。

当测区水体存在水温跃层时,必须对水深数据进行声速改正。声速计算分为间接法声速计算和直接法声速计算。

(1)间接法声速计算

采用间接法时,声速可根据不同条件采用下列不同公式计算。

①潮汐河段、近海水域声速按式(2.7-39)计算。

$$C = 1449.2 + 4.6T - 0.055T^2 + 0.00029T^3 + (1.34 - 0.01T)(S - 35) + 0.017D$$

$$(2.7\text{-}39)$$

式中,C——水中声速,m/s;

T——水温,℃;

S——含盐度,‰;

D——深度,m。

式(2.7-39)为计算某一水层声速时采用的公式。若计算从水面至某一深度(海底)的平均声速,式(2.7-39)中的T,S,D应以其平均值T_n,S_n,D_n代入计算,即得到平均声速的近似公式:

$$T_n = \sum_{i=1}^{n} d_i T_i / \sum_{i=1}^{n} d_i \qquad (2.7\text{-}40)$$

$$S_n = \sum_{i=1}^{n} d_i S_i / \sum_{i=1}^{n} d_i \qquad (2.7\text{-}41)$$

$$D_n = D/2 \qquad (2.7\text{-}42)$$

式中,d_i——各水层厚度,m;

T_i——各水层的温度,℃;

S_i——各水层的含盐度,‰;

D——深度,m。

②内河水域声速按式(2.7-43)计算。

$$C = 1410 + 4.21T - 0.037T^2 + 1.14S \qquad (2.7\text{-}43)$$

式中,C——水中声速,m/s;

T——水温,℃;

S——含盐度,‰。

（2）直接法声速计算

采用直接法时，可根据声速剖面仪观测的各水层声速按式(2.7-44)计算垂线平均声速。

$$C_m = \frac{\sum\limits_{j}^{j-1}(\frac{C_j + C_{j+1}}{2})d_{j,j+1}}{\sum\limits_{j=1}^{N-1}d_{j,j+1}}$$

(2.7-44)

式中，C_m——平均声速，m/s；

C_j——按厚度 d 选取的声速仪测得的相应深度的声速，m/s；

$d_{j,j+1}$——各水层的厚度，m；

N——在声速仪测得的声速剖面中选取的声速总个数。

水深声速改正按式(2.7-45)计算：

$$\Delta H_c = (\frac{C_m}{C_0} - 1)H$$

(2.7-45)

式中，ΔH_c——深度改正值，m；

H——改正前水深，m；

C_m——平均声速，m/s；

C_0——设计声速，m/s，即水深采集时的声速。

考虑到声速改正计算过程复杂，且水下测量测点数量众多，改正计算工作量巨大，一般采用成熟的商业软件进行声速改正，以减少计算工作量和计算误差。

2.7.2.4　水位改正

水位改正采用 2.7.1.3 节中的方法。

2.7.2.5　水深数据滤波

国内外学者对水深粗差处理做了大量的研究工作，提出了几种较为有效的粗差滤波方法，如人工交互式滤波、中值滤波法、加权平均法、趋势面滤波法及基于 M 估计的选权迭代等。其中，人工交互式滤波效率较低且测深成果易受主观因素的影响。

（1）人工交互式滤波

人工交互式滤波的滤波对象为单个断面或相邻的几个断面，通常是依据最大深度门限最小深度门限、最大坡度、最小角度及横向距离等原则，对深度数据进行交互式编辑处理。

（2）中值滤波法

中值滤波法的基本原理是设有一个水深序列 $h_1, h_2, \cdots, h_n$，取窗口长度为 $2m+1$（$2m+1$ 为中值滤波的窗口大小），对其进行中值滤波，即从输入序列中相继抽出 $2m+1$ 个数 $h_{i-m}, \cdots, h_{i+m}$，再将这 $2m+1$ 个点按其数值大小排序，取其序号的中心点作为滤波输出。用数学公式表示为：

$$h_i = \text{med}\{h_k, k \in [i-m, i+m] \bigcap [1, N]\}, i \in [1, N] \qquad (2.7\text{-}46)$$

式中，N——水深序列长度；

med{ }——序列取中值操作。

（3）加权平均法

加权平均法是在指定窗口大小中对深度值赋予不同的权值，所应用的数学公式如下：

$$h_i = [A_1, A_2, \cdots, A_{2m+1}] \times [h_{i-m}, \cdots, h_i, \cdots, h_{i+m}]^{\text{T}}, i \in [1, N] \qquad (2.7\text{-}47)$$

对于不在观察序列中的点，水深值补为零值，其中 $2m+1$ 为中值滤波的窗口大小，A 为对应的权值，且 $\Sigma A = 1$，N 为水深序列长度。

（4）趋势面滤波法

假设小区域范围内为连续地形曲面，设某点 (x, y) 的水深值为 z，其与周围点 (x_i, y_i, z_i) 存在一定的联系，根据深度 z 和平面位置 (x, y)，采用多项式的曲面函数 $z = f(x, y)$ 对地形进行拟合，并结合 3σ 和 2σ 原则即可对粗差进行检验和剔除，其原则为：

$$z_i - f(x_i, y_i) < k\sigma, \text{通过检验} \qquad (2.7\text{-}48)$$

$$z_i - f(x_i, y_i) \geqslant k\sigma, \text{剔除粗差} \qquad (2.7\text{-}49)$$

式中，k——常数项，中误差的倍数值，$k = 2$ 或 3；

z_i——点 (x_i, y_i) 的深度；

σ——根据该区域内测点的深度及由此所拟合出的趋势面所确定的均方差。

（5）基于 M 估计的选权迭代

基于 M 估计参数平差模型的抗差解为：

$$X = (A^{\text{T}}PA)^{-1}A^{\text{T}}PL \qquad (2.7\text{-}50)$$

第 $k+1$ 步的迭代解为：

$$X^{(k+1)} = (A^{\text{T}}P^{(k)}A)^{-1}A^{\text{T}}P^{(K)}L \qquad (2.7\text{-}51)$$

式中，A——方程的系数阵；

L——自由项；

X——模型待定参数向量；

P——等价权函数。

在多波束测深中，定义权 P_i 如下：

$$P_i = 1/(l_{ie} + \varepsilon) \qquad (2.7\text{-}52)$$

式中，l_{ie}——点 i 与 e 之间的距离；

ε——一个极小正数。

由于多波束相邻深度数据反映水底地形的变化，数据相对密集，因此采用加权均值模型作为深度异常值的推值模型。基于抗差 M 估计的函数模型如下：

$$\hat{h}^{(k+1)} = \frac{\sum\limits_{i=1}^{n} \overline{P}_i^{(k)} h_i}{\sum\limits_{i=1}^{n} \overline{P}_i^{(k)}} \tag{2.7-53}$$

式中，h_i——邻域内某测深点深度值；

  n——邻域内测深点数。

  P_i——等价权，由于与 i 点和 e 点两点间距离相关，因此每次迭代中该值不同，n 次迭代后，权值趋于稳定。

迭代后得到 e 点的预测水深，该值与实测值的差即为残差 Δh，异常值的检验标准如下：

$$\Delta h \leqslant k' \sqrt{\sigma_e^2 + m_e^2} \tag{2.7-54}$$

$$m_e = \pm 3(\hat{h}_e)/1000 \tag{2.7-55}$$

式中，k'——常数项，中误差的倍数值，$k'=2,3$；

  σ_e——预测值均方差；

  m_e——观测误差。

对于存在较大偏差的测深点，迭代过程中其等价权较小或接近于零，导致该测深点的影响被降低，实现了数据滤波。

实践结果表明：基于 M 估计的选权迭代与其他 3 种滤波方法相比效果更好。加权平均滤波的水深正常值易受粗差的影响；中值滤波法连续处理异常的能力比较差；趋势面滤波法的缺点在多项式拟合次数的选择上，次数选择的过高导致粗差探测失效，优点是对平坦地形的滤波效果较好。基于 M 估计的选权迭代能够根据残差的大小有效地发现粗差，同时该方法通过合理地赋予权值提高了抗差能力，对粗差更敏感，在复杂水域尤为适用。

2.7.3　GNSS 三维测深数据处理

2.7.3.1　测深、GNSS 三维解质量控制方法

（1）测深数据滤波

测深数据质量控制采用水深数据编辑方式来实现。

以回声测深仪的声图数据为参考背景，实现对测深数据（单频或双频）MARK 测深点的质量控制、插补和删除等项编辑，还可依据距离或时间，实现对测深数据的重新定标。

（2）GNSS 平面解质量控制

RTK 定位数据异常主要表现为平面坐标的"跳变"，在时间序列上，按照动态测量时出现的频次可分为个别点异常、短时异常及较长时间异常。

1）个别点异常

由于船姿剧变或无线电中断,GNSS 观测数据中常出现连续几个观测历元(几秒钟)的异常。此时,可认为测量船在短时间内保持航向,其平面位置修正可采用线性内插法。

$$\begin{cases} x_t = \dfrac{x_2 - x_1}{t_2 - t_1}(t - t_1) \\ y_t = \dfrac{y_2 - y_1}{t_2 - t_1}(t - t_1) \end{cases} \tag{2.7-56}$$

式中,(x_1, y_1) 以及 (x_2, y_2)——t_1 和 t_2 两个时刻 RTK 正常的平面定位解;

(x_t, y_t)——t 时刻非 RTK 状态的平面结果。

2）短时异常

若观测数据中出现短时(十几秒)连续异常,则可借助 Kalman 滤波,根据先验统计特性进行滤波处理。借助 GNSS 正常观测得到平面解和质量因子,可实现异常定位解的修复。

$$X_k = \Phi_{k,k-1} X_{k-1} + \Gamma_{k-1} W_{k-1} \tag{2.7-57}$$

$$Z_k = H_k X_k + V_k \tag{2.7-58}$$

式中,X——状态向量,包含了平面位置及其速度信息;

Z——GNSS 平面位置观测矩阵;

H_k 及 Γ_{k-1}——量测和噪声矩阵;

W_{k-1} 及 V_k——噪声和量测噪声向量。

3）较长时间异常

若平面解序列中出现较长时间异常(大于 3min),其间测量船航向/方位 θ 可借助罗经连续提供,则平面位置修正可借助航向 θ 和航速 v 以及前一时刻正确的平面定位解,通过位置递推方法来获得。

$$\begin{cases} x_t = x_0 + v_0(t - t_0)\cos\theta \\ y_t = y_0 + v_0(t - t_0)\sin\theta \end{cases} \tag{2.7-59}$$

式中,(x_t, y_t)——突变 t 时刻的平面坐标;

(x_0, y_0)——突变段起始 t_0 时刻的正常的平面定位解;

v_0——突变前的测量船速,m/s;

θ——突变 t 时刻测量船的方位角,°,可由罗经提供。

综上,可以组成 RTK/PPK 平面解综合滤波模型,根据异常时段的长度,实现择优滤波处理。综合滤波处理中,异常时段的长度可以借助 RTK/PPK 定位解质量因子来识别和判断。基于以上滤波思想,对异常的 GNSS RTK 平面和高程序列进行滤波处理,可实现异常平面定位解的修复。

（3）基于 Heave 的短时异常 GNSS 高程信号修正

Kalman 滤波是一种对动态测量数据实施滤波的常用方法。Kalman 滤波随着观测数据的增加，状态估值应愈来愈精确，但在实际应用中，当滤波所得状态估值和实际状态之间偏差远超过理论限差时，则出现滤波发散问题；此外，Kalman 滤波对于个别异常具有很好的滤波功效，但对于连续异常，会出现滤波发散问题。为此，在 Kalman 滤波研究的基础上，有一种基于 Heave 短时异常修正算法。

精密水下地形测量中，GNSS 可以监测船体的垂直运动，测量船姿的姿态传感器（Motion Reference Unit，MRU）也可以提供监测船体垂直运动的涌浪参数（Heave），这样，船体的瞬时垂直运动可通过 GNSS 高程和 Heave 两个时序来反映。正常 GNSS 高程时序和 Heave 时序反映的船体垂直运动具有很强的一致性，利用 Heave 序列可以检测和修正异常的 GNSS 高程记录。

由于 MRU 和 GNSS 垂直定位精度不一致，两个信号在局部还存在着较小偏差，因此在 Heave 检测 GNSS 高程时，需引进一个小限差 ε。MRU 的 Heave 观测精度为 $\pm 1cm$，GNSS RTK/PPK 高程方向定位精度一般为 $\pm 5cm$ 左右，则综合设定限差 ε 取 $\pm 6cm$ 比较合适。Heave 检测 GNSS 高程的思想拟通过如下模型来实现：

$$若 \delta_1 \leqslant 2\varepsilon，则 h_i^{GNSS}$$

$$若 \delta_1 > 2\varepsilon 且 \delta_2 \leqslant 2\varepsilon，则 h_i^{GNSS} = h_{i+1}^{GNSS} + \Delta_{(i,i+1)}^{Heave} \qquad (2.7\text{-}60)$$

$$若 \delta_1 > 2\varepsilon 且 \delta_2 > 2\varepsilon，则 h_i^{GNSS} = ((h_{i-1}^{GNSS} + \Delta_{(i,i-1)}^{Heave}) + (h_{i+1}^{GNSS} + \Delta_{(i,i+1)}^{Heave}))/2$$

式中，h_{i-1}^{GNSS}、h_{i+1}^{GNSS}——$i-1$、$i+1$ 时刻的 RTK 状态的 GNSS 高程，其他符号如下：

$$\delta_1 = \Delta_{(i,i-1)}^{GNSS} - \Delta_{(i,i-1)}^{Heave} \qquad \delta_2 = \Delta_{(i,i+1)}^{GNSS} - \Delta_{(i,i+1)}^{Heave}$$

$$\Delta_{(i,i-1)}^{GNSS} = h_i^{GNSS} - h_{i-1}^{GNSS} \qquad \Delta_{(i,i+1)}^{GNSS} = h_i^{GNSS} - h_{i+1}^{GNSS} \qquad (2.7\text{-}61)$$

$$\Delta_{(i,i-1)}^{Heave} = h_i^{Heave} - h_{i-1}^{Heave} \qquad \Delta_{(i,i+1)}^{Heave} = h_i^{Heave} - h_{i+1}^{Heave}$$

在应用上述模型时，需处理好以下几个问题：同步性问题、同位性问题、短时性问题。

同步性问题要求 GNSS RTK 高程和 Heave 必须同步，这需要首先消除时延的影响；同位性问题即需要将 GNSS RTK 高程和 Heave 通过姿态改正到相同的位置（将二者归算到换能器处），Heave 具有零均值特征，其变化反映的是船体的高频运动特征，不具备呈现船体的全周期垂直运动，即潮位、波浪和船体操纵等产生的综合垂直运动；GNSS 高程序列不但可以呈现船体的瞬时变化，还可以呈现其中、长周期垂直运动波，因此 Heave 对 GNSS RTK 高程的修正只能在短时间段内进行，即短时性问题。根据潮位、波浪和船体操纵的周期特征，这种修正的有效时间最长不大于 2min。

（4）长时间异常和中断的 GNSS RTK 高程修正

采用潮位＋Heave＋吃水 Squat 联合修正来实现。

$$h_T = T - \Delta_{s-squat} + \Delta_{d-squat} + \Delta_{Heave}$$ （2.7-62）

式中，h_T——合成的多波束换能器处的瞬时高程；

　　　T——潮位；

　　　$\Delta_{s-squat}$、$\Delta_{d-squat}$——换能器的静态、动态吃水；

　　　Δ_{Heave}——Heave。

类似于 Heave 修正，要实现合成信号 h_T 对换能器处的 GNSS RTK/PPK 高程修正，式中所有的参数必须具有同步性、同位性和质量可靠性。所不同的是，这里的同位性要求将 GNSS 天线处的高程、参考点 RP 处的 Heave 通过姿态改正到换能器处，而非 VFS 下的 RP 处。姿态改正须在船体坐标系内进行。

式（2.7-62）中，静态吃水 $\Delta_{s-squat}$ 可以在安装换能器时量定，且为常数；动态吃水 $\Delta_{d-squat}$ 与船速、船型和水深等因素相关，可以通过霍密尔经验模型确定。

$$\Delta_{d-squat} = K v^2 \sqrt{\frac{\Delta_{s-squat}}{H}}$$ （2.7-63）

式中，K——船型系数；

　　　v——船速；

　　　H——测区平均水深；

　　　$\Delta_{d-squat}$ 也可通过试验事先确定。

在水面状况良好、水下地形起伏较大的水域固定一浮球，测量船首先停泊于浮球边，测定该处深度，并将之作为参考深度；然后以不同速度通过浮球测定深度；根据不同船速时的测定深度与参考深度之间的差值，确定该船型下不同船速对应的动态吃水；利用霍密尔经验模型，计算实际测量中船体的动态吃水。

测量船所在位置的潮位 T 可以利用潮位站潮位观测数据通过潮位模型来计算，也可以利用改正到换能器处的 GNSS 高程时序来确定。

基于潮位站观测数据的测船处潮位确定方法根据潮位站的个数和分布有多种。当存在 1 个潮位站，且测量船位于潮位站有效作用范围内时，直接利用该潮位站的观测数据根据时间确定测量船处的潮位；当存在 2 个甚至多个分布于测区周围的潮位站时，可在潮位站间根据潮汐的变化特点通过线性内插、时差法或参数法确定潮位，对整个区域可采用分带改正法确定测船处的潮位。

上述传统潮位确定方法利用了外部潮位数据获得潮位，下面直接利用转换到换能器处的 GNSS 高程数据确定该处的稳定变化面 T_T，进而实现对 GNSS 高程自身的修正。

潮位反映的是一个稳定的变化面，静态吃水是一个常数，因而式（2.7-62）右边的前两项反映的是换能器处的稳定变化面 T_T，后两项反映的是高频垂直运动波 Δ，式（2.7-62）又可以表达为：

$$\Delta = \Delta_{d-squat} + \Delta_{Heave} \tag{2.7-64}$$

T_T 可采用换能器处的 GNSS 高程时序通过低通滤波获得。在 T_T 提取中，需要设定截止频率，根据测区潮位的变化特征及周期，拟设置为 $1/(3600 \times (1\sim3))$ Hz，即周期为 $1\sim3$h。

对于换能器处 GNSS 高程序列中存在较长时间异常或者中断的情况，利用上述方法，结合该序列的周期变化特征，依然能够准确地提取出 T_T。

利用合成的 h_T，直接替代该处异常时间 GNSS 高程序列，可实现对异常记录的修复。相对基于潮位站潮位数据的长时间 GNSS 异常高程记录修复，基于 T_T 的联合修复具有不借助外源数据、修复质量可靠等特点。但必须注意的是，在 T_T 提取中，异常连续 GNSS 定位解的个数不得大于整个序列长度的 1/10，否则提取的 T_T 不准确。

2.7.3.2　GNSS、测深、测姿时延探测及同步方法

水下地形测量中，因为 GNSS RTK 系统的内部算法问题、数传问题和编码问题导致测深和定位不同步，即存在时间延迟。为确保二者的同步，必须进行延迟的探测和修正。

目前常用的时延确定方法通过定位数据寻求同一水深特征点的两个位置 $P_1(x_1, y_1)$ 和 $P_2(x_2, y_2)$，得到时延位移 L，再结合船速 v 计算时延 Δt，即

$$\begin{cases} \Delta t = L/2v \\ L = \sqrt{(x_1-x_2)^2 + (y_1-y_2)^2} \end{cases} \tag{2.7-65}$$

该方法虽然简单，但在实际操作中有很大的局限性。受风浪影响，船体姿态对水深的影响很大，单凭测深数据难以精确得到同一水深特征点的位置。此外，单个测点计算出来的时延难以真正反映整个系统的时延。

鉴于此，利用往、返测量断面，采用特征点对匹配法和断面整体平移法，实现整个系统时延的准确确定。下面介绍这两种时延确定方法的基本原理。

（1）特征点对匹配法

选择特征水域，设计几条断面，并对每条断面分别以不同的速度进行往、返测量。对定位和测深数据进行处理，得到同一断面往返测量的高程序列。通过电子图选点方式，根据图形显示的往复测线数据，选择最有代表性的特征测点对数据计算时延。对于第 i 个特征点对，则可以计算系统在该点的 Δt_i。所不同的是，这里采用的是往返速度 v_1 和 v_2，而不是单一速度 v。

$$\Delta t_i = L_i/(v_1+v_2) \tag{2.7-66}$$

对所有计算得到的时延值取算术平均值即为最终时延量 Δt。

$$\Delta t = \frac{1}{n}\sum_{i=1}^{n}\Delta t_i \tag{2.7-67}$$

该方法较为简单，适合利用程序来实现，对于地形较为复杂的水域，程序能直观快速地计算出时延。由于利用较多的特征点对确定系统时延，且特征点对为不同速度下的实测结果。因此，相对传统方法，提高了系统时延确定的精度。

（2）断面整体平移法

水下地形测量中，GNSS 和测深仪均可以比较高的采样率（如 10Hz）实施定位和深度数据采集，这样实测数据可以以密集的数据呈现水下地形断面的起伏变化，在船速一定的情况下，可以捕获断面上每一个特征地形细节。因此，实际测点序列连线可以构成一条曲线。往返测量期间，断面地形具有不变性。因此，根据往返断面曲线的相似性，即可实现时延的确定。

两个断面的相关系数可以利用下式确定。

$$R_{h^A h^B}(d) = \frac{\sum_{i=0}^{D} h_i^A h_{i-d}^B}{\sqrt{\sum_{i=0}^{D} (h_i^A)^2 \sum_{i=0}^{D} (h_{i-d}^B)^2}} \tag{2.7-68}$$

上式表明，存在两个序列 h^A 和 h^B，当两个序列完全一样时，则相关系数 R 为 1；当两个断面不存在相似性时，相关系数 R 为 0。

若以往测断面中的高程时序 h^A 为参考，每移动一个距离 d，就会得到一个相关系数 R，连续移动，可以得到一组相关系数 R 和移动量 d，这样比较其中的 R，当相关系数 R 最大时，表明往返断面达到最大一致。则这时的移动量 $d_{R-\max}$ 可以认为是由时延造成的两个断面的不相似。若往返断面测量中的平均船速分别为 $\bar{v}_A$ 和 $\bar{v}_B$，则系统时延 Δt 为：

$$\Delta t = \frac{d_{R-\max}}{\bar{v}_A + \bar{v}_B} \tag{2.7-69}$$

基于断面相似性原则实现时延确定需要的数据密度非常大，只有通过高采样率的设备来获取，如利用 Hypack 导航系统记录的所有原始数据，经过水深编辑等各项改正后，即可实现时延确定。该方法根据往返断面数据实现整个系统时延的确定，同时因为参与时延计算的数据密度非常大，所以在理论上相对传统方法具有较高的时延确定精度。

（3）基于数据采集模式的时间偏差探测

若数据采集采用 Hypack 软件或类似软件，整个数据采集中，Hypack 软件对 GNSS、测深、姿态传感器和外部罗经数据的每个记录均赋予当前计算机时间。在所有的记录中，测深、MRU 姿态和罗经数据无时标；GNSS 有时标。

无时标系统均标定为计算机时间，而 GNSS NMEA0183 数据中包含 UTC 时间，因此多传感器多源数据的同步实测是计算机时间和 UTC 时间的同步问题。

为消除二者的时间偏差，在 Hypack 数据采集时提取 GNSS 定位信息，Hypack 可为其标定计算机时间，而 GNSS 定位信息中又包含 UTC 时间，比较标定为 UTC 位置时序和标定为 PC 位置时序，在相同位置，可以计算出不同时刻的 UTC 时间和计算机时间的差异，进而实现两套时间系统的统一。

在计算机 PC 的 t_i 时刻，二者的时间偏差 Δt_i 为：

$$\Delta t_i = t_i^{\text{UTC}} - t_i^{\text{PC}} \tag{2.7-70}$$

基于式（2.7-70），形成一个时间偏差 Δt_i 序列，并据此实现 UTC 时间向 PC 时间的转换，进而实现 GNSS 三维定位解与深度、姿态参数和方位参数的同步。

$$T^{\text{PC}} = T^{\text{UTC}} - \Delta T \tag{2.7-71}$$

（4）多源定位数据同步

获得了系统间的时间偏差后，即可对定位数据标定的 UTC 时间进行时延改正，使之与计算机时间一致，并在 GNSS 三维定位数据序列中寻找当前计算机 t 时刻的实际点位。若不能得到该时刻的定位数据，可根据当前船速以及与前后定位时刻的时间差，通过内插处理，获得当前时刻的 GNSS 三维定位解。

上述处理实现了定位、测深、姿态和方位参数的同步和匹配。

2.7.3.3 姿态改正模型构建及换能器瞬时高程的合成

（1）姿态改正模型构建

受风浪影响，测量船会发生横摇、纵摇以及上下起伏变化，从而改变了 GNSS 天线、测深等传感器在理想船体坐标系 VFS 下的坐标，为了获得瞬时测点的高程，必须首先进行姿态处理。

姿态改正的主要作用有 3 个：

①根据 GNSS 天线处瞬时垂直解（高程）获取瞬时水面高程。

②根据 GNSS 天线处瞬时垂直解，结合水深数据，获取海底点高程。

③补偿船体姿态变化给瞬时海面高程、测深带来的影响。

姿态参数利用 MRU 获得。

姿态改正关键是研究理想船体坐标系与瞬时船体坐标系之间的关系，构建由横摇和纵摇组成的瞬时旋转矩阵，对 GNSS 天线在船体坐标系下的瞬时坐标进行计算，再结合其瞬时定位和测深信息，最终获得海底点的高程。

姿态改正可通过式（2.7-72）来实现：

$$\begin{bmatrix} x \\ y \\ z \end{bmatrix} = R_r R_p \begin{bmatrix} x_0 \\ y_0 \\ z_0 \end{bmatrix} = \begin{bmatrix} 1 & 0 & 0 \\ 0 & \cos r & \sin r \\ 0 & -\sin r & \cos r \end{bmatrix} \begin{bmatrix} 1 & 0 & 0 \\ 0 & \cos p & \sin p \\ 0 & -\sin p & \cos p \end{bmatrix} \begin{bmatrix} x_0 \\ y_0 \\ z_0 \end{bmatrix} \tag{2.7-72}$$

姿态改正在船体坐标系 VFS 下进行。理想情况下（横摇纵摇和航向偏差均为 0），若 GNSS 天线与换能器间的初始杠杆臂为 (x_0, y_0, z_0)，受船姿影响变化为 (x, y, z)，忽略航向偏差的影响（该偏差不影响 z 的变化），则实际杠杆臂为 (x, y, z)。

式（2.7-72）是一个通用的姿态改正模型，所不同的是各个传感器在船体坐标系下的坐标不同（图 2.7-6），将各个传感器在 VFS 下的坐标代入上式，即可得到瞬时位置在理论 VFS 下的坐标，也即消除了姿态因素对测量成果的影响。

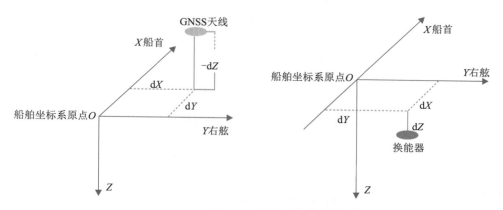

图 2.7-6　GNSS 天线和换能器在船体坐标系下的坐标

（2）换能器瞬时高程合成

经过姿态改正，获得了换能器处的 GNSS 高程和 Heave，二者同反映测量船/换能器的瞬时变化，但二者的变化特征和周期不同。为此，研究了基于快速傅里叶变换（Fast Fourier Transform，FFT）的二者融合算法。

信息融合通过设计低通滤波器和高通滤波器来实现。

借助低通滤波器从 GNSS 高程信号中提取出中低频信号 H^L，高通滤波器从 Heave 信号中提取出高频信号 H^S，截止频率为 1/10Hz，合成换能器处的瞬时高程。

$$H = H^L + H^S \tag{2.7-73}$$

由于 GNSS 高程信号和 Heave 信号采样频率不一致，任意时刻，抽取出来的低频和高频信号不是一一对应的，因此需要对抽取出来的低频信号进行内插处理，使之与高频信号实现对应。内插采用 3 次样条来实现。实现二者的对应后，将两个信号叠加，形成新的信号。

（3）水下点高程计算

获得了换能器处的瞬时高程 H 后，结合水深 D，即可以获得该测深点的高程 H_b。

$$H_b = H - D \tag{2.7-74}$$

该水深点的平面位置即为姿态改正后获得的换能器处的平面位置。

2.7.4　多波束测深数据处理

多波束测深数据处理主要包括系统校准和改正（横摇、时延、纵摇、艏摇）、水深改正、水深数据编辑、水深数据抽稀等。

2.7.4.1　系统校准和改正

根据多波束测量原理，在理想状态下，换能器的波束断面应与水面、航向正交，但换能器在实际安装中会存在一定的安装偏差，导致换能器与真实水平面存在一定的夹角。因此，需要对多波束测深系统进行校准。多波束测深系统校准主要包括横摇、时延、纵摇和艏摇 4 个方面。

（1）横摇偏差探测

根据在平坦水域相向、同速测量的一条固定测线，计算换能器相对于测船坐标系的横摇安装误差。

（2）时延偏差探测

根据在水下地形起伏较大的区域同向、不同速测量的一条垂直于主流方向的测线，采用耦合法计算测量系统延时。

（3）纵摇偏差探测

根据在水下地形起伏较大的区域相向、同速测量的一条垂直于主流方向的测线，计算换能器相对于测船坐标系的纵摇安装误差。

（4）艏摇偏差探测

根据在水下地形起伏较大的区域同向、同速测量的两条测线，计算换能器相对于测船坐标系的艏摇安装误差。

水深数据后处理时，在后处理软件中输入校准参数进行改正。

2.7.4.2　水深改正

多波束水深改正主要包括声速改正和潮位改正，同 2.7.2.3 节、2.7.2.4 节单波束水深数据改正类似，本节不再重复表述。

2.7.4.3　水深数据编辑

（1）水深数据编辑的一般原则

多波束水深数据编辑指的是"去伪存真"，即剔除异常值（粗差），保留真实数据。总体来说，多波束数据编辑应遵循以下几个原则。

1）水深变化区间原则

了解编辑区的水深变化区间，通过人工编辑结合深度滤波功能剔除区间外的水深数据点。

2）地形连续变化原则

水下地形是连续变化的，不会有孤立的跃变地形单元。多波束测量是一种全覆盖测量，所获得的数据量非常大，而不是少数几个数据或孤立点，测量数据基本能反映水下地形的全貌。数据编辑应保留连续变化的水深数据，剔除孤立点、跳跃点。

3）相邻测线对比原则

对单条线进行编辑时，有时很难确定边缘测量数据是否为异常值。多波束采集的一个测线数据在航向方向的变化趋势是连续的，相邻两根测线间的地形也是连续变化的。因此，把相邻测线放在一起编辑，就可以地形全貌和地形变化趋势来区分噪声和真实地形数据。

4）中央波束标准原则

多波束系统由换能器以一定的扇区开角向水底发射、接收波束。采集的数据一般中央区域质量比较好，边缘区质量较差。一般在水下地形变化较大的地方，这种质量差异因被水深变化压制而表现得不太明显,而在平坦地方,由于水深变化极小,这种质量差异就会表现得非常明显,甚至会出现沿测线方向的条带状假地形。在这种情况下,数据编辑应利用中央区水深数据剔除相邻测线重叠的边缘数据点。

5)实测与编辑相结合原则

数据编辑过程应与实际数据采集相结合,在实时采集数据过程中观察地形连续变化,判断真实信息和噪声信息。

(2)水深数据编辑方法

多波束水深数据编辑按照数据处理的自动化程度分为交互式滤波和自动滤波,与2.7.2.5节单波束水深数据滤波类似,这里不再重复表述。

(3)水深数据空间处理

1)测线前进方向正投影

测线前进方向正投影,就是把水深值投影到与测线正交的平面上,即以横向偏距为 x 轴,水深数据为 y 轴。换能器每隔一定时间以形成一定扇区开角向水底发射波束,在实测时,由于单个文件记录时间不是很长,在短时间内,水下地形起伏不会发生很大变化,沿测线前进方向投影,可以快速方便地判断水底区域,便于辨别噪声数据,从而有利于提高交互式数据滤波的效率。

2)正交测线方向侧投影

以时间为 x 轴,水深为 y 轴。这种投影方法能很好地展现沿测线前进方向的水下地形变化趋势,能够在水底变化复杂的区域有效进行编辑,与测线前进方向正投影一起使用,能达到很好的效果,基本上可以剔除大部分粗差数据。

3)垂直正投影

在水底变化极其复杂的区域,需要在垂直正投影方式下进一步编辑。垂直正投影就是把测深数据按经纬度投影到水平面上。它虽然不能直观地判断水底线的变化趋势,但是通过编辑软件勾画出等值线,或者对等值线进行色彩填充,可以间接判断出水底的地形变化特征。

2.7.4.4　水深数据抽稀

多波束测深的高精度和高密度导致实时测深数据量巨大,但在最后成图的时候,需根据具体的比例尺和实际用途,对数据进行抽稀以及格网化处理,数据抽稀的结果直接影响深度数据最终的成图效果和后续应用研究。

常用的数据抽稀算法有角度—弦高联合准则抽稀法和基于点云离散度的抽稀方法。

(1)角度—弦高联合准则抽稀法

在相邻测深点水深差距较大时,即使夹角很小,弦高也可能很大;而相邻测深点水深差距较小时,即使弦高很小,角度也可能很大。因此同时使用角度和弦高两种误差限对深度数据进行判别,凡是满足同时小于两种误差限的测深点舍去。该抽稀算法需要先给定角度和

弦高误差限 $\Delta\alpha$、Δd，然后对测深点逐个进行判断，算法具体步骤如下：

①给定角度和弦高误差限 $\Delta\alpha$ 和 Δd。

②从起始点开始取相邻的测深点 P_0，P_1，P_2。

③对于 P_0、P_1、P_2，计算 P_0P_1 到 P_0P_2 的夹角 α 和 $d = P_0P_1\sin\alpha$。

④若 $\alpha < \Delta\alpha$ 且 $d < \Delta d$ 成立，则舍去测深点 P_1，取 P_2 后的一点 P_3；若 P_3 不存在，则表明该 Ping 测深数据已处理完毕，转第⑥步；若 P_3 存在，则置 $P_1 = P_2$，$P_2 = P_3$，转第③步。

⑤若 $\alpha < \Delta\alpha$ 且 $d < \Delta d$ 不成立，则置 $P_0 = P_1$，$P_1 = P_2$，取 P_2 后的一点 P_3，若 P_3 不存在，则表明该 Ping 测深数据已处理完毕，转第⑥步；若 P_3 存在，则置 $P_2 = P_3$，转第③步。

⑥判断所有 Ping 是否均已取完，如果已取完，则算法结束，否则继续取下一 Ping 数据，转第②步，循环计算判断。

多波束测深获得的数据是按 Ping 存储的，每 Ping 可接收数百个水深数据。水深数据对应的纵向距基本相同，深度值大小反映地势起伏高低变化，所以深度值基本上位于同一条曲线上。对于每 Ping 数据采用角度—弦高联合准则，利用给定的角度和弦高误差来对每 Ping 测深数据进行抽稀处理。

（2）基于点云离散度的抽稀方法

对于水底某一地形区域，水深高程差异的大小表现为地形起伏程度的高低。为了有效地描述水深差异与地形起伏的关系，采用离散度的概念进行阐述。

离散度定义：对于大小为 $M \times N$ 的某块地形区域，设 $Z[i,j]$ 是水下地形某点的水深值，$\bar{Z}$ 为该区域所有测深点的水深平均值，则局部区域中该点的离散度可定义为：

$$D_{ij} = \frac{Z[i,j] - \bar{Z}}{\dfrac{\displaystyle\sum_{i=1}^{M}\sum_{j=1}^{N}(Z[i,j] - \bar{Z}) + \varepsilon}{M \times N}} \qquad (2.7\text{-}75)$$

式中，D_{ij}——点云的离散度；

ε——极小正数，保证分母不为零（地形变化平坦时，深度值相等情形）。

点云离散度体现了某一点对所在局部区域地形波动变化的影响程度。利用点云离散度可探测点云对地形起伏的贡献程度，在数据抽稀过程中可提取并保留对地形变化影响较大的点，实现测区地形特征的保留。基于点云离散度的抽稀算法流程为：

①水深实时测量值的格网化划分。根据多波束回波数、水底地形图水深以及导航位置确定条带宽度，根据载体运行速度和采样间隔确定条带长度，根据水底地形图格网大小对实测数据进行格网划分。

②根据水底地形图水深精度和位置精度生成水深差阈值 ΔZ_0 和地形点最小距离阈值 ΔL_0。

③对被判定格网中的所有测深点按水深值进行排序，计算水深最大 Z_{max} 与最小值 Z_{min} 之差 ΔZ，若 $\Delta Z > \Delta Z_0$，则保留最大值点与最小值点作为特征候选点。

④计算该格网中其他点的离散度 D_{ij}，离散度阈值 Δd_0，若 $D_{ij} > \Delta d_0$，则保留该点。

⑤搜索当前格网邻近区域,选取邻近区域中距离当前格网中特征点小于 ΔL_0 的点,计算这部分点与特征点的水深差,若 $\Delta Z < \Delta Z_0$,则删除邻近区域中这些点。

2.7.5　测深数据处理技术在长江中下游重要典型河段应用情况

2.7.5.1　传统单波束测深在长江中下游重要典型河段应用案例

长江中游下荆江河段的孙良洲段,位于监利城区乌龟洲下游 50km 左岸,下游距离洞庭湖出口城陵矶约 14km。本项目采用传统单波束测深方式在孙良洲段进行范围内约 9.2km 的水道地形测量。水下施测宽约 450m,岸上测至坎顶,施测比例 1：2000。孙良洲段测量范围见图 2.7-7。

图 2.7-7　孙良洲段测量范围

传统单波束水深测量时,平面定位采用 RTK 实时定位测定,工作前均与陆上 GNSS 进行了船台比测,船台比测及测深仪安装见图 2.7-8。

水深测量采用 HY-1601 型数字测深仪,换能器与 GNSS 流动站天线置于同一铅垂线上,作业组开工前应进行铅垂度测量与调整,并记录于外业记事中。导航软件采用 Hypack 导航,平面坐标、水深同步采集。测船作业时,航行速度不得超过 6 节,测点偏离断面线保持在 1m 以内。采用 GNSS 施测断面及地形时,必须留存 GGA 文件,以对现场 GNSS 观测质量进行把控。

水位观测采用全站仪通过光电测距三角高程施测。水位控制测量引据点高程等级为四等及以上,水位控制点于开收工位置布设,同时还充分控制沿程水位变化(加密水位控制节点)。光电测距三角高程采用全站仪(2 秒级及以上)接测,棱镜杆采用支架固定,选择间距超过 5m 的 2 个水面点,以正倒镜各观测一测回(第二测回点变动棱镜高或仪器高,或同时变动),最大视距不大于 1000m,水位值取两个水位桩的高程平均值,全站仪异点两测回差小于 2cm。由于水位平稳,本次水位推算按照断面个数进行推算,在观测期间记录了水位的涨落情况。

图 2.7-8　船台比测及测深仪安装

水边测量采用 RTK 施测。水边线与水下地形测量同时推进。水边线一般以水下地形测量所测水边线为准，岸上地形所测之水边点作地形散点处理（注记方法不变），两者若有矛盾须查明原因，取其精度可靠者作为水边线点。

陆上断面测量采用 RTK 方式。当采用 RTK 测量时，测量前均检校 1～2 个已知点，较差满足平面点位移差不大于 0.2m、高程较差值不大于 0.1m，否则不允许用 GNSS RTK 施测。

作业组开工前进行了测船动态吃水测定和延时测定，计算并设置了 GNSS 延时改正数。为确保水深测量的精度，对每测次的开始、结束进行了测深精度比测。精度校对采用比测板比测。

（1）船台比测

水下测量采用实时动态 RTK 进行平面定位。为确保各项参数的设定正确，需要在每天水下开工前进行船台比测。用校核过已知点的陆上 GNSS 与水下 GNSS 进行平面比测，校核限差控制在 0.4 以内。GNSS RTK 与船台比测点较差分布统计结果见表 2.7-2 和图 2.7-9。

表 2.7-2　　　　　　　　　GNSS RTK 与船台比测点较差分布统计结果

较差范围/m	≤0.05	(0.05,0.1]	(0.1,0.15]	(0.15,0.4]	max/m	中误差/m	限差/m
检查点数/个	11	20	1	0	0.110	0.022	0.400
所占百分比/%	34.4	62.5	3.1	0.0			

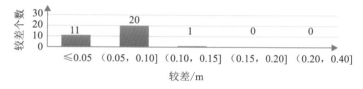

图 2.7-9　船台 GNSS 比测较差分布统计

（2）水深比测

在水下测量开始、结束时均进行深水测深精度比测，精度校对采用比测板比测，比测使用伸缩性很小的专用测深绳，尺码标应用钢尺准确丈量；精度校对选择在10~20m水深（特殊情况下水深不得小于5m）水流平稳的天然河道比测4点，即在最浅、最深、中间2点各比测一次，比测较差应不大于0.2m。每天开工前，在正确设置仪器后，选择水流相对静止水深为3m、4m、5m位置处，采用比测板进行比测。在比测满足设计要求后，开展水下地形测量。测深仪水深比测较差分布统计结果见表2.7-3和图2.7-10。

表 2.7-3　　　　　　　　　　测深仪水深比测较差分布统计结果

较差范围/m	≤0.03	(0.03,0.05]	(0.05,0.07]	(0.07,0.1]	max/m	中误差/m	限差/m
检查点数/个	86	31	0	0	0.050	0.026	±0.070
所占百分比/%	73.5	26.5	0.0	0.0			

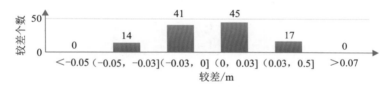

图 2.7-10　测深仪水深比测较差分布统计

（3）重合断面

本项目测深检测线采用横断面重合方式，于每天开、收工时各重测一个断面，断面面积较差不得超过±2%。重合断面面积较差分布统计结果见表2.7-4和图2.7-11。

表 2.7-4　　　　　　　　　　重合断面面积较差分布统计结果

	面积较差/%	≤0.5	(0.5~1.0]	(1.0~2.0]	≥2	max/%	中误差/%	限差/%
重合断面	断面数/个	43	18	3	0	1.52	0.52	±2.00
	所占百分比/%	67.19	28.12	4.69	0.00			

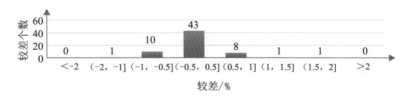

图 2.7-11　重合断面面积较差分布统计

从观测过程的各项统计可知，各项指标完全符合技术设计的要求。本次观测绘制的局部地形图见图 2.7-12。

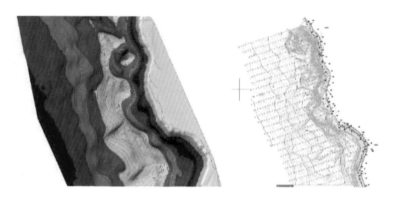

图 2.7-12　绘制的局部地形图

2.7.5.2　GNSS 三维测深在长江中下游重要典型河段应用案例

长江下游澄通河段浏海沙水道东段的段山港至十一圩段，长约 17km，水下测宽约 800m，施测比例 1：2000，并在测区一干河上下游选取约 3km² 的区域，采用多波束进行扫测，在水深有代表性的区域进行仪器校正，保持与单频水深测量一样的定位模式进行施测。

单波束水深测量延时的主要原因是测深与定位系统间的延时，延时将可能造成相邻测线水深的锯齿形变化，影响等值线的走势。为解决单波束水深测量延时问题，项目开始测量前，测船采用 RTK 定位导航模式，以正常测量船速进行断面往复测量，获得的定位和水深数据，结合即时水位变化，采用基于重复断面一致性原则量化延时值。将测得的延时值在 Hypack 测深软件中进行设置，由软件在测深过程中实时改正。

采用 GNSS 三维水深测量，船载接收机所接收的三维定位差分修正参数由陆上固定差分基准站所提供，即基准站将采集的载波相位修正量发送给船载 GNSS 进行求差解算三维坐标。本项目将 C 级 GNSS 控制网点作为基准站架设点。

基站不间断实时播发差分信息，保证船载接收机能实时准确地进行差分改正处理并获得厘米级的定位结果。该基站也作为陆上 RTK 流动测量的差分基准站，保证水下和陆上测量的基准统一。现场作业时，定期检测信号的精度和准确性。

现场每天测量前在计划测区有代表性的水域测量声速剖面，依据相关技术规范和项目设计的要求，单个声速剖面的控制范围不大于 5km，每天涨、落潮期各施测一次声速剖面，相邻测量的时间间隔小于 6h。现场采用声速剖面仪进行声速测量时，将计算得到的垂线平均声速输入到测深仪中。

项目采用自主架设基站的单基站 RTK 厘米级定位，结合精密单频测深仪获取水深数据，依靠测深软件 Hypack 实时数据拼接，由此组成 RTK 三维水深测量系统。该测量模式较好地克服了传统定点水位的设测困难及水位模型推求水面高精度较差的问题，还能有效地消除水面涌动、潮汐、水面纵横比降、测深动态吃水等对水下地形测量的影响，从而大大提高水下测点的高程精度。

综合考虑测区的特点并执行项目设计书的规定,采用横断面法布设水深测量导航计划测线,计划线的布设方向基本垂直于主泓等深线,现场布设测线间距为40m,测点间距为20m。每天在测量期间,根据涨、落潮的情况采用声速仪进行水体声速测量将测得值输入测深仪,准确调整仪器发射功率、模拟增溢、脉冲带宽等参数。将测深仪换能器固定安装在距测量船船首1/3～1/2船长处,准确测量测深仪换能器的静态吃水深度,利用测深比测板对仪器的测深值进行校核,将GNSS天线置于测深仪换能器的垂直正上方。为保证GNSS数据的正确性,定期在已知成果的固定点上进行检核测量。

实施水深测量时,测船在Hypack软件支持下沿布设的计划线匀速航行,定位仪和测深仪按点距要求设定的距离间隔,同时采集断面水下测点的平面位置数据和水深数据,并由定位系统的计算机同时记录存盘,测量作业人员通过软件可视化界面实时监控GNSS NMEA数据链信息,各测船之间定期通报NMEA数据信息以达到相互检核的效果。测船按计划线逐条施测水深,航迹线尽量与计划线重合,最大偏航距不大于3m。测深仪记录纸的走纸速度与测量船的船速尽量相匹配,以使记录纸的回波信号清晰地反映水底的地貌变化。测量过程中对仪器的工作电压、走纸情况、灵敏度大小等经常监视,根据仪器的打印记录情况并结合报警声随时手工调整灵敏度及发射功率,确保测深记录纸的清晰可辨、测深数据的稳定可靠。

(1)RTK测量精度

RTK三维定位的质量将直接影响陆上测量和水深测量的最终成果,现场测量时,在基准点上进行架台,利用固定断面标点成果进行比测。比测的过程既检查了固定基站的差分信号正确性,也对陆上、水下船台各软件内所预设置且用于测量的椭球投影、坐标转换系统等参数进行检核。船台比测统计见表2.7-5。

表2.7-5　　　　　　　　　　　　船台比测统计

比测点	差值		
	$\Delta N/cm$	$\Delta E/cm$	$\Delta H/cm$
C1	0.1	-2.5	3.4
C2	-0.1	-2.5	3.0
C3	-0.5	-2.3	1.5
C4	-0.4	-1.8	2.3

注:ΔN为北向差;ΔE为东向差;ΔH为高度差。

根据船台比测,已知点平面与高程较差均小于10cm,陆上地形测量,平面较差小于5cm,高程较差小于7cm,满足设计要求。

(2)测深仪比测精度

为检查单频测深仪声速值、吃水值等各项参数设置是否正确,在项目开始与结束时,大船均进行深水精度校对,每天开始测量前采用刚性比测板对仪器进行静态水深校对比测,以确保测深仪各项参数设置的正确,并评定测深仪测深精度。

（3）检查线精度

水深测量成果的最终精度是测深和定位的综合反映,可以通过检查线与主测线之间的差异来确定。经对主测线和检查线交点处的测量值的差异统计计算,本项目共施测检查线约 36.8km,检查线占测线总长度（水深测线总长约 242.0km）的 15%,满足项目设计书规定要求,地形图上 1mm 内主测线与检查线水深比对较差见表 2.7-6。

表 2.7-6　　　　　　　　　　检查线与主测线水深比对较差统计

水深 H/m	检查点数/个	较差最大值/m	限差要求/m	是否符合规范
$H \leqslant 20m$	111	0.28	± 0.30	符合
$H > 20m$	109	0.39	$\pm 0.015H$	符合

在检查线与主测线图上 1mm 范围内进行水深较差计算,互差均满足《水道观测规范》（SL 257—2017）要求,由此可以认为,本次水深测量的平面定位和测深资料准确可靠,其精度符合项目设计书的要求。

（4）单波束测深与多波束测深比较

为获得多波束测深的质量评价,本项目内业处理时将单波束水深测量获得测点高程值与多波束测深测点高程值进行比较。将多波束测深数据生成 5m 点位格网模型,并输出点位成果。采用按距离加权的方式将多波束点值内插至单波束水深上,比较每个测点的差值,单波束与多波束水深比对较差及分级统计结果分别见表 2.7-7、表 2.7-8。

表 2.7-7　　　　　　　　　　单波束与多波束水深比对较差统计结果

水深 H/m	检查点数/个	较差最大值/m	限差要求/m	是否符合规范
$H \leqslant 20$	899	0.29	± 0.30	符合
$H > 20$	6227	0.40	$\pm 0.015H$	符合

表 2.7-8　　　　　　　　　　单波束与多波束水深比对较差分级统计结果

统计项	测点高程较差值/m				总检查点数/个
	$\Delta D \leqslant 0.1$	$0.1 < \Delta D \leqslant 0.2$	$0.2 < \Delta D \leqslant 0.3$	$0.3 < \Delta D \leqslant 0.4$	
检查点数/个	2570	2165	1570	821	7126
所占百分比/%	36.1	30.4	22.0	11.5	

通过对测深点高程的比较,多波束测深与单波束测深值吻合得较好,较差小于 0.3m 的检查点数占比为 88.5%,较差大于 0.3m 的检查点数占比约 11.5%。

2.7.5.3 多波束测深集成系统在长江中下游重要典型河段应用案例

近年来,长江水利委员会水文局采用多波束测深集成系统在长江中下游重要典型河段开展了动态河床数据获取应用研究工作,取得了较好成效。目前,该技术方法已成为长江中下游长程河道水下动态河床数据获取的一种主要技术手段。图 2.7-13、图 2.7-14 为多波束测深集成系统观测成果与单波束测深仪观测成果对比分析统计,图 2.7-15、图 2.7-16 为部分长江中下游重要典型河段观测成果。

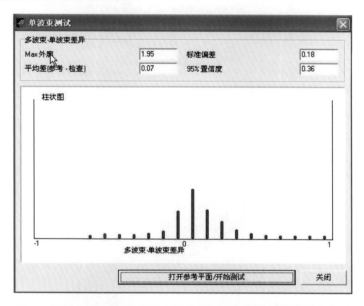

图 2.7-13 长江中下游龙王庙河段多波束与单波束比测精度统计

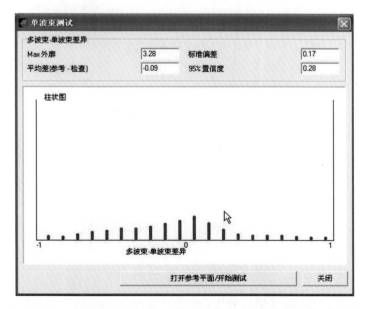

图 2.7-14 长江中下游天字一号河段多波束与单波束比测精度统计

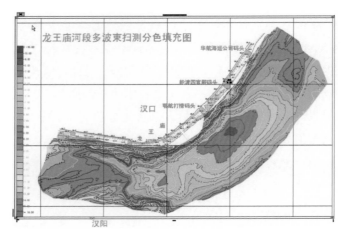

图 2.7-15　长江中下游龙王庙河段多波束扫测成果

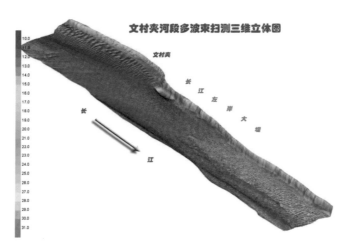

图 2.7-16　长江中下游文村夹河段多波束扫测成果

2.8　小结

本章重点介绍了长程河道水下地形观测时机控制、断面布设密度、带状河道无缝基准系统、数据采集同一性原则、水深数据快速获取测绘技术、测深高精度控制基准场技术、测深综合技术、水位控制技术、水深数据处理技术等，构建了在复杂河道环境中快速、准确获取河床数据的测绘技术体系，解决了长程河道河床动态变化下高精度水下测量技术难题，为长江中下游水资源开发、水道管理、综合治理及科学研究等提供可靠资料与技术支撑。取得的主要研究成果如下：

（1）研究了长程河道水下地形观测时机控制问题

结合历年的数据分析，选择枯水期作为长程河道水下地形观测的适宜时机，保证了水下地形的实测效果与安全性。

（2）研究了断面布设密度

通过多年来的摸索和实践，长江水利委员会水文局布设了较为完善的长江中下游固定断面，对淤积、重点河段河道演变进行了持续监测，建立健全了水文泥沙观测组织管理体系；同时，在水文泥沙观测中，针对性地研发和引进了新设备、新仪器、新技术、新方法。为长江中下游河道治理、崩岸监测、冲淤分析等奠定了坚实的基础，为长江中下游防洪、航运、河道整治、兴利除害提供了重要的基础依据。

（3）研究了长程带状河道无缝基准系统

长江长程河道资料在不同的基准之间存在基准转换的问题，同一基准在不同的时期存在不一致性。对于长程带状河道无缝基准系统的研究保证了长程地形图资料具有一致的测绘基准，方便成果的利用，为长江长程带状河道控制提供裂隙解决方案，实现无缝基准。

（4）研究了长程河段数据采集同一性保障原则

研究保障了采集数据主要误差来源和数据采集的同一性，保证了生产测量的质量，提高了河道河床数据采集的精度。

（5）研究了长程河道水深数据快速获取技术构建方式

从各河段特点出发，充分考虑测深设备选型、水深数据获取作业模式选择、各河段作业环境特点等因素，结合长江水利委员会水文局多年水深数据获取技术研究及长程河道水下动态河床观测经验，构建了长程河道水深数据快速获取技术体系。

（6）研究了测深高精度控制基准场技术

由于水深测量精度容易受水体环境、河床介质、测量环境效应等因素干扰，水槽检定、测量比对等方法对测深精度进行评价可能不全面。开展测深高精度控制基准场技术研究，为长江中下游防洪河道动态河床数据获取技术提供了科学依据。

（7）研究了测深综合技术

结合先进的研究成果、技术、设备等，构建了测深综合技术方法体系，为解决大范围、全覆盖测深提供重要的技术依据。

（8）研究了水位控制技术

研究了水位控制点布置密度、水位控制测量等级与方法、水位观测方法以及水位改正技术，保证了河道数据获取成果质量，为长程河道河床测量中的关键性数据获取和重点控制环节实施提供科学的技术凭据。

（9）研究了水深数据处理技术

根据实际生产数据处理经验，提供了切实可行的水深数据处理流程，实现了水深数据处理过程的数字化和一体化，满足了大比例尺测量对水深数据处理精度的要求。

第3章 防洪全域多覆盖度河道岸滩地形高精度测制技术

3.1 概述

3.1.1 研究背景

长江中下游防洪河道动态监测项目一般沿长江呈带状分布,跨度长、区域广,如长江三峡工程杨家脑以下河段观测研究项目。该项目包含长江干流杨家脑至湖口河段 880.4km、洞庭湖流域 2700km²、支流三口洪道沿线 1030km 及范围内的防洪河道动态监测,项目不仅跨度长、区域广,同时还存在时效性上的要求。因此,需要投入大量的人力、物力,多点联合作业。

河道地形勘测项目主要包含陆上地形测量和水下地形测量。其中,陆上地形测量的内容主要包括水体边界测量和水体边界以上地形测量;水下地形测量的内容主要包括平面定位测量、水深测量和水位控制测量。所以,河道动态监测项目是多个个体测量项目的集合体,是一个载体、设备、内容等丰富多样的综合类测绘项目。

本章主要针对陆上地形测量中水体边界以上地形测量部分的岸滩地形测量来展开。长江出三峡从宜昌以下,自西向东流经湖北、湖南、江西、安徽、江苏、上海等 6 个省(直辖市),进入第三级阶梯的长江中下游平原,江面展宽,水流缓慢,河道弯曲,两岸岸滩较多,植被覆盖茂密程度不一。如长江中下游的洞庭湖区覆盖了大面积的芦苇;下游边滩覆盖了大面积的树林;河道中的江心洲,生长有杂草、芦苇;入海口河段布满了潮间滩,靠近城镇处码头、水工建筑物、居民区等较多,复杂洲滩地形现状见图 3.1-1。

近 20 年来,虽然测量技术、仪器装备得到了更新,但地形测量的方式、方法没有得到根本的改变,部分区域仍然需要人工现场逐点施测,导致施测效率得不到明显提高,人员安全得不到保障。不同设备、地形测量现场见图 3.1-2。

针对这种多种植被覆盖岸滩情况,传统单一的技术手段或仪器设备在效率、质量及安全等方面难以满足测量的需求,必须改变基于单一平台、单一传感器的传统数据获取方式,转而根据测区现场植被覆盖情况采用多技术、多平台、多类型的传感器融合技术,进行综合数据的观测及获取，显得更加重要和迫切。

（a）堤旁的灌木丛　　　　　　　　　　（b）洲滩上的树林与芦苇

图 3.1-1　长江中下游复杂洲滩地形现状

（a）全站仪配合小平板施测　　　　　　（b）大片芦苇地形点施测棱镜

（c）全站仪施测现场地形　　　　　　　（d）滩地地形点施测

（e）淤泥滩现场地形　　　　　　　　　　　　　　（f）芦苇边界施测

图 3.1-2　长江中下游地形测量现场

3.1.2　技术应用研究现状

目前，国内外测量岸滩地形主要的技术手段包括地面接触式测量技术、光学卫星遥感技术、合成孔径雷达干涉技术（Interferometric Synthetic Aperture Radar，InSAR）、航空摄影测量技术、三维激光扫描技术（Light Laser Detection and Ranging，LiDAR）等。本节将针对其技术应用的研究现状分别进行介绍。

3.1.2.1　地面接触式测量技术应用研究现状

采用全站仪、RTK 等常规地面接触式测量方法，实施长江中下游这种大面积树林、芦苇、灌木、草地等多层次、高密度植被覆盖岸滩时，存在测点难以到达、通视条件差、视线严重遮挡、电子信号屏蔽等问题，因此施测困难，测量精度和效率都难以保证，面临着严峻挑战。但面临极高密度植被岸滩，非接触式测量手段无法实现测量任务时，应优先考虑这些传统测量手段。

（1）全站仪测图技术

全站仪是全站型电子速测仪的简称，问世于 20 世纪 70 年代，是集光、机、电为一体的高技术测量仪器，集水平角、垂直角、距离、高差测量功能于一体的测绘仪器系统。与光学经纬仪比较，全站仪能够同时测量角度、距离，并自动计算、显示、记录和存储数据，可在野外直接测得待测点的平面坐标和高程。因其一次安置仪器就可以完成该测站上全部测量工作，所以称之为全站仪。目前，主流品牌主要有徕卡、拓普康、南方测绘等。全站仪测图技术经历了白纸测图、小平板测图、电子平板测图、数字化测图等多个阶段。

（2）RTK 技术

RTK 技术，是实时处理两个测量站载波相位观测量的差分方法。RTK 技术将基准站采集的载波相位发给用户接收机，进行求差解算坐标。相对于传统的静态、快速静态、动态测量需要事后进行解算的 GNSS 作业模式，RTK 作为一种新的常用的卫星定位测量方法，采用了载波相位动态实时差分方法，能够在野外实时得到厘米级定位精度的测量，是 GNSS

应用的重大里程碑。它的出现为工程放样、地形测图及各种控制测量带来了新曙光,极大地提高了作业效率。

3.1.2.2　光学卫星遥感技术应用研究现状

光学卫星遥感技术是用于地表三维信息的非接触式测量技术,在获取大范围、小比例尺地表信息时具有高效率、低成本的优势,且光学遥感具有较高的波谱分辨率,影像信息丰富,便于目标识别与地物提取。

3.1.2.3　InSAR 技术应用研究现状

InSAR 技术是近年来发展起来的空间遥感新技术。InSAR 技术是将由合成孔径雷达(SAR)影像复数据获取的信号相位信息作为数据源,利用这些相位信息提取地表三维信息的一项主动式遥感技术。与光学卫星遥感技术相比,InSAR 具有全天候、全天时的工作能力:合成孔径雷达(SAR)波长是可见光的 10 万倍,受大气分子散射影响小,因此选择合适的 InSAR 波长可以不受天气因素的影响,具有全天候作业能力;另外,SAR 是主动成像,雷达天线发射电磁波并接收目标的回波,不依靠太阳的辐射和物体自身的反射,因此 InSAR 可昼夜工作,具有全天时的优点。InSAR 技术全天候、全天时的观测优势,可以弥补光学传感器在时间和空间上受限造成的成像"盲区",使其在自然环境监测、战场环境调查、热带雨林和极地附近地区测绘等方面有着特殊的应用。

虽然 InSAR 提取地表垂直形变精度极高,但提取地表高程的精度状况并不太理想,误差可达若干米级。尤其应用于长江中下游岸滩地区时,测区被灌木林所覆盖,即使 SAR 卫星重访周期能到 1 天,但时态失相关仍然存在,致使干涉相位相关性降低,相位噪声相应增大,加之该干涉对的模糊高偏大,即有效基线偏短干涉,因而干涉数字高程模型(DEM)的精度受到限制;并且由测区的大气条件在空间和时间尺度上的变化,尤其是近水域相对湿度变化,引起干涉相位的附加延迟,DEM 精度也将进一步降低。

3.1.2.4　航空摄影测量技术应用研究现状

航空摄影测量技术是通过搭载精密摄影机的飞行器对地面进行像片拍摄。作业过程分为飞行航空摄影(外业)及工作站影像处理(内业)两大部分。随着航空摄影测量技术的更新与进步,生产作业时间大幅缩短,其成果的应用也逐渐广泛,不仅在资源普查、灾害调查与分析、现代城市管理过程中发挥着非常重要的作用,也使得以往只能通过经验判断和估计的工程及研究有了量化的可能性。对于传统的航测过程来说,航空摄影测量技术的更新与进步也大大减少了航测外业的工作量,提高了航测成图的效率。

相对于传统航空摄影与遥感技术,无人机摄影测量技术具有以下优势:①云下作业,受天气条件影响较小;②作业方式灵活、携带方便,起降要求低,小范围、低空飞行不需要申请空域,机动性强;③硬件及设备维护成本低;④飞行高度低,能够获取高分辨率影像,定位精度高。无人机航摄系统以其优越的性能和独特的优点,逐渐受到测绘领域的认同和接受,加上非量测数码相机的引入,使得无人机航摄系统成为航空摄影领域的一个新发展方向。

3.1.2.5 LiDAR 三维激光扫描技术应用研究现状

LiDAR 三维激光扫描系统是一种非接触主动式的对地观测系统（图 3.1-3）。LiDAR 传感器发射激光束，激光束经空气传播到地面或物体表面，再经表面反射，反射能量被传感器接收并记录为一个电信号。如果将发射时刻和接收时刻的时间精确记录，那么激光器至地面或者物体表面的距离（R）就可以通过公式计算出来：

$$R = ct/2 \tag{3.1-1}$$

式中，c——光速；

t——发射时刻和接收时刻的时间差。

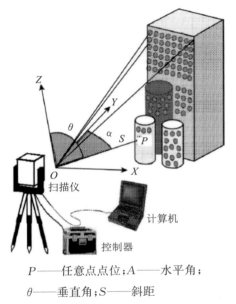

P——任意点点位；A——水平角；

θ——垂直角；S——斜距

（a）地基 LiDAR

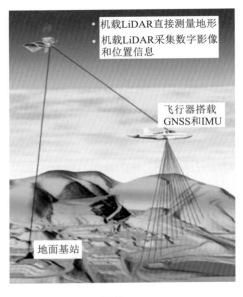

（b）机载 LiDAR

图 3.1-3　LiDAR 三维激光扫描技术

光脉冲以光速传播，由激光发射器发射一束离散的光脉冲，打在地表并反射，接收器总会在下一个光脉冲发出之前，收到一个被反射回来的光脉冲，通过记录瞬时红外线激光射到目标的时间测出距离。激光扫描设备装置可记录一个单发射脉冲返回的首回波、中间多个回波与最后回波，通过对每个回波的时刻记录，可同时获得多个空间距离信息，再根据激光扫描仪中心位置、激光线发射空间姿态角，即可计算得到激光反射点的空间位置。LiDAR 传感器发射的激光脉冲能部分穿透树林遮挡，直接获取高精度三维地表地形数据，经过相关软件数据处理后，可以生成高精度的数字地面模型 DTM、等高线图，具有传统摄影测量和地面常规测量技术无法取代的优越性。LiDAR 三维激光扫描技术的商业化应用，使航测制图如生成 DEM、等高线和地物要素的自动提取更加便捷，其地面数据通过软件处理很容易合并到各种数字图中。

3.1.2.6 多种测量技术综合对比

前文叙述了目前应用于岸滩数据获取的多种技术手段和方法,本节通过总结优缺点的方式对各测量技术手段进行综合对比。多种测量技术优缺点对比见表3.1-1。

表3.1-1 多种测量技术优缺点对比

方法	优点	缺点
地面接触式测量技术	可在人员能到达区域完成测量工作	传统测量逐点测量方式,需接触测量,工作效率低
光学卫星遥感技术	可以大范围获取DEM	受天气影响较大,受制于时空分辨率,目前可获取的DEM比例尺较小
InSAR技术	可以大范围获取DEM,且不受天气影响	受制于时空分辨率,目前获取大比例尺DEM较困难
航空摄影测量技术	技术成熟,精度高,可获取大比例尺DEM	受航空管制,植被穿透能力差
LiDAR三维激光扫描技术	精度高,可获取大比例尺DEM	受航空管制,成本高

3.1.3 研究目的与方法

3.1.3.1 研究目的

长江中下游河道两岸岸滩较多,植被覆盖茂密程度不一,芦苇、树林、杂草、潮间滩等分布不均,单一测量技术难以满足岸滩地形测量的需求,真实地面点高程难以准确获取,进而难以真实反映两岸地形、地貌以及地物的分布情况。因此,准确获取多覆盖度岸滩的数据为本章研究的主要目的。此外,结合现代测绘技术的发展,单一的数字线划图(DLG)已难以满足需求。获取高精度的数字高程模型(DEM)、高分辨率的数字正射影像图(DOM),并以此开展长江河道的冲淤变化、河道演变等分析,为河道冲淤和演变特性的研究以及河流开发利用、工程规划、科学研究等提供技术支撑,为水道防洪、抢险、工农业、交通和国防等建设收集基础地理信息资料,已成为近期河道动态监测的主要目的。

3.1.3.2 研究内容及方法

为解决长江中下游广域范围内多覆盖度岸滩的数据获取问题,本章从低密度植被岸滩、高密度植被岸滩以及极高密度植被岸滩3种典型的植被覆盖特点出发,在满足测量效率和精度的前提下,提出综合运用航空摄影测量技术、LiDAR三维激光扫描技术、地面接触式测量技术等多种测量技术来解决河道两岸植被不同覆盖度情况下的数据获取问题。广域范围多覆盖岸滩研究总体技术路线见图3.1-4。

研究内容　　　长江中下游广域范围内多覆盖岸滩高精度测量

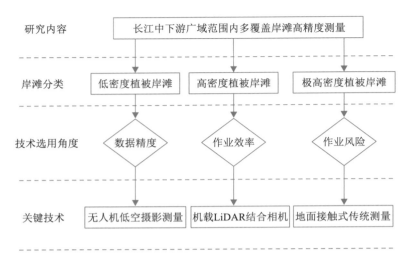

图 3.1-4　广域范围内多覆盖岸滩研究总体技术路线图

（1）低密度植被岸滩地形图测制

低密度植被岸滩多体现在裸地、沙滩、淤泥滩、潮间滩、厂区、居民区等植被稀少区域。该类型岸滩各种测量方式均可实现数据的获取，如何在满足测量精度的基础上更加高效快速地获取数据成为本章研究的内容。本章拟通过航空摄影测量中的无人机低空摄影测量来实现低密度植被岸滩地形图的测制。本次研究内容主要包括：

①无人机低空摄影测量适用性研究；

②无人机低空摄影测量的数据采集；

③无人机低空摄影测量的数据后处理技术；

④无人机低空摄影测量的误差来源及高精度成图方法；

⑤倾斜摄影测量关键技术研究。

（2）高密度植被岸滩地形图测制

近年来，低空无人机摄影测量技术已经在城区测绘与三维重建方面取得了重大突破和进展，但是将其应用于长江中下游河道高密度植被岸滩仍存在明显的局限性，岸滩植被密度较高时，影像特征点提取困难、特征点匹配和影像密集匹配可靠性大大降低，极大地影响了影像定位、定向精度和点云定位精度。此外，光学摄影方式无法穿透植被，在植被密集区得到有效地面点的概率较低。因此，单一的低空摄影测量技术在高密度植被岸滩区域面临着严峻挑战，本章将对大面积高密度植被岸滩（草地、耕地、树林、芦苇等）采用机载 LiDAR 进行扫测，结合航摄，利用激光器对物体进行测量，直接获取物体表面的三维激光点云坐标数据，对点云数据进行坐标转换和拼接，植被过滤和构网，点云合并和关键信息提取、点云分割和建模等，获得长江中下游河道高密度植被岸滩区高精度地形资料。本次研究内容主要包括：

①机载 LiDAR 在树林、芦苇及房屋等遮挡区数据采集方法研究；

②点云数据中噪声、植被、地形的光谱特征研究；

③融合无人机影像的 LiDAR 点云数据的植被滤除方法和技术研究；

④岸滩地形复原技术研究；

⑤点云数据的坐标转换和拼接技术研究；

⑥数据输出、数值地形模型、等高线断面、数字化地形图、三维呈现等后处理功能软件的开发和应用。

（3）极高密度植被岸滩地形图测制

极高密度植被岸滩地形图测制受植被影响较大，航空摄影测量技术、机载 LiDAR 测量技术均无法穿透植被获取地面真实坐标点位信息。因此，极高密度植被岸滩数据获取主要通过传统地面接触式测量技术开展。本次研究内容主要包括：

①传统地面接触式测量技术的数据采集方法。

②传统地面接触式测量技术的数据后处理技术。

③传统地面接触式测量技术的质量控制方法。

3.2　低密度植被岸滩地形测量关键技术研究

低密度植被岸滩主要体现在裸地、沙滩、淤泥滩、潮间滩、厂区、居民区等区域。河道两岸部分岸滩在高水期位于水面以下，低水期又露出水面，呈现出沙滩淤泥滩等形态。这些岸滩多数呈现为裸露形态，植被生长较为稀疏。由于这些滩多数质地比较稀松，人员难以到达，传统接触式测量方法难以获取有效测量数据，为规避作业风险，提高作业效率，填补作业空白，可采用低空遥感数据采集方法解决该问题。为此，水利部长江水利委员会水文局组织开展了数据采集设备分析，经过多次调研和现场试验情况，对现有低空遥感数据采集方法及硬件设备进行分析和评价。①效率方面：低空遥感平台的选择是影响数据采集效率的关键因素。目前，与无人机相比，三角翼小型直升机等载人飞机在续航能力飞行速度方面都具有显著优势，在带状大范围地形测绘中数据采集效率高。②灵活性方面：无人机对飞行起降条件无严格要求，灵活性强；中小型直升机等载人飞机调度相对较为困难；三角翼滑翔机对起降场地有一定要求，通常要求宽度 8m 以上、长度 150m 以上跑道。③安全性方面：无人机不涉及飞行人员安全问题，但是现有的大部分无人机载重有限，负荷能力超过 10kg 的无人机较少，过重的载荷导致无人机安全性能降低，激光扫描等昂贵硬件设备安全存在一定风险；三角翼小型直升机等载人飞机面临飞行人员安全问题，但飞机的安全性能通常较高，对设备安全也更有保障。④测量精度方面：包括点的扫描密度和定位精度，测量精度与测量技术的要求相关。综上，无人机航测技术在低密度植被岸滩测量中有着很大的优势，使用无人机低空摄影测量或倾斜摄影测量等手段来进行施测，在提高精度的同时也可满足后期部分项目构建三维模型的需求。本章在无人机低空摄影测量技术基础上开展了无人机倾斜摄影测量的研究。

3.2.1　系统组成

无人机摄影测量系统，即无人机航摄系统的组成（图3.2-1），主要由无人机飞行平台、飞控系统、机载传感器系统、摄影平台控制系统、地面监控系统、数据传输系统、数据处理系统等几部分组成。

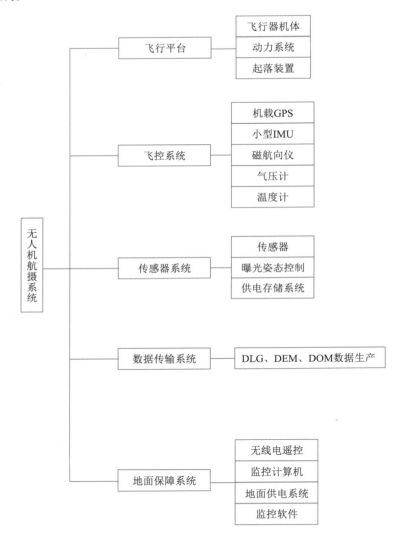

图 3.2-1　无人机航摄系统组成

（1）飞行平台

低空航测时，无人机在保证飞行的安全性的同时，要使得所获取影像质量满足要求。为了满足此两点，无人机必须满足低航速、高飞行水平的技术要求。表3.2-1比较了固定翼无人机和旋翼无人机的性能。

表 3.2-1　　　　　　　　　　　　　　固定翼无人机和旋翼无人机对比

无人机类型	固定翼	单旋翼	多旋翼
图片			
航飞范围	较大	较小	较小
续航能力	时间较长	时间较短	时间较短
抗风能力	较好,相对稳定	较差	较好,相对稳定
起降方式	需要跑道	可垂直起降	可垂直起降
适用地区	空旷地区	城市或地形起伏较大区域	城市或地形起伏较大区域

（2）飞控系统

飞行控制系统简称飞控系统,一般主要由飞控盒机载 GNSS、小型惯性测量单元（IMU）、磁航向仪、气压计、温度计、空速管、通信设备及天线组成。各部件经过严格的系统安装并测试组成无人机平台上的飞控部分。飞控系统是整个无人机航摄系统的大脑,控制着无人机的飞行速度、在空中的姿态以及航迹。

（3）机载传感器设备

以无人机作为搭载平台用来获取地面航摄影像的设备即为无人机机载传感器设备。现阶段主要的机载传感器设备有合成孔径雷达、倾斜摄影相机、量测型相机、非量测型相机等。虽然各种机载传感器设备层出不穷,但是有些传感器设备本身体积和重量不适合无人机附载,且造价太高,不适合日常生产。无人机通常选用搭载质量轻、成本低的非量测相机,目前单反相机和微单相机被广泛应用。

（4）摄影平台控制系统

摄影平台控制系统由控制与管理数码相机的软硬件组成,其主要功能是按照任务需要,管理与自动控制数码相机;控制所搭载相机进行等距离间隔、等时间间隔、定点曝光;记录数码相机所摄影像在曝光瞬间所处的位置,主要包括纬度、经度、横滚角、高度、俯仰角、航向角等数据。此系统往往和飞控系统一起集成安装设置。

（5）地面监控系统

地面监控系统主要包括无线电遥控器、监控计算机系统、监控软件系统和通信系统等。地面监控软件与无人机进行交互式数据通信,主要功能为:依据测区的航摄技术参数包括数码相机参数、航向重叠度、旁向重叠度、测区范围、航摄比例尺、无人机起飞点位置、航线方向、航线间隔和航线条数等自动生成航拍航线，这些航线和航点可以在软件界面进行精细的规划和设计；设置飞控参数；标定与设置各种机载传感器参数；图形化显示飞行数据；控制任务载荷；记录飞行数据。

非量测相机不能直接计算相机的内方位元素和畸变参数，每个非量测相机的参数都不一样，无法使用统一的参数进行处理。因此在利用无人机航摄测量系统进行地形测绘作业之前，首先要对非量测相机进行检校和标定，得到相机的内方位元素和畸变参数。在进行无人机航摄作业之前，应该先获取相机的参数。

通常无人机机载非量测相机应满足以下基本要求：

①相机镜头应为定焦镜头，并对焦无限远，与机身固定安装。

②相机上要有电子快门并且快门的速度要快于 $1/1000s$。

③相机依靠自身电池供电，保证其连续工作时间大于 2h。

④相机自身携带存储卡容量能存储精细模式照片 1000 幅以上。

⑤一般选用面阵电荷耦合器件，为了保证构像幅面尺寸，其分辨率要大于 2000 万像素。

⑥相机的检校精度应满足像主点坐标中误差小于或等于 $10\mu m$，相机焦距中误差小于或等于 $5\mu m$；系数值拟合后的残余畸变差要小于等于 0.3 个像素。

（6）数据处理系统

无人机低空摄影测量系统的数据处理系统是整个无人机航摄体系中重要的组成部分。该系统通过对航测数据处理生产出所需要的测绘产品。相对于传统专业量测相机所获取的影像，无人机所获取的影像的旁向重叠度和航向重叠度都不规则，像片数量越多、像幅越小，另外影像的倾角往往较大且没有规律，加上航摄区域地形起伏一般较大、高程变化显著等，对空中三角测量和影像匹配的自动化程度要求较高，在处理的过程中应尽量减少人工的干预。另外因为无人机平台飞行的稳定性相对于传统的大飞机要差，其定位定向系统（Position and Orientation System，POS）相对不准确，仅能作为初始的参考值。

目前，世界上很多国家影像处理系统主要采用全数字摄影测量系统。在国外比较有名有瑞士 Pix4D 公司的 Pix4Dmapper 无人机数据和航空影像处理软件，法国地球信息（InfoTerra）公司研制开发的"像素工厂"（Pixel Factory，简称 PF），欧洲 Inpho 公司推出的Inpho 摄影测量系统，Bentley 公司最新收购的 ContextCapture 等。国内主要有武汉大学张祖勋院士研制的网格处理系统 DPGrid 系统以及 JX－4 系统，适普公司与武汉大学遥感学院共同研制的全数字摄影测量系统 VirtuoZo，北京清华山维公司开发的 EPS 数字三维测图软件，航天远景公司研发的新型数字摄影测量系统 MapMatrix 等。

3.2.2　数据采集方法

数据采集工作包括准备工作、航空扫描与摄影、数据后处理等主要方面。在利用无人机航摄系统进行地形图测绘之前，应首先要保证平台所搭载的传感器（非量测相机）满足获取厘米级分辨率影像指标，另外实际获取的数据质量能否满足大比例尺地形图测图的要求，主要取决于无人机低空摄影数据获取的过程,也就是航摄过程中摄区分区是否合理,地面分辨率、影像重叠度、摄影基面等是否符合要求,航线设计是否合理,是否严格执行了无人机操控的相关要求。在数据获取过程中,不但要保证获取的数据质量能满足要求,也要保障无人机平台和传感器的安全。本章主要讲述基于影像快速处理系统对无人机影像进行处理的技术流程,同时对外业像控点、空三像控点、空三加密点、地形图质量等主要环节的精度评定进行详细阐述。

无人机航摄系统进行低密度植被岸滩地形图测制的工作流程和技术路线见图 3.2-2。

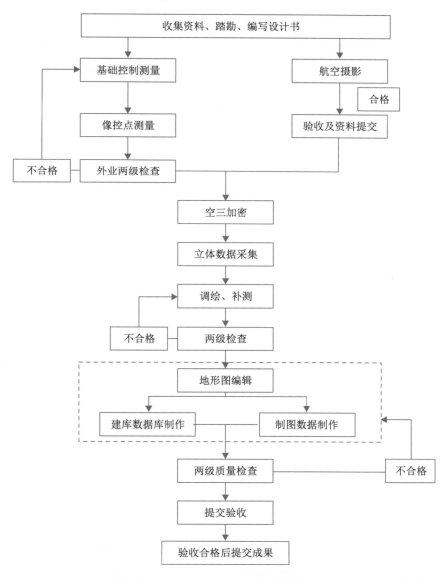

图 3.2-2 无人机航摄系统进行低密度植被岸滩地形图测制工作流程和技术路线

无人机航摄系统绘制地形图的关键技术有航线规划、像控测量和外业调绘。

（1）航线规划

航线规划是遥感信息采集工作的关键环节，作为指导航空拍摄的技术性文件，其重要性不言而喻。在信息采集过程中，不仅要考虑测量范围、地形地貌以及测绘精度，还要结合测试装备的精度以及测绘目的、影像用途等综合规划，进行最优设计，保质保量地完成任务。

航线规划完成以后，要对其进行检查，主要检查内容包括线路走向是否合理，是否可能出现点落水不利情况，判断区域覆盖是否齐全，分区是否合理，分区地形高差是否在一定的摄影航高（本书选取 1/6 摄影航高为评判标准）内，摄影基面的选择是否合理，飞行高度是否合适，地面分辨率和像片重叠度是否达到要求。当航线规划完成时，应重点实测最小地面分辨率和最小像片重叠度。在航高一定时，保证其他航测参数不变的情况下，最小地面分辨率一般位于该摄影区域的最低处，最小像片重叠区一般位于该摄影区域的最高点，摄影航高与分辨率、焦距对照见表 3.2-2。为了保证测绘精度，地面分辨率和像片重叠度应控制在规范允许范围内。

①最低处地面分辨率计算：

$$GSD = (H + \Delta h) \times a / f \tag{3.2-1}$$

式中，GSD——最低地面分辨率，m；

H——相对于摄影基准面的摄影航高，m；

Δh——基准高程与最低高程之差，m；

f——镜头焦距，mm；

a——像元尺寸，mm。

表 3.2-2　　　　　　　　　　**不同地面分辨率与镜头焦距下的摄影航高**

	地面分辨率/m	0.50	0.20	0.15	0.10	0.05
摄影航高/m	镜头焦距 24mm	1875.0	750.0	562.5	375.0	187.5
	镜头焦距 35mm	2734.4	1093.7	820.3	546.8	273.4
	镜头焦距 50mm	3906.3	1562.5	1171.8	781.2	390.6

②最高处像片重叠度计算：

$$p_x = p'_x + (1 - p'_x)\Delta h / H \tag{3.2-2}$$

$$q_y = q'_y + (1 - q'_y)\Delta h / H \tag{3.2-3}$$

式中，p_x、$_y$——像片上各点的航向和旁向重叠度，%；

p'_x、q'_y——航摄像片的航向和旁向标准重叠度，%；

Δh——相对于摄影基准面的高差，m；

H——航高，m。

无人机影像存在影像幅面小、数量多、重叠度高的特点，在影像处理过程中，需要在影像之间寻找同名点来进行影像匹配,通过多视影像的特征点来得到三维点云。当两张影像之间具有较高的重叠度时,在重叠区域能匹配到更多的特征点,而这样得到的三维点云就更准确,对影像处理的结果能更好。因此,在获取无人机影像时,最主要的目的就是要保证影像之间的重叠度。无人机影像的获取能够极大地影响影像处理结果的质量,因此航线规划是很重要的一环,需要小心进行。一个理想的影像采集规划是由采集区的地形和地物来决定的,需要综合考虑建筑物、森林、积雪、湖泊、农业设施等。

采集区域一般可分为普通区域、平地、森林、城市等。下面主要是针对普通区域进行航线规划的分析和设计。

普通区域是指那种不包括大片森林、积雪、湖泊、农用地和其他一些难重建地形的区域。这种区域需要保证航向 75% 的重叠率和旁向 60% 的重叠率,相机需要保持在同一个高度来保证地面分辨率(GSD),并且要保证以规则格网的方式来获取影像,一般区域航线规划示意见图 3.2-3。

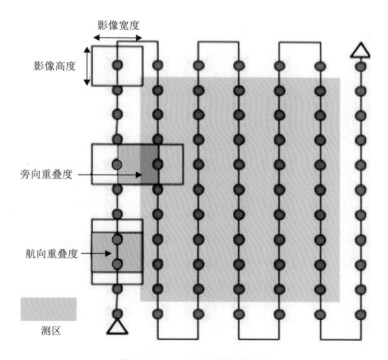

图 3.2-3 一般区域航线规划

地面分辨率是指两个相邻像素中心在地面的距离,它会影响到成果的精度、质量和正射影像的细节。在给定的地面分辨率(cm/pixel)下,航高(H,mm)可通过相机焦距(F_R,mm)、相机传感器的宽度(S_w,mm)和像片的宽度(imW,pixel)计算得到。无人机影像与地面关系见图 3.2-4。

根据相似三角形原理,整理得到:

$$\frac{H}{F_R} = \frac{D_W}{S_W} \tag{3.2-4}$$

其中，单张像片覆盖的范围为：

$$D_W = \frac{imW \times GSD}{100} \tag{3.2-5}$$

所以，

$$H = \frac{D_W \times F_R}{S_W} = \frac{imW \times GSD \times F_R}{S_W \times 100} \tag{3.2-6}$$

在给定了航向重叠率（overlap）后，影像获取的速率（t, s）是根据无人机的飞行速度（v, m/s）、地面分辨率大小和相机分辨率决定的。

$$t = \frac{x}{v} = \frac{D_W - od}{v} = \frac{D_W(1 - overlap)}{v} \tag{3.2-7}$$

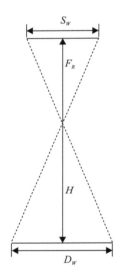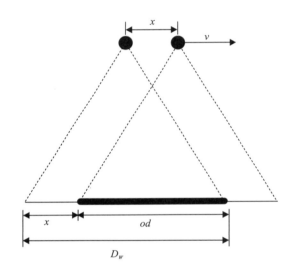

图 3.2-4　无人机影像与地面关系

（2）像控测量

通过无人机航测来制作高精度、大比例尺的正射影像，必须根据要求，布置地面控制点，将无人机影像配准到已有坐标系中。地面控制点（GCP）是航测区域内已知真实坐标的地面点，这些点的坐标可以通过传统的测量方法来获取，也可以通过 CORS（Continuously Operating Reference Stations）等其他方式获取。地面控制点除了能将结果经地理配准后输出外，也能通过该方法来判断成果的绝对精度。

1）野外像片控制点的布设原则

野外像片控制点的布设原则是摄影测量的基础，像片控制点的精度会直接影响空三加

密的精度,对最终的作业成果会有很大的影响,所以对于野外像片控制点的选择应遵循以下几个原则:

①像片控制点的布设要有大局意识,以整个测区作为整体,满足测区布点的整体要求。

②像片控制点在图像上应该便于判读,清晰可见。

③对于无人机飞行有困难的地区,在拍摄前,应根据不同地区制作明显的地面标志,从而提高在困难地区的布点精度。

④像片控制点应尽量远离像片边缘,边缘地区由于受光线、拍摄角度的影响,会产生较大畸变,影响刺点精度。对于 18cm×18cm 的像幅,制点距像片边缘不应小于 1cm,对于 23cm×23cm 的像幅制点距像片边缘不应小于 1.5cm。

⑤像片控制点的布设尽量在多个像片的公共区域,一般布设在相邻像片或相邻航线的重叠范围内,以减小劳动强度,提高工作效率。

⑥像片控制点也是控制点,需要满足一般控制点的布设原则和规范要求。

2)野外像片控制点的布设方案

像片控制点的布设根据布设方案的不同可以分为全野外布点和非全野外布点。全野外布点是指所有像控点都通过外业工作完成,这种布点方案精度相对较高,但是需要耗费大量的人力物力,增加了无人机航摄的成本,一般用于对精度要求很高的小范围、特殊地形的测量。非全野外布点则是通过在野外布设少量覆盖全测区的像控点,利用解析三角测量方法,对整体区域进行平差计算,经过加密后,得到整个测区的加密控制点,从而完成像控点的布设。该方法效率高,成本低,且能够满足大多数航测任务的精度要求,是目前普遍采用的布点方案,主要包括以下几种方案。

①航带网法布点。

航带网法布点按照航线布设像控点,为了保证加密控制点的精度,两个像控点之间的距离和间隔基线数都要有一定的限制。根据布点方法的不同,该方法可以分为以下几种。

a. 六点法。

六点法是最标准的布点方法,应用也最为广泛。该方法在每条航带起止位置和中央,各布设一对平高点。平高点需要布设在旁向重叠区域内部,六点法布设方案见图 3.2-5。

b. 八点法。

八点法在每条航带起止位置的两端、中央和旁向重叠中央各布设一对平高点。在每段航带网内布设 8 个像控点。该方法主要是应用于区域范围内图像多于 16 幅且少于 48 幅的情况。八点法布设方案见图 3.2-6。

c. 五点法。

当航带长度没有达到最大允许长度的 3/4 时,可按五点法布设,航带中央只需要布设一个像控点。

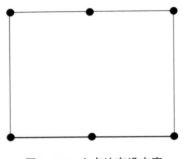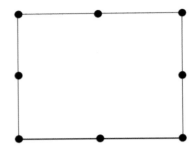

图 3.2-5　六点法布设方案　　　　图 3.2-6　八点法布设方案

②区域网法布点方案。

采用区域网法布点时，像控点应选在相邻航线重叠区域的中央，即旁向重叠区域内，使得布设的控制点可以达到公用的目的。常用的布点方案见图 3.2-7(a)，当像片的旁向重叠区域比较小时，可在重叠区域的部分增加高程点，见图 3.2-7(b)。光束法按区域网法布设像控点时，常采用平高点和高程点间隔布点，关键部位布设双平高点，见图 3.2-7(c)。

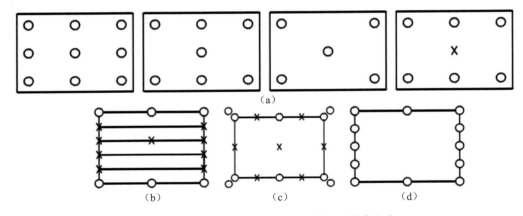

图 3.2-7　区域网布点方案(○是平高点，×是高程点)

区域网航线数和控制点间基线数的设置应符合《地形图航空摄影测量外业规范》(GB/T 7931—2008)规定。区域网航线数和控制点间基线数规定见表 3.2-3。

表 3.2-3　　　　　　　　　区域网航线数和控制点间基线数规定

比例尺	航线数	平高控制点间基线数	高程控制点间基线数
1∶500	4～5	4～5	5～6
1∶1000	4～6	6～7	6～10
1∶2000	2～4	2～4	4～6

3)GCP 的测量

GCP 一般需要进行实地测量，在实施航飞之前需要按照规划好的控制点分布提前在测区布设地面控制点。在测量前需根据实际需求确定地面控制点的坐标系统和精度,不能低于最终成果(如正射影像)要求的精度。根据影像的 *GSD* 可知,GCP 应该能在影像上可见,因此 GCP 标志的大小应该是 *GSD* 的 5～10 倍。如果采用一些地物点作为 GCP,那么会降低 GCP 的可辨别性,从而降低精度。

另外,GCP 的精度应该不高于 *GSD* 的 1/10,比如 *GSD* 为 10cm,那么 GCP 的精度就不高于 1cm,因为更高精度的 GCP 在影像上根本无法辨别。

野外实地测量一般是通过全站仪或者 GNSS 来完成,随着 GNSS 的精度越来越高,GNSS 方法的应用更加普及。但是对于厘米级精度的量测,一般还是通过全站仪来完成。

(3)外业调绘

外业调绘工作主要是对航测立体采集的内业数据成果进行检核与补充。其目的是确定各类地物地貌的真实现状情况,检查补充航测立体采集的底图上遗漏的实际现状要素,并对新增和有变化的要素展开现场实际测量工作。外来调绘的主要内容包括:

①底图标记的影像无法判读的地物地貌的调绘;检查必要测量的沟渠、陡坎的走向与坡向是否与底图表示相一致。

②居民地范围内各类管线的调绘,如电杆实地的数量、位置,高压和低压的类型和走向判断,变压器、电线架的数量与位置等。

③丘陵地区一般沿村落的道路线进行调绘,尽量沿半山腰走,方便看到山脊山沟的全貌以及沿途的植被类型。

④居民区内建筑物的结构与楼层数,房屋的房檐改正等问题。

⑤准确无误地注记工作单位、各个道路、小区、河流等的全称。注意调绘的内容要准确清晰地用专用符号在底图上标记,方便内业快速改正。

外业调绘主要采用 GNSS 卷尺、全站仪等仪器。居民区的房檐改正主要利用卷尺进行,需对公里碑、路灯、电杆和变压器数量等进行检查和补充;在河流区域主要查看水流流向,水崖线位置是否有变化;在山区首先看下山形,然后将高程采集与内业采集的高程进行对比,检查其是否符合精度要求,以及上山的路、山上的电杆与电线塔等是否采集完整等。外调人员对外调流程和外调技巧的掌握程度直接影响到航测成图的质量,若掌握程度高,则可在保证外调精度的前提下很好地节省人力,提高效率。总之,外业调绘工作是航测成图不可缺少的重要步骤。

3.2.3　数据后处理技术

无人机低空摄影测量系统的数据处理系统是整个无人机航摄体系中重要的组成部分,通过对航测数据处理生产出所需要的测绘产品。针对目前低空无人机小数码航拍数据姿态稳定性差、旋偏角大、影像畸变大、比传统大数码航拍数据后期处理难度大等缺点,数据后处理系统软件提出完整的解决方案：检测航拍质量，快速得到全景图，得到高精度空三结果及航测内业 3D 产品，其关键技术主要体现在以下几个方面。

3.2.3.1　影像畸变差纠正

无人机低空摄影测量系统通常搭载非量测数码相机，相机的内方位元素未知以及物镜在加工、安装和调试过程中存在残余误差，会引起较大镜头畸变，导致相机镜头畸变误差较大。镜头畸变误差主要包括径向畸变差和偏心畸变差。同时由于无人机重量轻、体积小、自稳定性差，因此其飞行姿态不稳定，无人机所搭载的相机容易产生抖动和倾斜，这些因素将造成影像的几何变形。畸变会使得图像中的实际像点位置偏离计算的理论值，影响投影中心、物方点和相应的像点之间的共线关系，造成空三测量精度大大降低，从而影响影像配准的精度和 DEM、DOM 以及三维数字产品质量。

因此，在进行解析空中三角测量前，为了避免空三加密平差迭代解算的计算结果不准确，首先要进行像点坐标畸变差改正。相机物镜畸变差是影响图像几何质量的重要因素，其中径向畸变是造成像片边缘处存在较大畸变的主要因素。在普通数码相机镜头中，切向畸变和薄棱镜畸变的影响很小，而径向畸变对结果影响较大，在进行校正时主要考虑径向畸变。径向畸变分为桶形畸变与枕形畸变。航摄作业时，当使用变焦镜头的长焦端或长焦镜头时，所拍摄的像片经常出现画面向中间收缩的现象，这种失真现象被叫作枕形畸变。使用广角镜头或使用变焦镜头的广角端进行拍照时，常常出现成像画面呈桶形膨胀状的失真现象，这种失真现象被叫作桶形畸变，又被称为桶形失真，桶形畸变主要由镜片的组成结构及镜头透镜物理性能所引起。在影像的拍摄过程中，摄影物镜畸变差对影像的质量影响最大，所以摄影测量相机检校的主要内容是对相机物镜光学畸变差进行改正，通常利用相机检校方式获取相机的光学畸变参数、面阵变形参数和内方位元素等信息对镜头畸变差进行纠正。

考虑到影像畸变，当非量测数码相机的主距 f 和像主点坐标 (x_0, y_0) 在像平面的坐标未知时，根据共线方程有下式：

$$\begin{cases} x - x_0 + \Delta x = -f\dfrac{a_1(X - X_s) + b_1(Y - Y_s) + c_1(Z - Z_s)}{a_3(X - X_s) + b_3(Y - Y_s) + c_3(Z - Z_s)} \\ y - y_0 + \Delta y = -f\dfrac{a_2(X - X_s) + b_2(Y - Y_s) + c_2(Z - Z_s)}{a_3(X - X_s) + b_3(Y - Y_s) + c_3(Z - Z_s)} \end{cases} \tag{3.2-8}$$

式中，Δx、Δy——畸变差改正值；

x、y——像点坐标；

X、Y、Z——地面点的物方空间坐标；

X_s、Y_s、Z_s——摄像中心 S 的空间坐标。

非量测数码相机检校方法大体可分为几种：光学实验室检校法、试验场检校法、现场检校法、恒星检校法，目前广泛采用的检校方法是试验场检校法，本书采用 Canon EOS 5D MarkⅢ相机校检的近现代长江中下游洪水情况结果见表 3.2-4。

表 3.2-4　　　　　　　　　　　　　　　　近现代长江中下游洪水情况

序号	检校内容	检校值
1	主点 x_0	2853.0950
2	主点 y_0	1924.1775
3	焦距 t	3435.94087
4	径向畸变系数 k_1	0.000000002556993863
5	径向畸变系数 k_2	-0.00000000000000073
6	偏心畸变系数 p_1	0.00000078646700700
7	偏心畸变系数 p_2	0.000000146120480624
8	CCD非正方形比例系数 α	0.000179444095
9	CCD非正方形比例系数 β	0.000178525169

3.2.3.2　空中三角测量

空中三角测量主要是通过布设少量的地面控制点,快速解算出影像所需要的定向方位元素和加密控制点。其原理是利用像片与拍摄物体之间的几何关系,依据少量野外像控点数据和像片上的拍摄数据,采用全内业作业,测定像片的定向方位元素。其基本过程是通过连续拍摄有相同重叠部分的像片,利用最小二乘算法,建立相对应的数据模型,从而计算出需要获取的加密点的平面坐标和高程。

空中三角测量的意义在于:通过空中三角测量,只需要布设少量的地面控制点,不需要接触测量目标就可以测定其位置和几何形状,不受通视条件限制,可快速在大范围内同时进行地面点坐标的测定,其加密以后的精度高且均匀,几乎不受区域大小的影响,节约了大量的野外成本,提高了整个航测工作的效率。

空中三角测量根据研究模型的种类不同,可以分为以下几种。

（1）航带法空中三角测量

航带法空中三角测量主要研究的是航带模型,航带模型由许多立体像对构成的单个模型连接在一起所得,航带法空中三角测量将连接所得的航带模型作为一个整体进行计算。

由于偶然误差和系统误差会传递积累,在单个模型连接为航带模型时,生成的航带模型会发生扭曲和变形。在完成航带模型的绝对定向后,还需要对航带模型进行线性改正,结果才能更为精确。

该方法的主要工作流程如下:

①获取像点坐标和校正系统误差;

②像点的相对定位;

③连接单个模型及构建航带网;

④航带模型的绝对定向;

⑤航带模型的非线性改正。

（2）航带法区域网空中三角测量

航带法区域网空中三角测量的研究对象是单个航带的模型，把多个航带构成的航带网作为一个整体进行解算，求得测区内所有待求点的坐标。其基本思想是建立自由航带网，平差过程只在单个航带中进行，以单个航带中的像片坐标值作为观测值，求得转换参数，使得自由航带网和所求的地面坐标系相吻合。

该方法的主要工作流程如下：

①建立自由航带网；

②构建松散的区域网，对各航带网进行绝对定向；

③局域网整体平差。

（3）独立模型法区域网空中三角测量

独立模型法区域网空中三角测量的主要原理是利用不同模型中的公共点，将单元模型连接成一个整体，连接过程仅仅完成平移、旋转和缩放等三维线性变化，将单个模型或者双模型作为平差单元，在变换中使模型坐标的公共点和模型控制点的坐标尽可能一致。该方法将单模型或者双模型作为一个整体，通过单个模型的连接构成航带网或者区域网，构建网的过程中，误差被限制在单个模型内，避免了误差累计，克服了航带法区域网空中三角测量的不足，有效地提高了加密精度。

该方法的主要工作流程如下：

①求出各单元模型的摄影测量坐标。

②利用控制点，对模型进行三维线性变换。

③建立整个区域的改化方程，求出每个模型的 7 个参数。

④由求得的 7 个参数计算模型中待求点的平差坐标。

（4）光束法区域网空中三角测量

光束法区域网空中三角测量以每张像片为单元且以像点坐标为原始观测值，由共线方程线性化建立全区域的统一误差方程式和法方程式，整体解求区域内每张像片的 6 个外方位元素和所有待求点的地面坐标，所以其理论最严密，精度最高，并且最能顾及影像的系统误差和引入非摄影测量附加观测值，适合处理非常规摄影和非量测相机的影像数据，因此成为无人机遥感影像空中三角测量处理的主要方法。

该方法的主要工作流程如下：

①影像的外方位元素和地面点坐标的确定。

②逐步建立误差方程和法方程。

③求解改化法方程。

④求解每张像片的外方位元素。

⑤利用空间前方交会来解算待定点的地面坐标值，取相邻影像间的公共点的均值作为

最后的结果。

光束法解析空中三角测量因其严密性,在处理航摄数据时常常被用于区域网平差。其基本思想是:投影中心点、像点和相应的地面点三点共线构成光束,以每条光束作为平差单元,共线方程作为基础,借助于像片之间的公共点和野外控制点,采用最小二乘平差方法,使区域中所有公共点的光束连成一个区域进行整体平差,实现最佳的交会,将整个区域最佳地整合到已知的控制点坐标系中,计算出待求点坐标以及像片的外方位元素。光束法区域网空中三角测量见图3.2-8。

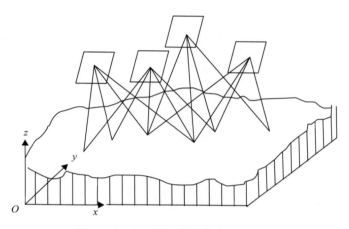

图 3.2-8 光束法区域网空中三角测量

光束法区域网空中三角测量主要内容如下:

①确定像片的外方位元素及地面点坐标的初始值。

首先运用航带法进行空三解算,绝对定向后不需要作模型的线性改正,直接将所计算出的外方位元素作为光束法区域网平差的初始值。

②建立误差方程和法方程。

根据每张像片上的控制点和加密点的像点坐标,利用共线方程式(3.2-9)列误差方程式。

$$\begin{cases} x - x_0 = -f\dfrac{a_1(X-X_s)+b_1(Y-Y_s)+c_1(Z-Z_s)}{a_3(X-X_s)+b_3(Y-Y_s)+c_3(Z-Z_s)} \\ y - y_0 = -f\dfrac{a_2(X-X_s)+b_2(Y-Y_s)+c_2(Z-Z_s)}{a_3(X-X_s)+b_3(Y-Y_s)+c_3(Z-Z_s)} \end{cases} \qquad (3.2\text{-}9)$$

对加密点地面坐标求偏微分,以像点坐标作为观测值,对共线方程线性化,列出控制点和加密点的误差方程式,如式(3.2-10)所示。

$$\begin{cases} v_x = a_{11}\Delta X_s + a_{12}\Delta Y_s + a_{13}\Delta Z_s + a_{14}\Delta\varphi + a_{15}\Delta\omega + a_{16}\Delta k - a_{11}\Delta X - a_{12}\Delta Y - a_{13}\Delta Z - l_x \\ v_y = a_{21}\Delta X_s + a_{22}\Delta Y_s + a_{23}\Delta Z_s + a_{24}\Delta\varphi + a_{25}\Delta\omega + a_{26}\Delta k - a_{21}\Delta X - a_{22}\Delta Y - a_{23}\Delta Z - l_y \end{cases}$$

$$(3.2\text{-}10)$$

矩阵形式为：

$$V = \begin{bmatrix} A & B \end{bmatrix} \begin{bmatrix} t \\ X \end{bmatrix} - L \quad\quad (3.2\text{-}11)$$

其中：

$$V = \begin{bmatrix} v_x & v_y \end{bmatrix}^{\mathrm{T}} \quad\quad (3.2\text{-}12)$$

$$A = \begin{bmatrix} a_{11} & a_{12} & a_{13} & a_{14} & a_{15} & a_{16} \\ a_{21} & a_{22} & a_{23} & a_{24} & a_{25} & a_{26} \end{bmatrix} \quad\quad (3.2\text{-}13)$$

$$B = \begin{bmatrix} -a_{11} & -a_{12} & -a_{13} \\ -a_{21} & -a_{22} & -a_{23} \end{bmatrix} \quad\quad (3.2\text{-}14)$$

$$t = \begin{bmatrix} \Delta X_s & \Delta Y_s & \Delta Z_s & \Delta\varphi & \Delta\omega & \Delta k \end{bmatrix} \quad\quad (3.2\text{-}15)$$

$$X = \begin{bmatrix} \Delta X & \Delta Y & \Delta Z \end{bmatrix}^{\mathrm{T}} \quad\quad (3.2\text{-}16)$$

$$L = \begin{bmatrix} l_x & l_y \end{bmatrix}^{\mathrm{T}} \quad\quad (3.2\text{-}17)$$

得出方程为：

$$\begin{bmatrix} A^{\mathrm{T}}A & A^{\mathrm{T}}B \\ B^{\mathrm{T}}A & B^{\mathrm{T}}B \end{bmatrix} \begin{bmatrix} t \\ X \end{bmatrix} = \begin{bmatrix} A^{\mathrm{T}} & L \\ B^{\mathrm{T}} & L \end{bmatrix} \quad\quad (3.2\text{-}18)$$

③至此，区域网内所有像点都建立改化法方程(3.2-18)。方位元素的数目远远小于加密点坐标未知数的个数，按照循环分块的方法求解，首先完成对每张像片外方位元素的求解。

④利用每张像片的外方位定向元素，进行多张像片前方交会，计算出加密点的物方大地坐标。

首先利用解算出的外方位元素求出检查点地面坐标的解算值，再求出计算的检查点与实测检查点坐标之间的差值。依据误差计算公式(3.2-19)，计算出平面中误差、高程中误差。

$$m = \pm\sqrt{\sum_{i=1}^{n} \Delta_i \Delta_i / n} \quad\quad (3.2\text{-}19)$$

式中，m——检查点中误差；

Δ_i——检查点实测坐标值与解算值的差值；

n——检查点的个数。

3.2.3.3 图像拼接

空中三角测量平差完成后,可以计算出各个影像比较精确的外方位元素,利用这些定向元素,采用数字微分纠正的方法,就可以得到单张像片的正射影像。

由于无人机大多是低空飞行,视野比较小,单张像片覆盖范围小,因此需要利用图像拼接技术拼出整个作业区的整体正射影像。图像拼接技术就是将两张或者两组有共同重叠部分的影像拼接成一个较大像幅的高分辨率影像,主要完成的是图像配准和图像融合这两项工作。

（1）图像配准

图像配准主要是基于特征点的匹配算法,利用计算机自动建立两幅或者多幅数字图像之间自动匹配的对应完成。图像配准通常有两个步骤,首先是对影像特征点进行提取,其次是对特征点进行匹配,完成整个图像配准的过程。

特征点的提取可以分为两类:一是搜寻图像的边缘,把边缘上弧度最大的点作为特征点,或者先把图像边缘通过多项式拟合后再把边缘上弧度最大的点作为特征点;二是不提取图像边缘,直接基于图像表面的梯度或者弧度进行特征点的提取。SUSAN、Forstner、Harris 和 SIFT 算法是应用最广泛的几种特征点提取算法。

特征点的匹配是在提取完特征点后开展的工作,其本质是在特征点集合之间建立一个对应关系,利用特征点本身的属性特征,结合特征区域的灰度值和特征之间的几何拓扑关系建立特征点之间的对应关系。常用的特征点匹配方法有空间相关、描述符的方法、建立金字塔等。

（2）图像融合

完成图像配准工作之后,就确定了图像间的几何变换模型,随后的工作就是把这些图像拼接成大像幅大范围的高分辨率影像,即图像融合。单纯确定图像间的几何模型完成的简单图像配准,受到图像色彩亮度差异和图像配准精度的影响,导致图像拼接线附近会出现明显的拼接痕迹和颜色差异,使得图像整体的视觉效果发生偏差。图像融合就是通过解决拼接处颜色差异、最大程度上减小图像配准过程中的误差,实现图像大范围拼接的平滑过渡,完成整个图像拼接过程。无人机正射影像的图像融合主要工作集中在基础层面上的像素级,目前图像融合算法主要有 HIS 变换法、小波变换法、主成分分析法和 Brovey 法等。

3.2.3.4 影像匹配

影像匹配,在摄影测量早期又叫作影像相关,是指利用相关函数评价左右影像的相似性以确定同名像点的过程。实质上航摄影像匹配过程就是找到两幅图像间的映射关系,将不同地点拍摄的两幅或多幅同地物点的图像位置点联系起来。

用函数表示为:

$$I_2(x,y)=g(f(I_1(x,y)))$$

(3.2-20)

式中，f——二维空间上的坐标变换；

　　g——灰度级别上的灰度变换；

　　$I_1(x,y)$和$I_2(x,y)$——两幅具有较大重叠度的立体影像，$I_1(x,y)$为主影像，$I_2(x,y)$为辅影像。

　　影像特征点的提取是影像内业处理的关键环节，它关系到前后方交会、自由网平差的精度，进而影响到影像外方位元素的解算、DEM 的精度，最终影响正射影像的平面精度。影像匹配包括基于特征区域与基于影像灰度的两类匹配方法，近年来，发展了多种类型的影像匹配方法，如尺度不变特征变换 SIFT 算法，对影像的旋转、平移、噪声都具有较强稳定性的 Harris 角点算子。目前，在特征点提取过程中大多综合了 Harris 角点算子和 SIFT 算法，利用两种算法各自的优点来提高影像匹配的速度和精度。

　　Harris 角点算子和 SIFT 算法的特征匹配流程见图 3.2-9。

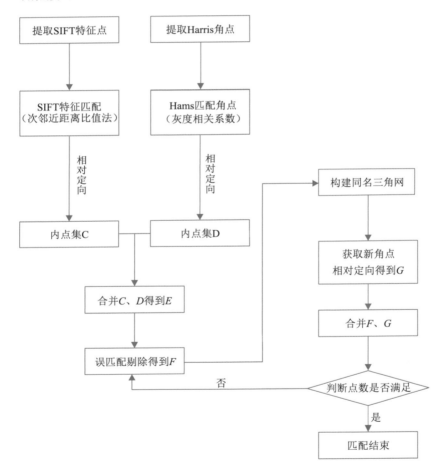

图 3.2-9　Harris 角点算子和 SIFT 算法的特征匹配流程

其具体匹配步骤如下：

①构建尺度空间,生成灰度金字塔影像。

②对于金字塔影像,采用 SIFT 算法提取出特征点,运用次邻近距离比值法进行初匹配,对初匹配点对进行相对定向后得到内点集 C。

③在灰度金字塔图像中,利用 Harris 角点算子提取特征点,并利用灰度相关系数进行初始匹配。相对定向后,就获得内点集 D。

④删除点集 C、D 重复点后将二者合并得到新点集 E。

⑤运用误匹配剔除算法剔除点集 E 中的误匹配,得到点集 F。

⑥根据内点的影像坐标来构建同名三角网。

⑦缩小 Harris 角点阈值获得新的角点,依据步骤⑥中创建的同名三角网对新角点进行约束,再进行相对定向,得到点集 G。

⑧合并内集点 F 和 G,剔除误匹配,生成新的同名三角网。

⑨按照顺序循环迭代上述步骤⑦、⑧,多次加密匹配得到新的内点,直到生成的点数符合要求,匹配结束。

3.2.3.5 立体采集

(1)立体采集原则及技术要求

①航测立体采集时模型上能清晰判断的地物地貌要素直接用对应的符号正确表示,影像上看不清楚或者因有遮挡而无法判断的地物地貌要素应该用问号标记,方便外业进行实地核查,要做到尽量为下一道工序提供准确和完整的数据。

②采集地物时要采集外边线,注意影像上拐角、圆弧等特殊地形要采集出实际位置,不要漏采特征点和线导致地物、地貌变形或位置偏移。

③不依比例的单点地物采集时要采集其中心位置,依比例的线性地物要尽量完整,不要断断续续,对于房屋、带坎池塘等,地物要保证美观且闭合。

④在立体采集过程中,地物地貌要素应当依据地形图所需表示的内容进行合理的取舍,要保证立体采集的内容在影像上能够判绘清楚。

(2)立体采集内容

航测立体采集的要素主要包括六大类:居民地及其附属设施、水系及其附属设施、交通及其附属设施、管线及其附属设施、植被与土质、地貌。以 1∶2000 大比例尺地形图为例,各类地物采集方法和注意事项如下:

1)居民地要素的采集方法

①居民区房屋相邻成片不易分割时,可根据房屋结构和层数相同的情况,进行适当综合。立体采集时影像上层高不同的相邻房屋要分开采集,面积太小的棚房等可以适当综合取舍,不同结构性质、主房屋和附属房屋应逐个采集。

②地物立体采集时要主次分明,当一般房屋与简单房屋重线时以一般房屋为主,简单房屋与棚房重线时可以视房屋大小等具体情况以某一边线为主。

③成片居民区采集时应适当采集高程点，特别是有坡度和地形变化的地区，要正确处理好房屋与陡坎、斜坡和道路边线的关系合理性，能确定是临时搭建的棚房等构筑物可以不予采集。

④模型立体采集时看到楼顶上的花坛、水塔、临时性附属物等可以不予采集，但中国移动、联通、铁通等信号发射塔需采集。

⑤路灯、烟囱等地物一般按不依比例尺进行采集，有明确范围的假山、喷水池等采集外边线，一定要确保数据相互关系间的合理性。

2）水系要素的采集方法

①水系的采集重点要反映出水系总体的情况及其附属设施的特征，应该保证采集位置准确，注意水系贯通，影像上能确定名称的河流、水库等应标注名称，不确定名称的大面积水库、大坝等应该用问号注记，方便外业实地调绘。

②河流、溪流、湖泊、水库等水涯线应当依据摄影时模型中的水位测定，尽量采集模型的中间部分，同时应注意相邻模型的水涯线接边问题。

③河流与湖泊、水库与池塘等面状地物水系应尽量准确采集外轮廓线，并适当标注岸边高程，要注意水系与等高线、道路要保持协调一致，居民地外围的水井应测注井台高程，建筑物内部的水井不依比例进行立体采集。

④依比例尺的双线沟渠、河流等应当依据影像绘制沟渠流向，并注意与涵洞、人行桥、公路桥以及斜坡、陡坎的相互关系，合理贯通，岸边适当采集高程点；不依比例的单线沟渠和干沟也应注意流向等问题。

3）交通要素的采集方法

①不同等级道路边线要采集外边线，注意拐点和圆弧的采集，道路走向要求一致且不能有位置偏移，道路中间适当加注高程点。

②道路应当连续采集，且注意采集的编码是否一致，避免同一条路出现两种及以上的道路等级。进出居民区的道路应当采集；密集居民区道路边线不明显或有遮挡地段的可以适当采用房屋外轮廓线和围墙等地物构成连续贯通的道路。

③铁路和高速公路要采集路边的栅栏和斜坡，影像上能判断名称的高速公路要注明名称，高速公路和铁轨中间要适当标注高程点。

④当桥梁下面既有水系又有道路时，应根据其主要用途确定表示为立交桥或车行桥，立交桥与车行桥难以区分时，一般按车行桥表示。

4）管线要素的采集方法

①在密集居民区要准确采集电杆、电线架、变压器等要素，不能漏采，影像上能判读清楚电线走向的要用线连接表示，山区或居民区外用围墙、栅栏等围起来的电线塔要采集4个角点，形成闭合的面状地物。不能判断低压或高压等属性时要进行注明，方便外业调查核实。

②山区植被茂密无法确定电杆底部中心位置时，应估测植被高度进行采集，注意山区线路的贯通问题。

5)植被与土质要素的采集方法

①植被面应当正确反映植被覆盖的种类,正确处理好与其他地物的关系。采集时应标注对应植被符号,无法确定种类的应该用问号标注,留待外业核实。同一地段生长有多种植物时,以主要品种为主。

②应采集菜地、水稻田、旱地之间的田埂,视图面负载情况,可适当综合。每块水稻田内至少采集一个高程点,菜地、旱地内应按要求均匀采集标注高程。

③地类界用以区分不同植被的绿地、坟群、空地等,地类界与道路、陡坎等重合时,地类界可以不采集。

6)地貌要素的采集方法

①等高线绘制时先采集等高线再进行高程点采集,要求测标中心切准模型地面进行曲线绘制,采集时不要中断,除非遇到陡坎等导致无法继续绘制时才可以搭在陡坎上,山丘区域可以依据山形等特征考虑适当内插首曲线,内插完成后要结合影像进行曲线的修测工作。在植被茂密的山区,考虑植被覆盖看不到地面的情况,应参照周边稀疏地貌估测植被高度加以改正。等高线采集时要考虑山脊、谷地和山脚等其他要素的关系,确保合理表示,不能相互矛盾。

②立体采集陡坎和斜坡时,位置应尽量采集正确,应测注坡顶、坡底高程。

③在山区特征点上,如山顶和鞍部、山脊和山脚、谷底和凹地等均应采集高程点,每 $100km^2$ 的丘陵、山地范围内应采集 8~12 个点,高程点注记精度为 0.1m。

3.2.3.6 数据编辑

航测内业立体采集完成后,首先把立体采集数据转换成 dxf 格式数据,再导入到成图软件(如清华山维软件)中进行数据的分类编码转换,把采集的要素通过数据调入分类器转换成正确的特征编码,对斜坡、水系、植被等要素进行简单的数据编辑工作,在内业初编中检查并标记不合理的地方,如个别要素类别绘制错误、要素漏采等,针对该些问题,应当返回到立体采集状态下进行补测修改,简单编辑处理后把该成果作为外业调绘的底图依据。

3.2.4 误差来源与高精度成图方法

3.2.4.1 航测法成图的误差来源

(1)像片的地面分辨率和影像质量

在传统无人机航测法成图过程中,像片控制测量误差、空中三角测量误差、立体像对定向误差、立体采集过程中的位置判定误差等,会在作业过程中不断传递并积累,影响成图的最终精度。

不难发现,所有环节误差的产生都与像片的分辨率和影像质量有关。分辨率越高,影像质量越好,判读就越准确,误差也就越小,所以要提高成图精度必须首先提高像片的地面分辨率和影像质量。

（2）镜头畸变

无人机航摄采用的相机一般为非量测型全画幅相机,镜头畸变大,尤其是边缘部分。尽管可以根据相机畸变参数对像片进行畸变纠正,但纠正过程中会产生纠正误差,且越往边缘,纠正误差越大。因此,为了提高精度,应加大像片重叠度,尽可能使用像片中心部分的影像。

（3）像片外方位元素

一般的无人机没有配置高精度惯导装置,仅采用普通 GNSS 进行定位导航,所以在相机曝光时记录的位置数据误差很大,需要后期完成大量的像片控制测量后,才能进行空中三角测量。为了减少像片控制测量工作量及后续工序的误差累积,应尽可能提高曝光瞬间像片的外方位元素精度。

3.2.4.2　高精度成图方法研究

根据误差来源分析,要提高成图精度,有必要采用一些关键技术手段和方法,以提高影像质量,提高影像地面分辨率,减小镜头畸变影响,提高像片外方位元素精度。

（1）事后差分 GNSS 系统

事后差分 GNSS 系统包括基站 GNSS、移动站 GNSS 和事后差分解算软件。基站GNSS 架设在已经测定精确位置的点位上进行长时间连续观测。移动站 GNSS 搭载在无人机上,其天线中心位置与相机中心位置经过量测标定。移动站在飞行过程中连续观测,并完整记录相机曝光瞬间给出的曝光时间戳信号。航摄完成后,事后差分解算软件根据基站精确位置数据、基站连续观测数据、移动站连续观测及曝光时间戳数据进行事后差分解算,获得每张像片的高精度位置坐标数据。

（2）相机曝光与移动站 GNSS 记录时间戳高度同步

相机曝光的真实时间与移动站 GNSS 记录的时间戳总会有些误差,需要采用一定的技术手段来最大限度地减小这个差值,尽可能实现相机曝光时间与移动站 GNSS 记录的曝光时间戳同步。

（3）提高像片影像质量

像片影像质量直接影响影像判读准确度,对 1∶500 测图尤为重要。因此,需要选用成像质量较好的相机,选择空气洁净、光照充足的时间段,并优化相机参数进行航摄,以获得影像质量较好的像片。

（4）适度提高影像地面分辨率

影像地面分辨率越高,在航测法成图的各个环节中对影像的判读精度就会越高,但是航摄效率会下降。如根据《数字航空摄影规范第一部分:框幅式数字航空摄影》（GB/T 27920.1—2011）,1∶500 比例尺航测法成图要求航摄地面分辨率小于 0.08m,在兼顾航摄效率的同时,为了提高成图精度,根据经验确定地面分辨率为 0.04～0.05m。

（5）减小像点位移

像点位移会降低影像解析能力，影响判读精度。规范规定像点位移一般不应大于 1 个像素，最大不应大于 1.5 个像素。由像点位移公式 $\delta = v \times t/GSD$ 可知，要减小像点位移就要降低飞行速度，缩短曝光时间，所以需要在确保影像质量的情况下将曝光时间缩到最短。根据经验，像点位移小于 1/3 个像素时可以保证影像的解析能力。

（6）提高像片重叠度

提高像片航向重叠度和旁向重叠度，有利于减少对像片边缘影像的利用，最大限度地降低像片畸变纠正过程中的影像纠正误差。规范规定航摄重叠度一般应为航向的 60％～65％，旁向的 20％～30％。为了提高成图精度，可加大重叠度。根据经验，航向重叠度取 70％～75％，旁向重叠取 60％～65％，可以显著提高空中三角测量平差精度。

（7）增加构架航线

构架航线与正常航线垂直布设，起高程控制点作用，有利于减少像片控制点量测数量，增强区域网模型之间连续性，提高空中三角测量平差精度。构架航线结合事后差分解算提供的像片高精度 POS 数据，能够实现在像片控制点稀少甚至无像片控制点的情况下完成空中三角测量。

3.2.5　倾斜摄影测量

倾斜摄影技术是国际测绘遥感领域近年来发展起来的一项高新技术，通过在同一平台上搭载多台传感器，同时从垂直、倾斜等不同角度采集影像，从而获取地面物体更为完善准确的信息，倾斜摄影测量见图 3.2-10。倾斜摄影测量同时具备以下特点：

①具有较高的分辨率和较大的视场角。

②可以获取多个视点和视角的影像，从而得到更为详尽的侧面信息。

③同一地物具有多重分辨率的影像。

常用的摄影测量影像数据主要来源于垂直角度（或倾斜角度很小）的航空或卫星影像。这些影像大多只有地物顶部的信息特征，而缺乏侧面详细的轮廓和纹理信息，不利于全方位的模型重建和场景感知。这些信息是我们后期制作三维模型、模型单体化以及生成其他数字产品的重要基础。

倾斜摄影测量是使用同一飞行平台搭载多传感器，从垂直、倾斜不同角度采集影像，以获取地面物体的更为完整准确的信息。再通过对倾斜数据进行内业处理获得地表数据更多的侧面信息，整合成具有地物全方位信息的数据，生成三维实景模型成果的一种摄影测量方式，其核心原理与传统航空摄影测量相同，都是基于共线方程，通过区域网平差计算影像的外方元素，接着利用高性能计算机和匹配算法提取特征点云，最后在密集点云的基础上得到一系列产品。倾斜摄影测量数据处理流程见图 3.2-11。

图 3.2-10   倾斜摄影测量

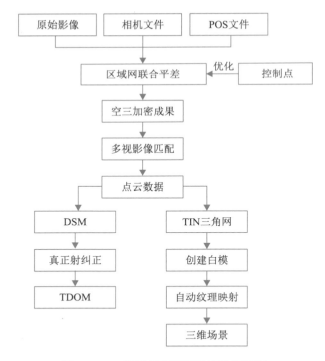

图 3.2-11   倾斜摄影测量数据处理流程

3.2.5.1   系统组成

无人机倾斜摄影测量系统是一种以无人机为飞行平台，以各类传感器为主要载荷，从而获取遥感影像信息的无人航测数据获取系统。无人机倾斜摄影测量系统主要由无人机飞行平台、任务传感器系统、地面保障系统组成。其中，无人机飞行平台主要包括飞行器平台、推进系统、飞行控制与导航系统、机载数据传输系统、机载起降系统等；根据用途和功能不同，常搭载的任务传感器系统主要有多视角航空摄影测量仪器、小型合成孔径雷达、高光谱成像系统、小型机载雷达、气象传感器等；地面保障系统主要包括起降系统地面服务部分、数据传输系统地面部分、地面监控系统、地面后勤人员、其他地面辅助设备等。在各系统的组成中，系统不同构成要素对应的型号也有所不同，以任务传感器为例，其对应的测绘工作开展中一般为倾斜相机，由于拼接数的不同，整体测绘技术开展中的技术应用形式也有所不同，常用的有三拼、五拼、十拼等形式。无人机倾斜摄影测量系统的组成见图 3.2-12。

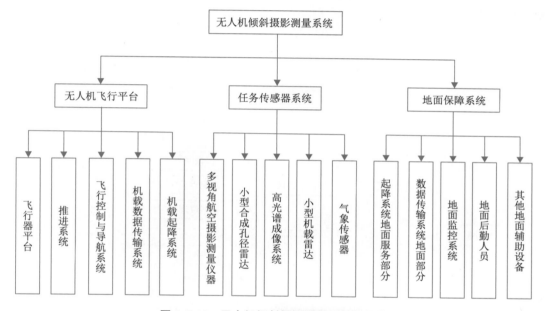

图 3.2-12　无人机倾斜摄影测量系统的组成

除上述硬件系统外，倾斜摄影测量还需相应的数据后处理软件，主要包括空三加密软件、三维模型构建软件、DLG 成图软件等。

3.2.5.2　数据采集平台

倾斜摄影测量一般使用中小型多旋翼无人机搭配倾斜相机，根据项目的实际需求，确定飞行的高度和轨迹，通过飞控平台和 GNSS 导航定位系统来控制飞机进行影像数据的采集。

3.2.5.3　倾斜摄影测量技术路线及关键技术

（1）倾斜摄影测量技术路线

根据无人机倾斜摄影测量的技术特点及相关要求制定作业流程，其技术路线见图 3.2-13。

　　无人机倾斜摄影测量作业的第一部分是倾斜摄影测量的外业航飞，也就是影像获取过程；第二部分是倾斜摄影测量的数据处理过程，包括空三加密与三维模型构建、地形图生成以及精度分析等，其核心技术就在空三加密与三维模型构建部分。

　　基于倾斜摄影测量的三维建模由三步关键流程组成。第一步是影像匹配，采用 SIFT 算子，在每张影像上通过同名点匹配和联合平差，找出稳健的同名点匹配效果。第二步是在影像匹配之后通过光束法区域网平差的方法进行空中三角测量解算，完成航带关系重建步骤。第三步是在航带重建完之后通过多视影像密集匹配技术，使用空三角解算之后的结果得到密集点云数据，并构成 TIN 模型。TIN 模型中每一个三角面的纹理部分都从影像数据上获取，纹理映射之后完成三维模型的构建过程。

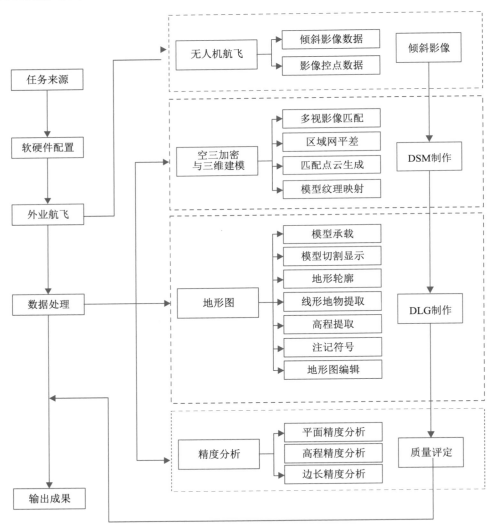

图 3.2-13　倾斜摄影测量技术路线

（2）倾斜摄影测量的关键技术

1）多视影像联合平差

多视影像不仅包含垂直摄影数据，还包括倾斜摄影数据，而部分传统空中三角测量系统无法较好地处理倾斜摄影数据。因此，多视影像联合平差需充分考虑影像间的几何变形和遮挡关系。结合 POS 系统提供的多视影像外方位元素，采取由粗到精的金字塔匹配策略，在每级影像上进行同名点自动匹配和自由网光束法平差，得到较好的同名点匹配结果。同时，建立连接点和连接线、控制点坐标、GPU/IMU 辅助数据的多视影像自检校区域网平差的误差方程，通过联合解算，确保平差结果的精度。

2）多视影像密集匹配

影像匹配是摄影测量的基本问题之一，多视影像具有覆盖范围大、分辨率高等特点。因此，如何在匹配过程中充分考虑冗余信息，快速准确地获取多视影像上的同名点坐标，进而获取地物的三维信息，是多视影像匹配的关键。由于单独使用一种匹配基元或匹配策略往往难以获取建模需要的同名点，因此，近年来随着计算机视觉发展起来的多基元、多视影像匹配逐渐成为人们研究的焦点。目前，在该领域的研究已取得了很大进展，如建筑物侧面的自动识别与提取。通过搜索多视影像上的特征，如建筑物边缘、墙面边缘和纹理，来确定建筑物的二维矢量数据集，影像上不同视角的二维特征可以转化为三维特征，在确定墙面时，可以设置若干影响因子并给予一定的权值，将墙面分为不同的类，将建筑的各个墙面进行平面扫描和分割，获取建筑物的侧面结构，再通过对侧面进行重构，提取出建筑物屋顶的高度和轮廓。

3）数字表面模型生成和真正射纠正

多视影像密集匹配能得到高精度、高分辨率的数字表面模型（DSM），DSM 能充分地表达地形地物起伏特征，已经成为新一代空间数据基础设施的重要内容。由于多角度倾斜影像之间的尺度差异较大，加上较严重的遮挡和阴影等问题，基于倾斜影像的自动获取 DSM 存在新的难点。可以根据自动空三解算出来的各影像外方位元素，分析与选择合适的影像匹配单元进行特征匹配和逐像素级的密集匹配，引入并行算法，提高计算效率。在获取高密度 DSM 数据后，进行滤波处理，将不同匹配单元进行融合，形成统一的 DSM。多视影像真正射纠正涉及物方连续的数字高程模型（DEM）和大量离散分布粒度差异很大的地物对象，以及海量的像方多角度影像，具有典型的数据密集和计算密集特点。在已有 DSM 的基础上，根据物方连续地形和离散地物对象的几何特征，通过轮廓提取、面片拟合、屋顶重建等方法提取物方语义信息；同时在多视影像上，通过影像分割、边缘提取、纹理聚类等方法获取像方语义信息，再根据联合平差和密集匹配的结果建立物方和像方的同名点对应关系，继而建立全局优化采样策略和顾及几何辐射特性的联合纠正，同时进行整体匀光处理。倾斜摄影测量数据处理流程见图 3.2-14。

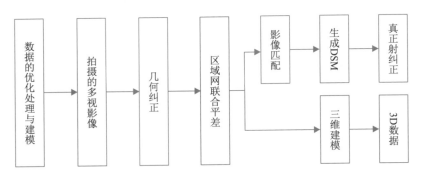

图 3.2-14　倾斜摄影测量数据处理流程

3.2.6　应用及分析

3.2.6.1　概况

2019 年 4 月 13—21 日,在"三峡后续工作长江中下游影响处理河道观测（宜昌至湖口）2017 年度项目（2019 年实施）"长江荆南长江干堤涴市河湾段右岸 709＋800～727＋000 段 17.2km 河段,采用飞马固定翼无人机及数码相机进行数据采集。测区岸滩存在不同类型的植被覆盖。其中,低密度植被岸滩位于涴市园艺路及上游约 2.5km 范围内,其航测范围见图 3.2-15,本书仅对低密度植被岸滩的数据采集、处理以及精度结果进行分析评定。

图 3.2-15　低密度植被岸滩区域航测范围

项目投入的软件必须满足项目数据格式要求和下层工序的接口需求,仪器设备必须经检定合格,并在有效期内使用,此外,须确保仪器的精度符合相应测量的要求。

（1）投入的主要软件

①测区地形查看参考软件：GoogleEarth、Globalmap。

②航线设计软件：飞马无人机管家软件。

③空三加密软件：UASMaster8.0 摄影测量系统。

④立体检查软件：MapMatrix 摄影测量工作站。

⑤编辑成图软件：清华山维 EPS2016 立体测图模块。

（2）投入的主要硬件

①航空摄影设备：无人机、相机、飞控、备用机体、工程车。

②像控测量设备：GNSS 接收机、笔记本电脑。

③立体测图及地形图编辑设备：台式计算机、立体测图设备。

3.2.6.2　数据采集

（1）航线设计及飞行质量控制

①摄影航线需超出摄区范围线不少于 2 条基线，旁向超出摄区范围线不少于像幅的 50%。

②依据航摄设计指标和分区要求，预计总共设计飞行不低于 4 个架次，设置航向重叠度为 65%，旁向重叠度为 35%。

③航摄成果地面分辨率优于 0.2m，航摄成果满足 1∶2000 数字线划图成图要求。

④影像要求色彩均匀清晰，颜色饱和，无云影和划痕，层次丰富，反差适中。照片数据应记录在硬盘上，每个数据载体上应明确标记航摄日期、机组号、摄区代号、航线号、起止片号、总片数。

⑤摄影误差应确保空三加密及正射影像图制作的精度。以低密度植被岸滩航摄段为例，简要说明如下：飞行海拔 720m，最高点分辨率 8cm、最低点分辨率 13cm，航向重叠度 80%、旁向重叠度 65%；设计航程 9.2km，共计飞行 1 架次。

a. 像片重叠度：航向重叠度应为 65%~80%；旁向重叠度应为 30%~65%。

b. 像片倾斜角：像片倾斜角一般不大于 5°，最大不超过 12°。

c. 像片旋偏角：像片旋偏角一般不大于 15°。

d. 航线弯曲度：航线弯曲度不大于 1.5%。

e. 航高保持：当同一航线上相邻像片的航高差大于 20m，最大航高与最小航高之差大于 30m，或当同一分区内实际航高与设计航高之差大于 50m 时，应根据具体情况进行重摄或补摄。

f. 测区、分区图廓覆盖保证：航向覆盖超出摄区边界线不少于一条基线（3 片）、旁向覆盖超出摄区边界线不少于像幅的 50%。

g. 其他技术要求应满足《低空数字航空摄影规范》（CH/Z 3005—2010）。

h. 影像要求色彩均匀清晰，颜色饱和，无云影和划痕，层次丰富，反差适中。照片数据应记录在硬盘上，每个数据载体上应明确标记航摄日期、机组号、摄区代号、航线号、起止片号、总片数。

i. 摄影误差确保空三加密及正射影像图制作的精度。

（2）像控点布设与选刺

1）像控点布设

低密度植被岸滩区内布设像控点 6 个，像控点的布设严格执行了《低空数字航空摄影测量外业规范》（CH/Z 3004—2021）的技术要求。

2）像控点标靶设计

此次航飞最低分辨率 20cm，为便于后期处理，相控靶标≥10 个像元，靶标按照"十"字形设计，采用红色油漆刷在地面硬质石头或路面上，十字靶标长 2m，宽 0.3m。像控点实地靶标样式见图 3.2-16。

图 3.2-16　像控点实地靶标样式

3）像控点选刺

选用的像控点点位目标影像应清晰，易于判刺和立体量测。当目标与其他像片条件发生矛盾时，应着重考虑目标条件，像控点应选在旁向重叠中线附近，测区四周控制点要能控制测绘面积，位于自由图边的像控点应布设在图廓线 4mm 以外，航线两端的控制点左右偏离不大于半条基线。平高控制点的选刺应同时满足平面和高程控制点对点位目标的要求，高程控制点应选刺在局部高程变化很小的地方，高程变化大的斜坡等不宜选作刺点目标。当点位选在高出或低于地面的地物上时应量出其与地面的比高，标注至厘米位，并详细绘出点位的略图。

4)像控点测量

像片控制点采用 RTK 方法测量。测量详细要求参考《全球定位系统实时动态测量（RTK）技术规范》（CH/T 2009—2010）。平面控制点的实地判点精度为图上 0.1mm，点位目标应选在影像清晰的明显地物上，一般可选在交角良好的细小线状地物交点、明显地物折角顶点、影像小于 0.2mm 的点状地物中心。

3.2.6.3 数据处理

（1）空三加密

本测区空三加密工作采用 UASMaster8.0 摄影测量系统的 Match—AT 模块，以航空影像数据作为空三加密的原始数据，进行自动模型相对定向，并利用选点测量程序手动添加像片控制点进行光束法区域网整体平差，得到加密点成果。

区域网根据航摄分区及控制点分布进行划分，平差计算时对连接点、像片控制点进行粗差检测，剔除或修测检测出的粗差点。

加密作业中进行外业控制点量测时，点位要按外业控制点的刺点点位、点位略图和点之记综合判定读取。在满足空三加密控制点数量及位置要求的基础上，适当选取少量控制点作为检查点进行检测。

加密点可通过 UASMaster8.0 摄影测量系统的连接点提取功能自动匹配连接点。连接点应尽量分布均匀，每个像对连接点数目一般不应少于 30 个，当部分区域无自动提取的连接点时，应人工选刺少量连接点；人工选刺连接点时，应尽量选在规定的 1、3、5、2、4、6 六个标准点的位置附近；通过自动匹配的连接点存在粗差点，在完成连接点提取后应通过平差计算对粗差点进行剔除；完成连接点粗差剔除后的连接点测量值的中误差应小于 1 个像素。

检查影像是否覆盖全测区，影像是否能够正常打开，分辨率是否一致。

绝对定向后，根据定向点残差、检查点误差及公共点较差，最大值应符合《低空数字航空摄影测量内业规范》（CH/T 3003—2021）的要求。

（2）像片匀色处理

正射影像不光要求有足够的精度，更要求影像清晰，反差适中，色彩及色调均匀，影像无模糊、错位、扭曲、拉花等现象。常规航摄像片通常是中间亮、四周暗，或上边亮、下边暗，不同航线其色彩、亮度往往差异较大，所以像片色彩、亮度调整及匀色就显得尤为重要。在匀色之前，首先要对像片进行色彩、亮度调整，即用无人机管家软件对所有像片做一个批处理，这样就使得所有像片的色彩、亮度整体上比较接近，然后在标准直方图基础上用"AutoDodging"进行自动匀色。经过这两步处理，像片就能够满足影像清晰、反差适中、色彩及色调均匀等要求。

（3）像片嵌套拼接

在所纠正的像片中，离像主点越近的地物其投影差越小，像片中心部分必须要用于正射影像生产，所以在画拼接线时，应尽量沿像片重叠范围的中间部分画，而且要完全使用所有像片，不隔片拼接，避免高建筑物倾斜。地物密集地区走拼接线时，必须反复对照，消除不同航片上由建筑物及高大树木的投影差带来的影像叠置和地物丢失的现象。

（4）数字正射影像修饰分幅

影像图修饰是应用 Inpho 软件对拼接完好的影像图进行色彩、亮度调整以及对影像错位、扭曲、变形、拉花等现象进行改正以确保成果影像清晰，反差适中，色彩及色调均匀，影像无模糊、错位、扭曲、拉花等现象。

影像修饰完成后对分幅影像编注图名，加注坐标信息，并分幅整理存档。

（5）立体采集

由 MapMatrix 全数字摄影测量工作站完成。注意利用基础控制点上图，外业高程点作为高程点和检查点使用。

1）采集原则

在全数字摄影测量工作站中，利用空三加密结果恢复立体像对，对要素实体进行图像采集。地物、地貌的采集应符合测量规范的要求，同时应根据属性赋相应的要素代码及属性信息。

像对之间的数据应在测图过程中进行连接与接边，像对之间地物接边差应小于地物点平面位置中误差的 2 倍。等高线接边差宜小于 1 个基本等高距，并应按地物接边限差要求执行。

DLG 数据采集的要素内容及图形表达按国家基本比例尺地图地形图图式规定执行，分类分层按《基础地理信息要素分类与代码》(GB/T 13923—2022)规定执行。

2）采集规定

①点状要素按定位点采集，有向点要素还需要再采集第二点确定其方位角。

②半依比例尺线状要素采集中心线；依比例尺线状要素采集定位边线、范围线。

③有向线状要素（陡坎等）一律将符号部分放在数字化前进方向的左侧。一般情况下，线状要素采集应连续，尽量不中断；线状要素上点的密度以几何形状不失真为原则，点的密度应随着曲率的增大而增加；面状要素应封闭。

④地名中的生僻字，为保证图面表达准确，可采用线划表示。

⑤地貌测绘。

地貌表示以等高线为主，同时恰当配合各种地貌符号和高程注记点。高程注记点一般选在地形点和明显地物点上，河谷、平坦地区闭合等高线内应有高程注记点，等高线与周边的高程点及水系上下游关系应合理，与单线河及面域水岸线关系应协调。用符号表示的各种地貌元素，在图上的位置、形状、大小、方向等应符合实地情况。

⑥高程注记点。

沟底、沟口、凹地、台地、河川湖池岸旁、水涯线上以及其他地面倾斜变换处，均应测注高程注记点。各级道路的中心，在图上每隔 10～15cm 应测注高程注记点，主要道路交叉口及转折处、地面倾斜变换处、小区(单位)门口也应测注高程。水渠应测注渠边和渠底高程(或注渠深);堤坝、斜坡应测注顶部和坡脚高程;水渠、斜坡、陡坎等处的高程注记值应与注记点在同一侧。

⑦地物测绘。

在影像上按地物的真实位置进行数据采集,即使在要素密集的情况下也不移位采集。采集依比例尺表示的地物时,测标应立体切准地物的轮廓线;采集不依比例尺、半依比例尺表示的地物时,测标应立体切准其定位点和定位线。

⑧接边。

相邻模型、图幅应做接边处理。模型接边、图幅接边按《城市测量规范》(CJJ/T 8—2011)规定进行接边,测区四周均为自由图边。

(6)数据编辑

数据编辑处理的任务是根据野外调绘和补测数据,对航片采集的图形数据作全面编辑、修改和处理(包括图幅之间的接边),加注各类注记要素,进行图面整饰等,生成满足图式规范要求的成果文件。

3.2.6.4　结果及精度分析

(1)数据预处理

数据处理系统采用全数字摄影测量系统 Inpho。该系统空三像点精度优于 1 个像素,正射影像精度不大于 2 个像素,成图精度满足 1∶2000 DLG 精度。

(2)影像预处理

影像预处理包括影像解压缩、相片畸变差校正、图像增强、编辑等工序。经过预处理的相片对比度增强,更加清晰,为后续的空三加密工作提供了高质量的数据。

(3)GNSS 事后差分数据解算

GNSS 接收机架设测区已知点上,接收机为静态采集模式。静态采集参数为:采样间隔为1s,无人机起飞前10min 开始,无人机降落10min 之后结束;截止高度角为12°,现场解算观察数据质量;航线中地面接收机和机载端接收机的公共卫星数一直大于 4 颗,解算数据全程显示为绿色,记录数据良好。进一步解算记录数据,得到 1954 年北京坐标系下 POS 坐标。

(4)空三加密

采用 Inpho 软件进行空三加密,刺点误差不大于 1 个像素,空三加密成果满足 1∶2000比例尺成图要求。

(5)像控点检测

对采用 RTK 测量技术进行的像控点的平面和高程做了抽样检验,检验结果(平面坐标中误差为 0.031m,高程中误差为 0.028m)证明,平面坐标中误差和高程中误差均达到像控点测量的精度要求，完全满足了航空测量内业的加密需要。

（6）特征点外业精度检测

地形图制作完成后，项目部安排专门检测小组，按30%的比例抽检了低密度植被岸滩区的外业精度检测，对图上特征点进行了RTK外业精度检测。检测结果表明，平面坐标中误差和高程中误差均满足规范和项目技术方案的要求，成果精度较高，质量可靠。外业精度检测情况见表3.2-5。

表3.2-5　　　　　　　　　　　　　　　外业精度检测情况

测段 名称	像控点			检查点		
	点数/个	平面坐标中误差/m	高程中误差/m	点数/个	平面坐标中误差/m	高程中误差/m
低密度植被 岸滩区	6	0.031	0.028	128	0.126	0.102

3.3　高密度植被岸滩地形测量关键技术研究

高密度植被岸滩主要包括林地、芦苇地、蒿草地、杂草等植被高度、空间分布密度等均较高的区域。这类区域一般被较密集的植被覆盖，人员难以穿越，特别是芦苇区，常规测量通视条件较差，效率较低，且人员安全难以保障。为此，可采用机载LiDAR的方式在高密度植被区进行施测，既可提高施测精度、作业效率，也可降低作业风险，海量点云数据也满足后期三维建模的需要。本章重点介绍低空无人机搭载LiDAR系统的应用及研究。

3.3.1　仪器设备及平台的适应性研究

①低空LiDAR测量数据采集效率较高，且得到的三维点云植被穿透力相对较高，但是从海量的点云中分离出地面点和非地面点，尤其是多层次、高密度植被点云滤除困难；对于复杂区域，根据LiDAR点云信息难以验证滤波的准确性与可靠性，数据校核困难，后续数据处理工作量较大。

②低空LiDAR平台的选择是影响数据采集效率的关键。目前，与旋翼无人机相比，固定翼无人机在续航能力和飞行速度方面有显著优势，因此数据采集效率更高；而与电动无人机相比，三角翼、小型直升机等载人飞机在续航能力、飞行速度方面都具有显著优势，在带状、大范围地形测绘中数据采集效率高。

③灵活性方面。无人机对飞行起降条件无严格要求，灵活性强；中小型直升机等载人飞机调度相对较为困难；三角翼滑翔机对起降场地有一定要求，通常要求宽度8m以上、长度150m以上跑道。

④安全性方面。无人机不涉及飞行人员安全问题，但是现有的大部分无人机载重有限，

负荷能力超过10kg的无人机较少,过重的载荷导致无人机安全性能降低,激光扫描等昂贵硬件设备安全存在一定风险;三角翼、小型直升机等载人飞机面临飞行人员安全问题,但飞机的安全性能通常较高,对设备安全也更有保障。

⑤测量精度方面。测量精度包括点的扫描密度和定位精度,低空机载LiDAR扫描仪扫描点密度由飞行高度、扫描角度分辨率和扫描速度决定,部分设备实际作业扫描角度分辨率可达10″,点扫描速度可达500000pts/s,在正常飞行高度(300~500m),扫描点平面间距可达0.1m以内,激光光斑大小小于0.25m,点云密度完全能满足大比例尺地形测量要求。激光点的定位精度包括平面精度和高程精度,在高精度DGNSS+IMU的支持下,在常规测程和测距条件下,激光点的平面定位精度可达25cm以内,高程精度可达10cm以内。不同扫描仪对植被的穿透能力不同,对植被高覆盖区、高遮挡区的有效地面数据采集能力也有差距。

⑥点云赋色和平面位置确定方面。不搭载相机的机载LiDAR点云无法根据地物真彩色赋色,不利于点云属性的判断。另外,通过搭载相机,实现数字正射影像的获取,可很大程度地解决后续地形图平面位置确定的问题,机载LiDAR发挥高程精度高优势,二者互补,融合LiDAR点云与高分辨率光学影像,是三维可视化、地物提取、成图的有效途径。

综上所述,采用单一的技术方法无法满足长江中下游岸滩地形测绘的全面需求,应充分发挥无人机摄影测量与低空机载LiDAR技术的互补优势,对两种技术进行有机融合。一种方案是采用机载LiDAR和航摄同步施测结合的数据采集,通过低空机载LiDAR扫测得到大面积高密度隐蔽遮挡地区的三维点云,对激光点云数据坐标进行转换和拼接,通过算法进行植被过滤、构网和建模等,获得严重遮挡区高精度地形数据;同时,通过同步航摄获取地面高清数字影像,生成的DOM,满足DLG获取平面位置的需求,还可用于激光雷达点云滤波后地面高程特征点分析检查。第二种方案是在中低密度区域,采用固定翼无人机摄影测量方法,生成测区稠密点云,建立测区DOM与DSM,再通过地形滤波,得到测区DEM,进而通过立体测图或实景三维模型直接量测,得到测区DLG;而在高密度、多层次植被覆盖区,考虑到该类区域地物往往较少,因此采用低空机载LiDAR技术,通过点云滤波,得到测区DEM,进而提取等高线、地形断面图,并以人机辅助方式完成少量DLG提取。

3.3.2 低空无人机载LiDAR系统

机载LiDAR,即机载激光雷达是激光探测及测距系统的简称,是GNSS、IMU、激光扫描仪、数码相机等其他光谱成像设备共同集成的遥感系统。机载激光雷达是近年来比较热门的主动式三维数据采集技术,是激光技术、计算机技术、高动态载体姿态测定技术和高精度动差分GNSS定位技术的集中体现。相比传统地面接触式测量技术、航空摄影测量技术、合成孔径雷达干涉技术,机载LiDAR等具有采集速度快、数据量大、精度高等优点。机载LiDAR是将三维激光扫描技术应用在飞行平台上,借助飞行平台的运动,完成地面条带的逐点逐行扫描。

3.3.2.1　系统组成

机载 LiDAR 系统主要有 3 个组成部分：定位定姿组件、激光扫描系统及控制和数据处理系统，其系统组成见图 3.3-1。

其中，定位定姿组件主要由用于确定激光雷达信号发射参考点空间位置的动态差分 GNSS 接收机和用于测定扫描装置的主光轴姿态参数的姿态测量系统（惯性导航系统）组成；激光扫描系统即用于测定激光雷达信号发射参考点到地面激光脚点间距离的激光测距仪；控制和数据处理系统由计算机及相关软件完成。从作用意义上说，机载激光扫描仪是集成的关键部件，它决定着系统的各项性能，而定位定姿组件则提供进行激光点云三维坐标解算的不可或缺的位置信息和姿态信息，对激光点云坐标解算精度有极大的影响。另外，计算机所承担的功能主要有系统控制和数据处理两方面，好的数据处理系统能够形成不低于内部组成器件精度的结果数据。机载激光雷达的核心技术主要为激光扫描技术和定位定姿技术。激光扫描技术可分为激光测距技术和扫描技术，定位定姿技术又分为定位技术和惯性导航技术。整个机载激光雷达系统比较复杂，它要求 GNSS 接收机、惯性测量单元系统和激光扫描测距系统三者协调工作，三者彼此间要保持精确的时间同步。

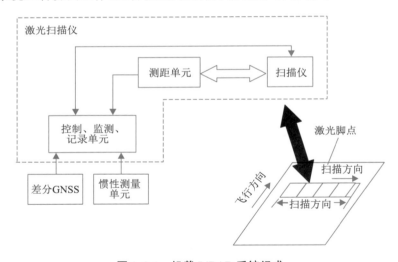

图 3.3-1　机载 LiDAR 系统组成

3.3.2.2　平台选型

市场上无人低空飞行器种类较多，根据长江两岸地形测量的环境等要求，分别测试了多旋翼无人机、固定翼无人机。这些设备的优点是携带方便、现场安装简单，起降不受场地影响；缺点是负载不大，飞行时间短（基本上小于 1h，实际滞空时间只有 20～30min），不适合大面积地形及长时间施测。具体测试的飞行器见图 3.3-2 至图 3.3-4。

图 3.3-2　四旋翼机(可加载相机)

图 3.3-3　固定翼机(可加载相机)

图 3.3-4　六旋翼机(可加载激光雷达和相机)

长江中下游长程水道地形河道走向自西向东流经湖北、湖南、江西、安徽、江苏、上海等6个省（直辖市），需开展大面积的地形测量，无论通过航空摄影测量方式还是激光雷达方式施测，都必须采用一种长时间滞空的飞行平台才能达到高效率。为此，对长航时（2h以上）飞行平台进行调研，调研对象主要包括固定翼无人机、无人直升机、无人飞艇及有人动力三角翼机等，进行调研的飞行平台见图3.3-5。

固定翼无人机通过动力系统和机翼的滑行实现起降和飞行，遥控飞行和程控飞行均容易实现，抗风能力也比较强，是类型最多、应用最广泛的无人驾驶飞行器。其起飞方式有滑行、弹射等，降落方式有滑行、伞降和撞网等。固定翼无人机的起降需要在比较空旷的场地，比较适合海洋环境监测及水利等领域的应用。

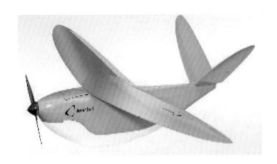

（a）固定翼无人机

（b）无人直升机

（c）无人飞艇

（d）有人动力三角翼机

图 3.3-5　可搭载激光雷达或相机的低空飞行平台

无人驾驶直升机的技术优势是能够定点起飞、降落，对起降场地的条件要求不高，其飞行也是通过无线电遥控或通过机载计算机实现程控。但无人驾驶直升机的结构相对比较复杂，操控难度也较大，所以种类不多，实际应用也比较少。

无人飞艇通过艇囊中填充的氦气或氢气所产生的浮力以及发动机提供的动力来实现飞行。大型飞艇可以搭载1000kg以上的载荷飞到20000m的高空，留空时间可以达一个月以上；小型飞艇可以实现低空、低速飞行。作为一种独特的飞行平台，无人飞艇能够获取高分辨率遥感影像。同时，无人飞艇系统操控比较容易，安全性好，可以使用运动场或城市广场等作为起降场地,特别适合在建筑物密集的城市地区和地形复杂地区应用。

动力三角翼也称动力悬挂滑翔机,是航空运动领域中最受欢迎的一种轻型动力的飞行器,20世纪70年代在欧洲兴起,至今应用广泛,它采用一流的强力航空铝,内部加固龙骨,主挂钉可承受7t的拉力,主挂钉以外的保险绳也可承受2.3t的拉力。常动力三角翼可供二人乘坐,采用活塞式航空发动机带动螺旋桨推进,机翼与机身通过悬挂方式进行连接,飞行员通过移动机身与机翼的相对重心位置实现操纵,因机翼具有较高的滑翔性能,即使在失去动力的情况下,动力三角翼飞行器依然可以像鸟儿一样滑翔着陆,因此动力三角翼是相当安全的。它具有体积小、重量轻、简单易学、安全可靠等特点,是一种深受欢迎的动力飞行器。

多旋翼和小型固定翼无人机机动灵活,适应应急和小面积测量平台,但续航能力和安全性差。针对长江两岸大面积地形测量,建议飞行平台采用续航能力强、安全性高的设备,如动力三角翼飞行器,但需要有资质的驾驶人员,可采用租赁方式使用;小面积测量建议采用无人机的方式。

3.3.2.3 LiDAR 选型测试

鉴于地面、船载、车载 LiDAR 技术应用于长江中下游岸滩地形测绘的不足,进一步探索更有效的数据获取方法,对无人机、动力三角翼低空机载 LiDAR 设备与方法进行选型测试,两种系统分别见图 3.3-6 和图 3.3-7。低空机载 LiDAR 系统均配备高精度 GNSS 和惯导设备。其中,无人机巡航速度为 10～30km/h,动力三角翼巡航速度为 60～100km/h;电动无人机续航时间通常为 0.5h 以内,动力三角翼续航时间可达 6～8h;两种系统的激光扫描速度均可达 50 万点/s 以上,测程因扫描仪而异,为 120～2km 不等。

飞行前,先进行 GNSS 基站布设与航线规划。在飞行测区内,在保证激光数据的重叠率的前提下,需根据飞机速度、测区面积和设计航高(100～500m)规划航线。根据测图精度要求和测区地貌情况,设置激光最大扫描角为 ±45°。同时,为保证同机数码影像有足够的重叠度,航向重叠度设计为 60% 以上,旁向重叠度要求达到 50%。

图 3.3-6 无人机 LiDAR 系统

图 3.3-7　动力三角翼与 HawkScan1200 激光扫描快速测图系统

　　测试中，无人机巡航速度为 20km/h，航高约 100m，飞行时间约 0.1h，覆盖范围 0.4km×0.35km，无人机 LiDAR 获取的点云数据见图 3.3-8，平均点云密度大于 500pt/m²。动力三角翼巡航速度约 100km/h，航高约 500m，航飞总飞行时间 1.2h，共飞行 4 条航线，共采集影像数据 623 幅，实际采集点云有效覆盖面积 46km²，实际点云密度大于 1pts/m²，动力三角翼 LiDAR 获取的点云数据见图 3.3-9。

图 3.3-8　无人机 LiDAR 获取的点云数据

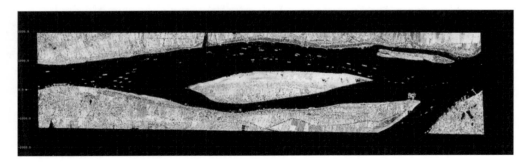

图 3.3-9　动力三角翼 LiDAR 获取的点云数据

3.3.3 LiDAR 数据采集

3.3.3.1 检校场的选择

在每次安装激光雷达设备以及相机系统后,为了确保测量数据的准确性,必须对其进行检校。激光检校的主要目的是消除激光扫描设备与惯性测量单元 IMU 之间的角度安置误差,以及激光测距设备与真实距离之间的误差。相机检校的主要目的是消除相机与 IMU 之间的角度安置误差。角度安置误差主要为侧滚角、俯仰角、航偏角,侧滚角可以通过平整路面进行误差改正,俯仰角和航偏角可以通过尖顶房屋得到消除。因此,检校场应该选择在拥有较平整地面且附近有尖顶房屋的区域。激光测距误差主要通过地面控制点进行校正。分别按顺序进行迭代检校,最终能够获得精度较高的数据。飞行时,相邻航线间激光雷达扫描幅宽至少要有60％的重叠率,且相邻航线间的朝向必须相反,便于后期数据的检校工作。

3.3.3.2 航线的设计

航线的设计是在充分了解测区实际情况,如地形、地貌、气候、已有控制点等的基础上,结合采集数据时各设备参数,如航高、航速、相机焦距、扫描角度等,为获取满足要求的数据,如旁向重叠度、航向重叠度、影像地面分辨率、激光点云密度提供技术保障。

为了保证影像分辨率大小的一致性以及点云密度分布的均匀性,将测区按照平均高程划分为多个区域进行航摄飞行,一般要求设计的航高尽量保持在同一高度,且在一条航线上航高变化不应超过相对航高的 5％～10％。

3.3.3.3 数据采集

数据采集主要分为飞行准备阶段、飞行过程阶段、着陆后阶段。飞行准备阶段需要确保装备安装完全、设备连接无误、存储硬盘有足够的存储空间;在激光雷达系统开启后等待至少 5min,使得 POS 系统(惯性测量单元与卫星导航技术集成)能够锁定卫星并改进其初始化数据。飞行过程中,在进入测区前 500m 左右的位置需要完成一个"8"字形航线,以激活惯性测量单元中的陀螺仪;在飞往、飞离测区或者航线转弯时可以关闭激光数据记录仪,以节省数据存储空间。飞机着陆后,需要保持飞机静止 5min,再关闭机载激光雷达设备。

3.3.4 数据处理方法

3.3.4.1 点云获取

机载 LiDAR 点云预处理技术流程见图 3.3-10。

3.3.4.2 点云多回波分析

在通常情况下,激光雷达发射信号后,一个激光脉冲非常短,但不是无限的小,其脉冲强度在很短的时间里上升到一定的水平,在一定的时间里先保持稳定,再衰减。图 3.3-11 描述了不同的激光发射装置的激光脉冲波形。

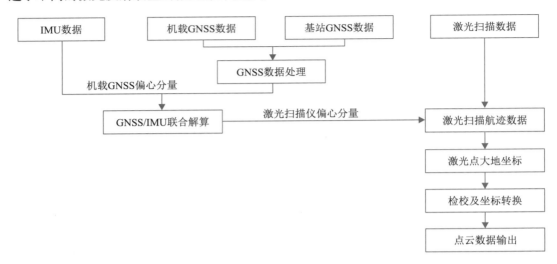

图 3.3-10　机载 LiDAR 点云预处理技术流程

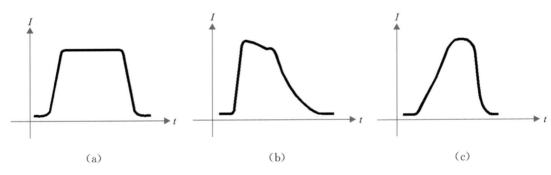

（a）　　　　　　　　　　　　（b）　　　　　　　　　　　　（c）

图 3.3-11　不同的激光发射装置的激光脉冲波形

在一般情况下，我们使用第一种波形。考虑到脉冲的持续性（脉冲长度），脉冲前端的激光会比脉冲末端的激光稍微早一点照射到目标上。光束信息包的长度根据激光脉冲持续的时间来确定。目前，对于多脉冲式机载 LiDAR 系统而言，系统记录的回波信息包括单次回波和多次回波。二者的区别在于对同一束激光脉冲是否发生多次反射。当激光扫描仪发射的激光脉冲接触到被测目标时，部分脉冲能量的反射信号会被系统接收并记录，而剩余的脉冲能量继续传播，当遇到另一目标或原被测目标的另一部分时再次发生反射，直至能量消耗殆尽，如此发生的多次反射使得机载激光扫描系统接收到多个反射信号，即为多次回波信息。多次回波见图 3.3-12。如图 3.3-12 所示，激光脉冲在其传播路径上可能会遇到不同的物体，有些物体如建筑物只能反射一次回波信息，而由于有些地物，如树叶和枝条，是可以穿透的，因此可能会形成多次回波，多次回波原理见图 3.3-13。

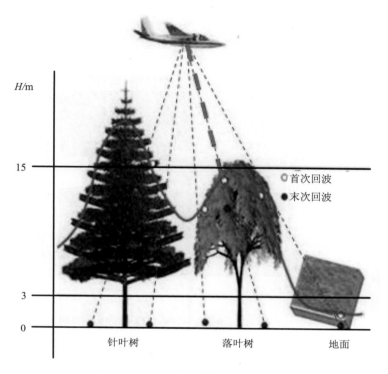

图 3.3-12　多次回波

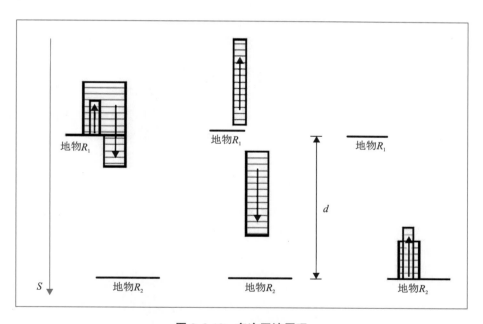

图 3.3-13　多次回波原理

点云断面见图 3.3-14，在图 3.3-14 中，红色点表示单次回波，绿色点表示二次回波，蓝色点表示三次回波。由于光波在大气中传输，能量会衰减，能量密度会随距离的增大而减小。结合图 3.3-13，可以发现发射的激光脉冲在遇到第一部分地物 R_1 时，有一部分能量反射回去，其余的能量继续向下传播直到遇到地物 R_2，然后再反射一部分能量回去，这样在接收器上就会收到两次回波信号。

图 3.3-14　点云断面

回波的探测可以分 3 个部分：①接收从目标反射回来的脉冲信号；②对返回的脉冲信号进行放大；③探测反射回的脉冲信号前缘。商业性 LiDAR 系统中至少能获取两次回波，即首次回波和末次回波，目前大多数软件能够得到 4 次以上。使用多次回波数据，通过一定的算法可去除非地面点。

如图 3.3-14 所示，多回波信息可一定程度地反映被测目标的类型，继而可以辅助数据滤波。具体而言，对于植被覆盖地区，单次回波包含地面、树干层、植被冠层的激光脚点；首次回波来自茂密且高大的植被冠层或靠近冠层的枝叶；中间次回波多为高大植被的枝叶或低矮植被；而末次回波多是植被中间层的枝叶和地表反射得到的激光脚点。对于长江岸滩地区，单次回波数据主要来源于地表、人工建筑物（包括堤防）的顶面或坡面、少量植被点；首次回波来源于植被的冠层和人工建筑物（包括堤防）的边缘；中间次回波主要来源于植被的枝叶和建筑物的立面；而末次回波则主要来源于地表，也有部分来源于植被低矮层面的枝叶。对于两次回波的数据，没有中间次回波，但可以进行相应的换算。上述分析结果表明，生成数字地面模型的地面激光脚点都应该从单次回波和末次回波中获取；同时还可以利用首次回波和中间次回波提供的信息进一步减少参与滤波的单次回波和末次回波的激光脚点数量。

在点云数据获取之后，可以根据激光脚点的多回波属性，首先将数据中的非地面点尽量剔除掉，这不仅可减少后续滤波的计算量，而且可降低滤波算法无法自动剔除复杂的人工建筑物、植被的可能性，进而提高了滤波的效果。将粗差剔除后的点云数据再次滤波，可获取更好的处理效果。

3.3.4.3　点云地形滤波

LiDAR 获取的数据是不规则离散点，可以称为 DSM 数据，而对于常用的 DEM 数据，LiDAR 设备不可能直接得到，这就需要进行后续的地形滤波处理工作，即从点云数据中滤除非地面点，保留真实地面点，原始 LiDAR 点云数据和地形滤波处理后的地面点分别见图 3.3-15 和图 3.3-16。点云地形滤波的基本原理是：先从点云中筛选出为地面点可能性较高的少量点，建立参考地面基准，并以此进一步判断其他点是否为地面点的概率，根据阈值将概率值较低的点剔除。因此,地形滤波的前提是:点云数据中必须存在真实地面点,而且真实地面点所占比例越大,滤波精度和可靠性越高,反之亦然。

图 3.3-15　原始 LiDAR 点云数据

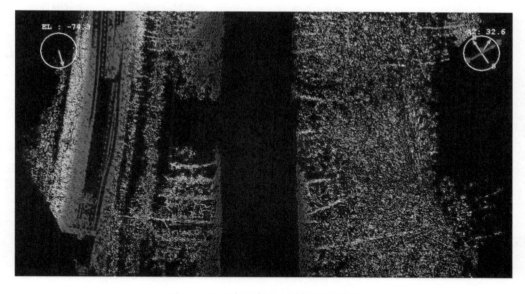

图 3.3-16　地形滤波处理后的地面点

点云地形滤波处理是植被高覆盖、高遮挡区 LiDAR 数据处理的关键。现有的滤波算法根据其操作对象的数据组织方式可以分为基于规则格网的、基于 TIN 的、基于剖面的、基于离散点的等。按照操作的方法可以分为移动曲面拟合法、线性预测模型估计表面(也叫作迭代线性最小二乘内插模型残差法)、数学形态学方法等;依据其滤波原理可以分为基于表面模型、基于坡度或斜率、基于分割 3 种。对于 LiDAR 滤波算法的研究,国际摄影测量与遥感学会(ISPRS)第三技术委员会专门成立一个小组,从事相关研究,并于 2003 年专门组织学者进行一次针对相同数据,测试不同滤波算法效率的试验,并于当年出版了测试报告。该报告是目前比较权威的滤波算法测试报告,其中列举了各种算法的优缺点,对后来的研究有重要的参考价值。目前常用的点云滤波算法见表 3.3-1。

表 3.3-1   **常用的点云滤波算法**

方法	概念	数据格式	滤波方式	处理过程
分等级稳健内插法	表面	点列	拟合	分等级进行
渐进式不规则三角网加密法	表面/区域	TIN	选取	迭代/加密
活动轮廓法	表面	格网	拟合	迭代
滤除尖凸演算法	表面	TIN	去除	迭代/加密
自适应植被点去除	表面	TIN	去除	迭代
阶层式有限元素过滤法	表面/区域	TIN	选取	分等级进行
阶层式地形回复法	表面	点列/格网	选取	分等级进行
数学形态学过滤法	区域	格网	去除	迭代
双序列过滤法	区域	格网	去除	迭代
样条曲线法	区域	格网	去除	一次通过
分层最小区域法	表面/区域	格网	去除	分等级进行
渐进式形态学过滤法	区域	格网	去除	迭代
线性回归表示法	坡度	点列	去除	迭代
坡度过滤法	坡度	格网	选取	迭代
区域分割法	坡度	点列	选取	迭代
移动曲面拟合法	表面	点列	拟合	迭代

虽然国内外现已研究获得了自适应三角网法、渐进式形态学过滤法、多尺度曲率法、坡度过滤法等多种优秀的地形滤波算法,但是目前仍没有一种滤波算法能适应所有的地形地物特征,难以同时滤除高层和低层植被,常顾此失彼,且面对低穿透率点云数据时,滤波精度和可靠性急剧下降,往往需要大量人工干预进行修正。为此,本研究提出一种融合形态学运算、趋势面拟合、随机采样一致性检测的植被点云滤波新算法。算法流程如下:

(1)点云密度估计

对原始 LiDAR 点云进行多回波分析,剔除部分非地面点后,为提高后续滤波算法效率,建立点云网格索引。点云网格索引的建立,需要根据点云密度来确认划分格网的大小。长江岸滩地形扫描时,场景中不仅存在陆地,还存在大片无激光反射点的水域,激光点分布不连续。为统计出陆地的点云平均密度,首先,根据相对扫描高度、角分辨率估计平均点距,建立一个初始格网,再通过连通域搜索,统计陆地总面积,进而计算平均点云密度 ρ:

$$\rho = \frac{n}{l} \tag{3.3-1}$$

式中,l——统计得到的陆地总面积;

　　n——激光点总数。

（2）网格索引建立

通过统计点云平面坐标的极值,获取点云平面分布范围,为保证划分的单元格网中平均有两个以上激光点,根据陆地平均点云密度 ρ,按式(3.3-2)设定单元格网尺寸,按式(3.3-3)将该矩形区域划分为一定行、列的格网,并根据式(3.3-4)判断每个激光点的格网归属。

$$d = \frac{q}{\rho} \tag{3.3-2}$$

$$\begin{cases} m_{\text{row}} = \text{int}(\dfrac{Y_{\max} - Y_{\min}}{d}) + 1 \\ m_{\text{col}} = \text{int}(\dfrac{X_{\max} - X_{\min}}{d}) + 1 \end{cases} \tag{3.3-3}$$

$$\begin{cases} r_i = \text{int}(\dfrac{Y_i - Y_{\min}}{d}) \\ c_i = \text{int}(\dfrac{X_i - X_{\min}}{d}) \end{cases} \tag{3.3-4}$$

式中,d——单元格网尺寸;

　　q——单元格网中的点数阈值($q \geqslant 2$);

　　m_{row}、m_{col}——格网的行、列总数;

　　$X_{\max}$、$X_{\min}$、$Y_{\max}$、$Y_{\min}$——点云平面坐标极值;

　　X_i、Y_i——第 i 个激光点的平面坐标;

　　r_i、c_i——第 i 个激光点所在的格网行、列号;

　　int——取整函数。

（3）逐格网腐蚀与地面种子点提取

网格索引建立后,取每个格网中的最低点作为地面种子点候选点,将候选点高程作为该格网的代表高程,建立规则化 DSM(记为 f),同时记录格网最低点准确的平面坐标,再用结构元素 g 对 f 进行数学形态学腐蚀(记为 $(f \otimes g)(i,j)$),其定义为:

$$(f \otimes g)(i,j) = Z(i,j) = \min(Z(u,v)), Z(u,v) \in w \tag{3.3-5}$$

式中,$Z(i,j)$——腐蚀运算后规则化的 DSM 中第 i 行第 j 列的高程值;

　　w——结构元素的窗口;

　　u,v——结构元素 w 中格网的行列号。

结构元素的窗口大小取 3×3 以上。经过腐蚀运算,结构元素窗口中心的高程值由窗口内的高程最小值取代。为保证地面种子点的可靠性,再根据腐蚀前后格网高程变化与地形局部坡度,对格网高程的有效性进行评判,评判条件见式(3.3-6)。

$$V(i,j) = \begin{cases} 1, Z_0(i,j) - Z(i,j) < \bar{s}d + \sqrt{(\bar{s} \cdot \Delta P_0)^2 + \Delta h_0{}^2} \\ 0, Z_0(i,j) - Z(i,j) \geqslant \bar{s}d + \sqrt{(\bar{s} \cdot \Delta P_0)^2 + \Delta h_0{}^2} \end{cases} \quad (3.3\text{-}6)$$

式中，$V(i,j)$——DSM 中第 i 行第 j 列的高程有效性，其值为 1，该格网中的候选种子点为有效种子点，否则视为无效种子点；

$Z_0(i,j)$——腐蚀前格网高程；

ΔP_0、Δh_0——激光点云的平面误差、高程误差；

$\bar{s}$——结构元素的平均坡度，按式（3.3-7）计算。

$$\bar{s} = \frac{1}{k}\sum_1^k s(i,j), s(i,j) \in w \quad (3.3\text{-}7)$$

式中，k——结构元素窗口中的格网总数；

$s(i,j)$——结构元素中每个格网对应的坡度值，按式（3.3-8）计算。

$$s(i,j) = \sqrt{\left(\frac{\partial Z}{\partial X}\right)^2 + \left(\frac{\partial Z}{\partial Y}\right)^2} \quad (3.3\text{-}8)$$

式中，$\dfrac{\partial Z}{\partial X} = \dfrac{Z_{i,j+1} - Z_{i,j-1}}{2d}$，$\dfrac{\partial Z}{\partial Y} = \dfrac{Z_{i+1,j} - Z_{i-1,j}}{2d}$，其中 $Z_{i,j+1}$、$Z_{i,j-1}$、$Z_{i+1,j}$、$Z_{i-1,j}$ 分别表示对应行列号的格网高程值；

d——单元格网的大小。

当前计算的地形坡度仍可能包含了树木等地物坡度，为了得到地形的近似坡度，利用 3×3 以上的开算子（记为 $(f°g)$）遍历全部地表坡度值，用以去除少部分树木坡度的影响，具体步骤见式（3.3-9）至式（3.3-11）：

$$(f°g) = ((f \otimes g) \oplus g) \quad (3.3\text{-}9)$$

腐蚀：

$$(f \otimes g) = \min(s(i,j)), s(i,j) \in w \quad (3.3\text{-}10)$$

膨胀：

$$(f \oplus g) = \max(s(i,j)), s(i,j) \in w \quad (3.3\text{-}11)$$

为了进一步剔除部分残留树木坡度的干扰，再对结构元素窗口内坡度值进行升序排序，取总坡度数的前 80% 个坡度的平均值作为近似平均坡度代入式（3.3-6）进行评判。

（4）局部地形趋势面拟合

在候选种子点中提取出有效种子点后，逐格网进行地形局部趋势面拟合，有效种子点与局部地形趋势面拟合见图 3.3-17。如图 3.3-17 所示，以第 i 行第 j 列格网为例，首先，在当前格网及其 8 个邻域格网中，搜索有效种子点，如果找到的种子点个数 k 小于设定的种子点个数最小搜索阈值 k_0，则扩大搜索范围继续搜索；然后，根据种子点进行趋势面拟合，考虑局部区域地形表面复杂程度有限，趋势面采用二次曲面，建立条件方程组见式（3.3-12）。

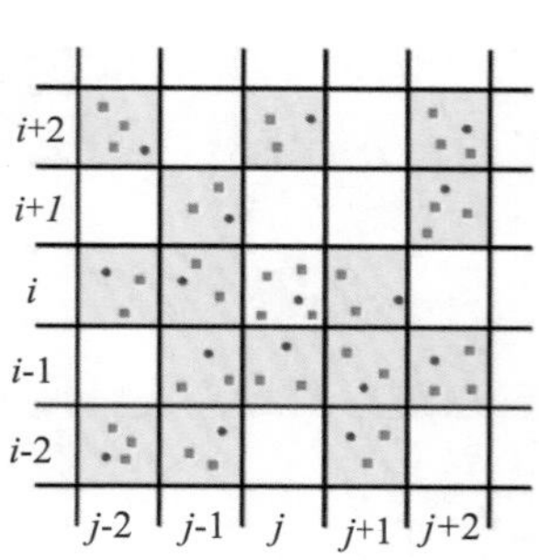

图 3.3-17　有效种子点与局部地形趋势面拟合

（灰色格网表示有效格网，圆形点表示种子点，方形点表示其他激光点）

$$
\begin{cases}
b_1 X_1^2 + b_2 Y_1^2 + b_3 X_1 Y_1 + b_4 X_1 + b_5 Y_1 + b_6 = Z_1 \\
b_1 X_2^2 + b_2 Y_2^2 + b_3 X_2 Y_2 + b_4 X_2 + b_5 Y_2 + b_6 = Z_2 \\
\qquad\qquad\qquad \cdots \\
b_1 X_n^2 + b_2 Y_n^2 + b_3 X_n Y_n + b_4 X_n + b_5 Y_n + b_6 = Z_n
\end{cases}
\tag{3.3-12}
$$

式中，b_1、b_2、b_3、b_4、b_5、b_6——二次曲面方程系数；

X、Y、Z——种子点的平面坐标和高程。

上述方程组可以写成矩阵形式，见式（3.3-13）。

$$
\begin{bmatrix}
X_1^2 & Y_1^2 & X_1 Y_1 & X_1 & Y_1 & 1 \\
X_2^2 & Y_2^2 & X_2 Y_2 & X_2 & Y_2 & 1 \\
\vdots & \vdots & \vdots & \vdots & \vdots & \vdots \\
X_n^2 & Y_n^2 & X_n Y_n & X_n & Y_n & 1
\end{bmatrix}
\begin{bmatrix}
b_1 \\ b_2 \\ b_3 \\ b_4 \\ b_5 \\ b_6
\end{bmatrix}
=
\begin{bmatrix}
Z_1 \\ Z_2 \\ \vdots \\ Z_n
\end{bmatrix}
\tag{3.3-13}
$$

上述矩阵形式可以简写为：

$$
A_{n \times 6} B_{6 \times 1} = L_{n \times 1}
\tag{3.3-14}
$$

式中，B——所求的曲面参数，未知曲面参数的最小二乘解见式（3.3-15）。

$$
B = (A^{\mathrm{T}} A)^{-1} A^{\mathrm{T}} L
\tag{3.3-15}
$$

（5）RANSAC 一致性检测与点云滤波

尽管曲面拟合采用的种子点经过严格筛选，但也难免存在个别非地面点。为得到更可靠的趋势面，引入随机采样一致性（RANSAC）理论，对趋势面进行优化。

首先，将当前曲面拟合种子点所在格网中的所有激光点构建样本集 P，P 中的有效种子点集记为 S，采用二次曲面模型作为 RANSAC 的模型 M，模型的初始化参数为种子点拟合得到的曲面参数，二次曲面模型见式（3.3-16）。

$$
Z' = b_1 X^2 + b_2 Y^2 + b_3 XY + b_4 X + b_5 Y + b_6
\tag{3.3-16}
$$

然后，将样本集 P 中所有激光点平面坐标代入模型 M，得到拟合高程 Z'，与该点实测高

程 Z 进行对比，如果满足式（3.3-17）中的条件，则将该点纳入内点集 $S*$（inliers），它们构成 S 的一致集。为了避免迭代向错误的趋势面发展，构建新的内点集 $S*$ 前，将上一次的内点集 S 清空。

$$|Z'-Z|<\Delta h \quad 或 \quad Z<Z' \qquad (3.3\text{-}17)$$

式中，Δh——设定的高程偏差阈值，由地形测绘高程精度要求确定。

进而，利用内点集 $S*$ 计算新的模型 $M*$，并根据 $M*$ 随机抽取新的 S，重复以上过程。在完成一定的抽样次数后，若未找到一致集则算法失败，将初始种子点作为最终的内点集。

最后，判断当前格网中所有的激光点，如果是内点，则视为地面点保留，否则予以剔除。

按照上述方法，进行逐格网趋势面拟合与 RANSAC 检测，得到全部的地面点。接着，通过地面控制点或已有地形资料对高程异常、坐标转换误差等系统误差进行改正。最后，通过插值得到测区 DEM。

3.3.4.4　DEM 生成

DEM 内插就是根据滤波后 LiDAR 点云数据估算出其他待定点高程的过程。实际中往往沿等高线、地形特征线进行数据采集，采样得到的是一系列无规则排列的、离散的数据点，要获得规则格网的 DEM，必须进行内插；另外当采用规则格网采样时，其采集的数据格网往往较稀，要获得反映实际地形的密集格网，也必须进行内插。根据内插点分布范围，内插分为整体函数内插法、局部（分块）函数内插法和逐点内插法 3 类。

由于实际地形的复杂性，整个地形不可能用一个多项式来描述，又由于邻近数据点间的强相关性，DEM 内插通常不采用整体函数内插，而采用局部（分块）函数内插，即将整个区域划分成若干分块，分块大小根据数据点的分布状况和地形的复杂程度确定。对各分块采用不同的函数来拟合，但同时应保持相邻分块间平滑、连续的拼接。典型的局部（分块）内插法有多面函数法、逐点内插法等。当点云数量大时，多面函数法也涉及超大规模矩阵的求解，对计算机内存要求高，计算效率低。

逐点内插法就是以待定点为中心，用一个函数来拟合其附近的数据点，描述附近的地形特征。典型方法为移动拟合法和反距离加权法。

移动拟合法就是用一个多项式来拟合待定点周围的地形特征，见图 3.3-18。通常以 O 为平面坐标系原点，以任意待定点 P 为圆心，利用划定半径为 R 的圆内所有数据点来求解所定义的函数待定参数。如果用一个二次多项式拟合地面地形，则有：

$$z = Ax^2 + Bxy + Cy^2 + Dx + Ey + F \qquad (3.3\text{-}18)$$

加权平均法是移动拟合法的简化。加权平均法设根据划定的窗口获得的待定点邻近范围内有 n 个数据点，则待定点的高程为：

$$z_p = \frac{\sum_{i=1}^{n} p_i z_i}{\sum_{i=1}^{n} p_i} \qquad (3.3\text{-}19)$$

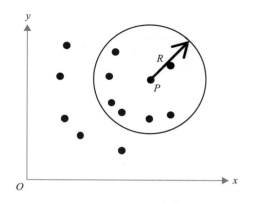

图 3.3-18　移动拟合法

逐点内插法不需要对海量点云构建 TIN,计算的效率主要取决于对最邻近点的搜索,因此效率较高。综合考虑插值效果、计算效率、计算机硬件资源开销,本研究采用移动曲面拟合法对 LiDAR 点云进行插值拟合得到 DEM,算法步骤如下:

①统计点云的平面分布范围。

②根据设定的 DEM 格网间距、DEM 范围等,生成一张空白的格网。

③逐点计算 LiDAR 点云的格网归属,记录每个 DEM 格网中 LiDAR 点的编号和点的数量。

④对于每个格网点,首先在 4 个相邻格网中搜索邻近点,如果邻近点总数少于 6 个,则扩大搜索范围,继续搜索。

根据所搜的邻近点坐标和高程,插值得出格网点的高程,最终生成的 DEM 及等值线见图 3.3-19。

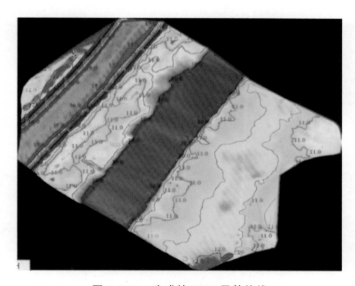

图 3.3-19　生成的 DEM 及等值线

3.3.4.5　DOM 生成

DOM 生成以无人机航摄影像为基础，根据相机内方位元素及畸变参数、影像外方位元素和 DEM，经逐像元畸变校正、辐射校正、几何纠正和镶嵌，并按地形图范围裁剪成影像。

现有的摄影测量方法生成 DOM 时，先要经过特征点提取、特征点匹配、相对定向、自动转点、模型连接，再进行空中三角测量解算每幅影像的外方位元素，进而通过影像密集匹配得到密集三维点云，最后通过插值生成 DEM。在此基础上才能对原始影像逐像片几何纠正，经过镶嵌得到 DOM。DOM 制作过程烦琐，代价相对较高，且对于长江岸滩地区纹理较为单一的情形，生成 DOM 的难度较高，精度也难以保证。

LiDAR 点云为真正射影像的生成提供了高精度的 DSM。通过 DSM 影像进行纠正，可以消除地物引起的投影差。结合无人机摄影量测技术和 LiDAR 技术的互补优势，一种高效、可靠的 DOM 生成方法被提出。

根据无人机摄影平台 GNSS+IMU 提供的高精度 POS 数据，直接获得各影像的外方位元素。当 POS 提供的外方位元素精度不高时，采用基于线特征的配准方法，通过影像与 LiDAR 点云配准，解算精确的影像外方位元素。通常情况下，LiDAR 点云分辨率显著小于影像分辨率，若采用点特征作为配准基元，LiDAR 点云密度会限制配准的精度，因此研究基于线特征匹配基元的配准方法。

设从点云中提取的某一空间线段上有不重合的两点 A、B，则该空间直线可用以下方程组来描述：

$$\begin{bmatrix} X_P \\ Y_P \\ Z_P \end{bmatrix} = \begin{bmatrix} X_A \\ Y_A \\ Z_A \end{bmatrix} + \lambda_P \begin{bmatrix} X_B - X_A \\ Y_B - Y_A \\ Z_B - Z_A \end{bmatrix} \tag{3.3-20}$$

引入比例参数 λ_P，直线上任意一点 P，都可用 A、B 两点坐标表示。

根据中心投影的共线方程，对于每组配准基元点、线的对应组合，可建立两个方程，同时引入一个未知参数 λ。因此，n 组点、线的组合，就可以得到如下观测方程组：

$$\begin{cases} x_1 = x_0 - f\dfrac{a_1(X_{A1}+\lambda_1(X_{B1}-X_{A1})-X_S)+b_1(Y_{A1}+\lambda_1(Y_{B1}-Y_{A1})-Y_S)+c_1(Z_{A1}+\lambda_1(Z_{B1}-Z_{A1})-Z_S)}{a_3(X_{A1}+\lambda_1(X_{B1}-X_{A1})-X_S)+b_3(Y_{A1}+\lambda_1(Y_{B1}-Y_{A1})-Y_S)+c_3(Z_{A1}+\lambda_1(Z_{B1}-Z_{A1})-Z_S)} \\[2mm] y_1 = y_0 - f\dfrac{a_2(X_{A1}+\lambda_1(X_{B1}-X_{A1})-X_S)+b_2(Y_{A1}+\lambda_1(Y_{B1}-Y_{A1})-Y_S)+c_2(Z_{A1}+\lambda_1(Z_{B1}-Z_{A1})-Z_S)}{a_3(X_{A1}+\lambda_1(X_{B1}-X_{A1})-X_S)+b_3(Y_{A1}+\lambda_1(Y_{B1}-Y_{A1})-Y_S)+c_3(Z_{A1}+\lambda_1(Z_{B1}-Z_{A1})-Z_S)} \\[1mm] \cdots\cdots \\[1mm] x_i = x_0 - f\dfrac{a_1(X_{Ai}+\lambda_i(X_{Bi}-X_{Ai})-X_S)+b_1(Y_{Ai}+\lambda_i(Y_{Bi}-Y_{Ai})-Y_S)+c_1(Z_{Ai}+\lambda_i(Z_{Bi}-Z_{Ai})-Z_S)}{a_3(X_{Ai}+\lambda_i(X_{Bi}-X_{Ai})-X_S)+b_3(Y_{Ai}+\lambda_i(Y_{B1}-Y_{Ai})-Y_S)+c_3(Z_{Ai}+\lambda_i(Z_{Bi}-Z_{Ai})-Z_S)} \\[2mm] y_i = y_0 - f\dfrac{a_2(X_{Ai}+\lambda_i(X_{Bi}-X_{Ai})-X_S)+b_2(Y_{Ai}+\lambda_i(Y_{Bi}-Y_{Ai})-Y_S)+c_2(Z_{Ai}+\lambda_i(Z_{Bi}-Z_{Ai})-Z_S)}{a_3(X_{Ai}+\lambda_i(X_{Bi}-X_{Ai})-X_S)+b_3(Y_{Ai}+\lambda_i(Y_{Bi}-Y_{Ai})-Y_S)+c_3(Z_{Ai}+\lambda_i(Z_{Bi}-Z_{Ai})-Z_S)} \\[1mm] \cdots\cdots \\[1mm] x_n = x_0 - f\dfrac{a_1(X_{An}+\lambda_n(X_{Bn}-X_{An})-X_S)+b_1(Y_{An}+\lambda_n(Y_{Bn}-Y_{An})-Y_S)+c_1(Z_{An}+\lambda_n(Z_{Bn}-Z_{An})-Z_S)}{a_3(X_{An}+\lambda_n(X_{Bn}-X_{An})-X_S)+b_3(Y_{An}+\lambda_n(Y_{Bn}-Y_{An})-Y_S)+c_3(Z_{An}+\lambda_n(Z_{Bn}-Z_{An})-Z_S)} \\[2mm] y_n = y_0 - f\dfrac{a_2(X_{An}+\lambda_n(X_{Bn}-X_{An})-X_S)+b_2(Y_{An}+\lambda_n(Y_{Bn}-Y_{An})-Y_S)+c_2(Z_{An}+\lambda_n(Z_{Bn}-Z_{An})-Z_S)}{a_3(X_{An}+\lambda_n(X_{Bn}-X_{An})-X_S)+b_3(Y_{An}+\lambda_n(Y_{Bn}-Y_{An})-Y_S)+c_3(Z_{An}+\lambda_n(Z_{Bn}-Z_{An})-Z_S)} \end{cases}$$

$$\tag{3.3-21}$$

式中，X_A、Y_A、Z_A——任意点 A 的空间坐标；

　　　X_B、Y_B、Z_B——任意点 B 的空间坐标；

　　　X_S、Y_S、Z_S——基元点 S 的空间坐标。

对上述非线性方程组按照 Taylor 级数展开线性化，建立法方程，通过迭代计算，求出像片外方位元素。迭代过程也是像点对应值计算得到的 LiDAR 空间对应点逐步靠近真值的过程。

通过配准得到原始影像准确外方位元素后，根据 LiDAR 点云原始数据，建立测区 DSM，代替 DEM 作为影像纠正的物方参考。进而，根据严格标定的相机内方位元素和畸变参数，对原始影像进行畸变校正。一般采用 Luca Lucchese 模型作为径向、切向畸变改正模型，Luca Lucchese 模型见式（3.3-22）。该模型同时考虑径向、切向畸变差，并保留了高阶畸变系数，对各种镜头畸变差模拟精度可达到 0.1 像元以内的高精度。

$$\begin{cases} \Delta x = (x-x_0)(k_1 r^2 + k_2 r^4 + k_3 r^6) + p_1(r^2 + 2(x-x_0)^2) + 2p_2(x-x_0)(y-y_0) \\ \Delta y = (y-y_0)(k_1 r^2 + k_2 r^4 + k_3 r^6) + p_2(r^2 + 2(y-y_0)^2) + 2p_1(x-x_0)(y-y_0) \end{cases}$$

$$(3.3\text{-}22)$$

式中，x、y——像点的像片量测坐标；

　　　Δx、Δy——像点坐标改正值；

　　　x_0、y_0——像主点在像平面坐标系中的坐标；

　　　r——像点到主点的距离，$r = \sqrt{(x-x_0)^2 + (y-y_0)^2}$；

　　　k_1、k_2、k_3——径向畸变系数；

　　　p_1、p_2——偏心畸变系数。

逐原始影像畸变校正后，再采用反解法对畸变校正影像进行逐像元几何纠正。步骤如下：

（1）DOM 地面边界与影像大小确定

基于 DSM 和中心投影的共线条件方程，经过单片投影转绘，计算得到影像 4 个角点对应的地面坐标 X、Y、Z，DOM 地面边界与影像大小见图 3.3-20。

$$\begin{cases} X = (Z-Z_s)\dfrac{a_1 x + a_2 y - a_3 f}{c_1 x + c_2 y - c_3 f} + X_s \\ Y = (Z-Z_s)\dfrac{b_1 x + b_2 y - b_3 f}{c_1 x + c_2 y - c_3 f} + Y_s \end{cases}$$

$$(3.3\text{-}23)$$

比较 4 个角点对应地面点的 X、Y 坐标最大值 $X_{\max}$、$Y_{\max}$ 和最小值 $X_{\min}$、$Y_{\min}$，再根据设定的 DOM 地面分辨率 GSD，计算得到 DOM 影像的尺寸 $W \times H$（像素），并生成一幅空白的影像。

$$\begin{cases} W = \dfrac{X_{\max} - X_{\min}}{GSD} \\ H = \dfrac{Y_{\max} - Y_{\min}}{GSD} \end{cases}$$

$$(3.3\text{-}24)$$

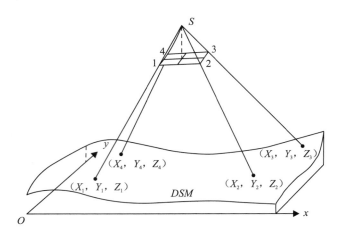

图 3.3-20　DOM 地面边界与影像大小

（2）逐像元计算地面点坐标

设正射影像上任意一像点（像素中心）P 的坐标为 (x', y')，由正射影像左下角图廓点地面坐标 (X_{min}, Y_{min}) 与正射影像 GSD 计算 P 点对应的地面点坐标 (X, Y) 为：

$$\begin{cases} X = X_{min} + x'GSD \\ Y = Y_{min} + y'GSD \end{cases} \tag{3.3-25}$$

根据地面坐标 X、Y，在 DSM 中插值出该点的高程 Z。

（3）计算共线方程

计算 P 点相应在原始图像上的像点 p 的坐标 (x_p, y_p)：

$$\begin{cases} x_p = -f\dfrac{a_1(X-X_s)+b_1(Y-Y_s)+c_1(Z-Z_s)}{a_3(X-X_s)+b_3(Y-Y_s)+c_3(Z-Z_s)} + x_0 \\[3mm] y_p = -f\dfrac{a_2(X-X_s)+b_2(Y-Y_s)+c_2(Z-Z_s)}{a_3(X-X_s)+b_3(Y-Y_s)+c_3(Z-Z_s)} + y_0 \end{cases} \tag{3.3-26}$$

（4）灰度内插

由于所求得的像点坐标不一定正好落在其扫描采样的点上，因此这个像点的灰度值不能直接读出，必须进行灰度插值，一般可采用双线性内插，求得 p 点的灰度值 $g(x, y)$。

$$g(x,y) = (1-\Delta x)(1-\Delta y)g_{11} + \Delta y(1-\Delta x)g_{12} + \Delta x(1-\Delta y)g_{21} + \Delta x\Delta y g_{22} \tag{3.3-27}$$

式中，g_{11}、g_{12}、g_{21}、g_{22}——p 点所在栅格的左下、右下、右上、左上像点的灰度值。

（5）灰度赋值

最后将像点 p 的灰度值赋给纠正后的像元素 P，反解法数字纠正见图 3.3-21，像元素 P 的灰度值为 $G(X, Y)$。

$$G(X,Y) = g(x,y) \tag{3.3-28}$$

依次对每个像元完成上述纠正,即获得反解法纠正的数字影像。

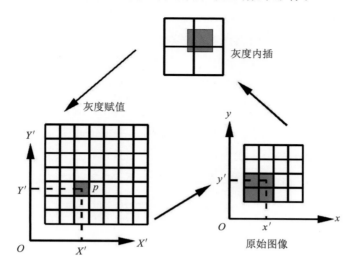

图 3.3-21　反解法数字纠正

(6)遮蔽区检测

为避免纠正时高大建筑物边缘出现重复纹理现象,采用 Z-buffer 消隐算法进行遮蔽区检测,将检测出的遮挡区域灰度值赋值为 0,再在 DOM 镶嵌像素混合时,对遮蔽区丢失的信息进行修补。

(7)纠正影像镶嵌

对畸变校正影像进行几何纠正后,再根据每幅纠正影像的物方平面坐标,对各纠正影像进行镶嵌。为保证镶嵌影像亮度均匀,事先可采用归一化增强方法对原始影像或畸变校正影像进行统一辐射校正。镶嵌时,对于多重覆盖区中心线缓冲区,采用像素混合平均进行匀光。

高分辨率 DOM 影像可以辅助点云分类和滤波。采用监督分类方法对 DOM 中的植被和土壤进行分类;利用分类结果,对 LiDAR 点云进行分割,并指导 LiDAR 点云滤波,以去除植被点,保留土壤地表点。

LiDAR 点云数据具有较高的高程精度,但是缺乏光谱、纹理信息;高分辨率数码影像具有较高的平面精度,但是缺乏高程信息,必须通过立体像对才能获得高程,在困难地区(如弱纹理地区、植被高度覆盖区域等),即使有立体像对也难以获得较高的高程精度。融合 LiDAR 点云与高分辨率光学影像,是三维可视化、地物三维提取、三维线划图(3D DLG)提取的有效途径。

一般情况下,将激光扫描数据(点云数据)与影像进行融合需要预处理、配准和融合 3 个步骤。航空影像与机载 LiDAR 点云的融合,首先要利用无人机低空遥感影像制作正射影像,在完成正射影像制作的基础上,剔除 LiDAR 点云数据中的误差,便可以进行数据的配准融合处理。实验所用的数据是同一系统同时对同一地区获取的 LiDAR 点云数据和影像数据,所以两类数据使用的是统一的 POS,它们的坐标系统是一致的,相对精度也较高。

在配准的基础上,针对融合目的,选择适当的融合方法进行数据的融合。融合研究的主要目的是为 LiDAR 点云获取光谱信息,为后续的 LiDAR 点云滤波提供更多的可靠信息和约束条件。针对此目的,提出通过叠加的方法来进行融合,DOM 与 LiDAR 点云融合流程见图 3.3-22。首先,将 LiDAR 数据与影像数据进行叠加;其次,当 LiDAR 数据位于正射影像的像素内时,将该像素的颜色信息提取出来赋给该 LiDAR 数据点;最后,将带有光谱信息的 LiDAR 点云数据进行保存输出。由于 LiDAR 数据是离散的点数据,因此融合过程中不存在一个 LiDAR 数据点位于多个像素内的情况。鉴于 LiDAR 技术的现状,点云密度相对于像素密度来说要小得多,也不存在一个像素内有多个 LiDAR 数据点的情况。

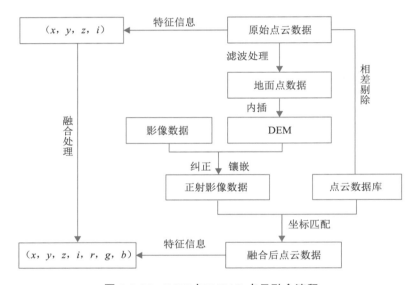

图 3.3-22　DOM 与 LiDAR 点云融合流程

3.3.5　应用及分析

3.3.5.1　概况

2015 年 11 月 9—14 日,在长江九江至湖口张家洲河段,采用动力三角翼机搭载激光雷达及普通数码相机同步进行数据采集,累计施测面积约达 $17 \times 4 km^2$。测区存在不同类型的植被高度覆盖,具有典型代表性,其现场情况见图 3.3-23。测区范围见图 3.3-24。其中实测验证区包括:洲头小堤房屋区域约 3.00km²,新港沟汊区域约 0.44km²,芦苇区域约 1.55km²,房屋区域约 0.24km²,洲尾树林区域约 2.50km²。

在测区上空按照规划线路进行三维激光扫描及航拍,实际飞行航线见图 3.3-25。相对飞行高程为 500m,飞行速度约 100km/h,本次实验飞行时间约 1.0h。所采用的动力三角翼机见图 3.3-26。

图 3.3-23 测区现场情况

图 3.3-24 测区范围

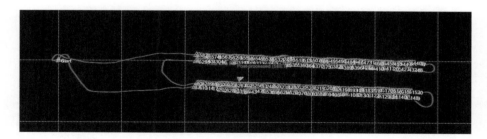

图 3.3-25 实际飞行航线

图 3.3-26 动力三角翼机

采用的三维激光扫描系统为中测瑞格测量技术（北京）有限公司的扫描鹰HawkScan1200，设备总重量为11kg。其中，激光扫描仪为 RIEGL VUX－1 LiDAR，配备Trimble Applanix AP20 高精度 DGNSS 和 IMU 装置，集成 Nikon D800 全画幅单反数码相机，像幅大小为 7360×4912 像素，平均 GSD 为 0.087m。

采用测区内一个二等水准点作为 GNSS 基站。通过 POS 解算，得到的影像曝光位置见图 3.3-27。

扫描角度范围为 ±45°，共采集 6586465 个激光点，平均点距为 1.4m，点云密度为0.51pts/m²，获取的 LiDAR 点云数据见图 3.3-28。

图 3.3-27　影像曝光位置

图 3.3-28　获取的 LiDAR 点云数据

3.3.5.2　地形滤波

采用自主研发的 LiDAR 数据处理软件系统处理本次实验数据，采用本项目研究提出的滤波算法对原始点云进行滤波，滤波后点云数据见图 3.3-29。

为验证算法的效率，采用普通电脑（CPU：Intel Core i7－4790 @ 3.60GHz，内存：8GB）

对滤波算法计算效率进行测试,测试结果见表3.3-2。

滤波后,对岸滩典型地区的地形断面进行分析,对比两个高植被覆盖区的典型断面在滤波前、后的点云数据。滤波前、后点云断面Ⅰ分别见图3.3-30与图3.3-31,滤波前、后点云断面Ⅱ分别见图3.3-32与图3.3-33,可以明显地看出本系统能有效地滤除植被点云,保留有效地面点云。

考虑到实际生产的要求,采集验证区地面检核点定量评价本书算法的滤波效果。在多层次、高密度植被覆盖的新港地区选取了1个验证区域,验证区平面面积约27000m²,现场采用RTK实测地形点数352个,再通过克里金(Kriging)插值建立验证区DEM,插值精度小于5cm,验证区实测DEM基本信息见表3.3-3。

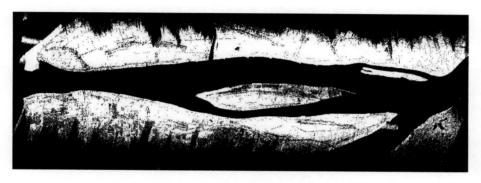

图3.3-29　滤波后点云数据(剔除点数:4738836;剩余点数:1847629)

表3.3-2　　　　　　　　　　　　滤波算法计算效率测试

激光点数/个	滤波耗时/s
6586465	2.661
29587722	12.654

图3.3-30　滤波前点云断面Ⅰ

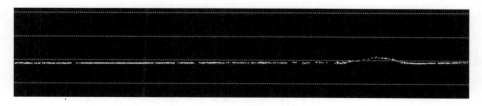

图3.3-31　滤波后点云断面Ⅰ

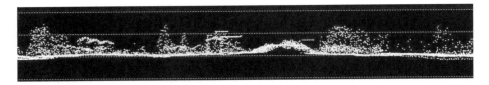

图 3.3-32　滤波前点云断面 Ⅱ

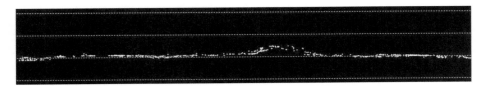

图 3.3-33　滤波后点云断面 Ⅱ

表 3.3-3　　　　　　　　　　　　　　　验证区实测 DEM 基本信息

验证区	格网间隔/m	X_{min}/m	Y_{min}/m	X_{max}/m	Y_{max}/m	Z_{min}/m	Z_{max}/m
新港验证区	0.5×0.5	413035	3293675	413190	3293851	8.518	23.188

在原始点云中，截取相同区域的原始点云和滤波后点云。滤波前总点数 2686 个，采用本书算法滤波后，提取地面点数 327 个。根据滤波前、后验证区内 LiDAR 点云的平面坐标，在实测 DEM 中经双线性插值得出每个激光点的验证高程，并将其与激光点的实际高程进行比较。

根据 2003 年 ISPRS 的滤波算法评价报告，滤波算法的质量可由 Ⅰ 类误差 e_1 和 Ⅱ 类误差 e_2 来体现，e_1 即地面点被错误分类为地物点的误差，e_2 即地物点被错误分类为地面点的误差。两类误差的计算方法如下：

$$e_1 = \frac{b}{a+b} \times 100\% \qquad (3.3-29)$$

$$e_2 = \frac{d}{c+d} \times 100\% \qquad (3.3-30)$$

式中，a、b、c、d——Ⅰ类、Ⅱ类、Ⅲ类、Ⅳ类点的数量。其中，Ⅰ类点为被正确分类的地面点；Ⅱ类点为被错误分类为地物点的地面点；Ⅲ类点为被正确分类的地物点；Ⅳ类点为被错误分类为地面点的地物点。

根据这两类评价指标，结合高差中误差，分别采用本书算法和 Terrascan 滤波数据处理软件进行滤波结果对比。Terrascan 采用的是 Axels-son 的不规则三角网渐进稠化的算法，考虑到测区的实际情况，以及 LiDAR 点云的实际定位误差，取高差阈值 d_h 为 0.3m。若激光点铅垂距离超出验证 DEM 表面 d_h，则认为该激光点是地物点，否则为地面点。由此，统计滤波后地面点和植被点中的 Ⅰ、Ⅱ、Ⅲ、Ⅳ类点数，再按式（3.3-29）、式（3.3-30）计算出两类误差，本书算法与 Terrascan 滤波结果对比见表 3.3-4。

表 3.3-4　　　　　　　　　　　　　　本文算法与 Terrascan 滤波结果对比

滤波方法	滤波后点数/个	滤波后高程中误差/m	Ⅰ类点数/个	Ⅱ类点数/个	Ⅲ类点数/个	Ⅳ类点数/个	e_1/%	e_2/%
Terrascan	382	0.283	307	29	2285	65	8.63	2.77
本书算法	327	0.146	322	14	2345	5	4.17	0.21

由表 3.3-4 可见,本书算法对多层次、高密度植被覆盖区 LiDAR 点云数据滤波的Ⅰ类误差和Ⅱ类误差明显小于 Terrascan。

3.3.5.3　水陆点云分割结果

分类前,首先在水面、陆地区域各选取一组样本数据,样本统计参数见表 3.3-5。

表 3.3-5　　　　　　　　　　　　　　样本统计参数

样本	样本点数/个	高程/m 均值	高程/m 标准差	密度/(个/m²) 均值	密度/(个/m²) 标准差	坡度 均值	坡度 标准差
水面	6740	5.41	0.03	3.94	2.04	0.07	0.12
陆地	3450	11.78	4.48	1.59	0.35	0.81	0.61

以其中一次实验为例,根据表 3.3-5 中样本点数及相关统计参数,统计得到的高程、密度、坡度概率密度曲线分别见图 3.3-34(a)、图 3.3-34(b)、图 3.3-34(c)。根据样本参数确定的 3 类特征的权重分别为 $P_h=116.7$,$P_d=67.6$,$P_s=95.5$。按照分类模型,统计得到的水面、陆地样本点综合隶属度概率密度曲线见图 3.3-34(d),由此得到分类阈值 $\tau=0.406$。最终水陆点云分类结果见图 3.3-35,分类得到水面点总数为 210372 个,约占总点数的 0.7%。

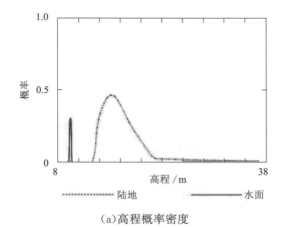

（a）高程概率密度

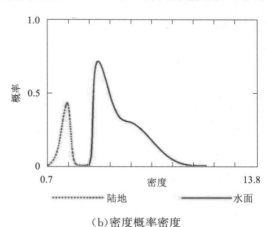

（b）密度概率密度

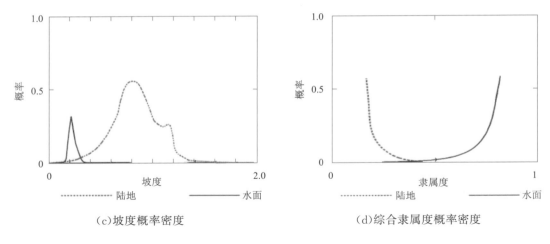

（c）坡度概率密度　　　　　　　　　　（d）综合隶属度概率密度

图 3.3-34　水面与陆地样本的概率密度分布曲线

图 3.3-35　水陆点云分类结果（红色：水面点；绿色：陆地点）

分类难度大的滩涂区，是水陆点云分类结果的重点验证区。为评价分类结果，对无人机同期获取的低空遥感影像进行纠正和镶嵌处理，得到测区 0.1m 地面分辨率的 DOM，并与 LiDAR 点云进行配准。根据图 3.3-36（a）、图 3.3-36（b），可明显看出，通过叠加测区 DOM，滩涂区陆面反射点和水面反射点都被正确地分类。

（a）岸滩　　　　　　　　　　　　　（b）江心洲滩涂

图 3.3-36　滩涂区水陆点云分类结果（红色：水面点；绿色：陆地点）

为定量评价分类的实际精度以及分类结果对样本的依赖性，在 DOM 上精确描绘出水域范围的 DLG,落在水域范围的水面点视为正确分类点,否则视为错误分类点。从河岸、沙滩、菜地、坡地等不同类型的陆地区域选取 5 组训练样本进行试验,按照 ISPRS 发布的分类算法计算Ⅰ类、Ⅱ类误差,评价算法的精度。此处,Ⅰ类误差为地面点被错误分类为水面点的误差,Ⅱ类误差为水面点被当作地面点的误差,即水面点分类误差。将Ⅰ类、Ⅱ类误差与传统基于欧氏距离判别函数的分类方法进行对比,分类精度对比结果见表 3.3-6。

表 3.3-6 　　　　　　　　　　　　　　分类精度对比结果　　　　　　　　　　　　　　（单位:%）

误差	传统方法	本书方法				
		实验 1	实验 2	实验 3	实验 4	实验 5
Ⅰ类误差	7.79	0.43	1.20	1.06	0.50	1.14
Ⅱ类误差	0.04	0.02	0.03	0.03	0.03	0.04

进一步采用本书提出的融合形态学运算、趋势面拟合、随机采样一致性检测的植被点云滤波算法,得到船舰自动滤除后点云见图 3.3-37。

图 3.3-37　舰船自动滤除后点云

3.3.5.4　测绘产品生成

将滤波后的点云数据进行插值,生成规则格网 DEM,自动生成的 DEM 见图 3.3-38。

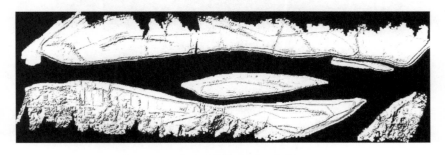

图 3.3-38　自动生成的 DEM(分辨率 2m)

进而,基于 DEM 生成等高线,自动生成的等高线见图 3.3-39。

基于 DEM,对带有精确 POS 数据的无人机影像进行畸变校正、几何纠正和镶嵌,得到

DOM,DOM 见图 3.3-40。经控制点和检查点量测,得到 DOM 的平面精度小于 0.4m。

基于 DOM 和 LiDAR 点云进行数字化测图,得到 DLG,DLG 测绘成果见图 3.3-41。

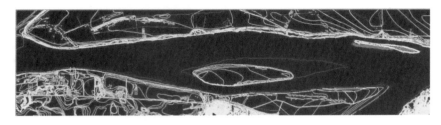

图 3.3-39　自动生成的等高线

图 3.3-40　DOM(GSD 为 0.1m)

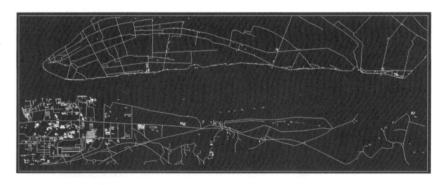

图 3.3-41　DLG 测绘成果(地物)

3.3.5.5　定位精度分析

试验采用单点定位精度分析的方法,进一步定量分析滤波结果的可靠性。首先在滤波后点云中提取一定数量具有典型代表性的三维点,接着采用 RTK 在现场放样出每个点的实际高程(平面位置放样误差小于 5cm),与滤波后点的高程进行比较,计算每个点的高程误差,并统计中误差。

选取植被类型较为复杂、覆盖度高、遮蔽严重的区域作为精度验证区域,精度验证区见图 3.3-42,其中,张家洲洲头小堤房屋区域均 3.00km²,新港沟汊区域均 0.44km²,官洲芦苇区域 1.55km²，湖口房屋区域 0.24km²，张家洲洲尾树林区域均 2.50km²。

高程比对结果见表 3.3-7。

实验在新港地区、张家洲中部地区、张家洲洲头地区选取了 3 个验证区域，采用 RTK 进行现场数字化地形测绘，根据实测地形点，建立验证区 DEM，验证区实测 DEM 信息见表 3.3-8。根据滤波前、后对应区域内 LiDAR 点云的平面坐标，在实测 DEM 中插值出高程作为验证高程，与点的实际高程进行比较，计算高程误差，统计高程中误差，并借助三维可视化技术直观表现点及误差的空间分布。误差验证结果见表 3.3-8。

新港验证区平面面积约 27000m²。现场采用 RTK 实测地形点数 253 个，新港验证区现场实测点及 DEM 见图 3.3-43。新港验证区滤波前、后 LiDAR 点云空间分布分别见图 3.3-44 和图 3.3-45。

图 3.3-42　精度验证区

表 3.3-7　　　　　　　　　　　　　　　　高程比对结果

验证区	验证点数/个	高程误差/m			质量标准/m	合格率/%
		中误差	平均误差	最大偏差		
新港 XGA	115	0.096	0.031	0.423		95.65
新港 XGB	32	0.111	0.030	0.185		96.88
新港 XGD	72	0.100	0.012	0.184		98.61
新港 XGE	45	0.091	−0.008	0.215	±0.18	93.33
张家洲 ZA	41	0.090	0.004	0.442		95.12
张家洲 ZB	59	0.069	0.004	0.259		96.61
张家洲 ZC	42	0.085	0.040	0.318		95.24

表 3.3-8　　　　　　　　　　　验证区实测 DEM 信息及误差验证结果

验证区	格网间隔/m	X_{min}/m	Y_{min}/m	X_{max}/m	Y_{max}/m	Z_{min}/m	Z_{max}/m
新港验证区	0.5×0.5	413035	3293675	413190	3293851	8.518	23.188
张家洲中部验证区	0.5×0.5	415086	3295135	415233	3295251	11.113	22.648
张家洲洲头验证区	0.5×0.5	409631	3295362	409762	3295530	13.651	22.466

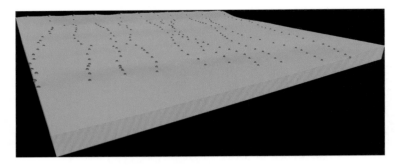

图 3.3-43　新港验证区现场实测点及 DEM

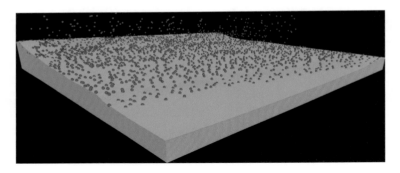

图 3.3-44　新港验证区滤波前 LiDAR 点云空间分布

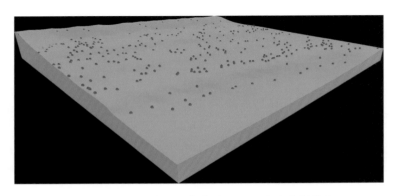

图 3.3-45　新港验证区滤波后 LiDAR 点云空间分布

以上结果直观显示,该验证区滤波后无明显偏离实测 DEM 表面的 LiDAR 数据点,滤波结果可靠。

滤波前、后各验证区验证点偏离 DEM 表面的高差及统计结果见表 3.3-9。

表 3.3-9　　　　滤波前、后各验证区验证点偏离 DEM 表面的高差及统计结果

验证区	验证点数/个	滤波前激光点数/个	滤波后激光点数/个	高程中误差/m	
				滤波前	滤波后
新港验证区	253	2686	327	4.841	0.146
张家洲中部验证区	156	2304	260	7.825	0.095
张家洲洲头验证区	263	2372	374	4.712	0.097

3.4　极高密度植被岸滩地形图测制关键技术研究

极高密度植被岸滩地形图测制受高密度植被影响,低空机载雷达、航空摄影测量技术以及 LiDAR 三维激光扫描测量等先进技术无法穿透高密度植被,获取地面真实坐标点位信息,因此,地面接触式的传统测量技术就成为极高密度植被岸滩地形图测制的主要数据采集方法。

3.4.1　系统组成

地面接触式的传统测量技术的组成见图 3.4-1。

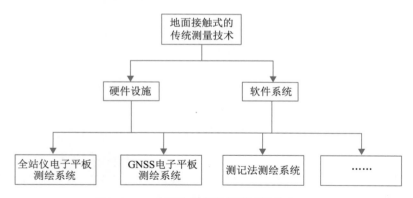

图 3.4-1　地面接触式的传统测量技术组成

（1）全站仪电子平板测绘系统

全站仪电子平板测绘系统由全站仪、数字测图软件、便携式计算机、数据链、辅助电源以及测量外围辅助设备组成。数字化测图是以计算机为中心,利用全站仪进行野外数据的采集,电脑通过数据线缆直接发送指令给全站仪进行测量,绘图员根据跑点员的提示将所测的点现场绘制成图。

①硬件组成:全站仪,测图平台（便携式计算机）。

②数字测图软件：EPS 地理信息工作站一套（含电子狗），直接安装在移动 PC 上。

③数据链：数据线、数据传输协议。

④电源设备：内置锂电池、12V 电瓶电源、电源线。

⑤辅助设备：脚架，棱镜若干（无协作目标观测不需要此项）。

（2）GNSS 电子平板测绘系统

如果说全站仪的应用使传统测量方法实现了质的飞跃，那么 RTK 技术的应用则给测绘业带来了一场革命。RTK 定位技术是基于载波相位观测值的实时动态定位技术，它能够实时地获得测站点在指定坐标系中的三维定位结果。它的工作原理是：基准站接收机设在已知坐标的控制点上，连续接收所有可视的 GNSS 卫星信号，并将测站点坐标、载波相位观测值、伪距观测值、卫星跟踪状态及接收机工作状态等通过数据链发送给流动站接收机，流动站在跟踪卫星信号的同时接收基准站的数据，通过差分处理求解载波相位整周模糊度，得到基准站和流动站之间的坐标差，加上基准站的坐标值就可得到流动站点的 WGS84 坐标，通过坐标转换得出测点的三维坐标。目前，RTK 技术发展迅速，国内外众多测绘仪器制造商有多款定位精度可达厘米级的 RTK 接收机面市，而且价格越来越低，功能越来越强大。国内一些相对发达地区相继建立了多个 GNSS 基准站，为 RTK 系统应用于野外数字化测图打下稳固的基础。RTK 作业不仅具有全天候、高精度和高度灵活性的优点，而且无需逐级做控制，不必考虑测点间通视，不存在误差积累，采集速度快，工作效率高，节约人力资源。但除了不需要数据后处理外，RTK 也不可避免地继承了 GNSS 测量的通病，而且基准站设置及作业半径直接影响其定位精度和作业速度，数据链能否畅通也是 RTK 测图能否成功的关键，目前而言，基于 RTK 实时成图的电子平板尤其是掌上电子平板还是不为多见。

（3）测记法测绘系统

测记法测图作为数字化测图的一种，目前是各测绘单位使用最多的作业模式，目前，主要采用 RTK、PPK、PPP 等方法进行测绘。测记法是测量人员使用全站仪或 GNSS 等测量设备野外采集碎部点的三维坐标，并现场绘制草图，记录相关拓扑关系及其他必要附属信息，而后在室内由作图人员对照草图进行人机交互编辑处理，由绘图设备出图的数字化测图方式。这种方式内业作图人员不能直接观察到实地所测地形，仅能根据草图判断和绘制成图，适用于地形简单、地物较为稀少的地区。

测记法测绘系统组成与电子平板测绘系统实质上是一致的。二者区别在于测记法采用外业观测现场跑尺员进行草图记录，再交由内业资料处理人员依据观测原始数据和草图在室内完成展点绘图，无法实现所测即所得，此处不再详述。这种作业模式优点比较突出，内业成图和外业采集数据分开，外业人员只需按一定的方法采集数据，不用外业直接成图，作业效率高。设备配置要求较低，可用带内存的全站仪，也可用不带内存的全站仪配电子手簿进行作业，甚至测距仪结合手工记录再输入微机也可进行作业，在测绘单位得到了广泛应用。但这种作业模式的缺点也比较突出,它对绘制草图人员要求高,特别在一些复杂地形,清晰美观、正确的草图是内业正确成图的保证;它对记录要求也很高,记录格式要统一,记录数据要正确、全面、无遗漏;当外业无法及时发现错误、纠正错误时,查图和修图的工作量大。

3.4.2　数据采集

碎部测量数据采集是指根据任务要求,选定一定的比例尺,运用地图综合原理,利用图根控制点对地物、地貌等地形图要素的特征点,利用 EPS 电子平板式测图系统进行测定并对照实地用等高线、地物、地貌符号和高程注记、地理注记等绘制成地形图的测量工作。碎部点数据采集的过程就是利用电子平板测绘系统,获取被测物体的空间信息元素,并按照规定的格式存储在相应的记录介质或者直接给数据处理的过程。

（1）全站仪法数据采集

全站仪测记法测图是目前测绘行业应用较广的一种模式,主要有控制测量和碎部测量工作。控制测量分为首级控制和图根控制。首级控制可以采用光电导线和 GNSS 网形式,图根控制主要采用 GNSS RTK 形式,特殊地形需要全站仪导线配合。

碎部测量是数字测图的主要内容,约占总工作量的 80%,它通过全站仪测定地形特征点的平面位置和高程,并将这些点位信息自动记录和存储在全站仪中,再传输到计算机中。全站仪测记法测图外业一般由 3 个人完成,3 人分别承担观测仪器、草图绘制和跑尺工作,也可以由跑尺人员同时承担草图绘制工作。由于仪器的自动化程度越来越高,因此对观测者的要求越来越低,但是为了避免出错,在测量过程中,对能够确认属性的点,观测者可以将其加入属性代码。草图的绘制有领尺（跑尺）、草图现场勾绘和配合内业成图等多项工作,是测记法测图的关键,测图速度、内业成图出图及成图精度都与草图的绘制有直接的关系。跑尺员必须具备丰富的经验,这样可以加快外业工作进度,减少草图绘制人员的工作量。

每一个地形特征点都要记录,包括点号、属性编码、平面坐标、高程等。属性编码指示了该点的性质,由现场作业人员根据实地特性并以便捷的数字或字母在测量过程中输入全站仪中。表 3.4-1 为全站仪测记法测图的部分特征点属性编码及释义说明。

表 3.4-1　　　　　　　　　　属性编码表及释义说明示例

编码	说明	释义
GD	耕地	麦地、稻田、水田、菜地等各种农作物田地
CD	草地	生长草的地块、人工草地
SLD	树林地	各类成片树林
KB/KJ	堡坎	陡坎坎边、坎脚
HA	护岸	沿江加固设施河岸、护坡等
BT	边滩	坎脚至水边的滩地,包括江心洲的坎脚至水边的滩地

编码	说明	释义
YSB/ZSB	水边	江河、湖泊、塘、洲滩的水边
JXZ	江心洲	位于江中心，一般洪水不能淹没者
SGQ	施工区	人为采砂、建筑施工、料场等区域
F	房	各类房屋建筑，后加数字表示层数
TONGD	混凝土地	各类码头、滨江设施等人工浇筑成的平地
GL	路	各类等级公路、乡村道、小路、内部道路
TK	台阶	沿江下河等修建的楼梯、台阶
GD	管线	各类地面上、地面下及架空管线设施

（2）GNSS RTK/PPK 数据采集

GNSS 是通过观测卫星的伪距、星历、钟差等数据，在地球表面或近地空间的任何地点为用户提供全天候的三维坐标和速度以及时间信息的空基无线电导航定位系统。主要有美国的 GPS、俄罗斯的 GLONASS、欧洲的 Galileo 以及中国的北斗卫星导航系统（BDS）。北斗卫星导航系统是中国正在实施的自主发展、独立运行的全球卫星导航系统，简称北斗系统。北斗系统已于 2012 年底开始向亚太地区提供定位、导航、授时等服务。北斗系统空间星座将从"北斗二号"逐步过渡到"北斗三号"，并在全球范围内提供公开服务。目前"北斗三号"卫星的空间星座由 3 颗地球静止轨道卫星、3 颗倾斜地球同步轨道卫星和 24 颗中圆地球轨道卫星组成。

目前，GNSS 实时定位技术主要有：①基于单基准站的载波相位观测值实时动态定位技术，通过无线电台或移动通信链路，向流动站播发基准站观测值及测站坐标数据。②基于多基准站的网络实时动态测量技术，通过移动通信链路提供虚拟差分服务，即通常通过建立连续运行参考站（CORS）实现，CORS 服务半径可达 100km，可靠性取决于通信链路，并发性取决于软件解算能力。③广域差分技术（WADDNSS）及星基增强系统（SBAS），通过地球同步卫星（Geosynchronous Earth Orbit，GEO）提供差分服务，为用户提供较为准确的误差修正信息。④精密单点定位（PPP）技术，通过卫星或移动通信链路，提供差分增强服务，可以达到厘米级的定位精度。

RTK 技术开始于 20 世纪 90 年代初，是基于载波相位观测值的实时动态定位技术。随着 GNSS 技术的不断发展和其价格的下降，近年来网络 RTK 技术尤其是 CORS 技术的不断成熟和建立，GNSS RTK 测记法测图得以广泛运用。GNSS RTK 测记法测图包括控制测量与碎部测量，控制测量同其他测量方法，此处不再详述。碎部测量包括基准站架设及看守和流动站施测，流动站测量人员同时绘制草图。与全站仪测记法测图相同，跑点与草图绘制是关键。GNSS RTK 测记法测图适用于地势较为开阔地区，受地形限制必要时必须与全站仪测记法测图相配合。

PPK 测量技术与 RTK 测量技术不同,PPK 测量时在流动站和基准站之间不需要建立实时通信链接,而是在外业观测结束以后,对流动站与基准站 GNSS 接收机所采集的原始观测数据进行事后处理,从而计算出流动站的三维坐标。其工作流程为:在一定的有效距离范围内,在测量工作区适当位置处架设一台或者多台基准站接收机,再使用至少一台 GNSS 接收机作为流动站在作业区域进行测绘,由于同步观测的流动站和基准站的卫星钟差等各类误差具有较强的空间相关性,外业观测结束以后,需要在计算机中利用 GNSS 处理软件进行差分处理,进行线性组合,并形成虚拟的载波相位观测值,计算出流动站和基准站接收机之间的空间相对位置;然后在软件里固定基准站的已知坐标,即可解算出流动站待测点的坐标。作业过程中基准站 GNSS 接收机保持连续观测,流动站 GNSS 接收机先进行初始化,再依次在每个待测点上进行一定时间的观测,为了将整周模糊度传递至待测点,流动站接收机迁站过程中需要对卫星保持持续跟踪,基准站也可以是 CORS 系统,即流动站只要在 CORS 系统有效覆盖范围内即可进行 PPK 作业并解算。

PPP 测量技术,即精密单点定位技术。用户使用单台接收机就可以实现高精度的动态和静态定位,也可以提高 GNSS 的作业效率。以 Trimble RTX 技术为例,测量时只需将测量类型 RTK 播发格式更改为 RTX(卫星),无需进行其他烦冗设置,即可进行观测。天线高参考点为快速释放头顶部,观测实际收敛时间为 8～12min,精度达到可观测状态。

(3)手持或背包激光扫描仪数据采集

针对极高密度但高度较高的乔木等植被覆盖区域,如河道两岸的杨树、桦树林带状区域,可采用手持或背包激光扫描仪在高植被区域范围外,沿着顺直河道方向的小路、堤防、马路对测区进行扫描测量。

测量前需要进行测区划分,主要是对测区范围扫描路线进行提前规划,进行测区控制网合理布设,确定扫描路线闭合时间符合相关规定要求,确保点云数据成果精度。确保扫描路线规划前需考虑测区范围内所有需要采集的点云,保证测量区域内所有需要采集的点云都是均匀分布的,同时减少重复路线,提高作业效率,减少点云冗余,防止点云厚度过大。

外业数据采集过程主要包括设备安装、设备初始化、设备参数设置和连续采集数据等过程,外业数据采集流程如下:

①外业数据采集之前要对现场进行初勘,目的是规划整个行走路径,使得数据尽可能采集全面。确定规划路径上无障碍物遮挡,必要时清除行走道路上的障碍物。外业数据采集时按照标准流程进行初始化,根据规划好的路线进行采集,保证采集数据全面。若采集区域内有控制点,在经过控制点时要采集控制点。

②采集行走路线规划完成之后,将手持或背包激光扫描仪放置到水平的台架上,进行设备初始化。先将手持或背包激光扫描仪放置在空旷场地,静态观测一段时间(约 5min),再

动态初始化（约 5min），动态初始化包括直线加速、∞字绕行及静止状态，以校准 IMU，按照前期规划好的路线尽量选择 GNSS 信号好的地方，尽量避开影响 GNSS 信号的遮挡物，在数据采集过程中遇到信号弱的区域，使用 SLAM 算法辅助完成定位和定向。

③设备初始化完成，开始数据采集与记录。沿规划路线持续行走采集数据，数据记录状态指示灯带一直为闪烁绿色，在数据采集状态下，快速按开机键一次，相机完成一次拍照。数据采集完成后关闭主机。在设备开机后，可通过手持或背包激光扫描仪用户端，连接主机 WiFi，实时查看点云数据和照片数据。

④采集完成后，通过数据线连接设备和电脑，选择扫描的工程文件，进行数据下载。

3.4.3　数据后处理技术研究

内业数据处理的最终目标是获得"成果"，即符合数据格式要求，满足精度的 DLG。以 EPS 数据处理成图为例，使用系统提供的标准模板，至少可以输出符合同样标准的 dwg 图形文件、shp 地理信息文件以及增加特定模块后可输出 ArcGIS 的 mdb 文件（也是 SDE 建库文件）及 EPS 制图文件。

EPS 技术数据处理流程见图 3.4-2。该方法使用标准模板，亦可定制模板，可随时导入各种各样的数据，通过编辑，即可得到最后成果。

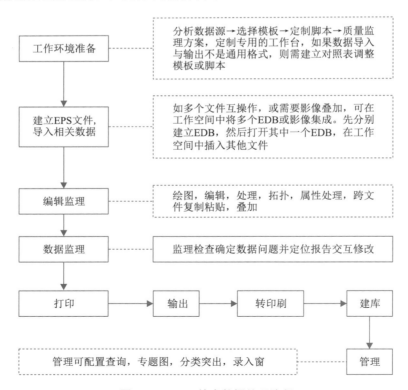

图 3.4-2　EPS 技术数据处理流程

3.5　小结

长江中下游河道岸滩呈现带状分布、跨度长、区域广、多覆盖度等特点,给陆上地形测绘工作造成了巨大困难,使得现有测绘手段面临严峻的挑战。本章针对多种植被覆盖情况,改变基于单一平台、单一传感器的传统数据获取方式,转而采用多技术、多平台、多类型的传感器融合技术,有针对性地进行综合数据的观测及获取,进一步提高了测量效率和精度,通过以上研究达成以下初步认识。

①低密度植被岸滩采用无人机低空摄影测量技术,解决了常规测量方法作业效率低,个别区域作业风险高、有效数据量不足等问题。本次研究工作取得的主要研究成果包括:

a. 确定长江中下游河段低密度植被岸滩无人机低空摄影测量系统的系统组成、数据采集、后处理方法,保证了数据获取质量。

b. 通过研究影像畸变差纠正、空中三角测量、图像拼接、立体采集等关键技术,保证了数据后处理的标准化。

c. 深入研究了影响无人机低空摄影测量法成图的误差来源,并就提高成图精度提出了一些关键技术手段和方法。

d. 对无人机倾斜摄影测量进行了初步的研究和认识。

②高密度植被岸滩采用低空 LiDAR 测量技术配合高分辨率光学影像,有效地解决了长江中下游河道高密度植被覆盖岸滩地形给测量带来的困难。本次研究工作取得的主要研究成果包括:

a. 针对长江岸滩植被高覆盖、高遮挡区的地形测绘的特殊性和复杂性,以及专业化的要求,在对该种特殊区域 LiDAR 点云特点进行深入分析的基础上,研究了低空 LiDAR 点云数据处理的关键技术与方法,包括点云数据预处理方法、水面点云自动监测方法、点云滤波方法、基于 LiDAR 点云及 DOM 生成的融合方法、集成 LiDAR 点云与 DOM 的 DLG 数字化测图方法、精度评价方法等。为长江岸滩植被高覆盖、高遮挡区的地形测绘建立了一套完整的技术方法体系。

b. 针对现有商业软件不能满足长江岸滩植被高覆盖、高遮挡区的地形测绘专业化需求的现状,研发了植被高覆盖区高遮挡区岸滩地形低空测绘系统软件,实现了"数据输入—数据处理与分析—4D 产品生成—成果输出与交换—三维可视化"等完整功能,为项目研究的长江中下游岸滩地形高效测绘新技术提供了强有力的软件支持,以及为项目研究成果在生产中进一步推广和应用提供了保障。

③极高密度植被岸滩受高密度植被影响,现阶段一些比较先进的技术手段无法获取地面真实坐标点位信息,建议加强传统测量技术和移动载体结合的测量方法研究,在保证测量精度的同时有效提高工作效率。

④本章涉及的关键技术研究和系统研发工作量巨大，时间较为紧迫，研究工作还存在不足。后续研究中还需要解决的问题有：

a. 基于低空 LiDAR 的 4D 产品生成质量检查体系的健全。需要对数据采集、数据处理的各个环节建立更加完整的质量评价体系，保证测绘成果质量满足要求。

b. 测绘数据与成果的有效管理。需要进一步研究数据及成果的数据管理办法，借助 GIS 与空间数据库技术，实现对海量数据的高效管理。

c. 系统完善。加强对各模块的集成，完善软件系统功能，通过进一步测试，对软件系统进行优化，并解决软件系统与现有地形图生成流程及现有地形图生成软件平台的无缝对接。

d. 加强实践验证。进一步推进研究成果在生产中的实际应用。

第4章　水情复杂区域高精准性控制水深测量关键技术研究

4.1　概述

4.1.1　研究背景

长江绵延几千千米，在不同的河段存在各自的特点。以长江中下游河段为例，三峡大坝下游河段因大型水利水电工程的建设和运行改变了河流的天然水文情势，水位变化加快、水位日变幅增大；荆江河段内四口水系沟汊繁多，河网纵横交叉，随着不同的来水组合和流量过程而呈现出不同的变化特点，构成了错综复杂的水系关系网；长江杨家脑至湖口河段，河湖水系发达，洞庭湖、鄱阳湖与长江干流之间相互影响，相互作用，水位变化快且复杂，形成复杂的江湖汇流段；长江口河段属于海陆双相中等强度的潮汐河段，河段内洲滩众多、滩涂宽阔，受海外潮汐的影响，潮间带（滩地）在高潮时段被淹没、低潮时段又会露出。当潮间带发育大面积的淤泥质海滩时，测船和人员更是难以进入场区。不同河段各自独有的特点给水下地形测量带来了不少的难题。

在长江中下游河道监测中，常规水下地形测量一般采用 GNSS 接收机与测深声呐集成系统，GNSS 接收机提供导航与定位，测深声呐进行测深，测量同时通过测区水位站或水面高程控制测量获得水位监测数据，按照时间和空间内插推算测点水面高程，最后根据水面高程及测深数据来反算水底点的高程。但在部分水网河段、江河汇流段以及感潮河段等水情复杂区域，受水面比降变化、汇流顶托和潮汐等方面的影响，水面线复杂多变，依靠内插推算难以保证获得精确的测点水面高程，从而影响水下地形测量精度。

此外，水下地形测量所采用的常规测船一般体积较大，对于某些特殊水域，比如淤泥滩、浅水区、复杂码头区以及潮间带（滩地）等，测船难以到达，人为接触性施测效率低下，长久以来，也成为困扰长江河道测量的难题。

GNSS、激光、惯性导航系统等技术的迅猛发展，高精度定位、精密水深测量、海量数据的采集、处理与再现，以及无人机、无人测船、气垫船等测量平台的多样化，为变革水深测量的方法与工艺提供了有力保障,使在水情复杂区域开展高精度和全覆盖测量成为可能。

4.1.2 水情复杂区域河段特点

4.1.2.1 典型河段水情特征

根据河床平面形态的特点,典型河段一般可划分为分汊河段、浅滩河段、弯道河段、顺直河段、裁弯河段及分、汇流河段等。其中,顺直型河流指的是平面形态较顺直的单一型河道。该型河道水位仅受上游来水的影响,在长江中下游的平原地区,呈现均匀线性变化。本节所述典型河段主要指分汊河段、浅滩河段和弯道河段等水位呈现非线性变化的河段。

（1）分汊河道的水情特征

分汊河段与单一河段间最大的不同是分汊河段具有两汊或多汊过流,具体表现为:存在着分流区和汇流区。一般情况下,分汊河段的进口存在横比降。汊道进口横比降有两种类型:一种是进口段平面形态弯曲,由水流离心力惯性作用形成横比降,以其环流特性影响汊道的横向输沙;另一种是各支汊阻力的对比造成进口处壅水差异,形成横比降,往往在洲头以上部位形成横向斜流,切割洲头或滩面,造成洲头出现串沟或洲头浅滩的切滩。一般来说,汊道进口横比降由上述两种性质叠加而成。但是,由于长江中下游分汊河段进口段大多数较为平顺,因此与弯道环流有关的横比降很小,甚至可以忽略。然而,由各汊阻力对比形成的横比降造成洲头附近的横向斜流在不少分汊河段都有发生,而且这一横比降往往大于纵比降,因此会产生较强的横向流和相应的冲刷,如界牌河段新淤洲汊道、武汉河段天兴洲汊道、团风河段东漕洲汊道、戴家洲河段的江心洲汊道、龙坪河段新洲汊道、芜裕河段曹姑洲汊道、马鞍山河段小黄洲汊道和南京河段八卦洲汊道等洲头附近都存在横向斜流和相应的切滩冲刷。

（2）弯道河段的水情特征

弯道河段中,主泓随河道的蜿蜒曲折不停地摆动,当水流运动方向发生变化时,作用于水质点上的力除重力外,还会产生指向凹岸的惯性离心力,重力与惯性离心力的合力促使水流向凹岸聚集,造成凹岸的水面高于凸岸,形成了自凹岸向凸岸倾斜的横向水面比降。根据弯道环流的特点,弯道顶点处横比降一般最大。

荆江河段是长江中下游最著名的弯道河段之一。荆江为湖北省枝江市至湖南省岳阳市城陵矶段长江的别称。荆江以藕池口为界分为上、下荆江。上荆江长约 164km,为微弯型河段,河槽宽度平均为 1300～1500m,平面摆动小;下荆江长约 173km,为蜿蜒型河段,素有"九曲回肠"之称,其两岸崩坍严重,河道迂回曲折,平面位置摆动甚大,自然裁弯和切滩频繁,河势不稳,浅滩变化复杂。

（3）浅滩河段水情特征

长江中下游河段,顺直分汊型河段众多,河段内洲滩交错,主流摆动及支汊异位现象频繁,浅滩演变关系复杂。局部顺直过渡段、弯道放宽段也存在浅滩。顺直河段的浅滩,其演变的主要特点表现为洪、枯季流向不一致,枯季水流分散,过渡段不稳。

根据浅滩形成条件及演变特征,长江中游浅滩可分为 3 类:①分汊段浅滩,如芦家河、沙市、天星洲、嘉鱼、武桥浅滩等,这些浅滩地处河道放宽段;②顺直(微弯)过渡段浅滩,如周公堤、碾子湾、窑集老、大马洲、界牌、燕子窝等,位于较长的过渡段上;③弯道复杂浅滩,如马家咀、监利、陆溪口等,位于河湾之中。

4.1.2.2　江湖汇流段水情特征

江湖汇流处水流具有显著的弯道水流特性,两股水流相互顶冲、掺混,流态复杂,水流态势表现出明显的不稳定性。长江中下游河段最主要的江湖汇流包括洞庭湖汇流区和鄱阳湖汇流区。洞庭湖和鄱阳湖分别在湖南省岳阳市城陵矶和江西省北部九江附近与长江汇流。这两处汇流区由于湖区对长江的顶托作用,水情复杂,流速、流向多变,历来被多位学者和专家所关注。

洞庭湖区位于长江中游荆江南岸,跨湘、鄂两省。洞庭湖南近湘阴县、益阳市,北抵华容县、安乡县、南县,东滨岳阳市、汨罗市,西至澧县,是我国第二大淡水湖。

由于洞庭湖水流于城陵矶处汇入长江,长江干流来水和洞庭湖出流在此处存在一个汇流角。长江科学院唐峰等认为,该两股水流汇合时相互顶托、掺混,水流的紊动加强,部分动能转化为势能,水位抬高。汇流处流态紊乱,水流态势表现出明显的不稳定性。两股水流的能量大小直接决定两者之间的顶托作用,顶托作用越大,能量消耗越多,水位越高。这种复杂的江湖汇流关系直接影响上游河段水位变化和洪水传播,影响到荆江河段及洞庭湖的防洪安全。

鄱阳湖位于北纬 $28°22'\sim29°45'$,东经 $115°47'\sim116°45'$,古称彭蠡、彭蠡泽、彭泽。地处江西省的北部,长江中下游右岸。鄱阳湖以松门山为界分为南北部分,北面为入江水道,长约 40km,宽多为 $3\sim5km$,最窄处 2.8km;南面为主湖体,长约 133km,最宽处达 74km,平均宽 16.9km;湖岸线长 1200km,湖体面积 $3283km^2$,容积约 276 亿 m^3,是我国最大的淡水湖泊,它承纳赣江、抚河、信江、饶河、修水"五河"来水,经调蓄后由湖口注入我国第一大河长江,每年流入长江的水量超过黄、淮、海三河水量的总和,是一个季节性、过水型、吞吐型的湖泊。因此鄱阳湖具有明显的"高水湖相,低水河相"的特征。

由于长江与洞庭湖汇流河段、长江与鄱阳湖河段江湖来水之间存在相互顶托作用,水流运动具有较强的三维性,泥沙运动也非常复杂,并伴随不同的来水组合和流量过程,而呈现出不同的变化特点。

4.1.2.3　潮流河段水情特征

在潮汐、泥沙、地质、地貌、地球偏向力等复杂因素的影响下,长江口河段河流水位、流量产生周期性的变化。

在长江口段,潮流运动形式通常可分为旋转流和往复流,后者是近岸、河口和海湾地区潮流运动的主要形式。往复流在一个潮周期内有两个方向的变化,转流过程为憩流,憩流时间与潮型有关,大潮流速大、转流快,因此憩流时间短;小潮流速小、转流慢,因此憩流时间稍长。因为径流的作用,落潮转涨的时间比涨潮转落的要长一点,长江口内一般10min内即可完成涨落转换。往复流输水、输沙的方向比较集中,与之相对应,旋转流在一个潮周期内流向不断变化,只有相对小流速阶段,没有憩流阶段,因此水流和泥沙易扩散,沉积结构较往复流复杂。长江口潮流在口内为往复流,出口外拦门沙后逐渐向旋转流过渡,旋转方向多呈顺时针向。受径流、地形等因素的影响,潮位和潮流过程存在一定的相位差,一个潮周期过程中有涨潮落潮流、涨潮涨潮流、落潮涨潮流、落潮落潮流4个阶段。潮流界的位置随天文潮和上游径流的强弱组合而上下变动,径流大、潮差小,潮流界下移;径流小、潮差大,潮流界上移。枯季潮流界可上溯到镇江附近,洪季潮流界则可下移至西界港附近。据实测资料统计分析,当大通流量在10000m³/s左右时,潮流界在江阴以上;当大通流量在40000m³/s左右时,潮流界在如皋沙群一带;当大通流量在60000m³/s左右时,潮流界将下移到芦泾港—西界港一线附近。

长江口的水流运动非常复杂,若将其中周期性流动的潮流消去,便得到其他非周期性的流动,这种流动谓之余流。余流主要由径流、风海流、潮汐余流和盐淡水异重流等组成,径流是长江口内余流的重要组成部分。余流与泥沙运移方向关系密切,分析余流的分布和变化规律,对研究河口的河槽冲淤变化、泥沙运移方向等具有重要意义。

长江口河段是中等强度的潮汐河段,口外属正规半日潮,口内属非正规半日浅海潮。一日内两涨两落,其中一涨一落平均历时12.42h,日潮不等现象明显。每年春分至秋分为夜大潮,秋分至次年春分为日大潮。

长江口的潮波是由外海传进的潮汐引起的谐振波。长江口外存在着东海的前进潮波和黄海的旋转潮波两个系统,东海的前进潮波对长江口的影响较大。长江口地区由于受地形反射和摩擦等因素的作用,潮波既不是典型的前进潮波,也不是典型的驻波,而是两者兼而有之。长江口外绿华山站的潮波基本上为前进潮波;北支三和港以上,潮波性质向驻波型转化;南支、南北港和南北槽的主槽属于以前进潮波为主的变态潮波,而涨潮流作用为主的副槽具有驻波的特点。长江口内潮波在口门附近的传播方向约305°,多年来比较稳定。当潮波进入河口后,受到河槽约束,传播方向基本上与主河槽轴线一致。潮波传播的速度,口外与口内,波峰与波谷,大潮与小潮均不一样。口外高潮潮波速度为10.6~11.9m/s,低潮为6.9~8.1m/s;口内高潮潮波速度为6.3~16.0m/s,低潮为3.5~14.3m/s。

长江口左、右两岸同潮时,下潮波传播速度不一致。潮波传播速度与地形起伏度、河道弯曲半径、断面形状等参数有关,一般而言,上游大于下游,深水大于浅水,顺直河段大于弯曲河段。从江阴至口外,长江河道江面宽阔,涨落潮流路分歧,使江心形成洲滩,涨潮槽与落潮槽在同一河段内并存,左、右岸水面纵比降特性也有一定的差异。

在潮流河段,受涨潮落潮的影响,水位变化剧烈,精确获取河底高程,对该河段的地形测量尤为重要。

4.1.2.4 水网河段水情特征

多源来水复杂水网河段由于来水不同,各种来水在交汇处相互作用,因此汇流处水面线呈现不规则的形态。这种不规则的形态会在不同的时期呈现不同的变化。

长江中下游的一大特点就是支流众多,湖泊星罗棋布。长江中下游最主要的支流,北有汉水,南有洞庭湖水系的湘江、资水、沅江、澧水"四水"和鄱阳湖水系的赣江、抚河、信河、修水。其中,长江中游集水面积约占全流域的2/5,使长江水量急速增加。南北众多的水系,对长江干流的水量起了重要的调节作用。

以荆江河段支流松滋河水系、虎渡河水系和藕池河水系为例,三者均发源于上荆江河段,互相联系,关系复杂,河网纵横交错。松滋河、虎渡河、藕池河三河入口后,流经松澧洪道、松虎洪道入洞庭湖(以下简称"三口洪道")。荆江三口洪道长约910km,位于东经111°35′~112°30′,北纬29°15′~30°35′,位于长江中游干流荆江右岸,湘鄂两省交汇处。

松滋河在湖北省松滋市大口附近分为三支:一支为采穴河从大口至杨家脑附近流入长江;一支为松东河从大口起流经沙道观、公安县南平、孟溪、甘厂、安乡县大湖口,在安乡县小望角附近汇入松澧洪道;一支为松西河由大口起流经新江口、狮子口、澧县官垸,在汇口附近与澧水汇合,并在安乡县小望角附近与松东河汇合再汇入松澧洪道。松滋河西支在澧县青龙窖附近分为两支,中间一支为中支,经夹夹至张九台附近汇入松西河。松东河和松西河之间有莲支河、苏支河、月亮湾河互相串通。

虎渡河由湖北松滋市太平口起,经湖北省公安县、湖南省安乡县,在安宏乡附近与松澧洪道汇合。

藕池河从长江右岸藕池口分流,流经藕池镇向西分出一支为藕池西支。藕池西支流经茅草街(湖北)、官垱、丁家渡、麻河口,在下柴市又汇入藕池河西支。藕池河分出藕池西支后流经藕池镇,在黄金闸分为中支和东支,东支流经10km后又分为两支:东边的一支为鲇鱼须河,流经鲇鱼须、宋市、张家湾;西边的一支为梅田湖河,流经梅田湖、扇子拐、花甲湖。鲇鱼须河和梅田湖河在湖南南县汇合。汇合后随即又分为两支:东边的一支为注滋河,流经新河口、湖子口、复兴港、注滋口,在团洲汇入东洞庭湖;西边的一支为沱江,流经三合堂、中鱼口、三仙湖、周家剅口,在湖南茅草街汇入南洞庭湖。藕池河西支流经三岔河又向西分出一支陈家岭河,陈家岭河长约20km,在荷花咀汇入中支,中支在下柴市接纳安乡河后,流经南咀汇入洞庭湖。

荆江三口洪道分泄长江水流,入洞庭湖,其间支汊众多,互相贯通,河道分、汇流关系复杂,河流湖泊纵横交错,水位多年最大变幅为10~12m,枯季断流。测区内东有华容丘陵,西有澧县山地,北为长江冲积平原,南为洞庭湖。多种因素造就了三口洪道内复杂的水流关系,各河流间水沙交换频繁。荆江三口洪道河段形势见图4.1-1。

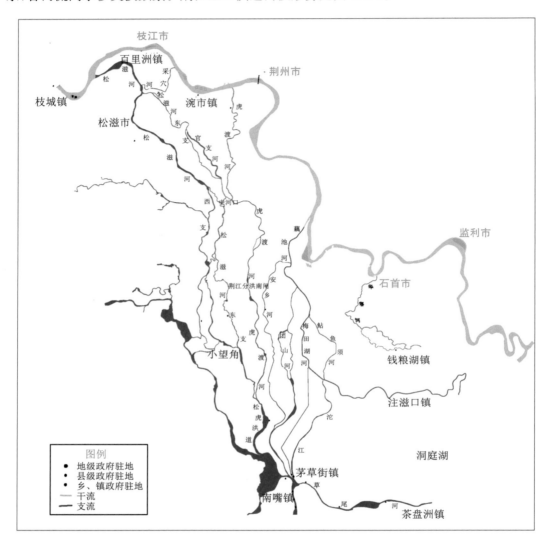

图 4.1-1　荆江三口洪道河段形势

4.1.2.5　近岸封闭水域与淤泥滩高风险区特点

在长江河道的测量中,受自然因素或人类活动的影响,存在人员、测船都无法到达的特殊区域,导致河道测量中存在空白区。这些特殊位置包括近岸封闭水域(如码头、水塘等)、淤泥滩高风险区等。

(1)近岸封闭水域特点

近岸封闭式水域一般指受人类活动影响的码头、被围起来的鱼类养殖区、陆地上较大的水塘、小型湖泊等。随着经济社会的发展,长江沿线修建了大量的码头,这些大大小小的码头,或修建了栈桥,或被钢丝绳隔断,形成了实际上的封闭区域;陆地地形测量中存在大量的鱼塘、湖泊等封闭水域。

为研究长江河道重点护岸段近岸河床冲淤变化,保证长江干堤安全度汛,为防洪抢险争取主动权,更好地服务于长江防洪、河道综合整治及堤防建设,往往需要对重点险工护岸、崩岸情势变化等进行监测。对于这些观测项目而言,近岸部分的冲淤变化是测量和研究的重点。因此,对近岸封闭水域的测量,特别是大范围码头群的近岸部分的观测尤为重要。

(2)淤泥滩高风险区特点

淤泥滩是长江中下游河段常见的地形形态,对淤泥泥滩的测量一直是长江河道测量的难题。淤泥滩在不同的时期呈现出的状态也不一样。一般在洪水或高水期,淤泥滩多被淹没;退水后,露出水面。同时,受自然与人类活动的影响,淤泥滩属于变化较为剧烈的一类地形形态。受江水反复浸泡的区域会在低水期形成淤泥滩,人员难以到达,在高水期,淤泥滩近岸部分浸泡在水中,形成浅水区域。常规测船由于体积大而无法进入施测,会在地形图中形成空白区。

(3)困难区域的传统测量方式

根据测区的水深采用皮划艇＋GNSS＋测深仪的方式,或者是人工涉水测量。这两种常规的方式不仅效率低下,且存在安全生产隐患。

如何在保证安全生产、观测质量的前提下进行近岸封闭水域及淤泥滩高风险区的地形测量,成为摆在长江水文人面前的一道难题。

4.1.2.6 特殊水流河段水情特征

大型水利水电工程的建设、运行,在推进经济社会发展的同时,也会影响河流的水文情势,其中水库的蓄丰补枯作用必然会改变河流的天然水文情势。

大量的科学研究结果表明,水利水电工程的建设、运行对河流水文情势的影响是显著的。大中型水库和灌溉工程的修建,会对局部小气候产生一定影响,通常主要影响降雨、气温、风和雾等气象因子。降雨量将有所增加,这是由于修建水库后,原先的部分陆地变成了水体或湿地,从而导致蒸发量增加,引起降雨的增加。水利水电工程尤其是水利枢纽工程的兴建改变了流域水文情势,对整个流域的水位、流量、流速、河床冲淤等产生了不同程度的影响,其影响有利有弊。

三峡工程作为当今世界上最大的综合性水利枢纽工程,是治理长江和开发利用长江水资源的关键性骨干工程。2008 年汛后,三峡水库进入 175m 试验蓄水期。三峡水位持续升高和季节性调蓄,不仅引起下游河段水位变化,还由于下泄水体河盆冲刷和物理扰动作用,影响河道的水沙特性。三峡水库入库和出库流量呈周期性波动,可能对下游各水文站水情周期性变化产生扰动。2021 年三峡水库蓄水年度周期性调节水位过程见图 4.1-2。

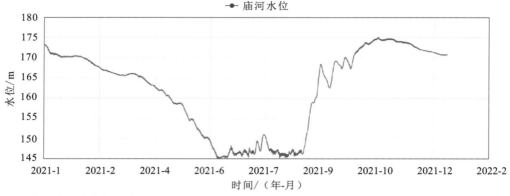

注：高程采用吴淞高程系。

图 4.1-2　三峡水库蓄水年度周期性调节水位过程（2021 年）

三峡大坝下游 38.7km 为葛洲坝水利枢纽工程，两坝的联合调度使得两坝之间的河道水情异常复杂。为了更好地发挥三峡工程的发电效益，维护电网安全稳定运行，三峡电站将参与电力系统的调峰运行，其形成的两坝间（三峡—葛洲坝）非恒定流需经过葛洲坝水利枢纽反调节，以满足航运要求，保证船舶的正常运行。三峡—葛洲坝梯级电站联合调峰运用方案的拟定，日调节对河道水情特征、航运有重要影响。受梯级电站日调节影响，两坝间及葛洲坝近坝下游水位变幅大，最大日变幅可超过 2.5m，2021 年 6 月 1—15 日位于两坝间的黄陵庙（陡）和葛洲坝下游 6.3km 处宜昌站水位过程分别见图 4.1-3 和图 4.1-4。

水利工程的兴建、梯级电站的联合调度，使得河道水情特征完全不同于天然河道，其对于水道地形测量的影响主要体现在水陆往复交替、水位变化、水位日变幅、洲滩观测时机的选择等方面。

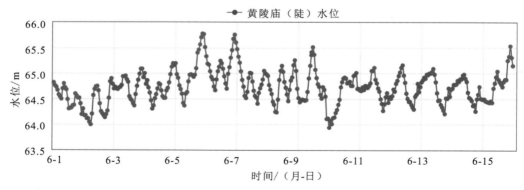

注：高程采用吴淞高程系。

图 4.1-3　黄陵庙（陡）水位过程（2021 年 6 月 1—15 日）

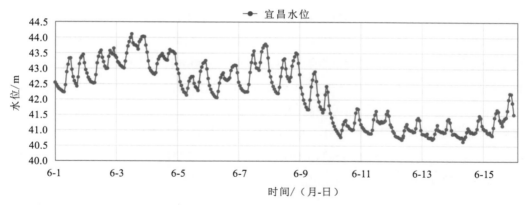

注：高程采用冻结基面。

图 4.1-4　宜昌站水位过程(2021 年 6 月 1—15 日)

4.1.3　技术难点及解决方案

4.1.3.1　技术难点

在水情复杂河段，总体来看，水面线呈现不规则的曲面形态。由于多源来水在汇流处相互影响、相互顶托，因此其流向散乱多变，其水面线纵横比降复杂，河床坡降多变。受上述影响，水面线扭曲而形成不规则的曲面。

在江湖汇流河段，由于受到下游汇流区的顶托作用，在汇流处，汛期甚至会发生江水倒灌，从而导致支流的下游水位抬升，甚至出现高于上游水位的情况，上下游易出现倒比降情况。

在潮流河段和特殊河段，水陆往复交替、水位变化快、水位日变幅大。水情复杂河段的特点对水深测量会产生非常大的影响。在常规测量中，复杂多变的水面线会严重影响水位控制及推算的准确性，造成水下测量观测精度的降低，成果的稳定性也得不到保证。

在常规的水深测量中，水位仅仅按照断面来进行线性推算，无法精确到每一个水深测点。这种推算方法在顺直河段、比降较小的平原地带，基本可以满足规范要求。而在水情复杂区域河段，比如汊道、弯道等，其最大特点是水位不仅有纵比降，还会产生横比降，采用常规方法推算水位显然与实际是不切合的。

在近岸封闭水域、淤泥滩高风险区，由于其水情的特殊性和复杂性，常规测船是难以到达的，不及时施测会给图面留下大片的空白区。解决这个问题的一般测量方式是人工涉水施测，该方式不仅效率低下，还存在一定的安全隐患。在近岸封闭水域和淤泥滩高风险区作业中最需要解决的是如何有效提高作业效率，快速并及时获取这一特殊水域的测量数据，同时最大限度地降低施测的危险系数。

4.1.3.2　解决方案

针对江湖汇流、典型河段、水网河段等水情复杂的河段水位多变的特点，研发了随船一体化精密 GNSS 三维水道测量系统。GNSS 三维水道测量系统是一种多传感器集成系统，由 GNSS 系统、MRU、电子罗经及单/双频测深仪多元传感器组成。该系统可以在获取河底平面位置的同时，获得该点的高程数据，无需进行水位控制测量的工作。每个水深点都对应精确的瞬时水位值，无需内插或外推整个区域的水位，从而提高了水下地形测量的精度。

此外，针对近岸封闭水域、淤泥滩高风险区作业，结合当前测量技术的发展，提出了淤泥滩风险区、近岸封闭水域等极端条件下地形综合观测体系。极端条件下地形综合观测体系包括无人机移动组合测量系统、船载移动组合测量系统、气垫船平台移动组合测量系统、水陆两栖车平台移动组合测量系统、背包式平台移动组合测量系统等，这些新技术的综合应用填补了河道测量在近岸封闭水域和淤泥滩高风险区的空白。

根据不同的河段特点采用不同的解决技术，水情复杂区域河段高精度水深测量关键技术综合解决方案流程见图 4.1-5。

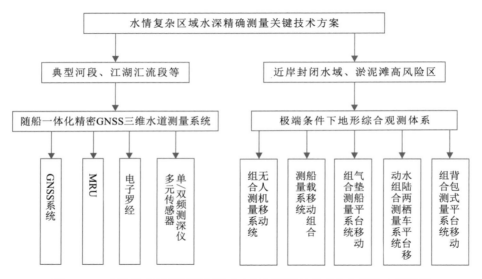

图 4.1-5　水情复杂区域河段高精度水深测量关键技术综合解决方案流程

4.2　随船一体化精密 GNSS 三维水道测量系统

4.2.1　随船一体化精密 GNSS 三维水道测量系统测量原理

随船一体化精密 GNSS 三维水道测量系统是由 GNSS 接收机、MRU、电子罗经及单/双频测深仪多元传感器组成的综合系统，可同时采集测量船位置、姿态以及测深点相对于测深仪的距离信息。根据不同设备的安装参数，通过姿态改正等数据处理步骤，可以有效地补偿涌浪对定位及测深的影响，从而获得高精度测深结果。随船一体化精密 GNSS 三维水道测量系统测量原理见图 4.2-1。

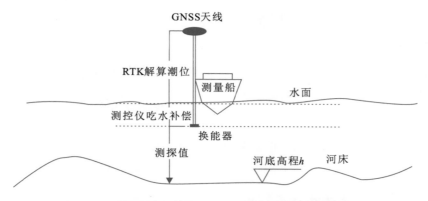

图 4.2-1　随船一体化精密 GNSS 三维水道测量系统测量原理

在随船一体化精密 GNSS 三维水道测量的过程中,通过对 GNSS 三维解、Heave、声速、航向、姿态、潮位等数据异常探测及修复,再进行姿态改正和归位计算,得到改正后的 GNSS 平面坐标和换能器处 GNSS 高程,最后计算水下点坐标。

随船一体化精密 GNSS 三维水道测量系统工作过程如下:

(1)设备安装

设备安装主要包括 GNSS、测深仪、MRU、电子罗经等仪器的安装。

(2)设备参数设置

设备参数设置主要包括传感器在船体坐标系下的坐标、姿态传感器安装偏差、罗经安装偏差、天线到水面的垂距、吃水、时延等的设置。

(3)偏差探测

偏差探测主要包括时延测定、MRU 安装偏差测定和罗经安装偏差测定。

(4)质量控制

质量控制主要包括 Heave 数据异常与修复、声速质量控制,GNSS 三维解异常探测及修复、航向异常探测及修复和姿态数据异常及修复。

(5)测深数据处理

测深数据处理主要包括测深数据编辑及内插、声速改正、时延改正。

(6)测深点三维坐标计算

进行测深点的三维坐标计算时,需在无验潮模式下先进行姿态改正和归位计算,得到改正后的 GNSS 平面坐标和换能器处 GNSS 高程,再计算水下点垂直坐标:换能器 GNSS 高程—水深。

(7)精度评估

测量成果通常通过布设检查线来检验,通过计算主测线和检查线重合点的水深差值,评价测深结果的精度。最后上交测量资料，对相关材料进行检查，确认准确无误。

（8）垂直基准转换

通过此模块可进行不同垂直基准下数据的转换，方便用户将数据转换到工程需要的基准。

（9）成果输出

成果输出主要包括测深数据编辑成果的输出、姿态改正成果的输出、声速改正成果的输出、定位数据滤波成果的输出、测量精度评估报告的输出、垂直基准转换成果输出。

4.2.2 系统精度影响因素分析

在水下地形测量时，测量精度会受到船体姿态变化、采样速率、同步时差、GNSS 高程的可靠性等因素的影响，分析这些影响因素如何作用并加以调整，可以有效地提高测量的精度。

（1）与船舶相关的因素

①船舶的姿态改正。测量船舶在航行时，受风浪的影响会产生横摇和纵摇以及船体的上下起伏变化。为了获得瞬时水面高程必须首先进行船舶的姿态改正。

②船舶的动态吃水改正。在船舶行进过程中，船舶吃水会随着行进速度的变化而发生变化，即动态吃水。因为动态吃水发生在垂直方向上，所以对高程有较大的影响。动态吃水与船舶的速度、船型等因素有关，可以通过霍密尔动态吃水经验模型确定，消除动态吃水对瞬时潮位的影响。

（2）与水流相关的因素

由于 GNSS 所得高程为瞬时高程，受瞬时潮位和瞬时涌浪综合的作用所影响，因此想得到瞬时高程首先要消除瞬时涌浪的影响。潮位变化为长波周期，周期为几个小时；而涌浪变化为短波周期，周期为 10～60s，采用低通滤波器对综合信号中的中长周期项进行提取，就可消除涌浪影响。

（3）与 GNSS 接收机相关的影响

①高程异常的影响。RTK 技术在高程测量中的精度主要取决于仪器本身的精度和高程异常的拟合精度。仪器本身的精度为已知的，大地高程异常拟合精度对 RTK 测高影响较为显著。

②GNSS 测量精度受信号遮挡的影响较大，容易超出仪器误差标称值的范围，甚至会使测量不能正常进行，在生产中遇到此类情况，应谨慎使用或者不使用；距基准站的距离也会产生很大的影响。GNSS 测量精度与距离成反比，距离越远精度就越低。一般在 4km 范围以内，可以满足小于或等于 1：500 水深测量精度的要求；而站点与基准点的高差变化对测量精度无明显的影响。

（4）采样速率和延迟的控制

GNSS 定位输出的更新率将直接影响到瞬时采集的精度和密度，现在大多数 GNSS 最高输出速度都可达 20Hz，而各种品牌测深仪的输出速度差别很大，数据输出的延迟也各不相同。因此，定位数据的定位时刻和水深数据的测量时刻的时间差会造成定位延迟。在测量前必须进行必要的测试，求出在一定航速下 GNSS 定位数据与测深仪的水深数据在不同时刻的关系，进行延时改正。

4.2.3　测深数据处理

水深测量数据处理主要包括 GNSS 定位数据、水深数据、姿态数据及罗经数据的处理，需将处理成果绘制地形图、断面图。测深数据滤波及加密见图 4.2-2，其具体步骤如下：

（1）测深数据编辑

水深是利用超声波进行测量的。水草、悬浮物、游动的鱼群以及复杂的海底地形会引起异常回波，并导致换能器底部检测失败，为此，必须以连续地形为参考进行测深数据的检测和异常数据的校正。

测深数据编辑即以实际测量时的高采样率模拟记录回声图为参考，对测深采样记录进行全面的校对，并对地形特征点进行人工加密。

测深数据编辑不但有效地消除了异常测深的影响，而且增加了对海床地形特征的真实全面的反映。

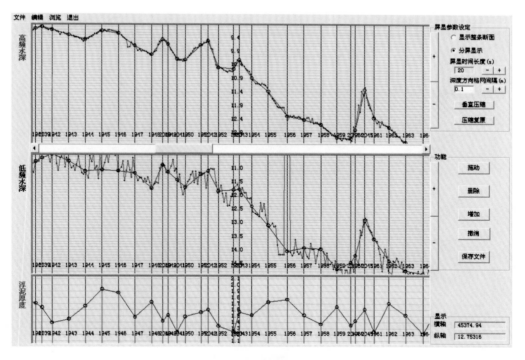

图 4.2-2　测深数据滤波及加密

（2）定位数据滤波

定位数据滤波即对 GNSS RTK 定位数据中的整周跳变、卫星失锁等非 RTK 状态引起的异常定位数据进行探测、修复或剔除，可提高平面和高程定位的质量。滤波前、后的三维定位数据序列分别见图 4.2-3 和图 4.2-4。

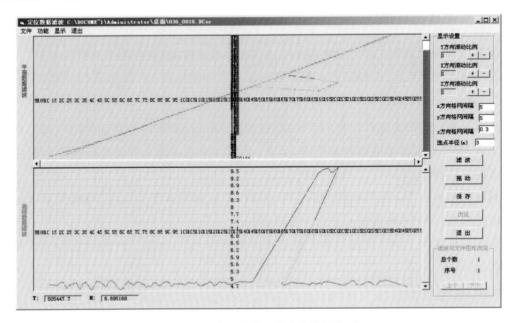

图 4.2-3　滤波前的三维定位数据序列

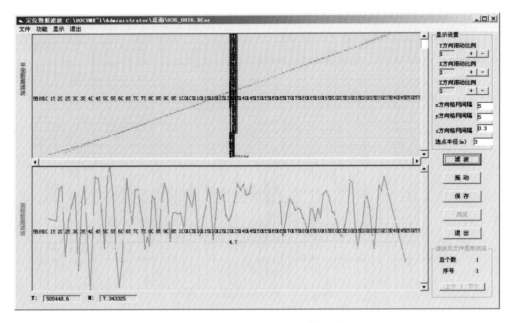

图 4.2-4　滤波后的三维定位数据序列

（3）时延改正

在采样时，假设 GNSS 和测深系统间存在 0.267s 的系统延迟，按照 6 节船速计算，该时延将会在定位点和测深点间引起约 0.83m 的距离偏差，为此，必须进行时延改正。时延改正见图 4.2-5。对所有已经过姿态改正的数据进行时延改正计算，可有效地消除 GNSS 定位、测深定标及导航软件记录等系统内各单元的综合延时影响。

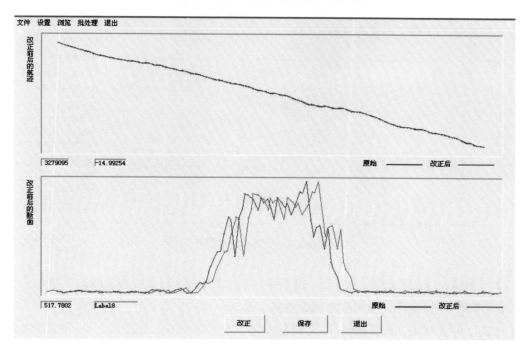

图 4.2-5　时延改正

（4）姿态改正

常规测量忽略了船体姿态变化对定位和测深的影响。实际测量中，风浪会对船体的姿态产生较大影响，进而对平面位置和垂直测量数据的同步性产生显著影响。

4.2.4　方法的优势

在施测江湖汇流段及水情复杂河段时，随船一体化精密 GNSS 三维水道测量系统拥有传统的常规方法所无法比拟的优势。

①无需观测水位，减少了工作量。验潮法需要专门的人员测量水位或者到相关部门获取测量时段的水位数据。本系统只需在采集水深的同时在同一台电脑上采集 GNSS 三维数据，这样至少可以减少一个读水尺的工作人员，且无需建一个或多个水位站（临时水尺）。

②精确控制水位 GNSS 高程数据更新速度达 10Hz，每个水深点都对应精确的水位值，无需内插或外推整个区域的水位。

③减少了浪涌等引起的误差。验潮法测量中受浪涌影响，探头上下起伏使得测得的水深有瞬时误差，在最终的数据中无法消除。而本系统是通过 GNSS 天线高程来推算水下高程的，天线与探头的相对位置固定，无论船怎样上下波动都不会改变处理后的水下高程。

④数据处理方便、快捷。由于所有的数据都采集到一个文件中，并且存在计算机中，因此减少了获取和编辑潮位数据的时间，能即时进行后处理，编辑水下地形图或断面图。

在某河段进行随船一体化精密 GNSS 三维水道测量系统水下测量，选取部分断面进行处理与精度分析。交叉点精度统计见图 4.2-6。

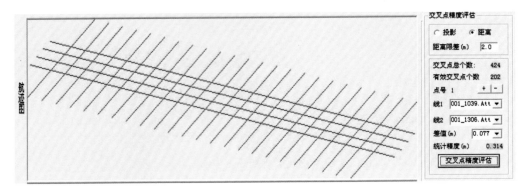

图 4.2-6 交叉点精度统计

水下测点精度比较分析：比较 24（横断面）×4（纵断面）个交叉点上两次测量的点对高程，统计结果表明，垂直方向的测量精度达到了 6.9cm。

比较以传统测量方法获得的 24 个横断面和 4 个纵断面的重复测量成果，重复断面测量精度统计结果见图 4.2-7，结果表明，重复测线垂直方向的测量精度为 6.1cm。

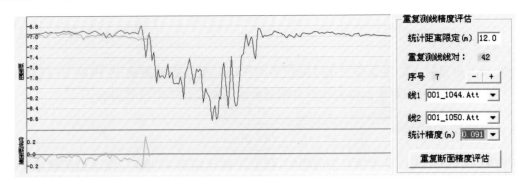

图 4.2-7 重复断面测量精度统计结果

从以上两种统计结果可以看出，随船一体化精密 GNSS 三维水道测量系统的垂直方向测量精度较传统测量高。

为进一步检验随船一体化精密 GNSS 三维水道测量系统的正确性及高精度计算的合理性，将采样传统验潮方法获得的断面成果与随船一体化精密 GNSS 三维水道测量系统的断面测量成果进行比较,两种情况下所得断面精度比较见图 4.2-8。

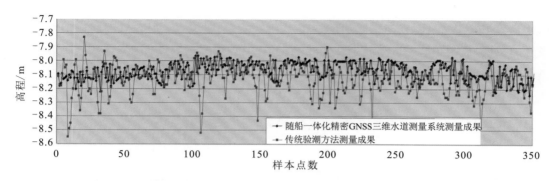

图 4.2-8   传统验潮方法与随船一体化精密 GNSS 三维水道测量系统精度比较

从图 4.2-8 可以看出,传统验潮方法受到风浪等因素的影响,实测点高程浮动较为严重,其河床较随船一体化精密 GNSS 三维水道测量系统测量成果有明显下沉之势。由此可见,随船一体化精密 GNSS 三维水道测量系统所得的断面成果更为合理,精度更为可靠。

4.3   近岸封闭水域测量技术

对于近岸浅水区、复杂码头群、水塘等特殊水域,进行水下地形测量时,常规测船由于体积较大而难以到达,采取人工接触性施测不仅效率低下,且存在安全生产隐患,这个难题长久以来一直困扰着长江河道观测。

随着河道测绘新技术的发展,越来越多的新型测量仪器面世,为解决这些近岸封闭特殊水域的观测提供了可能。

无人船测深系统具有轻便、安全、高效的优点,可以最大深度地填补该水域测量的空白,真正做到高精度、自动化、高效益。

4.3.1   近岸封闭水域特点

近岸封闭水域一般都受人类活动的影响,比如码头区岸线一般受人工干预比较严重,一些局部水域会被码头阻挡,导致测船难以到达;被围起来的养殖区、小型湖泊等区域测船更是难以到达。在这些区域存在测量危险区域和测量死角。传统用人工涉水、采取皮划艇+测深杆测量水深的方式不仅效率低,而且存在较大的风险。

4.3.2   近岸封闭水域测量技术

4.3.2.1   无人船测深系统

无人船测深系统以其轻便、小巧、无需人员上船的优势,使这些问题迎刃而解。采用无人船测深系统可以填补封闭水域施测的空白。

无人船测深系统主要由无人船子系统和岸基控制子系统构成。无人船子系统包括无线路由天线、船载控制系统、电源模块、差分 GNSS 天线、高精度传感设备等（图 4.3-1）；岸基控制子系统主要由交互式界面组成，通过无线传输协议，实时接收、分析、处理和显示遥测船体发送的数据，控制测量船自动或手动走线测量，并实现船只的自动回航，最后对采集的数据进行数据处理以及图件的绘制（图 4.3-2）。

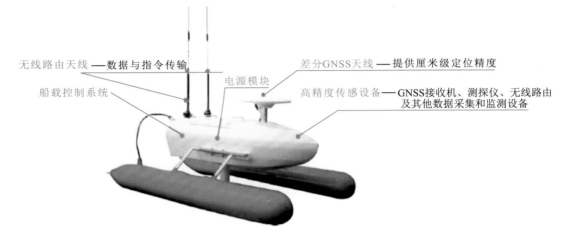

无线路由天线 —— 数据与指令传输
船载控制系统
电源模块
差分GNSS天线 —— 提供厘米级定位精度
高精度传感设备 —— GNSS接收机、测探仪、无线路由及其他数据采集和监测设备

图 4.3-1　无人船子系统构成

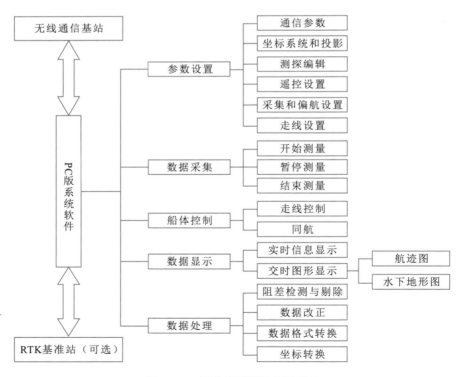

无线通信基站

PC版系统软件

RTK基准站（可选）

参数设置
- 通信参数
- 坐标系统和投影
- 测探编辑
- 遥控设置
- 采集和偏航设置
- 走线设置

数据采集
- 开始测量
- 暂停测量
- 结束测量

船体控制
- 走线控制
- 同航

数据显示
- 实时信息显示
- 交时图形显示
  - 航迹图
  - 水下地形图

数据处理
- 阻差检测与剔除
- 数据改正
- 数据格式转换
- 坐标转换

图 4.3-2　无人船岸基控制子系统

无人船的作业流程主要包括无人船子系统组装、岸基控制子系统组装、系统调试、参数设置、数据采集及后处理。

（1）无人船测深系统测量误差来源

①深度测量方面的误差。

深度测量方面的误差包括测深仪测深（仪器标称值）、测深仪换能动态吃水、海水声速。

②GNSS 接收机定位误差。

③潮位观测及潮位改正模型的误差。

④测量环境效应误差。

测量环境效应误差包括由船速效应、波浪效应、定位中心偏心效应及测深延迟效应引起的测量误差。

（2）无人船测深系统改正

受测深仪的机械特性、设计原理以及施测时的风、浪、流等海洋环境的影响，观测水深与实际水深不同。为保证测深数据的真实和图载水深的准确，测得的水深必须经过换能器吃水、声速、水位等各项改正。无人船系统数据改正内容主要如下：

1）定位中心偏心改正

定位中心偏心效应是指由 GNSS 接收天线中心与测深仪换能器中心不重合而引起的测量误差。

2）波浪效应

波浪效应是指测量船受风、浪影响，引起固定在测量船上的测深仪换能器及 GNSS 接收天线随船一起左右晃动、纵横摇摆、上下沉浮，从而影响水深测量点的平面位置及深度两个方面的测量精度。

3）吃水改正

吃水改正是指测深仪换能器到水面的距离，包括静态吃水和动态吃水两部分，主要影响水深的测量精度。

4）声速改正

声速改正是指根据测深仪测得双程时间选择正确的水中声速值进行水深的计算。

（3）无人船测深系统优势

①船体吃水浅，可灵活地进入浅滩、近岸及其他危险区域作业，可作为传统水下地形测量模式的补充。

②测线布设方式灵活多样，可采用现场布线、坐标布线、dxf 底图布线或卫星地图布线等多种方式进行。

③测量过程智能化，不需要人工干预，导入测线文件后，即可启动自动走线功能，无人船按照设定好的测线坐标，自主走线及换线测量，测量结束后，便可自动返回事先设定好的回归地点。

④无需进行潮位改正，吃水、声速改正在数据采集过程中完成，大大减少了后处理工

作量。

⑤安全环保，锂铁电池供电，不存在漏油、漏烟等污染环境的风险。

⑥船体轻便，易于搬运。

由于无人船测深系统的探头吃水深达到 0.3m，因此当浅水区域的水深小于 0.3m 时，应该采取气垫船的方式进行测量。

4.3.2.2　气垫船 GNSS 三维测深技术

气垫船的基本设计原理是利用一具或多具离心式风扇将空气压缩后经由导管输送至船底，借反作用力将船身托起，使船体与地面或水面之间形成一层气垫（Air Cushion），因气垫的作用使其船体的重量平均分布于整个底面，将操作表面单位面积所受的压力降至最低，仅为周围大气压力的 1%～3%。因此能适应各种表面，且能装载大量载重或设备而不致影响其操作，此外，由于气垫作用，气垫船离开地面而漂浮，船身和地面的摩擦力几乎为零，并利用气体的横向反作用力，使船身得以前、后、左、右运动，气垫船运行的基本原理见图 4.3-3。气垫船主要用于水上航行和冰上行驶，还可以在某些比较平滑的陆上地形和浮码头登陆。气垫船是高速船的一种，行走时因为船身升离水面，船体水阻得到减少，以致航行速度比同样功率的船只快。很多气垫船的速度都可以超过 50 节。气垫船亦可用非常缓慢的速度行驶，在水面上悬停。在水域中行驶和边滩测量的气垫船分别见图 4.3-4 和图 4.3-5。

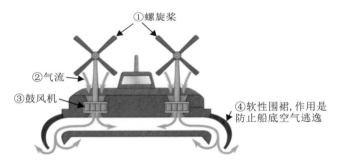

图 4.3-3　气垫船运行的基本原理

图 4.3-4　气垫船在水域中行驶

图 4.3-5　气垫船边滩测量

4.4 潮间带淤泥滩作业技术研究

4.4.1 潮间带特点

潮间带是河流入海口或海岸受潮汐影响的高低潮之间的地带。潮间带蕴含着丰富的海洋矿物资源和海洋生物资源,是水产养殖、盐田开发、围海造田(路)以及旅游景区等综合开发利用及管理的重点区域。测量潮间带,获取其地形信息,对于开发和利用潮间带而言至关重要。

潮间带高潮时被淹没,低潮时露出水面。特殊的地形地貌特征常导致现有的测量方法很难保证该区域地形测量成果的完整性和精度。特别是当潮间带发育大面积的淤泥质海滩时,测船和人员均难以进入场区,容易出现水深测量和陆地测量均无法覆盖的空白地带。现有测量方法的不足给潮间带及滩涂地形的高精度、全覆盖地形数据获取带来了极大的挑战,已成为制约潮间带开发和利用的重要因素之一。

随着 GNSS、激光扫描仪、惯性导航等测量技术的发展和测量平台的多样化,以无人机、无人测船、气垫船等测量平台为载体的多系统组合测量技术正蓬勃发展,使潮间带区域进行高精度和全覆盖测量成为可能。实践表明,基于三维 GNSS 控制网,综合运用前述测量手段和测量平台,能较好地解决潮间带地形数据高精度、高效率、全覆盖获取的难题。

据此,将气垫船、水陆两栖全地形车、测船、无人机等作为移动测量平台或载体,联合激光扫描仪、GNSS、姿态传感器、罗经等设备,组合形成移动测量系统,进行有关质量控制和数据处理的关键技术研究,解决潮间带高精度、高分辨率地形信息获取难题,并为潮间带地形测量提供一种组合性强和通用性强的作业模式。

4.4.2 主要技术途径及方法

移动组合测量系统主要以小型气垫船、无人机或其他平台为载体,由定位设备(GNSS RTK)、测深设备(测深仪)、地形测量设备(船载激光扫描仪)、姿态检测设备(姿态传感器、罗经)以及其他固定支架、观测平台等设备组成,其中涉及的关键技术包括气垫船坐标系定义、移动组合测量系统配置方案、各传感器在气垫船坐标系下坐标的测定、各测量单元的组合方案以及组合测量系统的研制及集成电路等。

在实现移动组合测量系统的过程中,可应用众多的方法手段,包括测量数据的质量控制方法、姿态改正及归位计算方法以及子系统地形测量成果精处理方法来确保获取高精度数据。

①测量数据的质量控制方法:借助 2 倍或 3 倍中误差原则,基于地形变化连续性和多源信息互补性,实现对测量数据的质量控制。

②姿态改正及归位计算方法:通过定义坐标系,利用姿态传感器的测量数据,构建坐标系的数学变换模型,实现姿态改正和归位计算。

③子系统地形测量成果精处理方法：包括测深数据精处理（各项改正、高程归算、平面坐标归算），RTK 地形数据精处理和三维激光扫描仪点云数据处理（位置计算、粗差剔除等）。

在确保多元信息数据质量的基础上，需要寻找多源地形测量成果的基准统一方法，将所有成果统一到同一基准下。利用多源信息的融合方法，形成最终所需的地形信息。同时，为保证系统的精度、可靠性和稳定性，还需进行系统综合测试及验证。

综上，移动组合测量系统的主要技术路线见图 4.4-1。

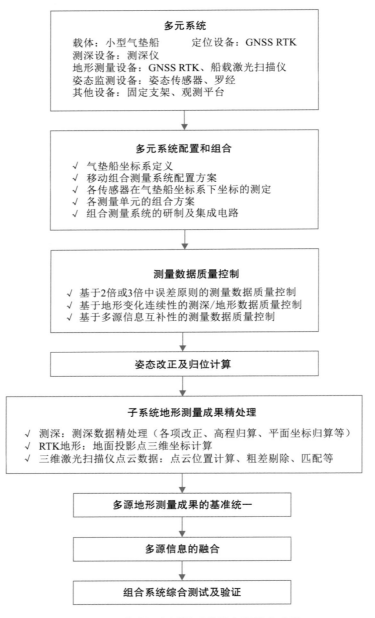

图 4.4-1　移动组合测量系统的主要技术路线

4.4.3 移动测量系统组合方案

根据测量对象特点,移动组合测量系统主要包括移动测量平台和传感器集合(三维激光扫描仪、GNSS、MRU等)。下面具体介绍移动测量平台、传感器、各传感器在载体平台上的配置及不同平台移动测量系统的性能特点。

4.4.3.1 移动测量平台

根据潮间带情况,可采用的移动测量平台主要有无人机、气垫船、水陆两栖全地形车、船载(小型船舶)、人工背包等载体平台,满足各种地质地貌条件下的作业条件。

（1）无人机

无人机测量系统包括飞行平台、飞行控制系统、地面监控系统、搭载测量设备、数据通信系统、发射与回收系统、野外保障装备以及其他附属设备等。

飞行平台即无人机本身,是搭载导航器、传感器等设备的载体。测量中常见的无人机按飞行方式可以分为无人直升机、固定翼无人机、多旋翼无人机、扑翼无人机、飞艇等。一般要求无人机载重大于 2kg,巡航速度为 60~160km/h,续航时间不小于 1.5h,抗风能力大于 4级,搭载设备的任务舱尺寸应大于 25cm×20cm×25cm(长×宽×高)。

飞行控制系统保证飞行平台以正常姿态工作,包括飞控板、惯性导航系统、GNSS 接收机、气压传感器、空速传感器、转速传感器等部件。目前,大多数无人机都安装有自动驾驶仪,无人机升空后即可按照设计好的航线自动工作,而不需要人为控制。因此,飞行控制系统的质量直接影响到航测数据的采集质量。

地面监控系统可在无人机飞行前进行任务航线规划、飞行参数设置,在飞行过程中监控和显示无人机飞行航迹、电子地图以及飞行姿态等参数。飞行过程中,所有飞行参数和导航数据可实时下传。地面监控系统不仅用来监视无人机飞行和工作状态,也用来在紧急情况下对无人机进行人工干预,根据实际情况和需要,及时调整和控制无人机对各种测量任务的执行。

无人机测量系统根据任务需要可搭载不同的测量设备,包括 GNSS 定位系统、惯性导航系统、姿态传感器、LiDAR、航摄相机等。

数据通信系统分为空中和地面两部分,包括数传电台、天线、数传接口等,用于地面监控站与飞行控制系统和其他机载设备之间的数据和控制指令的传输。数据传输的距离一般要求大于 10km。

发射系统为无人机在一定距离内加速到起飞速度提供保障,回收系统能确保无人机安全着陆。在起降场地条件允许的情况下,一般采用地面滑跑发射、滑跑回收;在地理环境复杂、场地不具备滑跑条件时,采用弹射发射和伞降回收。

野外保障装备是指无人机遥感系统野外工作的运输装备和机械维护装备,是无人机航摄作业的基本保障。

八轴多旋翼无人机常作为测量平台进行搭载试验,八轴多旋翼无人机见图 4.4-2。

图 4.4-2　八轴多旋翼无人机

（2）气垫船

气垫船是一种以空气在船只底部衬垫承托的气垫交通工具。它利用大功率鼓风机输送空气，在船底四周直接向下喷气，空气在船底和水面（或地面）形成气垫，将船体提升，大大减小了船体航行的阻力，利用气体的横向反作用力，使得船身可以前、后、左、右运动，再加上适当的推进系统，实现了船只的高速航行。船底周围的围裙装置限制了空气的逸出。

目前，主要利用 CH-4 型气垫船作为移动测量载体平台，CH-4 型气垫船主要参数见表 4.4-1。根据船体情况和实际需要进行了安装架的制作和必要的改装，改装前、后的 CH-4 型气垫船见图 4.4-3。

表 4.4-1　　　　　　　　　　　　　　CH-4 型气垫船主要参数

总描述		主设备		主尺寸		综合性能	
船体材料	复合材料玻璃钢加强船体	发动机	航空发动机	总长/m	4.6	越障高度/m	≤250
围裙材料	橡胶复合物	额定功率/kW（转速/(r/min)）	100(6000)	总宽/m	2.4	越障跨度/m	0.5
船员/个	1	油耗/(1/h)	161	总高/m	1.65	爬坡角度/°	8（持续状态）
总人数/个	4	启动方式	DC12电启动			抗风能力	6 级（普氏风级）
全船重量/kg	380±50	冷却方式	水冷			抗浪能力	3 级
		推进系统	螺旋桨，复合材料			设计航速/(km/h)	50
		垫升系统	垫升风机			续航力/h	3

（a）改装前 　　　　　　　　　　　　（b）改装后

图 4.4-3　改装前（a）、后（b）的 CH-4 型气垫船

（3）水陆两栖全地形车

水陆两栖全地形车是同时具有陆地车辆和水上船舶性能的一种特殊车辆（图 4.4-4），既可以在陆地行驶，又可以泛水浮渡，具有船舶的特点，但不具有船舶的局限。XBH6 * 6-2 型水陆两栖全地形车主要参数见表 4.4-2，其车身尺寸为 3160mm×1720mm×1230mm（长×宽×高）。

图 4.4-4　水陆两栖全地形车

表 4.4-2　　　　　　　　　**XBH6 * 6-2 型水陆两栖全地形车主要参数**

性能参数		动力参数	
起动方式	钥匙开关电起动	发动机型号	SQR472
点火方式	电喷	标定功率/kW（转速/（r/min））	50（6000）
蓄电池规格	12V/60Ah	最大扭矩/（N·m）（转速/（r/min））	90（3500～4000）
驱动形式	陆地：全轮驱动；水上：全轮驱动或舷外机驱动	怠速/（r/min）	850±50
最小转弯半径/m	0.71	润滑方式	压力润滑与飞溅润滑相结合
最大爬坡角/°	32	冷却方式	强制循环式防冻液冷却

性能参数		动力参数	
接近角/°	64	变速形式	CVT+2 前进档、空档、倒档
离去角/°	78	燃油牌号	汽油 93#
制动方式	钳盘式液压制动器	油箱容积/L	38
轮胎规格	28×12-12NHS		
轮胎气压	14psi（96.5kPa）		
传动方式	皮带、链条传动		

4.4.3.2　传感器

（1）GNSS RTK/PPP 接收机

GNSS RTK/PPP 主要负责为测量提供绝对起算基准。借助 GNSS RTK/PPP 定位技术，可实时/事后获得厘米级的平面和绝对坐标。

（2）测深仪

单波束测深仪是目前常用的测深设备。联合测深、潮位/GNSS 高程等信息获得水下测深点三维坐标。测深仪一般开角为 8°，对于陡坡测量采用 3°开角波束。

（3）三维激光扫描仪

三维激光扫描系统由三维激光扫描仪、系统软件、电源以及附属设备构成。

三维激光扫描仪的构造主要包括一台高速精确的激光测距系统、一组引导激光反射并以均匀角速度扫描的反射棱镜、水平方位偏转控制器、高度角偏转控制器、数据输出处理器（笔记本电脑），部分仪器还具有内置的数码相机，可以直接获得目标物的影像。三维激光扫描仪通过传动装置的扫描运动，完成对物体的全方位扫描，通过一系列处理获取目标物表面的点云数据。使用三维激光扫描系统对物体进行扫描时，扫描仪会在水平与垂直两个方向上记录下采集此扫描点时激光扫描仪的瞬时角度信息以及与扫描点的距离信息。首先，激光光束通过扫描仪的发射装置发射出来，高速旋转的光学滤镜或者伺服装置会改变光束发射的角度，激光光束以某个特定的角度发射出去。然后，光束到达目标物体并被目标物体反射，瞬间返回到扫描仪，激光接收装置接收返回来的信息，根据每一个激光脉冲从发射到返回的相位差或者时间来计算距离。这样，扫描系统就完成了一个扫描点的采集工作。接着，扫描仪内部的伺服部件会围绕扫描轴以一个较小的特定角度进行旋转，从而进行下一个扫描点的采集工作。如此反复扫描，系统将获取多个扫描点，将这些扫描点连接成为一条不连续的扫描线，获取的多条扫描线将构成一个离散分布的扫描面。由于激光点包含深度信息，扫描面能表示真实三维场景，但只有通过多次扫描，才能获取各个面完整的三维场景。对于地面激光扫描系统而言，为实现多个扫描块的拼接，扫描块交接处应有小范围的重叠，可利用重叠范围内的同名像点进行拼站。对于车载和机载扫描系统，通过二维激光扫描数据和飞行的位置姿态数据的配准融合,得到三维点云数据。

（4）POS 系统

POS 系统通过 GNSS 获取位置数据作为初始值,通过 IMU 获取姿态变化增量,应用卡尔曼滤波器、反馈误差控制迭代运算,生成实时导航数据。应用 POS 系统可以得到移动测量平台位置和姿态的轨迹数据。POS 系统由 IMU、差分 GNSS(RTK)、POS 计算机处理器件和后处理软件构成。POS 系统组成见图 4.4-5。

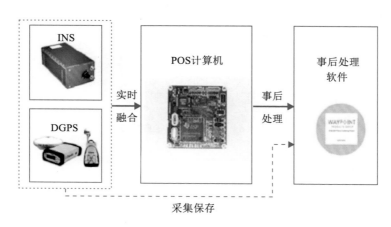

图 4.4-5　POS 系统组成

4.4.3.3　系统配置

在分析固定式三维激光扫描仪、POS 系统以及 GNSS RTK 基本原理的基础上,通过研究 POS 系统、三维激光扫描仪等传感器之间的位置关系,实现移动测量系统的外方位元素标定及各传感器间时间精确配准。基于此,通过各传感器数据融合算法研究,最终获取目标地物的三维信息,从而实现动态情况下地理信息数据的非接触式采集。

（1）系统参数标定

1）GNSS 天线与 IMU 相位中心位移参数标定

GNSS 以其天线相位中心为导航中心,而在 GNSS/IMU 组合定位系统中,通常以 IMU 相位中心为整个系统的导航中心。因此在进行数据融合前,需要精确测量出 GNSS 天线相位中心至 IMU 相位中心的偏移量,即 GNSS 天线相位中心在 IMU 坐标系中的坐标$(X, Y, Z)_{ANT}^{IMU^T}$,IMU 坐标系轴向定义见图 4.4-6。在实际标定过程中,一般将测量平台停放在平整场地上,利用全站仪精确测量得到该平移量。

2）三维激光扫描仪安置参数

①三维激光扫描仪平移参数。

平移参数是指激光扫描仪测量相位中心在 IMU 坐标系中的坐标$(X, Y, Z)_{Laser}^{IMU^T}$,与 GNSS 天线相位中心至 IMU 相位中心的偏移量测量方法类似,可以利用全站仪精确测定。

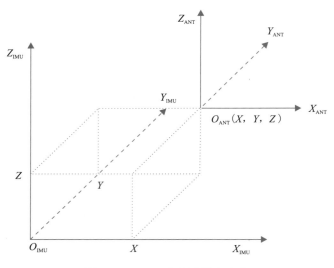

图 4.4-6 IMU 坐标系轴向定义

②激光扫描仪角度参数。

相对于平移参数,角度参数很难精确标定,因此提出了一种简便的非线性标定模型。平台坐标系与激光空间坐标系之间的相互关系见图 4.4-7。平台坐标系(VCS)的定义为:选取平台某一标志点作为原点 O，Y 轴与平台底板平行并指向平台正前方，Z 轴与平台底板垂直并指向天顶方向，X 轴与 Y，Z 轴组成右手直角坐标系。激光扫描仪空间坐标系(LSCS)的定义为:取激光扫描仪扫描中心为原点,第一条光线(扫描基准线)为 X 轴,扫描平面上与 X 轴垂直的光线为 Y 轴，Z 轴与 X 轴、Y 轴构成右手坐标系。

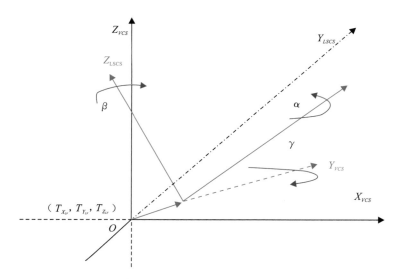

图 4.4-7 平台坐标系与激光空间坐标系之间的相互关系

激光扫描仪角度参数的确定过程可用数学公式表达为：

$$\begin{pmatrix} X \\ Y \\ Z \end{pmatrix}_C = \begin{pmatrix} T_{X_{LV}} \\ T_{Y_{LV}} \\ T_{Z_{LV}} \end{pmatrix} + (1+m_{LV})R_3(\beta)R_2(\lambda)R_1(\alpha)\begin{pmatrix} X \\ Y \\ Z \end{pmatrix}_L \qquad (4.4\text{-}1)$$

式中,$(T_{X_{LV}}, T_{Y_{LV}}, T_{Z_{LV}})$——扫描仪原点至平台坐标系原点的 3 个平移参数;

α、β、γ——3 个旋转角;

m_{LV}——扫描仪坐标系与平台坐标系中的长度比值。

在实际工作中,$T_{X_{LV}}$,$T_{Y_{LV}}$,$T_{Z_{LV}}$ 可以参照激光扫描仪的技术说明书用全站仪或者直尺进行测量,误差一般小于 0.01m。γ 角一般在安装时保证其为 0°。因此,需要标定的参数主要有两个:旋角扫描 α 和 β,它们分别为 XOY_{LSCS} 平面与 XOY_{VCS} 平面之间的二面角,以及 X_{LSCS} 在 XOY_{VCS} 平面上与 X_{VCS} 之间的夹角,XOY_{LSCS} 平面与 XOY_{VCS} 平面之间的二面角 α 见图 4.4-8,X_{LSCS} 在 XOY_{VCS} 平面上与 X_{VCS} 之间的夹角 β 图 4.4-9。

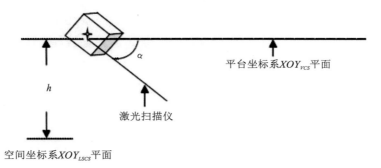

图 4.4-8　XOY_{LSCS} 平面与 XOY_{VCS} 平面之间的二面角 α

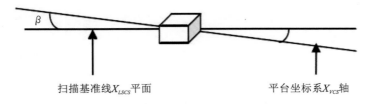

图 4.4-9　X_{LSCS} 在 XOY_{VCS} 平面上与 X_{VCS} 之间的夹角 β

（2）时间配准

移动测量系统的高精度测量均以 GNSS 时间作为测量基准,来精确刻画平台的连续性运动状态。移动平台的位置是随时间变化的,在给定移动轨迹的位置坐标时,必须给定相应的瞬时时刻。

移动三维激光测量系统是一个多传感器集成的系统,为了获取高精度的定位数据,最关键的因素是精密时间的同步。而除了受仪器本身的测量精度影响外,GNSS 信号在传输以及数据处理过程中的时间延迟也是影响其精度的一项重要因素。通过相关系数迭代法式(4.4-2)对系统时间延迟进行探测,进行两种信号序列一致性判断,以期进一步提高时延探测的稳定性。

$$\rho = \frac{E\{[h^{GNSS}-E(h^{GNSS})]\}}{\sqrt{E\{[h^{GNSS}-E(h^{GNSS})]^2\}}} \cdot \frac{\{[h^{Heave}-E(h^{Heave})]^T\}}{\sqrt{E\{[h^{Heave}-E(h^{Heave})]^2\}}} \tag{4.4-2}$$

h^{GNSS} 与 h^{Heave} 同时反映了平台在垂直方向的运动状态,所以二者不是相互独立的,而是存在一定的关系。根据相关系数的特性可知,当 $|\rho|$ 与 h^{Heave} 的线性相关程度较好,特别当 $|\rho|=1$ 时,h^{GNSS} 与 h^{Heave} 之间以概率 1 存在着线性关系;当 $|\rho|$ 较小时,h^{GNSS} 与 h^{Heave} 的线性相关程度较差,特别当 $|\rho|=0$ 时,h^{GNSS} 与 h^{Heave} 不相关。事实上,随机变量 h^{GNSS} 与 h^{Heave} 的相关系数 $|\rho| \leqslant 1$,当 $|\rho|$ 越趋近于 1 时,h^{GNSS} 与 h^{Heave} 相关程度越好。理论上当 $|\rho|=1$ 时两者的相关程度最佳,波形吻合程度最好,此时 h^{GNSS} 与 h^{Heave} 的时间延迟量为 0,即对应的时间 $h^{GNSS}=h^{Heave}$。

4.4.3.4 移动测量系统组成

移动组合测量系统的数据获取单元主要由用于获得激光信号发射点实时位置的 GNSS,用于记录激光扫描仪实时姿态的 IMU,用于测定激光发射点到目标点的距离与角度信息的激光扫描仪等 3 个部分组成(图 4.4-10)。整个系统由 3 个模块协调工作,彼此之间通过脉冲控制来保持其精确的时间同步。将多传感器获取的数据集成就能得到激光扫描数据。

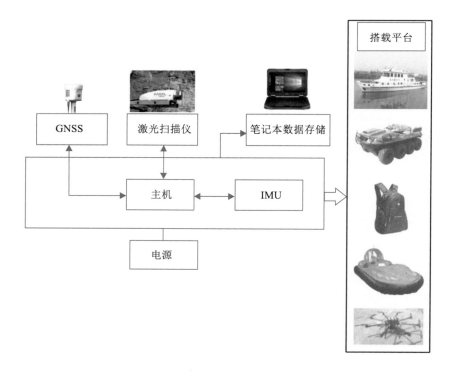

图 4.4-10 移动组合测量系统组成

(1)载体性能分析

考虑到潮间带地形地貌的特殊性,移动组合测量系统的搭载平台应能够广泛适应潮间带各种地形地貌条件,针对不同情况应采用不同的平台。主要的平台包括无人机、测量船、气垫船、水陆两栖全地形车、人工背包等。其中,无人机可以到达船只、人员难以到达的区域作业,具有起飞降落受场地限制较小、稳定性和安全性好等特点;气垫船主要用于水上航行,还可以在某些比较平滑的陆上地形和浮码头登陆,可用于实施水上测量,也可实施干出的潮间带测量,对于解决淤泥质、植被覆盖潮间带地形测量非常有效;潮间带地形复杂多变,随着潮水的变化,时而为浅水,时而为滩涂,更有草地、芦苇地等,水陆两栖全地形车可以在这些地形上行驶,而且具有一定的爬坡功能,这些都是普通船只和气垫船不能比拟的优势。可对测船、气垫船、水陆两栖全地形车等进行适当的改装,以满足激光扫描仪、GNSS、惯导系统的安装要求和自身相对定位的要求。表4.4-3中比较了不同载体平台形成的移动组合测量系统的适用性。

表4.4-3 **不同载体平台形成的移动组合测量系统适用性比较**

平台	适应地形特点	优点	缺点
无人机	大部分地形	适用性强	飞行管制,无法测量水下
测量船	具有一定水深地形	水上水下一体化测量	无法测量浅滩
气垫船	无高大植被覆盖地形	可在淤泥浅滩和水上行驶	水下无法测量
水陆两栖全地形车	无高大植被覆盖地形	适用性较强	水下无法测量
人工背包	人可涉足地形	灵活性强	人不能涉足区域无法测量

(2)GNSS和组合导航系统

采用GNSS RTK技术或PPK技术,在已知控制点上设置基准站,测量系统采用流动方式,提供精确的大地坐标定位。扫描装置的姿态测量使用惯性导航系统。

(3)多源传感器系统集成

对于移动组合测量系统,每个传感器得到的信息都是部分三维空间信息在该传感器坐标系中的描述。由于各传感器物理特性和空间位置上的差异,这些信息描述的坐标系各不相同,因此很难对这样的信息进行融合处理。为了保证三维信息融合处理的顺利进行,必须在融合前对这些信息进行适当的处理,将这些传感器的数据信息映射到一个共同的参考描述空间(参考坐标系)中,然后进行融合处理,最后得到滩涂三维信息在该空间上的一致描述。进行数据融合处理,也就需要得到多传感器局部坐标系和全局参考坐标系间的转换关系。为实现激光扫描仪数据、GNSS数据以及惯导数据融合,引入瞬时激光束坐标系、激光扫描参考坐标系、惯性平台参考坐标系、当地参考坐标系和WGS84坐标系。移动组合测量系统实现了多源传感器的集成,多源传感器系统参数标定技术是将用于测量的多个传感器纳入同一个坐标系下,并使用相同的时间基准,从而实现同步控制、测量和数据解算。这些方法是获得多信息维度、高精度的测量数据的基础。不过目前的技术也不能完全实现多传感器在测量原点的重合，也不能保证测量时间完全同步。测量过程中，多传感器的坐标原点不能完全重合的话，计算过程中必然有误差，此时需要使用高精度的测量设备精确测量出各个传感器的坐标原点，或者通过测量数据计算出设备的坐标原点。

系统通过脉冲控制多传感器的系统工作，使用相同的时间基准，以保证运动中的各传感器在测量时将误差控制在允许的范围内。本系统通过各传感器之间的时间精确配准实现各个传感器数据的统一以及系统测量误差分析。基于上述原理，通过各传感器数据融合算法研究，实现动态情况下潮间带地理信息数据的非接触式采集。

4.4.4 无人机激光雷达组合测量技术

无人机起飞降落受场地限制较小，在操场、公路或其他较开阔的地面均可起降，具有稳定性强、安全性好、转场非常容易等优势。在人员不容易进入的地区，比如沼泽、滩涂区，无人机都可以轻松进入，可以在较短时间内生成测区高清晰图像数据。无人机测量的出现，为潮间带的测量提供了新的技术路径。

4.4.4.1 测量系统及校准

无人机系统的设备组成见表 4.4-4。利用北斗星通 XYW-300 作为载体，搭载 Velodyne 移动三维激光扫描设备，进行潮间带三维点云数据的获取，并架设基准站，采用 PPK 模式进行扫测区域地形点测量，对激光扫描点云高程精度进行验证和评估。Velodyne 激光扫描仪和 IMU 见图 4.4-11。

表 4.4-4　　　　　　　　　　　无人机系统设备组成

序号	名称	技术规格	数量	单位
1	8 轴多旋翼无人机	北斗星通 XYW-300	1	台
2	NovAtel 基准站	NovAtel	1	套
3	激光雷达扫描仪	Velodyne	1	台
4	POS 系统主机	NovAtel	1	套
5	数据储存控制板	双天线 LiAir one	1	台
6	高性能 PC 机	Lenovo	4	台

（a）　　　　　　　　　　　　　　（b）

图 4.4-11　Velodyne 激光扫描仪（a）和 IMU（b）

4.4.4.2 试验及精度分析

以长江口区北支黄瓜沙附近潮间带的测量为实例说明无人机激光雷达组合测量技术的实施步骤。长江口北支试验区概况见图 4.4-12,试验区位于东经 121.727°、北纬 31.65°,为中等强度感潮河段,最大潮差 3.0m 左右。试验区在低潮出露大片滩涂,高潮时滩涂淹没,高潮边滩水深 1.0～2.0m。

图 4.4-12　长江口北支试验区概况

无人机激光雷达组合测量作业和数据处理流程如下:

(1)地面 GNSS 基站架设

为保证 POS 系统的定位精度,航摄飞行前 30min,在测区附近(距离小于 30km)建立 GNSS 基准站,基准站上架设高精度 GNSS 信号接收机,基准点采用 GNSS 静态采集的控制点。

(2)飞行准备

在测量实施前规划航线,利用地面站软件生成相应测区的测线,地面站软件测线生成见图 4.4-13。

当无人机长期不用,或者无人机飞行方向明显不正确时,需要进行磁罗盘校准(包括水平罗盘与垂直罗盘校准)。无人机磁罗盘校准见图 4.4-14。

无人机磁罗盘校准步骤如下:

①遥控器切到手动模式,油门收到底。

②进入软件的罗盘校准界面。

③分别进行水平磁罗盘与垂直罗盘校准。

罗盘校准质量评价见图 4.4-15。

图 4.4-13　地面站软件测线生成

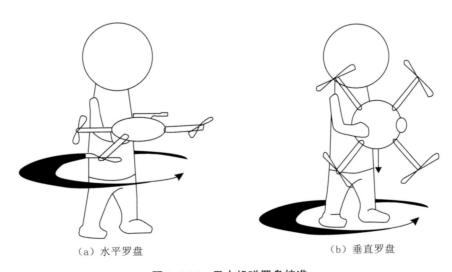

（a）水平罗盘　　　　　　　　　　　（b）垂直罗盘

图 4.4-14　无人机磁罗盘校准

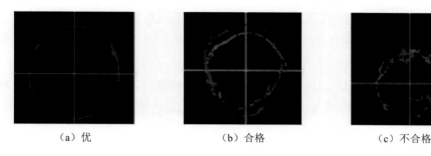

|（a）优|（b）合格|（c）不合格|

图 4.4-15　罗盘校准质量评价

作业前进行无人机无挂载设备的实验性飞行，以检验无人机的飞行性能，实验性飞行的监控画面见图 4.4-16。实验飞行结果表明，无人机飞行状态稳定，电机平衡性与实际油门位正常，无人机能够接收到地面站的指令，能正确地飞行并可以实时回传飞机位置姿态数据。

图 4.4-16　实验性飞行的监控画面

当无人机进行实验性飞行并确定飞机平台没有故障之后，把搭载设备（激光雷达）挂载在无人机上，接通雷达探头的电源开展观测，接通电源后的雷达数据存储指示灯状况见图 4.4-17。

图 4.4-17　接通电源后的雷达数据存储指示灯状况

作业前 IMU 累计误差消除：在进行"8"字飞行前观察激光雷达数据采集软件 Li-Acquire，注意 status 界面下的 AzimuthStd 逐渐降低。当状态显示为"GOOD"时进行 IMU 累计误差消除飞行。

当 status 界面中的 RollStd、PitchStd、AzimuthStd 精度较高（小于 0.1m）时，开始采集激光雷达数据，地面站软件指示飞机执行进入航线，准备采集测量数据。

（3）无人机的飞行测量

准备工作完毕，且确定仪器已经开始记录 IMU 数据以及激光雷达数据，确认数据符合要求之后，地面导控站切换为自动导航模式，随后进入航线。航线飞行中，地面站软件无警告和报警信息，电池电量保持在正常范围内，无人机基本沿航线进行飞行。降落之前，已再次完成 IMU 累积误差校准。无人机通过人工操控降落，降落后 IMU、激光雷达静止 3min，此后雷达设备关机，基准站关机。该次飞行测量航次为多旋翼 3 航次，3 天完成，测量过程中无人机准确按照航线进行飞行测量，安全完成测量任务。本次测量实施时间段选择当地潮水为最低潮且风力较小时进行，飞行作业保证覆盖更大面积的滩涂以减少误差。

（4）测量数据导出

使用 Li-Acquire 软件通过 RJ45 网线接口连接激光雷达控制盒导出激光雷达原始数据；使用 NovAtel Connect 软件通过 USB 接口从基站控制盒中导出基站数据。数据导出后通过软件打开验证，表明本次测量完整记录了整个飞行任务的数据。

（5）POS 数据解算

利用 Inertial Explorer 软件对通过无人机机载 POS 系统所获得的数据与基站获得的 GNSS 数据进行联合解算处理，可以获得满足点云处理要求的每一个事件点的无人机的准确位置信息与姿态信息。Inertial Explorer 软件处理 POS 数据见图 4.4-18。

（6）原始未滤波点云数据解算

将导出的 POS 数据导入 Li-Acquire 软件，Li-Acquire 软件可以识别导入的 POS 数据，并使用 POS 数据解算出具有准确姿态位置的点云，Li-Acquire 软件处理的原始未滤波点云数据见图 4.4-19，满足后续作业处理要求。

（7）雷达数据处理

采用激光雷达数据处理软件 TerraSolid 平台，对非地面以及跳点进行删除工作，并对数据进行校准与分类工作，TerraSolid 平台处理的校准、滤波与拼接后的点云成果见图 4.4-20。

（8）成果精度分析

以 RTK 实测点绝对三维坐标为参考，将点云数据坐标与 RTK 实测点进行对比，激光点云与 RTK 测定高程对比见图 4.4-21，若二者的偏差小于 10cm，则表明系统组成、配置和校准以及作业方法正确。

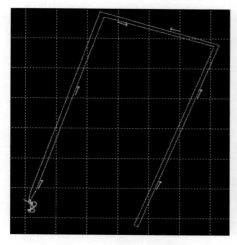

图 4.4-18 Inertial Explorer 软件
处理 POS 数据

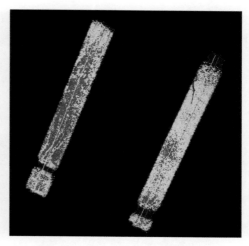

图 4.4-19 Li-Acquire 软件处理的
原始未滤波点云数据

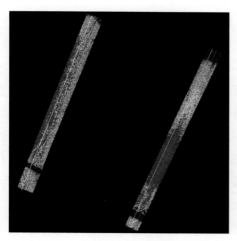

图 4.4-20 TerraSolid 平台处理的校准、
滤波与拼接后的点云成果

图 4.4-21 激光点云与 RTK 测定高程对比
（字体较大的为 RTK 测点）

4.4.5 船载水上水下组合测量技术

船载移动组合测量系统主要包括激光扫描仪、测深仪、RTK、MRU 等设备。本节主要介绍该系统的传感器安装、标定、RTK 数据链传输、仪器校准、船速和距离的影响分析以及实际应用测试。

4.4.5.1 系统安装及校准

（1）扫描仪安装

根据船只的具体情况，加工可拆卸式安装架，便于灵活安装，船载三维激光安装见

图 4.4-22。安装时应选择激光安装的最佳位置，获取较好的测量效果。在安装过程中，确保激光扫描仪安装稳定，不会随着船只航行的振动发生相对抖动，以免影响测量效果。

图 4.4-22　船载三维激光安装

（2）传感器初始值测定

为进行后续的资料处理及改算，在罗经、姿态传感器、GNSS 卫星天线及测深仪安置好后，测量开始前选一个水面平缓之处，将测船缆绳固于码头边，尽可能使测船处于平稳状态。船体坐标系及传感器初始值的测定见图 4.4-23。首先采用全站仪任意架站的方法测定各传感器设备和船首、船尾的位置坐标，再以姿态传感器位置为坐标原点，以平行于测船龙骨方向，指向船首为 X 轴，垂直于 X 轴的方向，指向船右舷为 Y 轴，垂直于 XY 面向下为 Z 轴，建立船体坐标系，并计算各传感器在该坐标系下的坐标值。

各个传感器（包括 GNSS，换能器）与参考点偏移量见表 4.4-5，偏移量需在采集软件配置中输入各项偏移量参数。

图 4.4-23　船体坐标系及传感器初始值的测定

表 4.4-5 传感器与参考点偏移量

传感器	X/m	Y/m	Z/m
参考点	0.000	0.000	0.000
IMU	0.000	0.000	0.010
GNSS	0.000	0.126	0.194
SLM	0.000	−0.430	0.051

（3）RTK 基准站架设

在岸边已知点上架设 RTK 基准站（图 4.4-24），并播发 CMR 改正数给船载 RTK 流动站。

图 4.4-24 RTK 基准站架设

（4）仪器校准

动态扫描系统集成了多种传感器（激光扫描仪、MRU、GNSS 等），各个传感器的校准对于创建精确匹配的点云数据起着重要的作用。设备安装完成后，需要通过校准计算相对位置偏差。

（5）数据处理

将各个传感器输出的数据传输入计算机并保存。根据各传感器采集的信息，以 GNSS 时间为基准将其融合成新的数据信息。利用确定好的延时改正量，对所有测量数据进行延时改正计算。最后由建立的移动测量系统相关的坐标系统、各个坐标系之间的坐标变换关系及推导出的激光点云三维坐标的计算公式，计算出物点坐标。

4.4.5.2 试验及分析

下面以长江趸船码头及浒浦港附近江堤两个实例说明船载移动组合测量系统实施方案。

（1）长江趸船码头试验

试验区域为海事趸船码头，对船载三维激光扫描仪的性能以及效果，根据不同速度与距离进行比对试验。试验区域实景见图4.5-25。测量时，设计如下方案。

①方案1。其中，（1—1）距离50m，速度1.5节；（1—2）距离100m，速度1.5节。

②方案2。其中，（2—1）距离50m，速度2.5节；（2—2）距离100m，速度2.5节。

③方案3。其中，（3—1）距离50m，速度3.5节；（3—2）距离100m，速度3.5节。

试验效果见图4.4-26。结果表明：船载三维激光扫描目标物时，其精度与船航速、激光扫描仪量程、距目标物远近密切关系。测量中，船速应尽量控制在2节以内。由于量程关系，离目标物的距离不超过100m时，船载激光扫描仪的效果最佳。事实上，对地形测量而言，不需要高密度点云，因此可以适当提高船速。

图4.4-25 试验区域实景

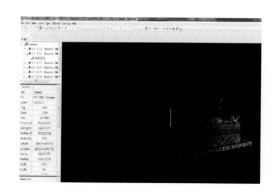 

（a）方案1

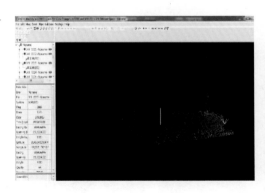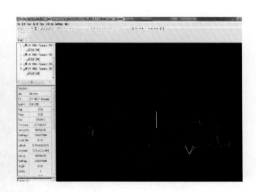

（b）方案 2

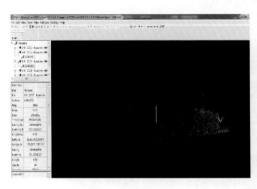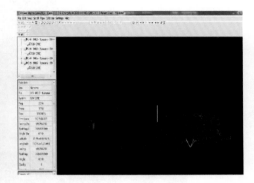

（c）方案 3

图 4.4-26　试验效果

（2）浒浦港附近江堤试验

将船载移动组合测量系统应用于长江主江堤段浒浦港附近。扫描区域两边为堤坝，试验区对岸存在明显特征点，对这些特征点进行测量，长江堤防潮间带测量效果见图 4.4-27。将测量结果与 RTK 定位结果比较，特征点选取见图 4.4-28，特征点对比见图 4.4-29，分析其精度，船载激光扫描与 RTK 测量三维坐标对比见表 4.4-6。

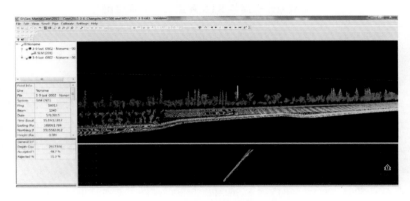

图 4.4-27　长江堤防潮间带测量效果

图 4.4-28　特征点选取

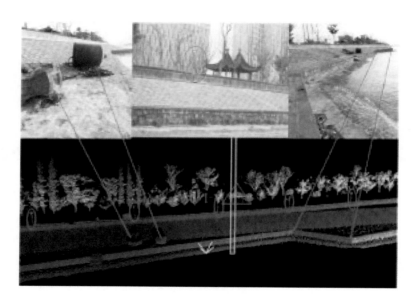

图 4.4-29　特征点对比

表 4.4-6　　　　　　　　　　船载激光扫描与 RTK 测量三维坐标对比

特征点号	激光坐标/m			RTK 坐标/m			坐标差值/m		
	X	Y	Z	X	Y	Z	X	Y	Z
1	5611.621	8008.297	5.794	5611.407	8008.247	5.952	0.214	0.050	−0.158
2	5602.529	8003.633	5.800	5602.245	8003.507	5.614	0.284	0.126	0.186
3	5586.550	7995.508	6.110	5586.424	7995.558	5.992	0.126	−0.050	0.118
4	5585.751	7997.499	6.130	5585.726	7997.375	5.956	0.025	0.124	0.174
5	5596.965	8000.237	5.910	5597.041	8000.081	5.949	−0.076	0.156	−0.039
6	5596.473	8001.984	5.845	5596.498	8001.729	5.627	−0.025	0.255	0.218
7	5573.849	7992.629	6.413	5573.966	7992.451	6.127	−0.117	0.178	0.286

续表

特征点号	激光坐标/m			RTK 坐标/m			坐标差值/m		
	X	Y	Z	X	Y	Z	X	Y	Z
8	5574.601	7990.883	6.435	5574.557	7990.656	6.204	0.044	0.227	0.231
9	5555.933	7985.859	6.119	5556.046	7985.733	5.936	−0.113	0.126	0.183
10	5558.700	7984.321	5.882	5558.664	7984.394	5.753	0.036	−0.073	0.129

注：假定平面坐系，1985 国家高程基准。

由表 4.4-6 不难看出，测量距离 100m 以内，三维激光扫描所得点位在 X 方向平均误差为 10.6cm，中误差为 9.5cm；Y 方向平均误差为 13.6cm，中误差为 17.2cm；Z 方向平均误差为 17.2cm，中误差为 13.0cm。满足不大于 1：2000 比例尺地形测量的精度要求。由此验证了本节方法的准确性。

4.4.6 气垫船载组合测量技术

由于测量船只的吃水限制和潮间带地形地貌的复杂性，气垫船作为一种可以在水面、滩涂、草地、沙地等多种条件下的两栖运载工具，可用作测量的搭载平台。采用气垫船进行潮间带滩地测量时，其中一种接触式的方式是在船上安装固定 GNSS 测量仪器并测量 GNSS 设备的相位中心离地面的高度，通过连续记录 GNSS 的实时测量值或观测值，实现 RTK 或者 PPK 连续测量，气垫船 GNSS RTK 测量见图 4.4-30，此种方式仍然存在部分测区难以到达或施测大比例尺地形图效率低下的问题。另一种方式是通过气垫船作为测量平台，搭载三维激光扫描仪等进行抵近非接触测量。本节主要介绍后者。

图 4.4-30 气垫船 GNSS RTK 测量

4.4.6.1 组合测量系统

利用 CH-4 型气垫船作为载体，搭载北科天绘 R-Angle 移动三维激光扫描设备，进行滩涂三维点云数据的获取，并架设基准站，采用 PPK 模式进行扫测区域地形点测量，对激光扫描点云高程精度进行验证和评估。

首先对气垫船进行改装，依据扫描仪和设备进行安装架的定制和安装。要求安装架稳固无振动，以此保证整个测试系统不在高频率的振动条件下工作。安装架的制作改装主要包括支架平台制作、GNSS 连接杆制作、支撑腿制作、支架与船体连接处改装等。安装架和 R-Angle 移动三维激光扫描仪安装现场分别见图 4.4-31 和图 4.4-32。改装后的气垫船见图 4.4-33。

图 4.4-31　安装架安装现场　　　　图 4.4-32　R-Angle 移动三维激光扫描仪安装现场

图 4.4-33　改装后的气垫船

试验仪器设备组成见表 4.4-7，R-Angle 0300 和 POS AV 610 技术参数分别见表 4.4-8 和表 4.4-9。

表 4.4-7　　　　　　　　　　　　　　　　试验仪器设备组成

编号	设备名称	型号	主要功能
1	激光扫描仪	北科天绘 RA-300	激光点云数据获取
2	惯导系统	Applanix POS AV610	定位定姿
3	控制笔记本	GETAC B300	控制设备,记录数据
4	锂电池	SS-Power 100AH	系统整体供电
5	GNSS 系统	Trimble R10	静态基站,检核点测量

表 4.4-8　　　　　　　　　　　　　　　R-Angle 0300 技术参数

指标		精度及范围	指标	精度及范围
最小测距/m		1.5	扫描视场/°	360
最大测距/m	$\rho \geq 20\%$	300	测距精度(@100)/mm	5～8
	$\rho \geq 60\%$	500	扫描频率/(lines/s)	10～200
激光采样频率(max)/kHz		600	扫描仪重量/kg	＜5
激光安全等级		Class I	测角分辨率/°	0.001
激光波长/nm		1550	测角精度/°	0.005
回波模式		多回波	工作温度/℃	−20～55
光斑尺寸/mrad		～0.3	供电方式(V DC)	18～32
储存温度/℃		−20～70	系统功耗/W	＜80

表 4.4-9　　　　　　　　　　　　　　　POS AV 610 技术参数

指标	精度及范围
GNSS 定位/m	0.05～0.3
速度分辨率/(m/s)	0.005
横滚角度与俯仰角度/°	0.00255
航向角/°	0.0050

4.4.6.2　试验及精度分析

以长江口区浏河口附近潮间带为实例说明气垫船移动组合测量系统的实施步骤,长江口试验区概况见图 4.4-34,该试验区位于东经 121.303°,北纬 31.521°,为中等强度感潮河段,最大潮差为 2.8m 左右。试验区在低潮时出露大片滩涂,高潮时滩涂被淹没,高潮边滩水深为1.0～2.0m,试验区潮间带低潮期及高潮期局部地形地貌情况分别见图 4.4-35 和图 4.4-36。

图 4.4-34　长江口试验区概况

图 4.4-35　试验区潮间带（低潮期）局部地形地貌情况

图 4.4-36　试验区潮间带（高潮期）局部地形地貌情况

（1）试验数据采集

POS 系统启动前在已知控制点架设 GNSS 基站；POS AV 610 在启动后需在 GNSS 信号良好的空旷地带静置 15min，而后进行 10～20min 的动态测试，以达到惯导初始化对准。激光数据采集通过北科天绘 SS-NAV 数据采集软件采集；SS-NAV 数据采集软件包括作业计划制作、传感器参数设置及监控、点云实时显示和作业路线导航四大模块。现场测量及 PPK 采集见图 4.4-37。

图 4.4-37　现场测量及 PPK 采集

（2）数据处理

在获得 POS 系统数据后，对 POS 数据进行处理，得到高精度的定位定向数据。其处理流程包括 GNSS 事后动态差分处理、松组合数据处理/紧组合数据处理。

UI-RA 是针对 R-Angle 移动测量扫描系统开发的数据预处理软件。该软件的主要功能为解码激光雷达系统采集的原始 IMP 数据，并与轨迹进行融合解算生成大地测量坐标系下的标准 las/xyzi/ptx 等格式的点云数据。UI-RA 软件还具有点云滤波、点云浏览、点云分类等基本点云数据处理功能。

（3）精度分析

以 RTK 定位结果为参考，将激光点云坐标与之比较，统计分析点云数据的精度。激光点云与 PPK 数据比对见图 4.4-38。

对图 4.4-38 中的高程误差进行统计，结果表明：平均高程误差为 0.045m，高程中误差为 0.068m，精度满足工程测量规范中不大于 1∶2000 比例尺地形测量精度的需要。

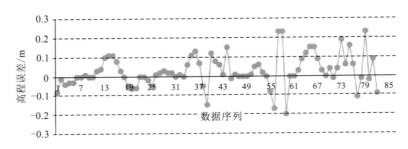

图 4.4-38　激光点云与 PPK 数据比对

4.4.7　水陆两栖全地形车移动组合测量技术

测量船舶由于吃水限制，在浅水中不能航行或者有一定的危险性。气垫船可以在水面、滩涂或者草地行进，但爬坡功能受到限制。水陆两栖全地形车则既可以在陆地行驶，也可以在水中（包括浅水）中行驶，还可以在滩涂、草地、芦苇中行驶，并且具有爬坡功能，如 XBH-2 型号的水陆两栖全地形车最大爬坡角度为 32°。因此在某些条件下水陆两栖全地形车在潮间带地形测量中具有无可比拟的优势。

4.4.7.1　移动组合测量系统

系统主要由水陆两栖全地形车、激光雷达、POS 及主控等组成。

Eagle-V 激光扫描系统具有利用激光刻穿植被，系统精度高、效率高、易操作等特点。Eagle-V 激光扫描系统见图 4.5-39。

图 4.4-39　Eagle-V 激光扫描系统

Eagle-V 激光扫描系统支持多平台（船载、车载、机载及背包等）应用，系统主要由数据同步采集子系统、多源数据融合处理子系统与点云后处理子系统等组成。其中，采集子系统由三维激光扫描仪、多传感器同步控制设备、GNSS/IMU 定位定姿设备以及多源数据一体化同步采集软件等组成，用于移动测量的三维激光点云、时间同步数据和定位定姿数据等的同步采集；多源数据融合处理子系统由 GNSS/IMU 定位定姿数据处理软件、三维激光扫描数据处理软件和点云后处理软件组成，用于完成对系统多源数据的集成、配准、融合和点云后处理及数字地形模型生成。

对 Eagle-V 激光扫描系统、GNSS 系统和 POS 系统按照第 2 章所述方法进行系统安装、校准和标定，水陆两栖全地形车载激光雷达测量系统见图 4.4-40。

图 4.4-40　水陆两栖全地形车载激光雷达测量系统

4.4.7.2　试验及精度分析

水陆两栖全地形车试验区域位于黄浦江上游水源地工程——金泽水库，金泽水库卫星像片见图 4.4-41。

图 4.4-41　金泽水库卫星像片

在金泽水库控制点上架设一个 GNSS 基站,采集 GNSS 原始数据,用于组合导航数据处理,以生成高精度轨迹成果。系统自带 4G WiFi,用于实时显示设备状态和扫测区域。

在系统测量的同时,利用同一个基准站台,采用 RTK 方式对试验区域特征点的地形数据进行了采集,用于精度比较和分析。野外试验见图 4.4-42,数据采集及实时显示见图 4.4-43,RTK 数据采集见图 4.4-44。

对 POS 系统所得定位和姿态数据进行处理以及精度评定,结果表明 GNSS 数据质量 100% 为固定解,组合导航轨迹精度在 2cm 左右。GNSS 数据质量和组合导航计算精度分别见图 4.4-45 和图 4.4-46。

图 4.4-42　野外试验

采集及实时显示

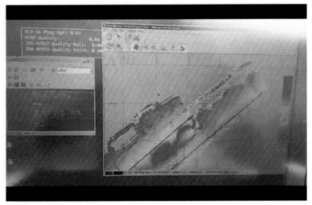

图 4.4-43　数据采集及实时显示

图 4.4-44　RTK 数据采集

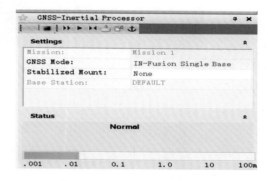

图 4.4-45　GNSS 数据质量　　　　　　图 4.4-46　组合导航计算精度

从点云密度看,进行边滩护坡扫描时,由于水陆两栖全地形车车速比较慢,边滩护坡的点云密度达到约 383 点/m²;进行道路扫描时,由于水陆两栖全地形车车速比较快(20km/h),道路的点云密度为 28 点/m²,满足地形测绘的需要。

QINSy 软件可生成点云多种格式,包括标准 las 格式。边滩护坡扫描效果和道路扫描效果分别见图 4.4-47 和图 4.4-48。

比较三维激光扫描成果和 RTK 成果,高程误差分布曲线见图 4.4-49。

对图 4.4-49 中的高程误差进行统计,结果表明:在 100m 范围内,高程误差范围为 -0.153~0.303m 高程方向,平均误差为 -0.016m,标准误差为 0.077m,本次比测效果较好,精度满足不大于 1:2000 比例尺地形测量需要。

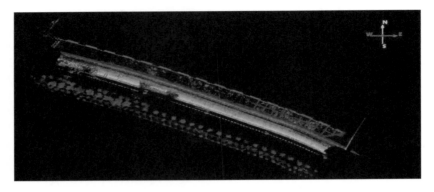

图 4.4-47　边滩护坡扫描效果

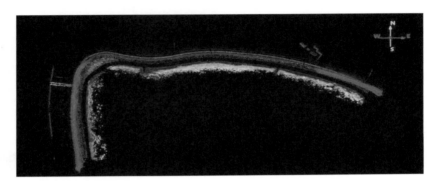

图 4.4-48　道路扫描效果

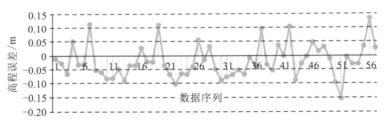

图 4.4-49　高程误差分布曲线

4.4.8　背包式移动组合测量技术

在实际的潮间带测量中,有些区域船只、气垫船或水陆两栖全地形车难以到达或行进,采用人工背包式进行非接触测量的自主适应性更大一些。

4.4.8.1　背包式激光扫描系统

背包式激光扫描系统主要采用 Velodyne HDL-32E 型号,主要构件包括 IMU 惯导系统、内置控制单元、存储单元、电池组、外接 PC 平板等。该型号未外接 GNSS,采用相对坐标系,利用测区已知点靶标进行校正。背包激光扫描系统可以在遮挡情况下进行测量,可以在树林中等地方施测,拓展了适用性,背包式激光扫描系统见图 4.4-50。

图 4.4-50 背包式激光扫描系统

主要系统参数：

扫描距离为 100m。

扫描角度为 $-10°\sim30°$。

绝对精度为 5cm。

相对精度为 2cm。

绝对分辨率为 2cm。

初始化时间为 30s。

续航时间为 3h。

输出格式为 E57，las，ply。

支持室外工作。

4.4.8.2 试验及性能分析

利用背包作为载体，通过 HERON 背包 SLAM 扫描系统进行滩涂三维点云数据的获取。绝对坐标通过现场的靶标进行校正。通过 RTK 模式进行扫测区域地形点测量，对激光扫描点云高程精度进行验证和评估。选取的潮间带位于长江口区浏河口右岸墅沟闸附近，位于东经 121.303°、北纬 31.521°。浏河口背包式试验概况见图 4.4-34。该处潮间带长度为 100 余 m，主要地貌类型有淤泥质滩涂、草地、芦苇地、抛石、浆砌护坡、沥青堤顶、田地等。

背包式测量系统的安装和施测见图 4.4-51，利用该系统对测量区域进行扫测，获得点云数据。施测完成后通过若干靶标的 RTK 坐标进行校正，获得三维扫描图像。三维扫描效果见图 4.4-52。以实测 RTK 点位坐标为参考，测得地形偏差。精度统计见图 4.4-53。

对图 4.4-53 中的误差进行统计，结果表明：误差范围为 $-0.218\sim0.189$ m，平均误差为 -0.094 m，标准误差为 0.132m，精度满足不大于 1∶2000 地形测量要求。

图 4.4-51　背包式测量系统的安装和施测

图 4.4-52　三维扫描效果

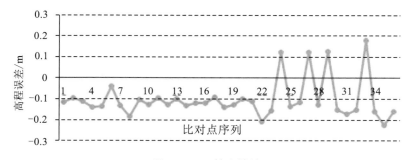

图 4.4-53　精度统计

4.5 小结

对于长江流域,水情复杂区域主要包括江湖汇流段、感潮河段等水域,其水文和泥沙特性独特,冲淤频繁,河道演变复杂,测量不利条件多,难以取得全覆盖、高精度和高可靠性的测量成果。但全覆盖、高精度和高可靠性的测量成果对于研究河道演变又是至关重要的。随着测量手段的丰富,更多的测量技术发展成熟。基于 GNSS 三维定位技术的移动激光测量技术,解决了滩涂和植被覆盖区域测量难题,为全覆盖测量提供了手段保障;基于 GNSS 三维水深测量技术为获取高精度和高可靠性的水下地形测量数据提供了技术保障。针对不同测区的具体情况,可采用针对性的技术方案加以解决。

第5章 河道崩岸监测预警与应急监测关键技术研究

5.1 概述

5.1.1 崩岸的危害性

江河湖泊、水库等水体岸坡崩塌，简称崩岸，是由河道演变造成天然河段河道洪漫滩地水土结合的岸坡失稳，从而引起岸坡的冲塌或坍落。长江中下游是崩岸易发河段，崩岸不仅对人民生命财产造成威胁，还会对航运、堤防等造成不利影响。

（1）崩岸影响堤防造成的防洪安全问题

长江中下游河道崩岸给两岸生命财产带来了极大的危害。历年来崩岸使长江沿岸的大中城市，如沙市、岳阳、武汉、九江、安庆、马鞍山、南京、镇江等，每年防汛都处于十分紧张的被动局面，沿江防洪大堤和工农业设施频繁出险。长江中游荆江大堤堤外无滩或窄滩堤长达 35km，堤身高达 10 多 m，防洪形势十分险要，由水流冲刷造成的崩岸直接威胁荆江大堤的防洪安全。1949 年祁家渊险工段在汛期发生崩岸，堤身挫裂，几乎招致大堤溃决。界牌河段临湘江岸于 1949—1967 年崩进 1.5km，损失耕地 2.5 万亩，退垸 26 次，退垸累计总长 34.5km。

长江下游安徽省怀宁县 1931 年和 1954 年由崩岸造成溃退的痕迹至今仍清晰可见。20 世纪 50 年代以来，怀宁县马店江堤因受崩岸威胁，不得不三次退垸，共后退 350m。同马大堤汇口段和无为大堤大拐段，岸线历年连续崩退近 2km，永安大堤由崩岸造成连续 10 余 km 堤外无滩或窄滩的深泓迫岸段，都威胁着长江重要堤防的安全。

（2）崩岸造成人民生命财产受到损失

据统计，20 世纪 50 年代以来，因崩岸原因仅长江下游沿江平均每年损失良田 7500 亩；较严重的如怀宁官洲于 20 世纪 50—70 年代共崩失土地 $12km^2$，损失良田 1700 亩，堤坝、水闸和近岸民居全部崩入江中，数十农民家园被毁；邗江县（今邗江区）六圩弯道于 20 世纪 50—70 年代岸线后退 2500m 左右，损失土地 1900 多亩，六圩港多次迁建；南京市龙潭弯道于 1954—1981 年崩失土地共 21200 余亩；80 年代以来损失较严重的是 1996 年 1 月 8 日长江九江河段的马湖堤崩岸，崩岸长度达 1200m，最大纵深为 240m，造成 96 间房屋倒塌，

24 人死亡,5 人重伤。

(3)崩岸使河势恶化,严重影响沿江经济建设发展

崩岸是导致河势变化的主要原因之一。在顺直河道中,崩岸促使边滩下移,主流摆动;在弯曲河道中,崩岸使水流顶冲点下移,从而形成"一弯变,弯弯变"的格局;在分汊河道中,崩岸常使支汊缓慢发展,严重地段还会引起主支汊的交替发展等。崩岸引起的这些河势变化,不仅严重影响沿江两岸许多工厂、企业和临江设施的正常运行,而且还必将制约沿江地区经济建设的发展;如南京河段八卦洲汊道,因洲头不断崩退,使得左汊分流比不断减小,影响左汊道内扬子石化公司、南京热电厂和南京钢铁厂等国有大中型企业的发展;镇扬河段和畅洲汊道因和畅洲头的崩退及和畅洲左汊内崩岸的发展,导致主汊的易位,严重影响右汊谏壁电厂、京杭运河等许多大中型企业、工农业基础设施的正常运行。此外,崩岸还会带来严重的淤积问题。如南京河段由于七坝、西坝头和八卦洲洲头的崩退,梅山钢铁公司、南京炼油厂和南京钢铁厂的码头和取水口淤积;镇扬河段六圩弯道因岸线急剧崩退,原向南凹进的河道,改为向北凹进的弯道,原水深良好的镇江港由于河道淤积,港口无法运行,现不得不迁址重建。

(4)崩岸影响长江航道的畅通

在顺直河道,崩岸使河宽增加,泥沙淤积,航深变小,在退水期不能冲刷成槽时往往会形成碍航浅滩。下荆江崩岸形成的"弯弯变",使航道碍航浅滩多达十余处,航道迁徙多变。如石首河湾向家洲近 10km 的岸线自 20 世纪 60 年代以来崩塌剧烈,至 1994 年 6 月 11 日终于崩穿过流,形成宽约 1200m 的新口门,现主流贴新口门左岸急速下泄,直冲石首市城区北门口一带;北门口江岸码头滩地不断崩失,大量泥沙被水流携带下移,致使其下游碛子湾河道泥沙大量淤积,枯水期水流不能集中归槽,航道急剧淤积,导致 1995 年 2—3 月两次出浅断航,其中最长的一次断航天数长达 22 天。

5.1.2　长江中下游河段崩岸分布特征

我国长江中下游河段是典型崩岸发生河段,在长江中下游超过 40% 河段岸线发生过崩岸灾害。其分布与河道特性相关,长江中下游河段崩岸有以下特征:

(1)横向分布特征

下荆江崩岸多于上荆江,九江以上除下荆江和界牌临湘崩岸分布比较集中外,其余都分布得比较散乱。九江以下的崩岸比九江以上的崩岸强烈且分布更广。长江中下游崩岸与河道的地质地貌条件、河床及河岸的物质组成有关。上荆江江口以上河道地貌的主要特点是洲滩较多,河岸主要由丘陵或阶地基座的基岩组成,抗冲性强,河岸稳定。江口至藕池口,河岸由现代河流的沉积物所组成,两岸阶地,河流沉积的卵砾石深埋于沙层以下,河漫滩的沉积物为粉质黏土、粉质壤土等,河岸下部为沙层,河岸不如江口以上稳定。江口至藕池口河段护岸较多且年代久远,故崩岸虽时有发生,但不十分严重,崩坍量较大的仅有学堂洲、窑金

洲及南五洲等几处高河漫滩。下荆江为蜿蜒型河道，河床沉积物为中细砂，卵砾石层已深埋床面以下，河岸大部分为现代河流的沉积物组成的二元结构。此种河岸结构容易被水流冲刷，崩岸异常活跃且强度较大。

（2）纵向分布规律

整体上看，崩岸现象向河口方向（纵向）有逐渐加剧的趋势，其中江苏省与上海市的河岸崩塌最为严重。此外，支流水的汇入也会导致干流的水流侵蚀能力增加。例如，赣湘两省大部分江岸位于鄱阳湖与洞庭湖汇入长江的下游，这两大湖汇入长江的水量较大，但含沙量却较小，使汇入长江的水流具有较大的侵蚀能力，导致赣湘两省河岸崩塌比例远比皖鄂两省的大。

具体来说，按崩岸的平面表现形态来分，崩岸主要有窝崩、溜崩、条崩和洗崩 4 种类型，长江中下游以条崩和窝崩为多见。条崩主要是由长江水流（有时兼有地下水）冲刷坡脚作用而形成的平行于岸坡的条形崩塌或坐落。河流主流线贴近的岸坡，因表流冲刷作用强，往往产生条崩。而窝崩的发生地点往往为主流线顶冲点的下游、挑流节点的下游或主流线不稳定而有急剧变化的河岸，而且窝崩一般发生在汛期。因此，它与高水位期主流线的状态有密切关系，而与河岸纵深发展趋势的关系不明显。发生过窝崩的地方，以后有可能继续发生发展，也有可能形成淤积后在另外一点发生新的窝崩。

（3）时间的不确定性

崩岸具有突发性及不确定性，在汛期、枯水期和平水期都会发生。据记载，20 世纪 60 年代马鞍山河段恒兴洲曾于枯季发生崩岸，其他河段也有类似现象。北江大堤岸坡崩塌也多发生于枯水期和退水期。

（4）在大洪水强烈的造床作用下，崩岸强度呈增大的趋势

1998 年长江下游发生仅次于 1954 年的大洪水，在洪水的冲刷下，不少河段都发生了严重的崩岸。如小黄洲左缘 2km 长的未护段崩宽达 90～110m，并在已护岸末端出现 400m×150m（长×宽）的大崩窝；贵池河段的大砥含、黑沙洲河段的泥汊、援洲等河岸以往均较稳定，但在 1998 年都出现了较严重的崩岸，其中大砥含河段连续出现窝崩，崩岸长达 2km，使得外滩宽仅为 30～40m。

5.1.3　长江中下游河道崩岸的特点

（1）崩岸以窝崩为主，强度较大

长江自枝城以下属冲积平原性河流，大部分江岸由疏松沉积物组成，并具有二元结构的特点，即上层为河漫滩相的黏土，下层为河床相的中细砂。在发生较大洪水时，河岸往往受水流冲刷严重，岸坡变陡，产生较强的崩岸。崩岸发生的形式以窝崩为主，也有条崩发生，在濒临河口的地区受风浪影响较大，往往还会发生洗崩现象。一般而言，窝崩强度最大，一次

崩岸可能崩失土地数十万平方米;条崩次之;洗崩强度较小。崩岸强度较大的河段,其崩坍幅度每年可达数十米至百余米。崩岸最强的是下荆江。如1962年六合夹河段年最大崩宽达600多m。长江中下游汛期发生的几次崩岸都是相当严重的,如1984年7月24日发生在江苏省江都县(今江都区)嘶马河口处的窝崩,持续63h,塌口长330m,崩宽350m,最大冲深25.4m,崩失土地11.5万 m^2;1998年6月4日安徽省水阳江堤发生长210m,宽5～10m的条崩,随后崩岸继续发展,到当年10月形成长135m、崩宽40～50m的大崩窝;长江中游石首河段北门口,1998年大洪水时也发生了严重的窝崩,崩宽100多米;下荆江碾子湾段自2001年入汛以来,受长江中水位(造床流量)持续时间长、深涨贴岸、土质差等因素影响,相继发生严重崩岸,在4850m长的岸线上发生20多次崩岸,最大一次崩宽达230m,平均崩退180m,圩堤崩去一半。

(2)崩岸长度大、数量多、分布广,受河势变化影响较大

在长达4249km的长江中下游干流河道河岸线上,1998年大洪水时发生崩岸险情330多处,其中较大险情有56处。崩岸大多发生在老崩岸险工段。过去由于守护工程的标准不高,守护范围不够,或采取守点固线,留有空白段,以及护岸工程建成后没有进行正常的维护加固,已护工程损坏严重等原因,老崩岸险工段往往无法抵御较大洪水的考验,使崩岸进一步发展。如石首河段的北门口和鱼尾洲险段、枞阳江堤的老洲头险段、无为大堤的小江坝险段、镇扬河段的龙门口险段和六圩弯道以及扬中河段的嘶马弯道等险工险段在1998年大洪水时均发生了较大的崩岸险情。

长江中下游干流河道发生崩岸与上游河势变化密切相关。如长江中游的石首河向家洲1994年发生切滩撇弯,石首北门口、鱼尾洲等险段崩岸强烈,1996年向家主泓南移,改走新生滩南汊,1998年汛期主泓北移,恢复到新生滩北汊,石首河段夹河口到向家洲一线长2km岸线崩塌剧烈,已护工程损坏严重。同时,由于上游河势变化,顶冲点下移,北门口、鱼尾洲、下荆江北碾子湾连续发生强烈崩岸。又如长江下游的仪征弯道,过去一直是较为稳定的河道,近期特别是1995年以后受长江连续几年大洪水的影响,上游南京河段出口深泓右移,三江口挑流作用增强,1998—1999年汛期弯道多次发生崩岸险情,最大的崩窝长达200多m,崩宽70～80m。

(3)崩岸具有突发性,汛、枯期都有崩岸发生

一般而言,长江下游黏性土层较薄,抗水流的冲刷能力较弱,在汛期发生较大洪水时,受主流顶冲的河岸容易冲刷形成崩岸。如镇扬河段在1983年大洪水年汛期受水流顶冲的和畅洲洲头崩退近600m,1998年大洪水时和畅洲先后发生7次较大崩岸险情,其中最大的崩窝长达280m,崩宽250m,塌毁江堤160m,崩失土地90余亩。

汛后,由于长江退水归槽,水流冲刷岸脚作用加剧,加之滩岸土质较差,在汛期经受洪水长时间浸泡的岸段,其土的抗剪能力下降,在汛后水位回落期崩岸频繁,强度增强。如1996年1月8日发生在江西马湖堤的崩岸、1998年10月14日发生在石首河段北门口的崩

岸等,崩岸强度均较大,且都是枯期崩岸的例子。

5.1.4　崩岸监测难点及监测技术研究

（1）崩岸监测难点

由于引起崩岸灾害的因素众多、崩岸类型不同、崩岸形成条件及过程相当复杂,且崩岸具有突发性,因此崩岸监测难度大。长江沿岸崩岸监测主要存在以下几个难点:

1）滩涂测量困难

由于大量淤泥质滩涂的存在,长江中下游存在较多人员及船只难以进入区域,人员直接进入容易发生泥陷,而用小船施测高滩必须候潮。上述测量模式效率极低,受潮汐、天气影响较大,同时测量人员人身安全得不到很好的保障。此外,受超声波在浅水存在多次回波等因素的影响,直接采用传统接触式测量获取的该区域地理信息数据的精度也较差。

2）崩岸、潜堤测量困难

崩岸多处于水陆交界区,坡度较为陡峭,采用传统方法从陆地与水下进行测量,易存在接边“空白”区域,往往这部分是关注的重点。近年来,国家对长江口区域进行大规模航道整治及建设工程,为改善通航条件,维护河势稳定,在江中心浅滩建设了大量的潜堤,这部分一般采用抛石填筑,高程较低,高潮淹没,低潮出露,且表面为散抛块石,表面不规则,这部分区域人员无法到达,船亦无法施测。而获取潜堤的三维数据对研究其受长期的冲刷影响后的整体稳定性具有重要意义,采用常规手段获取高精度及一定密度的三维信息极为困难。

3）快速获取高精度水边线困难

很多水陆交汇的淤泥质潮滩,剖面的形态受到许多因素影响,如沿岸流、地形、泥沙、波浪等,这就使得潮滩剖面的时空分布和变化更为复杂,同时潮滩面积广阔、平面水浅、变化十分复杂,导致高精度的水边线难以获取。水边线是淤泥质潮滩最主要的参数,这是海与陆彼此作用时形成的过渡线。水边线对于水域变化趋势研究具有重要的指示意义。传统的方法是通过从卫星图像上获取的边缘信息中判断获取水边线信息。沙洲水边线的提取基于目视判读,虽然这种方法很简单,但是这对判读者的地学知识掌握程度和判读经验有很高的要求,而且这种方法需要大量的时间进行遥感目视解译。由于工作量相对较大,获取信息所需的周期比较长,同时遥感图像解译质量还受工作人员地学知识掌握程度和判读经验的影响、工作人员对区域的熟悉程度等各种因素的制约,因此该方法时效性较低,精度也较差,很难适应目前信息化时代的快速处理要求。

上述因素综合表明,无论是传统的水上测量手段还是陆地测量手段都难以快速、高效率地获取高精度的水边线。因此研究一种环境复杂区快速崩岸监测技术非常迫切。

（2）崩岸监测研究内容

根据崩岸治理、应急救灾、崩岸机理研究等需要,崩岸监测主要内容包括崩岸巡查、崩岸水陆地理信息获取、崩岸近岸水沙因子监测、崩岸应急监测、岸坡稳定性监测等内容。

（3）崩岸监测技术路线

长江水利委员会水文局经多年观测、总结,积累了丰富的崩岸监测经验,形成了"低空崩岸巡查→崩岸水陆多维度、多时相监测→崩岸监测成果质量控制→崩岸预警"的全流程崩岸监测技术体系。利用上述技术体系,长江水利委员会水文局先后开展了崩岸应急监测,为应急救灾提供决策数据;开展影响崩岸的近岸水沙因子研究、完善堤防及岸坡内外部监测技术;通过对监测数据分析,探索总结崩岸发生机理,并对崩岸发生进行评估与预警。鉴于上述研究与总结,本章在简述长江中下游崩岸造成的危害及其分布特征、特点、类型、影响因素的基础上,着重介绍崩岸应急监测技术体系及崩岸影响因素监测。本章研究技术路线见图5.1-1。

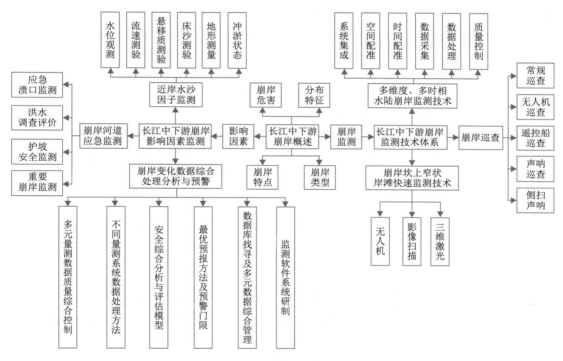

图 5.1-1 本章研究技术路线

5.2 崩岸稳定性影响因素监测

崩岸是一种危害性较大的自然灾害现象,在我国长江中下游崩岸现象尤为严重。因此,研究崩岸的类型以及影响崩岸的因素,并有针对性地对其进行监测,对崩岸发生机理的研究和制定有效的崩岸预测预防措施而言,具有十分重要的意义。

5.2.1 崩岸的类型

崩岸的类型有不同划分方式。按崩岸的平面表现形态,可将崩岸划分为窝崩、溜崩、条崩和洗崩 4 种类型；按崩落体受力破坏特点可将崩岸划分为侵蚀型、崩（坍）塌型、塌陷型和滑移型 4 种类型；按土体破坏过程表现特征的差异可将崩岸划分为突然失稳型、渐进破坏型和复活蠕滑型等几种类型；也可将崩岸划分浅层崩塌、平面崩塌、圆弧滑动崩塌、复合式崩塌等几种类型。

5.2.1.1 根据崩岸的平面表现形态划分

按崩岸的平面表现形态来分类，目前比较公认是将崩岸划分为窝崩、溜崩、条崩和洗崩 4 种类型；在其表现形式上又可以分为滑落式和倾倒式，滑落式崩岸的破坏过程以剪切破坏为主，主要分为由主流顶冲造成的窝崩和高水位下的溜崩；倾倒式崩岸的破坏过程主要是拉裂破坏，主要分为由主流顺岸贴流造成的条崩和表面侵蚀产生的洗崩。在上述 4 种崩岸类型中，窝崩的强度最大，溜崩次之，洗崩的强度最小。主要崩岸段大多发生窝崩，窝崩主要发生于弯道顶部和下部。条崩多发生于深泓近岸河口段且平行于岸线不直接顶冲的河段。洗崩主要发生于江面开阔河段，特别是河口段，河口段受风浪洗刷而崩塌的较多。

（1）窝崩

窝崩是长江中下游最常见的一种崩岸形式，多发生在土体抗冲能力很差且岸坡抗冲能力沿程不连续条件下的弯道的迎流顶冲部位，尤其是上下游均有较强抗冲能力的河岸，其间更容易发生局部淘刷，引发窝崩；有时，由于堤脚局部护坡基础埋深不足，基础下部被掏空也会造成窝崩。窝崩主要发生于弯道顶部及其下游侧。在曲率较小的河道处或岸坡抗冲能力沿程较均匀的条件下，崩窝在平面上一般呈近半圆的"香蕉形"，崩进宽度为口门长度的一半左右；而在曲率较大或非连续护岸工程间歇处，则发生"鸭梨状"的崩窝，其崩进宽度一般大于口门长度，"鸭梨状"崩窝破坏见图 5.2-1。窝崩一般具有以下特点：

1）强度大、数量多、分布较广

长江中下游几乎每年的汛、枯期均有窝崩发生，在汛期洪水较大的年份，发生的次数明显增加。如 1998 年大洪水时长江中下游共发生的 330 余处崩岸险情中绝大多数为窝崩，其中有 56 处为大尺度的窝崩。近 20 余年来发生的几次严重窝崩，如 1984 年 7 月 24 日发生在江苏省江都县嘶马河口处的崩窝，持续 63h，崩长 330m，塌宽 350m，最大冲深 25.4m，崩失土地面积 11.5 万 m²；1989 年 12 月 3 日同马大堤六合圩突发强烈崩岸，形成长 210m、宽 114m 的大崩窝；1998 年 6 月 4 日安徽省枞阳堤发生了长 210m、宽 5~10m 的条崩，之后崩岸继续发展，到 10 月形成了长 135m、宽 40~50m 的大崩窝；在 1998 年大洪水时长江中游石首河段北门口也产生了严重的窝崩，6 月 13 日发生两次窝崩，崩长 130m，崩宽 30~60m，10 月 14 日该处又发生严重的窝崩，崩宽 100 余 m。而近年来窝崩损失最严重的是 1996 年 1 月 8 日长江九江河段的马湖堤窝崩，该窝崩形成的崩窝长度达 1200m，最大纵深达 240m。

2）突发性强、危害严重、难以预测

一般说来，长江中下游属于冲洪（湖）积地质沉积环境，黏性土层较薄，整体抗水流冲刷能力较弱，在汛期发生较大洪水时，受主流顶冲的河岸易冲刷形成窝崩，如 1998 年大洪水镇扬河段和畅洲先后发生了 7 次较大窝崩险情，其中最大的崩窝长达 280m，崩宽 250m，塌毁江堤 160m，崩失土地 90 余亩。汛后由于水流退水归槽，淘刷岸脚加剧，加之滩岸土质条件较差，在汛后水位回落期窝崩频繁，强度增强。如 1996 年 1 月 8 日发生在江西马湖堤的窝崩，造成了倒塌房屋 96 间、死亡 24 人、重伤 5 人的重大窝崩灾害；1989 年 12 月 3 日同马大堤六合圩段突发强烈崩岸，堤身崩去了一半，窝顶距堤仅 7m，险情十分严重。

（2）溜崩

洪水季节水位一般较高，当河岸长时间浸泡后，土体强度下降，可能引发潜在滑动面向下溜崩。而在水位快速下降的过程中，由于土体内部渗透水流外渗，渗透水压力引起河岸溜崩，溜崩破坏见图 5.2-2。岸坡土层分布多呈二元结构，即由上层的抗冲能力较强的黏性土或亚黏土覆盖层和下层的透水性强的砂质壤土或砂土组成。由高水位向低水位转化时，上部堤岸水压力消失，水向堤外渗出，则可能引发潜在滑动面向下溜崩。

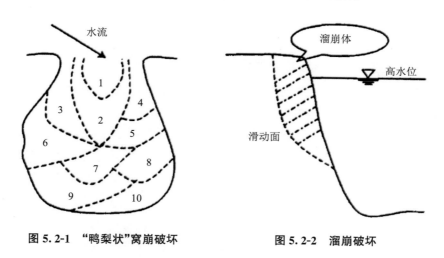

图 5.2-1　"鸭梨状"窝崩破坏　　　　　图 5.2-2　溜崩破坏

（3）条崩

由于主流贴近河岸对坡脚造成冲刷，因此临空面增大或者形成陡坎。对于自然河岸来说，当上部地层是固结程度较高的黏性土，而坡脚地层是较为松散的砂土时，常常造成由坡脚被掏空而引起岸坡纵向产生整体崩塌。这种上下层土质强度相差较大并且纵向抗冲能力较连续的河岸，容易形成条崩，条崩破坏见图 5.2-3。在坡脚长期处于水下，坡脚组成是以粉细砂为主的情况下，河岸抗剪强度极低。在底部纵向水流和环流的影响下，水流不断冲蚀坡脚，致使坡脚被掏空，上部岸坡（主要是黏土层）拉裂倾倒，这是形成条崩的主要原因。

（4）洗崩

堤岸因长期承受水流、风浪及船行波等作用，或者因堤防顶部发育有张裂隙或张裂隙由雨水充填而引发的堤防局部崩塌，最终表现为阶梯斜坡状。这种由波浪或雨水冲洗形成的崩塌称为洗崩，洗崩破坏见图 5.2-4。在水位达到高水位时，波浪越过堤顶，冲刷堤面，形成堤面浅沟状侵蚀。

靠近坡面1m左右范围为非饱和区,存在负孔隙水压力,在负孔隙水压力作用下,岸坡处于稳定状态,但当岸坡不断受到波浪冲刷,暴雨侵蚀浅沟时,负孔隙水压力消失,这时易发生洗崩。

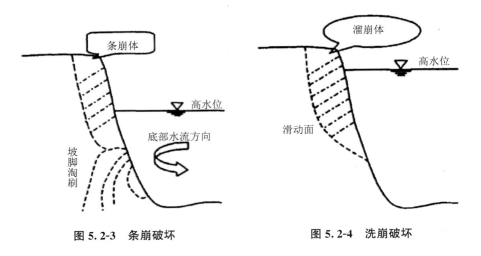

图 5.2-3　条崩破坏　　　　　　　　图 5.2-4　洗崩破坏

5.2.1.2　根据崩落体受力破坏特点划分

长江中下游干流河道岸坡经常产生不同程度的变形失稳,较强烈的河段则产生崩塌现象。按照崩落体变形特点,一般将崩岸分为侵蚀型、崩塌型和滑移型3大类型。这种分类将塌陷型归入崩塌型,但是由于塌陷型的特殊性,其破坏发育过程与崩塌型明显不同,因此将其单独归为一类。这样,崩岸可以被分为侵蚀型、崩塌型、滑移型和塌陷型4大类型,其中崩塌型和滑移型是崩岸的主要方式,塌陷型和滑移型主要针对特殊地质条件而言。

（1）侵蚀型

侵蚀型崩岸多发生于土体结构较好、抗冲性能强的较顺直河段岸坡。它主要受水流、风浪及船行波等的长期侵蚀、浪蚀、地表水流及外营力等作用,在长时间的积累下引起岸坡的缓慢后退。它是近似库岸再造的一种河岸再造方式,是一种稳定性较好的岸坡存在的较普遍的变形改造方式,多出现在岩质、硬土质及少量单一黏性土层的岸坡地段,侵蚀型崩岸见图 5.2-5(a)。

（2）崩塌型

崩塌型崩岸是岸坡在水流冲刷、浪蚀等作用下,一定范围的土体与原来整体的岸坡土体分离并产生的以垂直运动为主的破坏方式。崩塌型崩岸的显著特点是垂直位移大于水平位移,它的发生与土体的自重直接相关,其分布范围大、涉及岸线长。据不完全统计,长江中下游河道岸坡中有 80% 的崩岸是崩塌型。崩塌型崩岸可进一步划分为冲刷浪坎型、坍塌后退型两类。

1）冲刷浪坎型

冲刷浪坎型崩岸主要是在水流冲刷、浪蚀等作用下,岸坡的小范围土体产生自水边处土体开始的高差较小的破坏,随着水位及波浪的下移又会对下级水边土体产生类似的破坏,引发上部土体局部小范围崩落,最终表现为阶梯斜坡状,这种破坏高度与风浪爬高间有明显的对应关系,冲刷浪坎型崩岸见图 5.2-5(b)。

2）崩塌后退型

崩塌后退型崩岸是岸坡在水流冲刷、侧蚀作用下,坡脚先掏蚀成凹槽状并在岸坡重力、地下水外渗及自身形成的裂缝等结构面的组合作用下发生条带状或窝状的坐落、倾倒型的垂直移动,是崩岸的一种最主要、最常见的方式。坍塌后的土体脱离了原坡体,其垂直运动位移大于水平运动位移,常表现为坐落、倾倒两种方式,其引起的崩岸具有坍塌后退速率快、后退幅度大、分布岸线长、持续时间长、多表现为条带状、少数为窝状以及突发性等特点,崩塌后退型崩岸见图 5.2-5(c)。

（3）塌陷型

塌陷型崩岸是岸坡土体由下伏空洞或局部凹陷而引起周围土体在自重力和地下水静、动水压的作用下由四周向中心产生的一种破坏形式,塌陷型崩岸见图 5.2-5(d)。当前有关岩溶塌陷的成因观点较多,其中地下水潜蚀说被广泛用于解释岩溶塌陷现象。该理论认为塌陷的最主要原因是石灰岩被弱酸性地下水溶解和侵蚀,形成空间,当空间扩大到顶部支撑结构点被破坏时,产生地表塌陷。由降雨变化而引起地表径流和地下水位改变是发生塌陷的主要因素之一。这种形式在长江中下游干流河段出现的概率很小,但湖北黄石至武穴及江西彭泽、安徽铜陵至马鞍山等部分河段有灰岩存在,具备产生此种形式破坏的地质基础。

（4）滑移型

滑移型崩岸是岸坡土体在自重力、地下水及长江水位、水流等因素的共同作用下,沿某一破坏面(多为软弱面)产生的一种以水平运动为主的破坏形式,大部分窝崩属于此类型。按照滑移面空间形态及作用方式的差异可将其分为整体性滑移型和牵引式滑移型两类。

1）整体性滑移型

整体性滑移型崩岸是指岸坡土体沿某一连续性的滑动面产生的整体性移动从而导致岸坡被破坏的一种形式。整体性滑移型崩岸见图 5.2-5(e)。按照滑移面分布深浅部位的差异,可将其分为浅层滑移型和深层滑移型两类。

产生条件:①可能存在一个潜在滑动面,这一潜在滑动面可能由连续软弱层或软弱面构成,如淤泥或高含水量软塑土;②存在足够的下滑力,这种力来源于土体自重的下滑分力,地下水的动、静水压力等;③存在滑移的空间及临空面;④可能有裂缝等潜在的不利结构面。

特点:整体滑移型造成的崩岸具有破坏规模大、危害性强、滑移后岸线凹进、落水期的崩岸速率大于涨水期的崩岸速率、多发生于枯水期或低水位时期以及滑移土体中经常见到地下水出溢等特点。

2）牵引式滑移型

牵引式滑移型崩岸是指岸坡坡脚被掏空或软化,部分土体滑移破坏后,后部的土体因平衡条件受破坏,在牵引力的作用下也随之发生滑移,这样逐级往后发展至相当大的范围内土体产生一连串的滑移破坏的崩岸形式。牵引式滑移型崩岸见图 5.2-5(f)。

产生条件:①岸坡坡脚存在被掏空或软化后有产生滑移的可能;②边缘土体对中后部土体有较大的支挡作用,在边缘土体破坏后,后部土体将随之发生滑移。

特点：一旦边缘土体产生滑移必然产生连锁反应，这种反应可能在时间上是连续的，也可能有一定的间隔，但终究会逐级发生，直至形成牵引式滑移型崩岸。它具有时间连锁效应、循环反复性以及稳定性从低至高逐渐增大等特点。

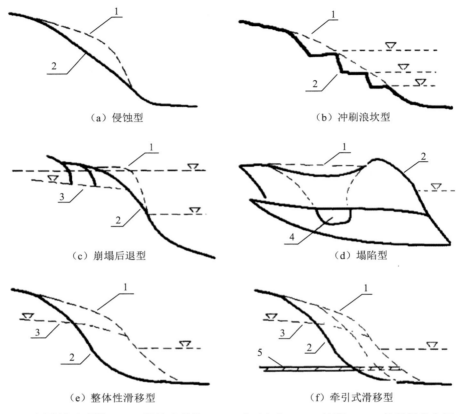

（a）侵蚀型　　　　　　　　　　　　　（b）冲刷浪坎型

（c）崩塌后退型　　　　　　　　　　　（d）塌陷型

（e）整体性滑移型　　　　　　　　　　（f）牵引式滑移型

1——原岸坡地形线；2——岸坡地形线；3——地下水位；4——溶洞；5——软弱泥化夹层

图 5.2-5　根据崩落体受力破坏特点划分崩岸模式

5.2.1.3　按土体破坏过程表现特征的差异划分

根据土体破坏过程表现特征的差异，可将滑移型崩岸分为突然失稳型、渐进破坏型和复活蠕滑型 3 类。不同类型土体破坏的力学机理和破坏的发生过程是有显著差异的，土的状态可分为剪胀型、减缩型和临界状态型。如果岩土体的应力应变模式为硬化型，则只可能发生突然失稳型破坏；而渐进破坏型只能发生在坡体岩土体为应变软化型的情况下。

（1）突然失稳型

突然失稳型滑坡是指坡体在破坏之前没有明显变形迹象，发生过程所需时间非常短促。从变形和破坏机制来考虑，突然滑动型似乎意味着整个滑动面上土体的抗剪强度同时得到最大程度的发挥。然而从力学上考虑，坡体发生任何突然的滑动破坏，在滑动之前的一瞬间，滑动面上各点的剪应力与抗剪强度的比值总是有差别的，因此滑动破坏总有一个从局部扩展到整个滑动面的过程,只不过这一过程历时极短,不易被人察觉。洪水猛涨、水位骤降和强烈地震引发的坡体破坏多属于突然失稳型。

(2)渐进破坏型

渐进破坏型滑坡则与突然失稳型滑坡相反,坡体的发育表现出较明显的逐渐破坏过程。破坏发生前在坡体及其表面一般会出现局部变形和破坏,如环状裂缝、局部沉陷和隆起等。渐进破坏型滑坡的起因主要是斜坡土体抗剪强度的逐渐降低。滑坡发生之前,滑动面局部抗剪强度已得到最大限度的发挥,但斜坡在整体上仍可满足静力平衡条件。只有当外部环境因素如水位、降雨、应变软化和风化作用等,促使滑带土的抗剪强度持续降低,直到静力平衡条件得以破坏,滑动面完全贯通时,滑坡才能开始全面启动。这样,从局部破坏到整体破坏需要经历相当长的时间,有的甚至长达数十年。

(3)复活蠕滑型

复活蠕滑型滑坡与上述两者有较大的差异,主要发生于具有滑动薄弱面的岸坡,如老滑坡复活或存在软弱夹层。此时滑带土已达到残余状态,其应力应变特性为明显的延性(塑状)性状。滑体的蠕滑速率往往与外界环境因素的变化,如降雨,具有明显的相关性,且在时间上呈明显滞后特点。复活蠕滑型破坏一般表现为深层滑移。

5.2.1.4 不同崩岸类型的内在关系

不同崩岸类型的内在关系见表5.2-1。

表 5.2-1 　　　　　　　　　　　　　崩岸划分类型及内在关系

序号	类别	具体类型	破坏方式	稳定性变化特点	主要作用因素	破坏过程表现特征	平面形态
1	侵蚀型	侵蚀型	—	整体稳定	水流冲刷、浪蚀	—	—
2	崩塌型	冲刷浪坎型	以拉裂为主	局部失稳,整体稳定	水流冲刷、浪蚀	—	洗崩
		崩塌后退型		局部失稳引发整体失稳	水流冲刷、地下水		条崩
3	滑移型	牵引式滑移型	以剪切为主	局部失稳引发整体失稳	水流冲刷、地下水	突然失稳型、渐进破坏型、复活蠕滑型	窝崩(溜崩)
		整体式滑移型		整体失稳	水流冲刷、地下水、水位		
4	塌陷型	塌陷型	以拉裂为主	局部凹陷引发整体失稳	岩溶因素、地下水	—	

注:塌陷型崩岸尚未在长江中下游发生过,故其平面表现形态不详。

如表5.2-1所示,不同崩岸类型之间存在内在联系,彼此间相互交错,不同分类涵盖的内容也不同。以平面表现形态分类标准和崩落体变形特点分类标准为例，冲刷浪坎型破坏在形态上应表现为洗崩；崩塌后退型在平面形态上有可能表现为条崩，但并非一定表现为条崩，在河势较为弯曲的情况下也可能表现为窝崩；滑移型破坏在平面形态上一般表现为窝崩，而在水位降落较快时，可能发展为溜崩。

5.2.2 崩岸影响因素与特点

通过对崩岸的类型、特点以及部分成因进行简单的分析可知：崩岸属于水、土结合的土坡失稳破坏，也是河床演变的一种表现形式。影响崩岸的主要因素是自然因素和人为因素，包括岸坡地质、河流动力、水文气象、人类活动、自然活动等，且各因素对崩岸形成的作用极为复杂，往往某些因素对某类崩岸影响巨大，对其他类型的崩岸影响则较小。崩岸影响因素分类见表 5.2-2。

表 5.2-2　　　　　　　　　　　　　崩岸影响因素分类

序号	大类	细类	原因属性
1	地质因素	地层岩性、地质构造、岸坡因素、水文地质	内因
2	河流动力因素	河道及河势特性、水动力因素	外因
3	水文气象因素	水文因素、气象因素	外因
4	人类活动因素	不当的人类活动、工程措施	外因
5	自然活动因素	地震、动物的破坏	外因

5.2.2.1 河道岸坡地质

地质因素对岸坡稳定起着决定性作用，具体包括地层岩性、地质构造、岸坡因素、水文地质等。其中，地层岩性是影响边坡稳定的最主要因素，不同地层有其常见变形破坏形式，地层组成分布至关重要，从宏观看，它主要由地质构造运动所决定。

（1）土体组成及分布

冲积河流岸坡及河漫滩一般由疏松沉积土组成，大多为黏土或粉质壤土和砂土，通常厚度较大、垂向分布不均。土体物质组成及分布对岸坡的稳定性影响很大，是崩岸形成的主要内在因素。中国科学院地理科学与资源研究所将长江中下游沿岸土质按黏土与砂土的比例划分成 4 类，其中黏土含量最高的 I 类岸坡稳定性最好，而砂土含量最高的 IV 类岸坡发生崩岸的概率最大。表 5.2-3 为长江中下游不同沉积相的土质情况。

表 5.2-3　　　　　　　　　　长江中下游不同沉积相的土质情况

地区	河床相	过渡相	河漫滩相
宜昌—枝江	以卵石为主，夹漂砾及砂	粉土	一般黏性土
枝江—武汉	上部为砂，下部为砾、卵石	砂与黏性土互层、夹层	一般黏性土夹淤泥质土
武汉—镇江	以砂为主，底部有砾、卵石	砂与黏性土互层、夹层	淤泥、淤泥质土及一般黏性土

（2）地下水渗流

岸坡土体下层细砂密实度不高、透水性强，易形成入河方向的连续大比降渗流。大比降渗流会冲刷坡面以及坡脚，地下水连续渗透会使岸坡土体出现弥漫现象，甚至产生管涌，导致岸坡失稳崩塌。若岸坡土体中存在薄弱层，渗流会促使土体沿薄弱层产生深层滑动，引起大规模崩塌破坏。因此，地下水渗流是崩岸形成的外界动力因素。

我国长江中下游由地下水渗流形成的管涌导致的崩岸事件很多。1998年大洪水期间，九江城市堤防溃决与崩岸现象类似，其主要影响因素是堤身和堤基缺陷所形成的渗流管涌。

5.2.2.2　河流动力学

早在1945年Friedkin就发现对于一个给定坡降的初始顺直小河，只要河岸或河床两者之一能被冲动，河流将不稳定于顺直河流而向弯曲形态发展。河流以其巨大的水流能量作用于河床及两岸，不停地侵蚀、搬运两岸及河床的物质，在合适的地点沉积，改造着河床和河岸的形态。河流及水动力学因素是崩岸产生的最主要的外界动力因素，可以说岸坡稳态的变化主要是河流及水动力直接作用的结果。概括起来，河流主要有三大作用：侵蚀作用、搬运作用和沉积作用。其中，河流的侵蚀作用直接影响到岸坡的稳定性，而河流的搬运及沉积作用则间接影响到岸坡的稳定性。

河流的侵蚀作用理论上包括水流的侵蚀和溶蚀作用，一般仅指机械侵蚀作用。河流的侵蚀作用是以其水动力能量与河床河岸相互作用，冲刷或掀动床体泥沙并将泥沙带走的过程。侵蚀作用的强弱取决于水的流速与流态，其结果还取决于河床河岸的物质组成及抗冲刷特性。河流的侵蚀作用可分为向下和向旁侧两个方向的侵蚀，前者表现为河床的纵向变形，后者则表现为河岸的侧向变形。水流侵蚀作用是通过两种方式表现出来：一是河道水流形成的贴岸冲刷及顶冲作用。二是横向环流、竖向回流或平面回流等副流的淘刷作用。

河流侵蚀作用的强度主要取决于水的流量和流速，即与水流的能量有关。另外，河流侵蚀作用的结果很大程度地受到河床河岸地质结构的制约，河床河岸地质体的抗侵蚀能力及空间分布常常主导着河床河岸变形的方向和趋势。河势决定了岸坡冲淤的性质。弯道凹岸、汊道分流和汇流处，一般主流贴岸形成强烈冲刷，易出现崩岸现象，长江中下游大多数崩岸均发生在此类岸段上。

5.2.2.3　水文与气象

（1）水文因素与特点

水文因素中流量的大小，泥沙特性，水位高低及水位涨落幅度等方面的变化，也会影响到河床冲淤关系的变化、洲滩的变化、分流比的变化以及与地下水间补排关系的变化，即直接影响到前两个因素，其结果往往是引起岸坡形态的改变或导致崩岸的发生。

长江中下游段有许多支流汇入。由于流域面积大，地形复杂，流域内各地区的气候特征有较大差异。各区降雨集中期：赣水为 2—3 月，湘、川、汉水为 8—9 月，长江下游则有梅雨和台风雨双峰降雨特征。因此，长江干流全年水量丰沛、流量稳定，其多年平均流量的离差系数值在中游汉口站和下游大通站分别为 0.14 和 0.15，是我国也是世界各大河流中离差值最小者。

近百年水文资料显示，长江中下游干流丰水年出现的规律性较强。长江中下游干流平均 15～16 年出现一次连续丰水年，但无明显的长周期变化；其少水年的出现除 15～16 年的周期外，自 20 世纪 30—40 年代以来，频率有增高趋势。这可能与气候、人类活动和环境变化有关。如丹江口水库建成后，每年下泄水量减少 100 亿 m^3。

长江泥沙来源于其干流和各支流。由于各支流水情、沙情不同，因此输沙情况复杂。总体上，输沙量自上游向下游递增，而含沙量则递减。输沙量的年变化与径流年变化大体一致。在中游（汉口以上）大多数年份沙峰较洪峰稍早，而下游一般沙峰晚于洪峰。这表明中游和下游河流淤积规律有所不同。

1）河道水流动力

河道纵向水流形成的贴岸冲刷和顶冲，横向环流、竖向回流或平面回流等副流形成的岸边淘刷，是崩岸形成的最主要外界动力因素。

2）河道水位

岸坡土体性质和地下水渗流与河道水位变化关系密切。洪水期岸坡土体因长期浸泡于水中而达到饱和状态，因此其孔隙水压力很高，抗剪强度下降。汛后河道水位快速下降，土压力增大，并形成非恒定大比降渗流，对岸坡稳定性的不利影响持续加重。长江中下游崩岸实例资料表明，90％以上的崩岸发生在枯水期或汛后，大水年之后表现尤为明显。

（2）气象因素与特点

气象因素主要包括风浪、雨水、冻融循环和干燥。降雨时间集中、周期较长、降雨量的增大（特别是暴雨期）等不但会导致河床水流量的增大、水位的抬高，而且会引起地表水入渗量增大、土体强度降低等一系列变化，从而导致岸坡稳态的变化。风浪对岸坡的冲击和淘刷对岸坡的稳定构成一定的威胁，尤其在下游和河口区等地方。河岸土壤中孔隙水、裂缝水的冻融会导致土壤松散，造成土壤的凝聚力和内摩擦力降低，从而增加岸坡表面被冲蚀的可能。同样，干湿循环会导致黏土收缩与膨胀，从而形成干燥裂缝，这些也会影响到河岸的稳定。

长江中下游地处温暖湿润的季风气候区，夏季湿热，冬季干寒，年平均气温为 15～20℃。年降水量大于 1000mm，雨量主要集中在 6—8 月，约占全年降水总量的 43％。普查结果显示，长江中下游大暴雨主要出现在 6—7 月梅雨期内。暴雨，尤其是特大暴雨或连续性暴雨，往往是引起长江中下游大洪水的直接原因。据观测记载，在全国范围内发生的 18 种气象灾害（暴雨、洪涝、干旱、大雪、冰雹、连阴雨等），在该地区均有发生。这些气象灾害因直接或间接作用于堤岸而影响到河岸的稳定性。

1）风浪

江河、湖库水面宽阔,易产生风浪。风成波浪在岸坡附近破碎,会对岸坡形成冲击而造成崩塌。即使波浪不在岸坡附近破碎,也会顺岸坡向上爬升,对坡面产生冲刷。

2）降雨

强降雨使岸坡内地下水位增高,入河渗流比降增大,从而使渗流破坏作用加强。另外,当降水量超过岸坡土壤入渗能力时,会形成地表径流,地表径流会对坡面产生侵蚀,即所谓面蚀,情况严重时,面蚀逐步发展成沟蚀,甚至重力侵蚀,最终导致岸坡失稳。

3）冻融和干燥

冻胀会使岸坡土体内部孔隙和裂缝中存在的冻结水成为冰晶体,土体结构变松,黏性土小团粒分开,土壤颗粒或团粒结构的黏聚力和内摩擦力降低,岸坡表面冲蚀和失稳的可能性增大。融冰后同样会使土体结构变松,抗剪强度降低,河岸稳定性降低。干湿循环使黏土含量较高的土壤发生收缩与膨胀,促进土块形成,土块之间会产生干燥裂缝,会对岸坡稳定产生不利影响。

5.2.2.4　人类活动

随着人类活动范围的扩张,人为因素对自然的影响也日益增强,人类活动可以间接或直接影响岸坡的稳定性。不当的人类活动方式,如不当的开采河沙,船舶航行,边坡开挖、加载以及破坏植被等行为,都将直接或间接影响岸坡的稳定性;而在自然稳态较差的岸坡段采取相应合理的工程措施,如河势控制工程、护岸工程,河道疏浚工程及植树植草等生物措施等都将使岸坡的稳态得到改善,崩岸较强的地段,其崩岸可以得到有效抑制,同时工程本身对河道自然演变的干扰和影响也越来越大,如果两者之间不协调将会发生预想不到的后果。调查分析资料显示,40余年来日益严重的自然生态系统失衡是洪灾加剧的重要原因之一。

（1）船舶航行

船舶航行引起的船行波会对岸坡产生强烈拍击和冲刷,显著增加岸坡表面冲刷和大体积塌陷的可能性;螺旋桨激荡会增大局部流速,对底部岸坡造成严重冲刷。

（2）人为工程

在冲积河流上,清水通过拦河建筑物下泄后会对坝下河床产生冲刷,使岸坡坡脚淘刷更严重、高度增加更明显,从而导致崩岸事件的发生。这种情况在国内外许多河流上都发生过。岸坡上丁坝、桥梁墩台等工程布置不当,也可能引起局部岸坡被强烈冲刷,导致崩岸事件的发生。因而,人为工程被视为河道崩岸形成的重要影响因素。

（3）人工挖砂及人为荷载

近岸附近的人工挖砂会产生与水流冲刷岸坡同样的效果,使坡度变陡,增加岸坡失稳破坏的可能性。即使仅局部人工挖砂,若挖除坡脚,也可能会导致重大崩岸事件的发生。

（4）植被

良好的岸坡植被可提高土壤的抗剪强度，并使土壤产生一定的抗拉强度。人类活动往往会破坏植被，植被破坏易导致岸坡冲刷和崩塌加剧。岸坡上的树木虽会对岸坡的稳定起促进作用，但也易被洪水冲倒或狂风拔起，在被冲倒或拔起时会松动土壤结构，对岸坡稳定产生不利影响。

5.2.2.5 自然活动

砂土受到震动很容易引起液化，这一问题值得关注。地震引起地面大位移会对结构造成破坏。地震液化诱发地面大位移主要发生于带有一定坡度的松散饱和砂土地基中，在地震产生的循环荷载作用下，土体中的超孔隙水压力迅速上升，土体的抗剪强度逐渐降低，当已液化土的抗剪能力很小时，上覆非液化土层在沿液化界面的自重分力和土的水平地震力的作用下产生滑移，其流动方向总是向着河心和海面，这种大位移量级一般以米计，并伴随着系列地面裂缝与台阶式错动。地面大位移的易发地段为含有液层的滨海、滨河、古河道区、三角洲等地段。这类地带往往都有地质成因上与生俱来的层面稍有倾斜的液化层，地表也常有 0~5°的向内河方向的倾斜。由于液化后的水土混合液的黏滞阻尼很小，仅为水的数倍，尤其在细、粗颗粒交界面形成水夹层的情况下，其黏滞度几乎就与水相等，抗剪力接近于零，当下层土液化时，坡度仅 1°或更小，土就有可能向下移动数米。而坡度更大的河道岸坡则可能发生坡体整体滑动破坏。地面位移造成的地裂缝长度由数十米至数千米，地裂的宽度可达到距河心 100~500m，形成一系列地裂缝与竖向落差。

河岸河漫滩以及坡面自然生长的植被对岸坡的稳定是有利的，同样，自然界动物活动也可能影响到岸坡的稳定性。"千里之堤，溃于蚁穴"，这也是不无可能的。动物巢穴会造成堤岸内部结构的破坏，同样可能引发岸坡的失稳破坏。

5.2.2.6 因素间的相互作用关系

上述五大因素间既相互制约又相互影响。例如，地质因素决定了河道最初的形态，也就相应地决定了岸坡的最初形态。河谷地质结构对河流地质作用存在着制约作用。经过若干时间段以后，河流按照其具有的某种内在规律演化发展，经过河床冲刷及冲淤变化以后，又形成一些新的堆积物，也就使得岸坡的物质组成及形态产生一定的变化。原来受冲刷的岸变为淤积，淤积的岸变为冲刷，从而改变了河道形态和横向环流的水流特征，这样通过河流地质作用方式使得地质因素与河流及水动力因素间相互影响。对于水文气象因素与河流及水动力因素之间以及水文气象因素与地质因素之间也是如此，都是通过本身某种或某几种单因子的变化而导致另一因素的变化，这种变化又反过来影响本身的变化。

具体上说，水文因素因影响到河流动力因素而间接影响到崩岸稳定性；气象因素如降雨、冻融等因素除了直接对坡体产生一定影响外，还间接影响到水文因素；而人类活动因素及自然活动因素等发生的频次、范围远不及河流动力因素，故而河流动力因素是崩岸产生的最主要的外界动力因素。其他因素，如水文气象因素、人类活动因素及自然活动因素等，为崩岸发生的次要外部因素。

5.2.3 崩岸影响因素监测

分析表明,崩岸的影响因素是多方面的,并且某些因素错综复杂地交织在一起,形成了既相互制约又相互影响的关系。例如,最早的河势形态由地质构造产生,形成的边界条件决定了岸坡的冲淤性质,水流动力则塑造了岸坡局部地形,导致河道崩岸、展宽,冲淤不仅改变了河势形态,而且也使得岸坡土体的组成与分布发生改变,反过来新的河床边界条件又影响水流动力的变化,如此循环反复,相互制约又相互影响。又如,河道水文与气象因素、人为工程与水流动力因素等,也相互影响。因此,对河道进行长期、多要素监测是十分必要的。

崩岸影响因素监测的主要内容包括内部监测与外部监测,监测的方法主要有常规监测、远程实时监测等方式。

5.2.3.1 常规监测

采用以护岸巡查为面,以重点险工段水下地形监测为点,以点带面,点面结合。护岸巡查主要通过现场查看河道主流线、水流顶冲点、漩涡等变化情况,了解迎水护坡面是否有裂缝、剥落、滑动、隆起、松动、坍塌、冲刷等变化情况,查看背水坡及堤内脚是否有散渗、渗水坑、管涌等发生,初步判定潜在崩岸险情发生的可能性。对有潜在崩岸险情的,则及时进行水下地形监测。为提高水下测量工作效率和保障成果质量,高水期时多采用多波束测深系统,中、枯水期宜采用单波束测深,水下横向测量宽度宜过河道主流深泓线。

(1)监测要素

水文监测内容主要有险工河段水位、流量、近岸流速和流态、风浪及船行浪波高和爬高及降雨强度等。其中,对长江中游易出现坍塌型、滑移型崩岸的险工河段,应特别重视监测退水期水位降落的幅度和速度,以及降雨强度;对长江下游易出现流滑型崩岸的险工河段,应特别重视监测流量、近岸流速和流态(如回流、漩涡等),以及风浪及船行浪波高和爬高。

监测方法基本上可采用常规方法,如设立临时水尺进行水位观测;按大断面方法测量流量;采用旋桨式(或旋杯式)流速仪测量近岸 50m 内的近岸流速、流态,有条件时可选用先进的流速测量仪;采用波浪观测仪测量风浪及船行浪波高和爬高。流量、水位变幅和降雨也可采用当地水文站和气象站资料。

1)近岸河床变化监测

在监测河段内,进行 1∶2000 半江地形测量。水下地形由测时水边至深泓外 100m,但最宽不超过 400m,最窄不小于 350m(测时水边至江心);陆上地形从水边测至大堤内脚。汛前、汛期和汛后各观测 1 次,对特殊水情加密测次。

2)崩岸段局部流场观测

采用走航式 ADCP 在监测崩岸段中部断面及上、下游 0.5km 断面进行半江流场观测,重点监测近岸水流。每年主汛期监测 3～4 次,汛前、汛后各监测 1 次,较大洪峰涨落过程必须监测 1 次,崩岸发生、发展期间适当加测。崩岸段局部流场观测宜与地形测量同步观测。

3)悬移质泥沙含沙量分布观测

在流场断面上,布置 3～5 线按 6 点法提取水样,掌握近岸含沙量的分布及崩岸上下游含沙量特性的变化情况。

（2）其他监测

1)来水来沙条件监测

利用上游河段水文、水位站监测成果,包括水位涨落率、洪峰过程、沙峰过程及来量等。

2)河道边界条件监测

近岸河槽部分的床沙及河岸土壤的成分、结构、级配、孔隙度、含水量监测,可采用内部形态观测造孔的土柱样品进行分析。

3)波浪观测

在布置监测断面上观测波高、周期、波向、波型、水面情况等,辅助要素为风速和风向,采用目测或浮球式加速度型测波仪、声学测波仪和重力测波仪等自记测波仪观测。

4)地下水及渗流监测

地下水及渗流监测河岸地下水水位、渗流（压）、孔隙水压力监测,以及配套监测河道水位。主要测量大堤中地下水水位和压力,一般与沉降观测配套测量。按照渗压计埋设要求,将测量线引至地面备用,测量时渗压记录仪连接计数,可用自动记录仪测量渗压;利用电阻温度计进行地下水温监测。

5)人类活动影响调查

进行近岸河床采砂、滩面取土、已建和正在兴建的突出建筑物、近岸江滩上附加荷载等情况的调查,半月 1 次。

5.2.3.2 远程实时监测

采用自动安全监测设备对河岸近岸的变形进行实时监测,主要包括水平位移监测、垂直位移监测及裂缝监测等。

（1）外部变形监测

采用 GNSS、垂线坐标仪、电容式测读仪等专用仪器监测,其中水平位移和垂直位移是监测护岸崩岸表面的位移情况,预埋监测控制网点,以测量标点的位置移动量来判断岸坡的稳定性。护岸崩岸监测点埋设应能反映河岸变化特征。各监点可采用视准线法和大气激光准直线法进行水平位移监测,也可采用全站仪或静态 GNSS 监测;垂直位移观测采用精密水准测量(二等及以上水准测量)方法进行测量。裂缝监测是对河岸裂缝进行位置、长度、宽度、深度和错距等监测,以了解裂缝的发展变化情况。

（2）内部变形监测

对河岸内部位移及变形进行沉降、倾斜和土压力等监测。对有护岸的河岸,还进行坡面蠕动、滑移、接缝监测,应力、应变及温度监测。内部变形监测采用仪器主要有多点位移计、土地位移计、沉降仪、滑动式测斜仪、测缝计、电测水位计、渗压计、土地压力计、混凝土应变计、钢筋测力计和电阻温度计等。

1）沉降观测

在监测点用钻机打孔，孔径约 100mm，埋设专用塑管，按上密下疏的原则，在塑管上隔 2～4m 固定 1 个磁环，填埋好后待 7d 左右用沉降观测仪测量各磁环的位置作为初始值，以后隔 7d、15d、1 个月（开始间隔短，以后时间长）观测 1 次，对磁环位置进行对比，判断磁环的沉降情况。若变化速率加大时加密观测。

2）倾斜监测

监测内部的位移变化时，将监测点与沉降观测布设在同一个断面上，也是采用钻孔测量的方法，钻孔的要求同沉降观测，只是塑管上无需固定磁环。测量时只需将探头放入管底，往上拉动探头，每隔 0.5m 记录 1 个测量数据。第一次测量完成后将探头交换方向再按照上面的方法测量 1 次，取 2 次的平均值作为最终的测量值。与初始值对比分析岸坡内部位移改变情况。

3）缝隙监测

对地表已经产生裂缝的河岸，监测裂缝的发展变化情况。将测缝计安装在裂缝或接缝处，引出电缆线，分别测量裂缝或接缝处前后、左右、上下的位移量，将各处接缝计的引出电缆线集成到一处接入集成箱，仪器可定时将监测数据进行远传。

4）压力监测

在两个监测断面上埋设土压力计，进行侧向和垂向压力监测，了解压力随河流水位及河岸内部变形的变化规律。仪器埋设后，引出电缆线，同测缝计、渗压计引线一样接入集成箱，定时将监测数据进行远传。

5）应力、应变及温度监测

在有护岸的监测断面上，进行护岸应力、应变及温度监测，研究护岸河段在水流及河岸土壤压力作用下的崩岸发生发展规律，为护岸工程技术研究积累基础资料。

5.3 船载多传感器崩岸水陆立体测量技术

5.3.1 系统组成

船载多传感器水陆三维地理信息采集系统，又称水陆三维一体化测量系统，主要包括三维激光扫描仪、多波束测深系统、GNSS、惯性导航系统、全景相机、声速剖面仪、测量平台、数据采集软件、数据处理软件。三维激光扫描仪用于采集陆上三维地理信息，多波束测深系统用于采集水下地形数据，GNSS 提供位置信息，惯性导航系统提供定向、定姿信息，全景相机用于获取光学影像及色彩信息，声速剖面仪用于采集声速数据。船载多传感器水陆三维地理信息采集系统技术路线见图 5.3-1，系统硬件集成及数据传输见图 5.3-2。

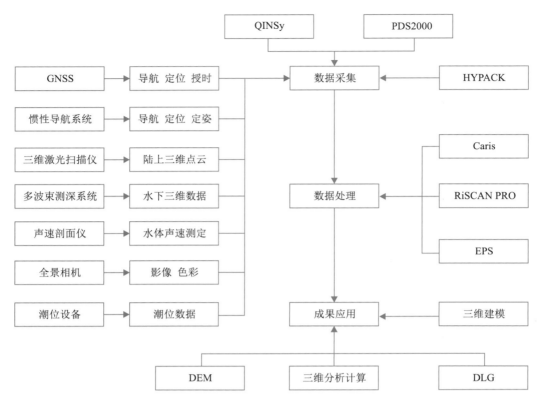

图 5.3-1　船载多传感器水陆三维地理信息采集系统技术路线

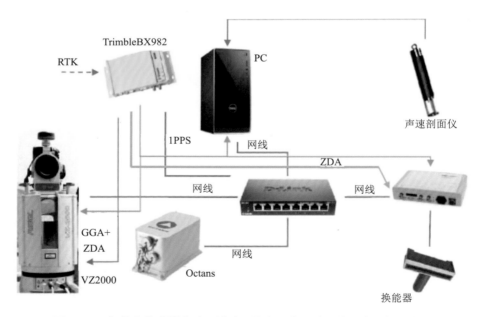

图 5.3-2　船载多传感器水陆三维地理信息采集系统硬件集成及数据传输

下面分别介绍各组成系统。

5.3.2　时间配准

船载移动测量系统中各个传感器具有各自不同的测量启动时刻,测量结束时刻,测量数据的输入、输出频率及时间精度。

为使这些不同的传感器在动态条件下测量结果反映同一个客观世界的状态,必须使各种传感器具有统一的时间和空间基准。在车载移动测量系统中,GNSS 是一个不可替代的重要的时间和空间基准,从 GNSS 中引出的时间基准,能保证各个传感器工作在统一的时间和空间基准中,从而确保多传感器在数据配准和融合中具有一致性和准确性,实现车载移动测量系统的"精"和"真"的数据获取。

5.3.2.1　多种传感器时间同步方法

船载水陆三维移动测量系统包含多个传感器数据,具体包括 GNSS 数据、INS 数据、三维激光数据、多波束测深数据等。各传感器之间时间统一的精准与否,是系统获取的数据是否具有高精度特点的关键。系统中每个传感器的工作是相互独立的,而且各传感器的采样周期、采样起始时间、采样频率都不同,网络信号也存在延迟等情况,对同一目标观测时各传感器所接收到的信息会存在一个随机的时间差,所获取的观测信息往往是不同步的,而大部分的多传感器数据融合算法只能处理时间同步的数据。要想计算出被测目标准确的空间三维坐标,就需要将各传感器的时间进行同步。因此,对各个传感器测量得到的数据进行时间同步,也就是将各个传感器的不同时间系统下的数据转换为相同时间系统下的同步数据,是一体化测量系统当中非常关键的环节。

时间同步利用 GNSS 输出的不包含绝对时间秒脉冲信号 1PPS 和包含绝对时间的 ZDA 语句实现。由于数据传输存在延迟,GNSS 接收机先向用户提供秒脉冲信号,再提供其对应的数值。系统各传感器根据所接收到的 1PPS 信号与该时刻的数值,利用处理单元对其时钟进行校正,实现时间同步。以 QINSy 采集软件为例,其时间同步的实现原理见图 5.3-3。

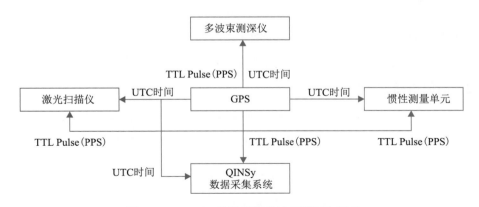

图 5.3-3　QINSy 数据采集系统时间同步原理

（1）1PPS

GNSS 是覆盖全球的自主地理空间定位的卫星系统,能在地球表面或近地空间的任何地点为用户提供全天候的三维坐标和速度以及时间信息的空基无线电导航定位系统。

目前市面上的 GNSS 接收机除了输出符合 NMEA－0183 标准中常用的 GPGGA、GPZDA 数据包之外,还可以输出秒脉冲信号 1PPS。1PPS 信号中不包含绝对时间信息,是一种结构最为简单的时间同步信息。

（2）同步原理

在 GNSS 接收机取得有效的导航解之后,从中提取并输出两种时间信号:一是频率为 1Hz 的脉冲信号 1PPS;二是包括在传输数据中的 GPGGA 或 GPZDA 语句给出的 UTC 绝对时间,它是与 1PPS 脉冲相对应的。GNSS 接收机先向用户提供秒脉冲,再提供该时刻的数值。根据系统接收到的 1PPS 脉冲与其对应的数值时间,数据处理中心对各传感器时间进行校正,实现系统各传感器之间的时间同步。

（3）一体化系统的时间同步

QINSy 采集软件时间戳装置基于来自 GNSS 接收器 1PPS 的信号投射,这信号为一个电子脉冲持续规定在几毫秒内,将相关的 UTC 时间从 GNSS 接收器发射到一系列接口（或其他通信路径）。但是不同的 GNSS 厂家提供的 1PPS 计时数据形式不同,时间标记在脉冲前或脉冲后发送,时间参考可为脉冲的上升或者下降侧。

电子脉冲可以通过一个 QPS TTL PPS 连接器被电脑获取,该连接器可将电子脉冲转换成一种可通过计算机 I/O 端口读取的信息。其中的时间信息,包括 UTC 时间值,可被电脑 I/O 端口读取,结合电子脉冲和 QINSy 中相对的时间值,可生成一个 UTC 时钟。此 1PPS 的 UTC 时钟精度可被证明优于 $0.5\mu s$,且 QINSy 通过电脑网线或 I/O 端口接收的所有传感器的数据将被附上来自 1PPS UTC 时钟的 UTC 时间标记。该时间标记在 QINSy 软件启动时,新建项目时或停止记录人工干预时均会重新设置（或同步）。系统数据中心在处理时间信号,每接收一个信号,都会得到一个时间信息,然后读取传感器数据的时间,进行各传感器数据的时间匹配,系统各传感器的时间与 GNSS 的 1PPS 时间系统同步。这种使用 GNSS 接收机 1PPS 的同步方法,是一种与外部时钟同步最为可靠、最简便的方法。

5.3.2.2 时间内插方法

在水陆三维一体化系统中,传感器的工作频率各不相同,三维激光扫描仪和 IMU 的输出频率最高,多波束传感器的输出频率次之,GNSS 数据的输出频率最低,整个系统不同来源的数据特征见表 5.3-1。

表 5.3-1   不同来源数据特征

传感器	数据类型	频率/Hz
GNSS	定位数据	1～20
IMU	定姿及定向数据	100～200
三维激光扫描仪	扫描陆上数据	25～100
多波束测深仪	测量水下数据	2～200（与量程设置有关）

由于 GNSS 定位数据输出速度跟不上三维激光扫描仪、多波束测深仪数据输出速度,导致某些时刻三维激光扫描仪和多波束测深仪的数据没有定位数据与之对应,只有该时刻前后某个时间点的定位数据。在数据处理的过程中,需保证每个时刻的三维激光扫描仪和多波束测深仪数据都要有相应的定位数据和姿态数据,这样才能准确地计算得到三维激光扫描仪和多波束测深仪所测得的点云数据的真实坐标。因此,某时刻的三维激光扫描仪和多波束测深仪所采集的数据需经过计算内插到 GNSS 定位数据之中。

时间内插法的解决思路是将高频率的传感器所采集的数据融合至最低采样频率的传感器时间上。在进行时间内插配准之前,必须选择合理的同步频率。如果选择的同步频率不合理,可能会造成高频率传感器的数据浪费。对水陆三维一体化测量系统而言,GNSS 定位数据的输出频率最低,故以 GNSS 的输出频率为同步基准,内插姿态数据、三维激光扫描数据和多波束测深数据最为合适。

下面以姿态数据和 GNSS 定位数据为例来介绍时间内插方法,三维激光扫描数据和多波束测深数据可按照相同的方法来进行内插。一体化测量系统所采用的 OCTANS 运动传感器的采样频率设置为 100Hz,即每隔 0.01s 向系统提供一个姿态数据,而本系统所采用的 Trimble 公司的 GNSS 最高采样频率为 20Hz,即每 0.05s 向系统提供一个定位数据,这就表示系统在获得两个定位数据的 0.05s 之内,获得了数量超过 2 个的姿态数据,这样一来,必定有没有与姿态数据相对应的定位数据,就需进行定位数据的内插。具体方法如下:

假定 OCTANS 运动传感器向系统提供了一个 t 时刻的姿态数据,而 GNSS 只提供了与 t 时刻相邻的两个时刻 t_1 和 $t_2(t_1 < t < t_2)$ 的定位数据 (x_1,y_1,z_1) 和 (x_2,y_2,z_2)。

分别求得 t_1 和 t_2 时刻与 t 时刻的时间差 Δt_1 和 Δt_2 作为求解定位参数的权值,Δt_1 和 Δt_2 的求解见式(5.3-1)。

$$\begin{cases} \Delta t_1 = t - t_1 \\ \Delta t_2 = t - t_2 \end{cases} \quad (5.3-1)$$

根据加权平均公式即可求得 t 时刻的定位数据 (x,y,z),见式(5.3-2)。

$$\begin{cases} x = \dfrac{x_1\Delta t_2 + x_2\Delta t_1}{\Delta t_1 + \Delta t_2} \\[2mm] y = \dfrac{y_1\Delta t_2 + y_2\Delta t_1}{\Delta t_1 + \Delta t_2} \\[2mm] z = \dfrac{z_1\Delta t_2 + z_2\Delta t_1}{\Delta t_1 + \Delta t_2} \end{cases} \quad (5.3-2)$$

5.3.3 空间配准

水陆三维一体化测量系统各传感器与测船是刚性连接，各传感器相对于测船的位置是固定的，均有其独立相关坐标系。实际测量时首先确定各传感器与测船参考系的相对关系，将各传感器坐标系归算至测船参考系，再利用 GNSS 定位数据、罗经航向数据、姿态仪数据实现测船坐标系向大地坐标系的转换。坐标系转换原理见图 5.3-4。

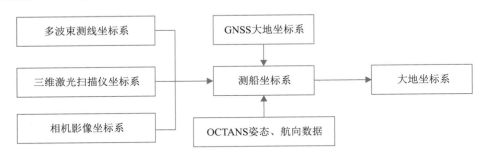

图 5.3-4 坐标系转换原理

水陆一体化测量系统由多传感器集成，各传感器坐标系和船体坐标系难以保证三轴重合或平行，设备校准的目的就是确定各传感器坐标系与船体坐标系的偏差，经采集软件校准，实现各传感器坐标与船体坐标系保持平行或重合。

（1）三维激光扫描仪校准

三维激光扫描仪校准见图 5.3-5。

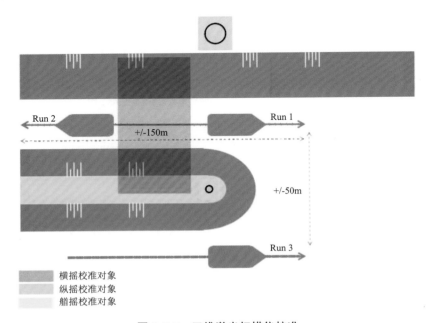

图 5.3-5 三维激光扫描仪校准

①横摇（Roll）：选取斜坡，见图 5.3-5 红色部分，布设同线同速反向测线，见图 5.3-5Run1、Run2。

②纵摇（Pitch）：选取突出物，见图 5.3-5 青色部分，布设同线同速反向测线，见图 5.3-5Run1、Run2。

③艏摇（Yaw）：选取突出物，见图 5.3-5 黄色部分，布设两条异（同）侧同速同向平行测线，见图 5.3-5Run1，Run3。

（2）多波束校准

多波束校准见图 5.3-6。

①横摇（Roll）：平坦区域布设同一测线，进行同速反向测量，见图 5.3-6（a）。

②纵摇（Pitch）：斜坡或突出物布设同一测线，进行同速反向测量见图 5.3-6（b）。

③艏向（Heading）：斜坡或突出物布设两条平行测线，进行同速同向测量，测线之间满足半条带的覆盖，见图 5.3-6（c）。

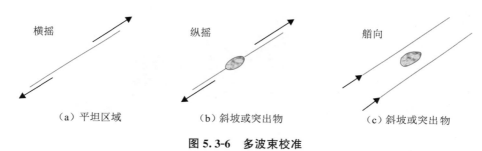

（a）平坦区域　　　　　　（b）斜坡或突出物　　　　　　（c）斜坡或突出物

图 5.3-6　多波束校准

5.3.4　数据采集

目前，水陆三维一体化数据采集主要采用的软件有 QINSy、PDS2000、HYSWEEP 等，其数据采集见图 5.3-7。

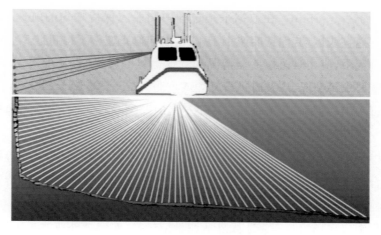

图 5.3-7　水陆三维一体化数据采集

数据采集流程主要包括硬件设备安装、数据采集等步骤。

5.3.4.1 硬件设备安装

根据各硬件数据输入、输出以及安装的便捷性与稳固性，进行各硬件设备的安装与调试（图 5.3-8）。

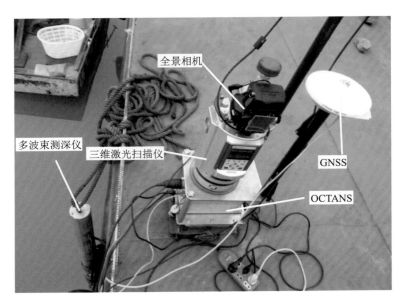

图 5.3-8 硬件安装实体

5.3.4.2 数据采集

①作业前应对系统设置的投影参数、椭球体参数、坐标转换参数以及校准参数等数据进行检查。

②系统的所有设备稳定工作后，方可进行作业。在正式采集数据之前，应按预定的航速和航向稳定航行不少于 1min。在数据采集过程中测船应保持均匀的航速和稳定的航向。船舶尽量保持匀速直线运动，保持船速小于 4 节，航向修正速率不得超过 5°/min。

③在测量过程中，应实时监控覆盖情况和数据信号的质量，若发现覆盖不足，测量信号质量不满足精度要求等情况，应及时进行补测或重测。

④在测量过程中，对测船的航行速度应进行实时监控，测量时的最大船速按要求不能超过 4 节。

⑤在测量过程中，应实时监测系统各配套设备的传感器运转、数据记录等情况。当现场质量监测不符合要求时，应停止作业。如果系统发生故障应立即停止作业，待查明原因并对相关设备进行检测和校准后方可继续作业。

⑥作业过程中应现场填写三维激光外业测量记录，真实记录外业测量中检查、比对及系统的关键参数设置。

⑦每天测量结束后应备份测量数据,核对系统的参数并检查数据质量。若发现数据清空、异常、信号的质量差等不符合测量精度要求的情况,应进行补测。

⑧数据处理之前,应先检查数据处理软件中设置的投影参数、椭球体参数、坐标转换参数、各传感器的位置偏移量、系统校准参数等相关数据的准确性。

5.3.5 数据处理及分析

5.3.5.1 数据处理

(1)多波束测深数据处理

多波束测深系统地形测量技术路线见图 5.3-9。

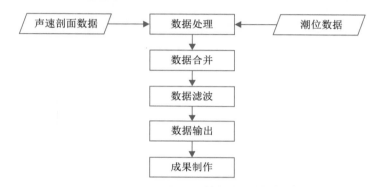

图 5.3-9 多波束测深系统地形测量技术路线

(2)激光点云数据处理

船载三维系统测得的激光点云数据处理流程见图 5.3-10。

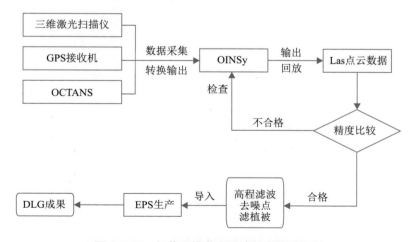

图 5.3-10 船载三维激光系统数据处理流程

（3）多波束点云和激光点云拼接及融合

水陆地形三维数据与组合导航后处理数据的融合处理流程见图 5.3-11。

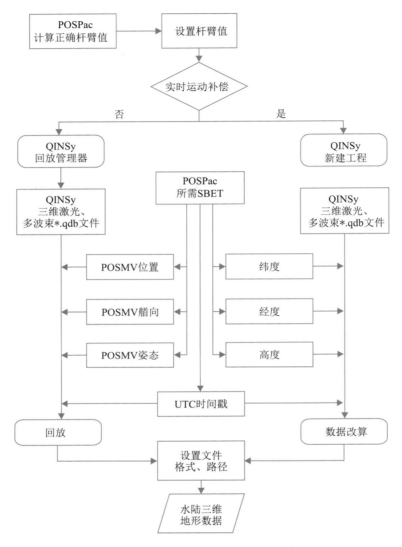

图 5.3-11 组合导航与水陆地形三维数据融合处理流程

首先设置各传感器相对于参考系的位置，即杆臂值，一般以惯性导航系统的相位中心作为参考系原点。GNSS 天线相对于参考系原点位置关系可利用 POSPac 软件经数据后处理获取。在数据采集时，可进行实时运动补偿的，也可在数据后处理时进行运动补偿。未进行实时运动补偿的，则采用 QINSy 软件"回放"模块进行数据处理，选择需要改算的 ∗.db 文件，依次导入经 POSPac 后处理得到的 POSMV Position，POSMV Heading，POSMV Motion 文件，加入 UTC 时间戳，通过"回放"功能实现组合导航后处理数据与水陆地形三维点位信息时空匹配；经实时运动补偿的，则无需进行姿态改正，通过新建工程，选择需要改算

的 *.qpd 文件,仅设置利用 Latitude,Longitude,Height 进行位置改算即可,其运算速度较前者的运算速度更快。

(4)精度评估

1)三维激光点位精度评定

利用 QINSy 软件导出的 *.las 格式的点云数据,读取各特征地物点坐标,将其与 RTK 实测地物点进行坐标比较,激光点云数据精度评定见图 5.3-12。

图 5.3-12 激光点云数据精度评定

计算得各分量坐标的误差为 $m_X = 0.069\mathrm{m}$, $m_Y = 0.078\mathrm{m}$, $m_Z = 0.092\mathrm{m}$。

2)多波束测深精度评定

在测区布设测深检查线,利用单波束测深仪按检查线测量水深值,利用多波束测得水深内插至单波束点位水深,多波束测深精度评定见图 5.3-13。

```
                                                        743.2
        729.8   732.1   733.7   735.7   739.5   742.7   744.6   748.2   752.5   756.8

                                                746.1                           760.2
        735.3   738.2   740.3   742.9   745.5 748.1     750.5   754.1   758.5   762.4
                                                                758.6
                                747.7
        741.6   743.4   746.1   749.0   751.1   754.0   757.3   759.4   763.0   767.7
                        750.2                                   760.1
        747.5   749.5   752.4   753.6   757.3   760.0   761.3   764.8   768.2   770.3
                     751.1
                                                761.3
        753.3  754.0 754.8  756.9   758.9       760.1  763.6   765.9           771.5  774.5
                                                                      769.1
        753.2                           760.2
        755.2                760.1      761.3   763.8   767.0   770.6   773.4   776.8  779.5
                     757.6                      
                                760.5
```

图 5.3-13 多波束测深精度评定(红色为单波束,蓝色为多波束)

经计算得测深精度 $m_深=0.141\mathrm{m}$。经质量评定，陆上点云数据的误差优于 10cm，水域测点的误差优于 15cm。

5.3.5.2 监测数据分析

将不同期的监测数据生成三角网，再制作成规则格网，将不同的格网模型叠加分析，即可分析不同监测时期崩岸变化情况，具体见图 5.2-14。

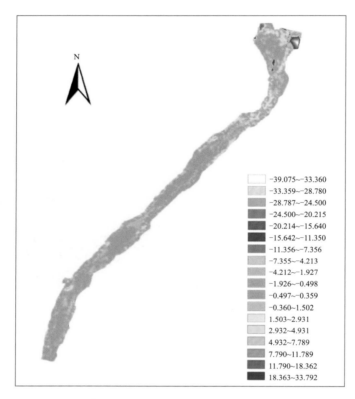

图 5.3-14 不同时期崩岸监测变化

5.4 崩岸坎上窄状岸滩快速监测技术研究

崩岸坎上窄状岸滩监测是水陆三维一体化崩岸监测岸滩地形的重要补充，进行此项监测后可获取完整的崩岸监测数据。崩岸监测数据是崩岸类型识别、应急救灾、后期治理的重要基础。本节主要介绍目前崩岸坎上窄状岸滩快速监测技术。该监测技术所用系统主要包括影像全站扫描仪、地面三维激光扫描仪，在平坦区域采用无人机技术。下面分别叙述各技术方法。

5.4.1 影像全站扫描仪监测技术

影像全站扫描仪是集测量、影像和高速三维扫描于一体的测绘设备。目前主流的产品为 Trimble 公司的 SX10。

5.4.1.1 影像全站扫描仪特点

Trimble SX10 扫描仪可同时捕获高精度的全站仪测量数据和真正的高速 3D 扫描影像，具有以下特点：

①集测量、影像和高速三维扫描于一体。

②扫描速度高达每秒 26600 个点，测程可达 600m。

③采用全站仪建站方式完成设站，建站精度高、效率高，无需反射靶标。

④改进的 Trimble VISION 技术允许快速和方便地获取高分辨率工地影像。

Trimble SX10 扫描仪还具有三大技术优势：

①Trimble Lightning 3DM 线扫描技术，每秒可采集 26600 点数据，EDM（Electronic Distance Measure）精度为 1.5mm+2ppm，测角精度为 1″。

②Trimble VISION 多镜头提供了影像获取技术，改变了传统全站仪目镜瞄准等方式，SX10 完全以影像方式进行瞄准再测量。

③Trimble Advanced Autolock 高级锁定跟踪技术，能保证锁定目标并持续全站仪测量工作。

5.4.1.2 影像全站扫描仪组成与测量原理

Trimble SX10 影像扫描系统主要组成部分有硬件系统 SX10 影像扫测仪主机，软件系统点云后处理软件 TBC（Trimble Business Center）及三维建模软件 TRW（Trimble Real Works）。

SX10 影像扫测仪主要由测距系统、测角系统以及其他辅助功能系统构成，如内置多镜头影像系统、双轴补偿器以及传动系统等。SX10 激光测距作为主要的技术之一，其原理是基于脉冲—相位式的测距法。这种方法利用脉冲式测距实现对距离的粗测，利用相位式测距实现对距离的精测，既克服了脉冲式测距的低精度限制，又有效提高了相位式测距的测程。通过激光扫测能快速、准确地获取物体三维坐标，24h 全天候作业，扫测过程及结果受天气环境影响较小。这种非接触式点云采集手段被广泛应用于工业测量、高危测绘、数字城市建设、变形监测等领域。

Trimble SX10 影像扫描系统获取的点云属性信息包含点位坐标(X, Y, Z)，反射强度（Intensity）以及纹理信息等。

Trimble SX10 测量原理：通过扫描系统得到扫描测站点到待测物体表面的任一目标点的距离，并获得测量瞬间激光脉冲的横向扫描角度观测值和纵向扫描角度观测值，进而得到激光角点在物体表面的基于三维激光扫描仪的内部坐标系统三维坐标值。

5.4.1.3 影像全站扫描仪作业流程

影像全站扫描仪的作业流程主要包括外业数据采集、内业数据处理、成果应用等，具体见图 5.4-1。

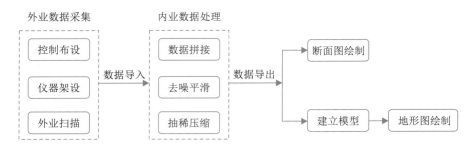

图 5.4-1　影像全站扫描仪技术路线作业流程

5.4.1.4　数据采集

影像全站扫描仪采取全站仪建站方式设站。先布设并施测控制点，后扫测点云数据。作业流程为"控制点施测→仪器安置并设站→激光点云扫描→扫描检查与换站"。

（1）控制测量

控制测量一般采用 RTK 施测，控制测量布设应综合考虑地形、仪器测程，并保证各站点具有一定的重叠度。

（2）碎部点扫测

扫测作业中两种工作流模式共存，以 Trimble SX10 特有的设站工作流为主，来检测不同作业模式对点云精度的影响程度。扫描作业前用全站仪采集测区房角等特征点坐标。对计划进行自由设站作业的测站，在通视范围内所有控制点设立靶标，用于配准作业和检核。对采用设置测站工作流作业的测站，选择在通视范围内部分控制点设立靶标，用于精度检核。设置测站后，进行对中相机检查对准精度，影像全站扫描仪对中、整平检查见图 5.4-2。设站完成后应检查设站精度，并在已知点做检核。

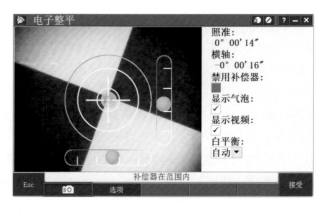

图 5.4-2　影像全站扫描仪对中、整平检查

选择扫描区域和扫描密度。扫描区域的选择必须包含设计书要求的施测范围，在手簿控制端可选矩形、多边形、水平带、全景等。扫描密度视需求选择粗略、标准、精细、超精细，

对水边、护坡、大堤等重点地物应适当加大密度。作业时进行影像数据采集,用于后期点云数据合理性检查和相关产品制作。每站扫描完成后,应重点检查测区预先布设的特征点和靶标是否被采集到;同时在手簿控制端检查空白区,特别是与上一站交接区域的点云覆盖情况,框选空白区选择更精细的模式重新扫描,当重新扫描仍然无法完整覆盖时必须加密测站设置。

5.4.1.5　数据处理

采用 TBC(Trimble Business Center)软件进行数据处理,影像全站仪扫测数据处理流程见图 5.4-3。

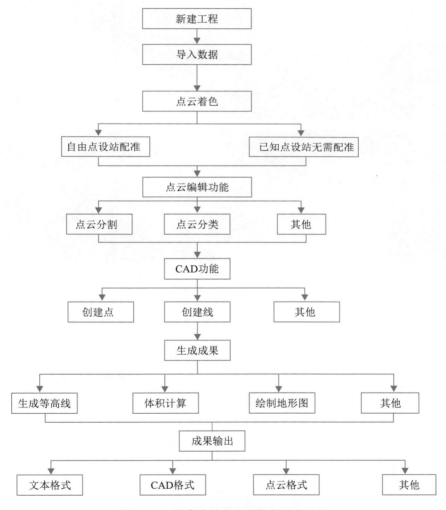

图 5.4-3　影像全站仪扫测数据处理流程

(1)点云数据处理

通过手簿预装的 Trimble Access 软件导出的 JobXML 文件直接在 TBC 软件或 TRW

软件中打开,处理前再次精细检查空白区。点云宜配色处理,展现近实景效果,便于参照编辑,具体步骤如下:

1)点云数据拼接

为将不同坐标系下的点云数据统一到相同的坐标系下,需要对点云数据进行匹配拼接。目前点云数据匹配主要有 3 种方法:基于公共标靶的匹配拼接、基于点云的匹配拼接和基于测站点的匹配拼接。点云匹配界面见图 5.4-4,图 5.4-4 中,上左、上右分别为不同站点数据,下红色、绿色为拼接后点云数据图。

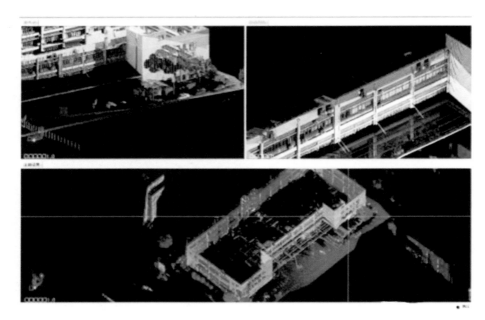

图 5.4-4　点云匹配界面

2)点云数据的去噪平滑

由于点云中存在的系统误差、被测物体表面特征引起的误差、人为随机误差等因素产生的噪声,以及植被等各种非地面点,因此需要对点云数据进行去噪平滑处理。先利用 TRW 取样工具进行数据的去噪平滑,为减小植被密实区域噪声点影响,对该区域进行多次过滤处理,对进行多次处理后仍未被完全去除的部分非地面点和噪声点,进一步通过人工方法进行处理。

3)点云数据的抽稀压缩

三维激光扫描仪获取的点云非常密集,存在大量冗余,庞大的点云数据给后续处理及存储、显示与传输等方面都带来了不便,因此需在保证一定精度的前提下对海量的点云数据进行压缩和抽稀。采用 TRW 取样工具取样有 6 种方法:随机取样、空间取样、基于扫描的取样、基于强度的取样、基于间断的取样、地面提取。

（2）成果生成

在 TBC 中导入原始数据，设置参数，可自动生成地形图及土方报告等。

1）生成地形图

应用 TBC 点云分层曲线拟合提取等高线作为反映滑坡地貌的地形信息，通过曲线平滑处理，保证等高线的光滑和连续性。TBC 可将等高线数据导出为各种格式的数据成果，包括 CAD(dxf/dwg)、GIS(shp)等格式。影像全站仪生产地形图流程见图 5.4-5。

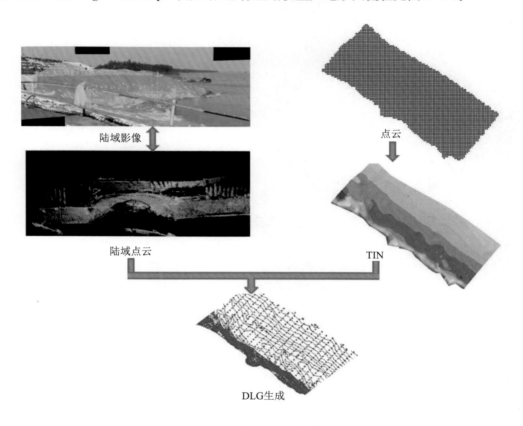

图 5.4-5　影像全站仪生产地形图流程

2）崩岸灾害方量计算

复杂地形方量计算常选择不规则三角网法（TIN）进行。其原理是通过建立三角网计算每一个三棱锥柱的填挖方量，然后把每个三棱锥的方量累加，以计算指定范围内的填方和挖方方量。应用 TBC，进行原始地形图上高程点所构成的 TIN 与本次扫描点云所构成的 TIN，进行两期间方量计算，即可得出待监测区的土石方量，土方计算界面见图 5.4-6。

3）生成地形断面

依据软件生成的 DEM，可以任意生成地形断面，从而获得指定位置的坡度、高差、倾角和方位等参数。

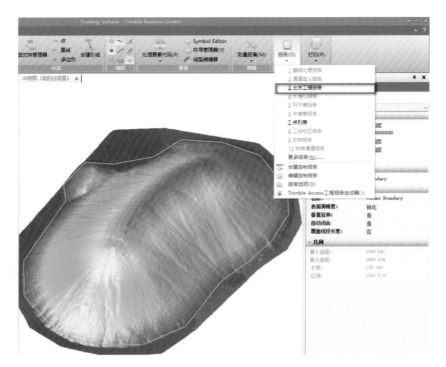

图 5.4-6　土方计算界面

5.4.1.6　长江洪湖段江堤垮塌抢险案例

长江中游河段弯道较多,部分河段堤外滩地狭窄甚至无滩,在河道弯曲河势复杂的凹岸堤段,往往主流逼岸,水流冲刷侵蚀岸坡。受环流冲刷特别是急流顶冲的作用,岸坡淘刷通常较为严重。三峡水库蓄水运用后,河床冲刷明显,岸坡明显变陡,对河势稳定和堤防安全构成严重威胁。

在抢险现场,Trimble SX10 经过快速扫描,获取现场的影像、点云及坐标数据;使用TBC 软件进行处理,快速生成现场的等高线、水边线,同时计算现场的土方量。崩岸现场照片及崩岸影像扫描成果分别见图 5.4-7、图 5.4-8。

图 5.4-7　崩岸现场

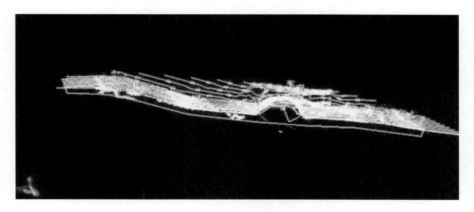

图 5.4-8 崩岸影像扫描成果

5.4.2 地面三维激光扫描仪监测技术

5.4.2.1 地面三维激光扫描系统组成

地面三维激光扫描系统集成操作简便,仅需电源、三维激光扫描仪、数码相机、操作便携计算机即可。相机通过三维激光预设端口与三维激光同轴安装,三维激光扫描仪与移动电源、便携计算机使用标配的电缆连接,地面三维激光扫描系统见图 5.4-9。三维激光扫描仪对中、整平等安置同全站仪。

图 5.4-9 地面三维激光扫描系统

5.4.2.2 技术路线

地面三维激光扫描总体工作流程应包括技术准备与技术设计、数据采集、数据补测、数据处理、成果制作、精度检核、质量控制与成果归档,其技术路线见图 5.4-10。

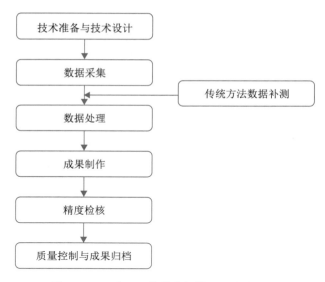

图 5.4-10　地面三维激光扫描作业技术路线

5.4.2.3　外业数据采集

外业数据采集流程包括控制测量、扫描站布测、标靶布测、设站扫描、纹理图像采集、外业数据检查、数据导出备份，地面三维激光数据采集流程见图 5.4-11。

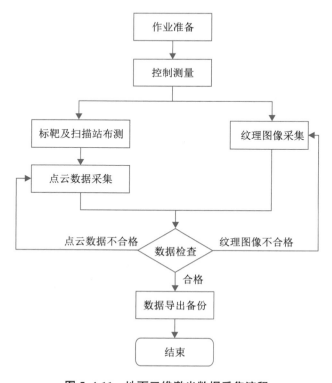

图 5.4-11　地面三维激光数据采集流程

（1）控制测量

①应根据测区内已知控制点的分布、地形地貌、扫描目标物的分布和精度要求，选定控制网等级并设计控制网的网形。

②控制网布设应满足扫描站布测和标靶布测需求。

③控制点宜选在主要扫描目标物附近且视野开阔的区域。

④控制网应全面控制扫描区域，在分区进行扫描作业时，还应对各区的点云数据配准起到联系和控制误差传递的作用。

⑤小区域或单体目标物扫描，通过标靶进行闭合时可不布设控制网，但扫描成果应与已有空间参考系建立联系。

（2）扫描站布测

扫描站布测应符合下列规定。

①扫描站应设置在视野开阔、地面稳定的安全区域。

②扫描站扫描范围应覆盖整个扫描目标物，均匀布设，且设站数目尽量减少。

③扫描仪在烈日下工作时应撑伞遮挡阳光，以避免仪器温度过高。如仪器温度已高于正常工作温度，应及时采取降温措施。

④目标物结构复杂、通视困难或线路有拐角的情况应适当增加扫描站。

⑤必要时可搭设平台架设扫描站。

（3）标靶布测

标靶布测应符合下列要求。

①每一扫描站的标靶个数应不少于1个。

②明显特征点可作为标靶使用。

（4）点云数据采集

①设置点间距或采集分辨率，布设扫描站点，并应满足相邻扫描站间有效点云的重叠度不低于30%，困难区域不低于15%的要求。

②应根据项目名称、扫描日期、扫描站号等信息命名扫描站点和存储扫描数据，并在大比例地形图、平面图或草图上标注扫描站位置。

③设有标靶的扫描站应进行标靶的识别与精确扫描。

④扫描过程中出现断电、死机、仪器位置变动等异常情况时，应初始化扫描仪，重新扫描。

⑤扫描作业结束后，应将扫描数据导入电脑，检查点云数据覆盖范围完整性、标靶数据完整性和可用性。对缺失和异常数据，应及时补扫。

（5）纹理图像采集

①宜选择光线较为柔和且均匀的时期进行拍摄，避免逆光拍摄。能见度过低或光线过

暗时不宜拍摄。

②相邻两幅图像的重叠度应不低于20%。

③纹理颜色有特殊要求时可使用色卡配合拍摄。

（6）点云配准

地面三维激光扫描点云配准原理同全站仪，分别测定仪器站以及1～2个后视点（标靶）坐标，即可实现三维激光坐标系向目标坐标转换。对于高精度建模，先利用已知点定向，实现各站点云的初拼，再利用"点—切面"实现点云精拼。地面站点云配准见图5.4-12。

图5.4-12　地面站点云配准

5.4.2.4　地面三维激光点云数据拼接与坐标转换方法

（1）背景

地面三维激光扫描系统因具有高精度、高效率、三维高密集度、无接触式的数据获取特点，被广泛应用。但三维激光扫描只能在通视状态下获取数据，为全面获取对象三维数据，需进行多站点数据扫描，然而多站点数据拼接以及站点坐标向工程坐标系转换等数据处理成为其应用的瓶颈。目前，常用的三维激光站点拼接及坐标转换方法有两种。一种是测量时在站点间布设并精确扫描公共标靶，利用全站仪或RTK进行控制测量，基于标靶进行内业测站间拼接和坐标转换，但效率低、工作量大，仅在精细地形测绘、地物单一的矿山地形测绘、难及区域的地形测绘等方面得到了尝试应用。在交通困难、地形复杂区域，标靶的布设和回收效率低、难度大。另一种方法是在相邻的两测站提取特征点，这种方法对周围环境要求较高，需要有较多特征物，再者，利用人工提取特征点，较大程度依赖于专业人员的数据处理经验，在三维视图下选取同名点困难，精度也较低。

在交通不便利的山区、河流等区域，均匀、不同高度布设标靶难度极大，且区域特征物较少，计算机或人为提取特征点拼接点云困难。针对上述问题，提出了地面三维激光站点采用RTK控制点，定向、定姿采用电子罗盘，实现三维激光扫描仪站点概略拼接与坐标转换，再采用ICP算法，实现站点间数据精拼，利用点云序列拼接形成的闭合条件，进行误差配赋的方法。为调整坐标转换误差，提出采用最小二乘法原理计算RTK控制点及精拼模型中测站点形成的刚性模型的最佳密合平移、旋转矩阵方法。经实例证实，拼接方法简便可行且精度高，坐标转换后点云整体模型精度达到厘米级。

（2）多站点数据拼接与坐标转换

1）基于电子罗盘概略拼接与坐标转换

电子罗盘由三维磁阻传感器、双轴倾角传感器、微处理单元构成。三维磁阻传感器检测三维方向地磁场强度，当各方向地磁场分量调整到最佳点时，实现定向、定姿。

磁北方向：

$$Azimuth = \arctan(Y/X) \tag{5.4-1}$$

当罗盘与地球表面不平行时，X，Y 方向校正公式如下：

$$X_r = X\cos\alpha + Y\sin\alpha\sin\beta - Z\cos\beta\sin\alpha \tag{5.4-2}$$

$$Y_r = X\cos\beta + Z\sin\alpha \tag{5.4-3}$$

式中，α——俯仰角；

β——侧倾角；

$Azimuth$——磁北方位角；

X、Y、Z——工程坐标系三维坐标分量；

X_r——校正后 X 方向坐标；

Y_r——校正后 Y 方向坐标。

三维激光测站坐标向工程坐标转换模型为：

$$\begin{bmatrix} X \\ Y \\ Z \end{bmatrix} = R \begin{bmatrix} X_s \\ Y_s \\ Z_s \end{bmatrix} \tag{5.4-4}$$

式中，(X,Y,Z)——工程坐标；

(X_s,Y_s,Z_s)——由 RTK 测得扫描站位置；

R——由电子罗盘确定的姿态及磁方位角形成的旋转矩阵，由此实现扫描仪数据向概略工程坐标系的转换。

2）基于 ICP 算法站点数据精拼

ICP 算法的基本思想是对目标点集的每个点在参考点集中找一个与之距离最近的点，建立点对映射关系，然后以点间距离平方和最小为条件，通过最小二乘法迭代解算出一个最优坐标变换关系式，该拼接方法精度高。

其数据处理过程如下：

①设两拼接点集合为 C，D，集合 C，D 表示如下。

$$C = \{C_i\}, i = 1,2,\cdots\cdots,m \tag{5.4-5}$$

$$D = \{D_j\}, j = 1,2,\cdots\cdots,n \tag{5.4-6}$$

点云公共区域为 P，利用公共区域切面基于 ICP 算法进行点云拼接。

②ICP 运算函数表达如下。

$$f = \sum_{i=1}^{k} l^2 (C_i R D_j + T) \tag{5.4-7}$$

式中，k——切面公共点数；

R、T——旋转、平移矩阵；

l——两点集合 C，D 的距离偏差。

在公共区域 P 搜索 C 点集中的最近点，组成点集 A_k，设计算函数值为 f_k，利用上式计算，得到新点集 A_{k+1}，计算函数值为 f_{k+1}。

③设计算阈值为 λ，当计算的函数值小于阈值时，停止迭代，否则重复上述步骤，直到满足下式：

$$\| f_k - f_{k+1} \| < \lambda \tag{5.4-8}$$

经多次运算，直到得到满意的结果。利用得到的平移、旋转矩阵，实现点云数据精拼。

（3）点云拼接与坐标转换误差调整

1）闭合约束条件下点云拼接误差配赋

点云数据拼接必然存在误差。为保证点云拼接整体精度，利用点云序列拼接形成的闭合差对拼接误差进行配赋。

点云数据经序列拼接，最后一站与第一站点云数据拼接产生一个闭合条件，见式（5.4-9）。

$$\begin{cases} C_1 = f_1(C_2) \\ C_2 = f_2(C_3) \\ \quad\quad\vdots \\ C_{n-1} = f_{n-1}(C_n) \\ C_n = f_n(C_{n+1}) \end{cases} \tag{5.4-9}$$

式中，C_i——点云数据；

f_i——拼接转换关系。

根据式（5.4-9）形成的坐标和角度闭合差，按闭合导线方式进行误差分配。

坐标闭合差公式为：

$$\begin{cases} f_X = X'_1 - X_1 \\ f_Y = Y'_1 - Y_1 \\ f_Z = Z'_1 - Z_1 \end{cases} \tag{5.4-10}$$

式中，f_X、f_Y、f_Z——X、Y、Z 方向上的坐标闭合差；

X_1、Y_1、Z_1——第一站站点坐标；

X'_1、Y'_1、Z'_1——点云拼接后第一站站点坐标。

按测站间距离定权，各站点改正数公式为：

$$
\begin{cases}
V_{Xi} = -f_X \cdot \dfrac{D_i}{\sum D} \\[3mm]
V_{Yi} = -f_Y \cdot \dfrac{D_i}{\sum D} \\[3mm]
V_{Zi} = -f_Z \cdot \dfrac{D_i}{\sum D}
\end{cases}
\tag{5.4-11}
$$

式中，V_{Xi}、V_{Yi}、V_{Zi}——第 i 站 X、Y、Z 方向上坐标改正数；

D_i——第 $i-1$ 站到第 i 站的间距；

$\sum D$——所有站点间距和。

点云拼接三维角度闭合差计算公式为：

$$
\begin{cases}
f_R = R'_{\text{ScanPos1}} - R_{\text{ScanPos1}} \\[2mm]
f_P = P'_{\text{ScanPos1}} - P_{\text{ScanPos1}} \\[2mm]
f_{Yaw} = Y'_{\text{ScanPos1}} - Y_{\text{ScanPos1}}
\end{cases}
\tag{5.4-12}
$$

式中，f_R、f_P、f_{Yaw}——Roll、Pitch、Yaw 方向上角度闭合差；

R_{ScanPos1}、P_{ScanPos1}、Y_{ScanPos1}——第 1 站 Roll、Pitch、Yaw 方向上角度值；

R'_{ScanPos1}、P'_{ScanPos1}、Y'_{ScanPos1}、——点云拼接后 Roll、Pitch、Yaw 方向上角度值。

将角度闭合差平均配赋到各角度上，其改正数为：

$$
\begin{cases}
V_{Ri} = -f_R \cdot \dfrac{i-1}{n} \\[3mm]
V_{Pi} = -f_P \cdot \dfrac{i-1}{n} \\[3mm]
V_{Yawi} = -f_{Yaw} \cdot \dfrac{i-1}{n}
\end{cases}
\tag{5.4-13}
$$

式中：V_{Ri}、V_{Pi}、V_{Yawi}——第 i 站 Roll、Pitch、Yaw 方向上角度改正数；

n——站点数。

根据式（5.4-10）至式（5.4-13），对点云序列拼接形成的闭合差进行配赋。

2）坐标转换误差调整

经平差后的各点云测站点，与原 RTK 控制点位必然产生偏差。为提高坐标转换精度，在小范围，不考虑地球曲率影响的情况下，本书采用最小二乘法原理，求取平差后点云测站点与 RTK 控制点位形成的刚性模型最佳密合平移、旋转矩阵，从而实现坐标转换误差调整。其公式如下：

$$
f(R,T) = \sum_{i=1}^{n} \| D_{\text{RTK}}^i - (RD_{\text{ScanPos}}^i + T) \|^2 \rightarrow \min
\tag{5.4-14}
$$

式中，D_{RTK}——RTK 控制点阵；

D_{ScanPos}——三维激光测站点阵；

      R——旋转矩阵；

      T——平移矩阵。

5.4.2.5　应用案例

    案例研究数据采集区域为雅安市某河段，该河段两岸地势陡峭，水陆交通不便利，均匀布设不同高度的标靶几乎不可能，河流两岸特征物较少，测站拼接选取同名点难度大。数据采集采用 Riegl VZ 2000 三维激光扫描仪，定姿、定向采用内置电子罗盘，测站点坐标利用RTK 测定。根据河道地形、任务需求，完整、真实地考虑地物、地貌要素，数据重叠度不小于20%，测区共布设 6 个测站。

    （1）概略站点拼接与坐标转换

    测站点位置采用 RTK 控制点，利用由 RiSCAN PRO 软件及扫描仪内置电子罗盘数据得到的三维姿态与磁北方向进行概略站点拼接与坐标转换，测站磁北定向操作界面见图 5.4-13。该方式替代了人工选取同名点，实现站点概略拼接与坐标转换。

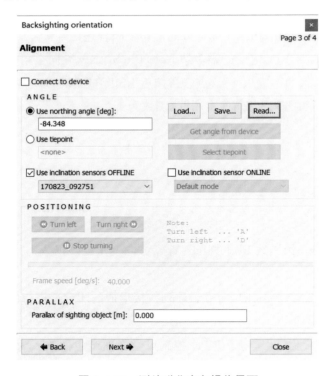

图 5.4-13　测站磁北定向操作界面

    （2）数据精拼

    采用序列拼接的方法，在相邻站点选取公共特征切面，采用 ICP 算法，以首站数据为基准，按 ScanPos001→ScanPos002→ScanPos003→ScanPos004→ScanPos005→ScanPos006 顺序依次拼接各站点数据。各站点拼接平移量、旋转角度及精拼标准差见表 5.4-1。

表 5.4-1   站点精拼统计

站点	$\Delta X/m$	$\Delta Y/m$	$\Delta Z/m$	$\Delta Roll/°$	$\Delta Pitch/°$	$\Delta Yaw/°$	标准差/m
ScanPos001	0.000	0.000	0.000	0.000000	0.000000	0.000000	0.000
ScanPos002	−0.154	−0.187	0.071	−0.145472	−0.169925	0.361075	0.005
ScanPos003	0.391	0.362	−0.423	0.343989	−0.145833	−0.204835	0.002
ScanPos004	−0.264	−0.221	0.283	0.231590	0.386285	0.234468	0.005
ScanPos005	−0.316	0.305	0.183	−0.262107	−0.174986	−0.193424	0.007
ScanPos006	0.384	−0.319	−0.087	−0.139276	0.165208	−0.237851	0.004

注:$\Delta Roll$,$\Delta Pitch$ 和 ΔYaw 分别为 Roll、Pitch 和 Yaw 方向上的角度变化量。

(3)精拼误差配赋

由表 5.4-1 及式(5.4-10)计算得到 $f_X=+41mm$,$f_Y=-60mm$,$f_Z=+27mm$。由表 5.4-1 及式(5.4-12)计算 $f_R=10''$,$f_P=22''$,$f_{Yaw}=-15''$。由式(5.4-11)、式(5.4-13)计算坐标、角度闭合差改正数,配赋剩余值分配原则:坐标差值配赋于长边,角度配赋于短边。结果坐标、角度改正数计算结果见表 5.4-2。

表 5.4-2   坐标、角度改正数计算结果

站点	站距/m	V_X/mm	V_Y/mm	V_Z/mm	$V_R/''$	$V_P/''$	$V_{Yaw}/''$
ScanPos001	11	−1	+1	−1	−2	−5	+3
ScanPos002	106	−9	+13	−6	−2	−4	+3
ScanPos003	105	−9	+13	−6	−2	−4	+3
ScanPos004	98	−8	+12	−5	−2	−4	+3
ScanPos005	46	−4	+5	−2	−2	−5	+3
ScanPos006	138	−11	+17	−7			

拼接坐标精度采用全长闭合差 f 及全长相对闭合差 K 定,公式分别为:

$$f=\sqrt{f_X^2+f_Y^2+f_Z^2} \tag{5.4-15}$$

$$K=\frac{1}{\left(\dfrac{\sum D}{f}\right)} \tag{5.4-16}$$

按照式(5.4-15)计算得到全长闭合差 $f=78mm$,按式(5.4-16)计算得到全长相对闭合差 $K=1/6493$。

拼接旋转角度精度评定采用三维旋转角度闭合差计算角度中误差 σ。精度评定公式为:

$$\sigma=\pm\frac{1}{n}\sqrt[3]{|f_R f_P f_{Yaw}|} \tag{5.4-17}$$

式中,n——角度个数。

按照式(5.4-17)计算得到站点拼接旋转角角度中误差 $\sigma=\pm3.0''$。

（4）坐标转换误差调整

为保证点云拼接精度，在小范围内不考虑地球曲率的影响，将拼接后点云及 RTK 测点形成的闭合线路看作刚性模型，利用式（5.4-14）求取二者平移、转换矩阵，实现坐标转换误差调整。求得平移 R、旋转矩阵 T 分别为：

$$R = \begin{bmatrix} 0.000847 & 0.999842 & -0.000604 \\ -0.998925 & 0.000769 & -0.001714 \\ -0.003164 & 0.000584 & 0.999981 \end{bmatrix}$$

$$T = \begin{bmatrix} 0.031 \\ -0.027 \\ 0.043 \end{bmatrix}$$

拼接后经点云着色后效果见图 5.4-14。

图 5.4-14　点云整体效果

从点云中提取特征点 50 个，与 RTK 测定进行比较，部分点云特征点与 RTK 测点精度统计见表 5.4-3，限于篇幅，仅列部分点。

表 5.4-3　　　　　　　　　部分点云特征点与 RTK 测点精度统计

序号	点云			RTK			较差		
	X/m	Y/m	H/m	X/m	Y/m	H/m	$\Delta X/m$	$\Delta Y/m$	$\Delta H/m$
1	918.140	723.544	426.596	918.199	723.500	426.619	−0.059	+0.044	−0.023
2	914.985	723.803	427.024	914.994	723.750	427.034	−0.009	+0.053	−0.010
3	846.619	894.743	423.908	846.656	894.750	423.889	−0.037	−0.007	+0.019
4	847.564	895.011	423.884	847.625	895.000	423.806	−0.061	+0.011	+0.078
5	485.986	152.713	382.020	486.063	152.750	382.065	−0.077	−0.037	−0.045
...	...	...	...	...	...	...	...	...	...

利用白塞尔公式进行中误差计算,对坐标转换精度进行评定,其公式为:

$$m = \sqrt{[VV]/(n-1)} \tag{5.4-18}$$

式中,m——中误差;

    V——三维坐标分量坐标较差;

    n——特征点数。

计算得 $m_X = 0.054\text{m}$,$m_Y = 0.028\text{m}$,$m_H = 0.046\text{m}$。

5.4.2.6 方法评价

利用地面三维激光在特征物较少区域采用电子罗盘及 RTK 控制点对点云数据进行概略拼接与坐标转换。经 ICP 算法实现数据精拼,利用序列拼接形成的坐标及角度闭合差,进行闭合条件下的精拼误差配赋。对于坐标转换误差,提出了利用点云拼接和 RTK 控制点闭合线路形成的刚性模型,通过最小二乘法原理,计算点云与 RTK 控制点模型最佳密合的平移、旋转矩阵。经实例分析,得出以下结论。

①利用电子罗盘及 RTK 控制点进行点云概略拼接与坐标转换,弥补了人为提取特征点依赖作业人员经验、特征物较少区域特征点选取困难的不足,同时免去了标靶布设及回收工作,方法简便可行,提高了数据采集、拼接效率。

②利用电子罗盘及 RTK 控制点形成的粗拼模型,进行 ICP 精拼,并将精拼形成的闭合条件进行精拼误差配赋,精拼方法可行,精度高。

③对点云整体模型和 RTK 控制点形成刚性模型,利用最小二乘法原理,计算平移、旋转矩阵,实现点云数据坐标转换误差调整。利用点云提取特征点,进行精度评定,提取的特征点中误差为厘米级,可满足大比例尺测图精度要求。

5.4.3 无人机倾斜摄影监测技术

无人机凭借高机动性、低成本性、操作简便性、小型化等优势,在空间数据的高效快速获取和处理更新中发挥着越来越重要的作用,在崩岸监测中具有广泛的应用前景。在高危复杂环境下,无人机可快速、有效、大面积地获取崩岸数据。本小节介绍无人机数据获取、传输和处理技术。

5.4.3.1 无人机摄影崩岸监测特点

无人机作业方式主要在 800m 以下的低空飞行,与传统航空摄影测量和卫星光学遥感相比,可以不被云层遮挡,是崩岸监测中有效的弥补手段,无人机低空遥感系统具有快速机动、影像分辨率高、实时性强、成本低廉的特点,且属于非触源式作业方式,能胜任各类高危区域作业,适用于各种灾害的应急救援。无人机系统低空遥感技术以其机动灵活、影像分辨率高、成果丰富多样、成本低廉等特点,在崩岸监测中发挥着越来越重要的作用。

①遥感平台丰富多样，成果多元化。无人机低空遥感技术搭载数码相机、摄像机、红外仪等多种遥感设备，可以同时获取测区的快拼图、数字正射影像图、数字高程模型等各类数据产品，还可获得测区的地质地貌、地形植被、水文土壤等各类综合信息，为崩岸监测、机理研究提供可靠的基础数据。

②机动灵活，降低了作业强度，提高了安全性能。无人机低空航摄航拍，不受高层云雾天气影响，且无人机本身结构简便，易搬运和安装。地面站人员通过通信链路控制飞行器遥感航拍采集数据，无需人员直接到达困难或危险区域作业，保障了作业安全，同时依靠人机交互的计算机处理技术，大大减轻了工作强度。

③精度高、效率快。无人机低空遥感技术在灾害发生后，可第一时间利用快拼软件获取灾后全貌图像，宏观快速地获取灾情信息，也可进行空三解析获取高精度高分辨率 DOM、DEM 等数据产品，实时分析灾情，初判崩岸类型。

5.4.3.2 无人机系统组成

无人机系统航摄遥感平台可分为飞行器系统、通信链路和地面控制站三大部分，无人机系统组成见图 5.4-15。

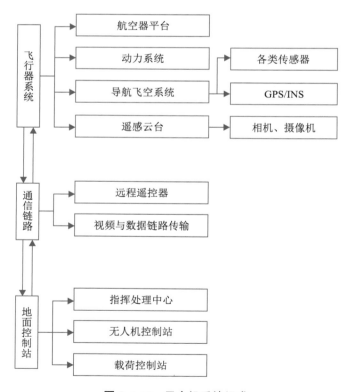

图 5.4-15 无人机系统组成

飞行器系统的主要功能是接收航线规划并实施飞行计划；地面控制站的主要功能包括

任务规划、飞行实时控制、姿态数据的实时接收和指挥调度；飞行器系统通过通信链路与地面控制站进行飞行数据传递，以便工作人员实时监测飞行器的飞行状态。

5.4.3.3 崩岸影像获取

无人机低空航摄需要经过航线设计、航线飞行、质量检查和像控测量等步骤，影像获取的关键是任务规划。任务规划包括航迹规划、任务分配规划与系统保障和应急预案规划等。其中，航迹规划是任务规划的主体和核心，无人机系统影像数据获取流程见图5.4-16。

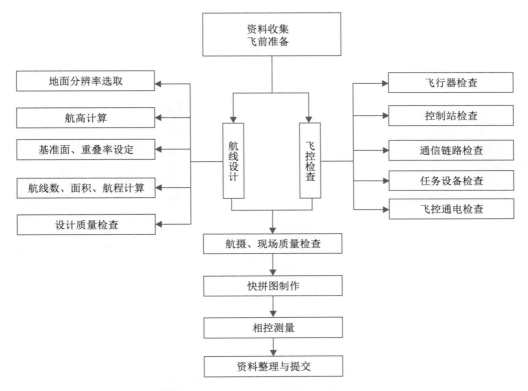

图 5.4-16　无人机系统影像数据获取流程

5.4.3.4 崩岸影像处理

鉴于灾害的突发性以及灾后环境的复杂性，通常不可能按常规的航空摄影进行设计和飞行航摄。姿态的杂乱以及飞行航线的不规则造成了崩岸影像像对的旋角、倾角过大，从而加大了影像匹配难度，严重影响了影像的重叠度。应急监测的核心技术问题就在于航摄数据的快速处理，包括少地面控制甚至无地面控制的影像纠正，航摄影像图的快速拼接和纠正、影像匀光等。

（1）快拼图制作

图像自动拼接技术是指通过先进的计算机图形和色彩学技术，将空间上存在一定重叠的两幅或者多幅图像进行配准，并融合成一幅完整全新的图像的技术。鉴于应急监测数据实时性需要,可通过快速拼图软件对无人机低空航摄高分辨率影像进行镶嵌拼接,快速得到灾区全影像图。河段快拼见图5.4-17。

快拼图无需GNSS信息和相机参数,可以自动识别相机焦距,能自动剔除平差和粗差,自动生成快拼图和进行正射纠正。利用快拼软件,还可以实现快拼图编辑和量测功能,从而可以从快拼图上进行距离、面积、体积等量算。严格意义上看,快拼图精度上比数字正射影像图要低,但是可在2h左右获得灾区大致信息,在灾情分析、决策等方面具有一定的实用性。

（2）数字表面模型生成

本次演练采用Smart 3D、Pix4Dmapper在正射影像纠正、空中三角测量基础上,生成崩岸区域数字表面模型,河段数字表面模型见图5.4-18。

图5.4-17　河段快拼　　　　　　　　图5.4-18　河段数字表面模型

5.4.3.5　无人机崩岸三维建模技术

目前,无人机摄影系统主要采用倾斜摄影测量方法进行,可实现"裸眼"测图。在无人机上搭载倾斜相机进行倾斜摄影技术是在摄影测量技术之上发展起来的。和摄影测量不同的是,倾斜影像通过具有一定倾斜角度的倾斜摄影相机,一般是三镜头、五镜头、鱼眼双镜头等,来获取具有多个视点和视角的多重分辨率的低空遥感影像。倾斜摄影影像获取同无人机摄影测量,此处主要介绍数据处理。

（1）无人机倾斜摄影数据处理流程

倾斜摄影数据处理需要经历倾斜影像同名点匹配、多相机联合平差、点云生成、表面重建、纹理映射等过程,经过一系列数据处理之后,通过第三方平台形成可视化三维模型成果,也可以对三维模型进行线划矢量采集。

1）倾斜影像同名点匹配

倾斜影像同名点匹配不同于垂直影像,其受到倾斜角、变化的尺度、遮挡等因素的影响,因此必须考虑这些因素。目前可行的方法是,结合每张倾斜影像的POS外方位元素与影像金字塔匹配策略,在各级影像进行同名点匹配,并进行光束法区域网平差。

2)多相机联合平差

倾斜影像多相机联合平差在传统光束法平差过程中加入了影像间位置关系的约束条件,这种方式要求航摄仪系统遵循同时曝光的原则,这样能使未知数个数减少,也能使平差模型更加稳定。

3)点云生成

倾斜影像通过密集匹配生成密集点云。

4)表面重建

利用倾斜影像匹配得到密集点云,对密集点云进行物体表面重建,最终生成倾斜影像模型。常用的表面重建算法是泊松方程算法,该算法首先获得稀疏点云,再对稀疏点云进行滤波处理,最后利用泊松表面重建法重建完整表面。

5)纹理映射

倾斜影像模型物体表面重建后,需要对三维表面进行纹理映射,纹理映射过程中要选择最佳的影像和色彩过渡。

(2)崩岸实景三维影像

经三维影像处理,生成崩岸河段三维模型,河段三维实景模型见图5.4-19。通过三维模型可直观浏览崩岸区域概貌,并进行三维空间距离量算、体积查询等。

图5.4-19 河段三维实景模型

5.5 崩岸巡查技术

洪水灾害是我国最严重、最频繁的自然灾害之一,为减小洪水的危害,人类一直在不断地治理江河,但由于水流的作用及其他自然灾害(如地震)的影响,沿各江河形成众多险工险段。在我国,江河险工险段数量多、分布范围广、类型复杂,国家每年都需要投入大量的人力、物力,对江河险工险段进行管理。

河道险工险段是指存在着不利于堤防防洪安全的隐患的河道堤防所在的工程和堤段。堤防上的主要险工大致有滑坡、崩岸、裂缝、漏洞、浪坎、管涌、散浸、崩(跌)窝、迎流顶冲、堤脚陡坎、穿堤建筑物接触渗漏、建筑物老化损坏、闸门锈蚀、闸门漏水、闸门变形等。长江荆江段发生的险工险段现场情况见图 5.5-1 及图 5.5-2。

图 5.5-1　荆江河道"天字一号"崩窝（2018 年 3 月摄）

图 5.5-2　荆江河道北门口崩岸现场（2018 年 3 月摄）

河道险工险段发生的位置与其河道形态、河床演变规律等有关。平原河流，按照其来水、来沙及河床边界条件，塑造出不同的河型，河道大致分为顺直型、弯曲型、蜿蜒型、分汊型 4 种。不同的河型有其自己的河床演变规律，河床与河流互相依存，互相制约，以泥沙为纽带互相作用，永远处于运动和发展状态之中，河床演变是输沙不平衡的结果。河道险工险段主要发生在分汊型和蜿蜒型河段上。分汊型河段多存在于水流含沙量大、纵坡较陡、河床组成为松散细颗粒的河段，这类河段河床宽窄相间，无稳定深槽，水流湍急，主流东碰西撞、摇摆不定,河床变化迅速。水流顶冲堤段险工险情严重,为险工保护重点。蜿蜒型河段,弯道水流在重力和离心力的作用下,所形成的表层少沙水流流向凹岸,底层多沙水流流向凸岸,这种横向水流与纵向水流结合在一起,形成螺旋前进的水流,造成凹岸冲刷,凸岸淤积,凹岸特别是弯道顶部为防冲护险的重点部位。险工险段是堤防的薄弱环节,平时要进行维修加固,汛期尤其是洪水期间要加强防守,派专人查险,一旦发现险情要及时进行抢护,防止堤防决口造成堤防溃口,引发水灾。

险工险段风险排查技术种类较为丰富。对于水面以上部分的常规巡查、便携无人机巡查等;对于水面线以下可以采用便携遥控船岸滩扫描系统、影像声呐、侧扫声呐等系统进行监测与排查。

5.5.1 崩岸常规巡查

险工险段巡查是目前江河最常用的风险排查手段。通常利用测船、快艇、交通车等交通工具,通过目测、图片影像资料记录的方式进行实地查勘,必要时采用 GNSS、激光枪、卷尺等工具量测其险工险段的范围、面积等要素。荆江河道险工险段巡查现场见图 5.5-3。

图 5.5-3 荆江河道险工险段巡查现场

5.5.2 无人机崩岸巡查技术

无人机因其机动灵活的起降方式、低空循迹的自主飞行方式、快速响应的多数据获取能力,在水利管理与监测上具有巨大的应用前景。

无人机能够快速从空中俯视河道区域的地形、地貌、堤防险工险段等,可以完成水情监测,河道及堤防险工险段、洪灾区域的地形环境检查,水毁区域发布情况监测等工作。尤其在遇到洪水险情的情况下,可克服交通不便等不利因素,及时赶到出险空域,监视险情发展,实时传递现场影像数据等信息,为抢险指挥决策提供准确可靠的实时信息。崩岸低空巡查系统原理见图 5.5-4。

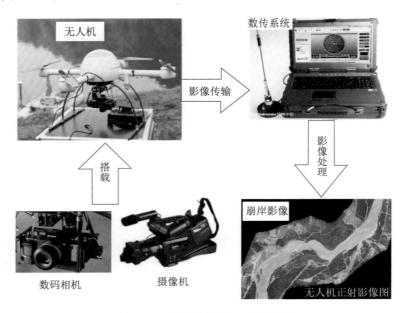

图 5.5-4　崩岸低空巡查系统原理

5.5.3　无人船崩岸巡查技术

5.5.3.1　无人遥控船组成

无人遥控船岸滩扫描系统是由遥控无人船搭载水下测量设备、三维激光扫描系统等硬件，利用软件或者手柄控制的测量扫描系统。

中海达推出 iBoat 智能无人测量船系统及其组成见图 5.5-5。

图 5.5-5　iBoat 无人测量船基本配置组成

5.5.3.2 无人船滩扫描及监测

(1)无人船系统作业流程

无人遥控船岸滩监测实施的简要作业流程见图5.5-6。

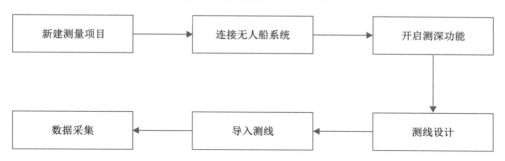

图 5.5-6 无人遥控船岸滩监测实施的简要作业流程

(2)数据处理

数据后处理工作包括坐标转换、数据滤波处理与输出。

1)坐标转换

坐标转换主要包括高斯投影的直角坐标与经纬度的互转、UTM投影的直角坐标与经纬度的互转、墨卡托投影的直角坐标与经纬度的互转以及七参数坐标转换。

2)数据滤波处理与输出

数据滤波处理与输出主要是对采集的数据进行检查、修正、原始数据提取与输出等。无人船测量数据处理见图5.5-7。

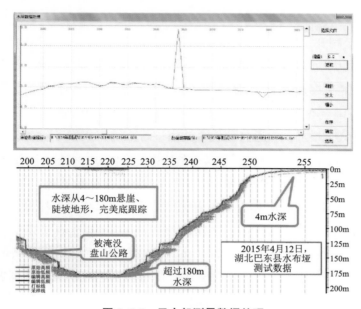

图 5.5-7 无人船测量数据处理

数据输出后须及时进行成图与分析，并采用多次测量成果叠加分析，以达到岸滩监测的效果。

5.5.4 声呐崩岸巡查技术

5.5.4.1 声呐技术简介

扇扫图像声呐的研究开发比较晚，但发展迅速，现已广泛应用于探雷、定位、避障等水下作业中，大致可分为以下三大类。

（1）单波束机械扫描声呐

如加拿大的 971 型、855 型及 881A 型声呐。单波束机械扫描声呐的单波束，通过全方位或某固定扇面内的扫描来完成探测，结构简单、价格便宜，但是由于成像速率较低，因此不适于对运动物体的成像。

（2）多波束预成电子扫描声呐

多波束预成电子扫描声呐以美国的 SeaBat 系统为代表，具有较高的成像速率，但由于旁瓣的干扰，成像质量略逊于单波束机械扫描声呐。单波束机械扫描声呐与多波束预成电子扫描声呐都只在距离及水平方向具有分辨能力，因而仅能获得目标形状的横向信息。

（3）三维成像声呐

三维成像声呐是指能够获得距离、水平、垂直三维空间目标的目标信息。由于难度较大，市场需求量小，目前世界上仅有少数国家开展了水下三维声成像系统的研究。其技术路线主要为两种：第一种是采用一维线阵，通过其机械平移合成二维面阵，将机械扫描各位置获取的二维数据用计算机合成三维图像；第二种是直接采用二维面阵，从而在水平、垂直、距离 3 个方向上直接获得分辨率，通常是先形成二维序列图像，然后进行计算机三维合成。

美国 Reson 公司开发的新一代数字声呐 SeaBat8125 是第一种类型的代表，其特点是阵型简单，阵元数和电子通道数少，因而硬件复杂度小，但是成像速度慢，合成图像的精度较差。前欧洲共和体和挪威共同开发的 Echoscope 系列三维声呐是第二种类型的代表。Echoscope 系统三维声呐采用了面阵，因而阵元数和相应的电子通道数以平方级的速度增加，使硬件复杂度大大增加。它通过预成多波束进行三维声成像，能够在一次声波发射后，获取目标的垂直、水平信息，在距离上形成一系列切片图像，然后进行三维重建，得到目标的三维表示。全球最先进的实时 3D 声呐——Echoscope © 及测量见图 5.5-8。

CodaOctopus 的 Echoscope © 是全球首款也是分辨率最高的实时 3D 声呐，围绕独特的专利技术构建，可以从每次声波传输中生成一个由 16000 个以上探测点组成的完整三维模型。该三维模型能每秒更新 12 次。Echoscope © 的探测密度远远超过其他声呐的探测密度，利用专利统计绘制技术能够进一步提高其生成图像的清晰度，无论是部署在内陆水道工程还是大规模海上石油和天然气项目中，Echoscope © 实时 3D 声呐都能提供高清晰度的水下环境图像。

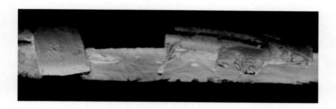

（a）Echoscope ©声呐仪　　　　　　　　　　　　　（b）测量

图 5.5-8　全球最先进的实时 3D 声呐——Echoscope ©及测量

ARIS Explorer 1800 多波束成像声呐仪和 Gemini 720i 多波束成像声呐仪分别见图 5.5-9 和图 5.5-10。

图 5.5-9　ARIS Explorer 1800 多波束成像声呐仪　图 5.5-10　Gemini 720i 多波束成像声呐仪

Gemini 720i 是一种紧凑型实时高频声呐，它创设了多波束成像声呐的新标准。优化的信号处理电路设计使 Gemini 720i 声呐可提供清晰的实时图像；一个集成的声速计能进行图像的锐化和精确测距；声呐数据能呈现在 Tritech 公司的 Senet Pro 或 Gemini 的独立操作软件上。

5.5.4.2　声呐崩岸巡查技术应用

快艇以及无人机等工具为堤防巡查和岸上部分的崩塌情况调查提供机动载体，而影像（图像）声呐系统则对水下崩塌区域的范围、塌陷量等情况进行详细的观测和直观的表达。因此，影像（图像）声呐在险工险段风险排查中将会有广泛的应用价值。

（1）系统组成

声呐巡查系统包括硬件部分及软件部分。其中，硬件部分主要包括声呐头、接线盒、数据传输电缆以及船载平台等，软件部分主要包括数据收集和处理软件以及驱动程序等。

声呐头包含发射器、接收器及收发转换器，三者可同时控制波束形成的电路；接线盒又通过以太网电缆和 USB 传输线与计算机连接，从而实现计算机与声呐之间的通信；软件可进行点云数据查看和距离、角度等的量测，以及点云数据编辑处理与输出等。

（2）工作步骤

1）测线布置

为获得结构物体或整个区域内的三维图像，通常需设立多个扫描测站，从不同的方位进行观测，获取若干幅扫描图像，并经过拼接形成一个完整的目标物。一般根据检测目的、目标物形状和尺寸等因素设置一个或多个测站。为完成图形的拼接，每个测站必须设置多个标靶，测站和标靶设置的原则是相邻两个测站各自的扫描范围内均包含 3 个以上不共线的同名标靶，且相邻两个测站必须有不少于整个图像的 10% 扫描重叠。

2）设置参数

参数的设置包括检测水域的声速值、扫描方式、声呐在水平方向上的旋转角度和旋转速度以及系统所输出文件的保存路径等。

3）点云图像的查看和编辑

扫描获得的点云数据，可使用软件进行图像平移、旋转、放大等操作，从不同的角度对目标物进行观察，并可测量点、线、面间的距离；还可使用软件对点云图像进行去杂、拼接和建模等。

（3）注意事项

三维全景成像声呐系统在精度、效率、点云密度方面相比其他检测设备均有较大提升，为全面、系统地进行水下细部结构检测提供了重要的技术手段，具有广阔的应用前景。

为提高观测精度，声呐崩岸巡查系统需要配置姿态传感器、GNSS 定位系统等。整套设备系统价格昂贵，所以在外业施测时需要确保安全生产。

5.6　崩岸近岸水沙因子与地形因子观测

5.6.1　概述

5.6.1.1　水流与河床的相互作用

陆地上的降雨形成地表径流和地下径流，经过河道流向海洋是水循环的重要环节。受重力作用的地表水和地下水，在流域连续的低洼地带，形成流域的地表和地下汇流，久而久之，形成了天然的河道与河流。流经河道的水流与河床有作用与反作用、约束与反约束的关系，河床改变了水的流向，水流冲刷了河床，经过长期的时空磨合，水流与河床达成了动态平衡，形成相对稳定的河道。

5.6.1.2　河道冲淤变化及动态平衡

河道由河床和河岸构成，河床对水流有约束作用，但是水流也能够冲刷河床，当冲刷发生在河道中间时，河道中泓线被冲深，当冲刷发生在河道的一侧时，河道的侧面被冲刷，当冲刷发生在近岸区域时，会危及河岸或河堤的稳定，造成崩岸或决堤。水流冲刷河床或流域的地表土壤，形成各种大小不同的泥沙颗粒，这些泥沙颗粒被水流挟持流走。水流挟持泥沙是有一定饱和度的，水流中泥沙量达到最大饱和度的能力叫挟沙能力，它与水流流速密切相关，因此当水流流速减慢，挟沙能力下降，水流里的泥沙就会沉降下来，淤积在河床上，此处的河道就可能形成沙包、沙滩和沙洲。

根据河流动力学的原理，流速主要与上下游水位的落差和河床纵比降相关。在水位落差一定的条件下，河床纵比降越大，对水流的加速作用就越大，流速就越来越快，其冲刷河床的力量越来越大，挟沙能力也越来越强，便会对河床造成更大的冲刷。反之，当河床在水流方向上逐渐升高，水流重力对水流起到减速作用，流速就会减小，水流挟沙能力下降，泥沙沉积。因此，河床纵比降与水流的挟沙能力形成正反馈的作用效果。

5.6.1.3　水沙因子观测方法

为了掌控河道内水流对河道的冲刷作用，需要监测河道内某河段或某区域的河道地形时空变化、水流流速的时空变化、水流挟沙的能力和泥沙颗粒的大小、河床推移质泥沙的量和粒径的大小等基本水文要素。另外，通过对局部水下地形进行测量，定量掌握河床的冲淤量，可以分析近岸的冲淤态势，分析河道的稳定性，预报岸坡的崩塌风险。水沙观测主要包括水位观测、流态（流速、流向）测量、含沙量、输沙率测验和局部水下地形测量等，险工段或已经发生决堤的溃口水沙测验，当无法采用常规方法测验时，还需要采用无人机、无人船、GNSS 浮标等无人设备或非接触式测验方法进行测量。

5.6.2　水沙观测布设

水沙观测内容分为水位、流态（流速、流向）、悬移质含沙量、悬移质颗粒分配（颗分）和床沙颗分等。为了更好地验证流场的流态，还应该配合测量局部水下地形。

5.6.2.1　水沙因子观测布设原则

流量测验布置以能总体控制测验区域水流的流场变化为原则。在测验区域的上游、区域内和区域下游布设流量测验断面，其中测验区域内，视测区的大小和流态顺直情况布线，布线时以能够控制流场变化为原则。

垂线含沙量测验布置与流量测验布置相同，目的是计算进出测区的输沙量的变化，从而确定在测验时期内，测区河床的冲淤变化。

水下地形的变化是水流与河床相互作用的结果，河床的形态，如陡坡，为河段是否为险工段提供确认依据。水下地形测量时机依据水流的大小变化布置，一般在汛前和汛后各测量一次，以掌握汛期和枯季水下地形的变化。如果是对已经发生的崩岸进行监测，则要在崩岸形成的过程中加密监测。地形测量的范围和比例尺依监测和分析的对象的范围而定。

一般大范围的采用 1∶5000～1∶10000 比例尺测图，局部的采用 1∶500～1∶2000 比例尺测图，大范围地形图用于变化趋势分析，局部地形图用于局部河床定量冲淤变化分析。

5.6.2.2 典型河段水沙因子观测布设

三类典型河段水沙断面观测布设形式见图 5.6-1 至图 5.6-3，其中图 5.6-1 为分汊型河段，应在汊道进、出口必须各布设一组（2#、3#、6# 与 5#、8#、9#）共 6 个一级水沙断面；同时在分汊前干流上游及分汊支流内再布设一组（1#、4#、7#）共 3 个二级水沙断面，同步进行断面水沙要素观测。在收集较多测次资料后，根据实际情况可少测或不测。一般观测河段，采用简测方式进行观测布置，可只布设（2#、3#、6#）或（5#、8#、9#）3 个一级水沙断面。多汊道河段可根据上述原则布设。如汊道河段内有影响较大的支流汇入或分流时，应在支流口门内增设一个水沙断面，与干流同步观测。

图 5.6-2 为浅滩型河段，应在浅滩部位和浅滩上、下游过渡段布设 1#、2#、3# 共 3 个一级水沙断面，于高、中、低水位级及浅滩变化最大时期布置测次，其中 2# 断面测量应与浅滩地形测量同时进行。

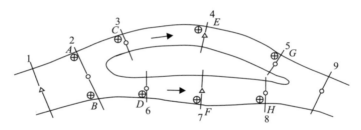

图 5.6-1　分汊型河段观测布置

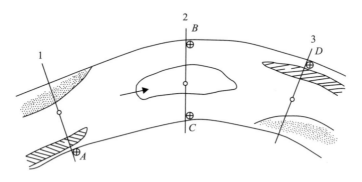

图 5.6-2　浅滩型河段观测布置

图 5.6-3 为弯道型河段，采用详测法，应布设 1#、4#、7# 共 3 个一级水沙断面，二级水沙断面可根据需要而定。

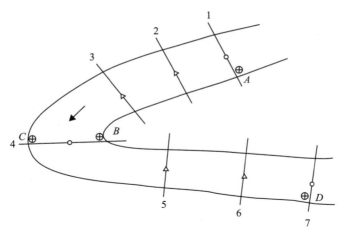

图 5.6-3　弯道型河段观测布置

5.6.3　水位观测

水位是水沙测验及地形测量的基础工作,为水下地形和测流大断面提供高程起算基准。按照《水位观测标准》(GB/T 50138—2010)规定,水位观测的设备可以是水尺和自记水位计,水尺和自记水位计主要用于长期在固定地点观测水位,如在长江沿岸布设的水文站和水位站都采用水尺加上自记水位计工作模式长期观测水位。临时需要水位的可以采用全站仪三角高程或水准仪,从已知高程点向水面接测临时水位。近几年,随着 GNSS 技术无死角的发展应用,可以利用 GNSS 长期运行参考站(CORS)资源,施测工作水准点高程,进而接测水。

5.6.3.1　水位观测的前期准备工作

水位观测前期准备分为仪器设备准备和资料准备。针对不同的任务、不同的观测环境有所差异。

(1)仪器设备准备

在观测河段进行经常性的水位观测,可以布设专用水位站,专用水位站需设立水尺、埋设水尺校核点(工作水准点)、安装自记水位计、全站仪、水准仪。

突发性应急监测,如溃口、堰塞湖观测,需要准备临时水尺、GNSS 接收机、浮标、全站仪。

(2)资料准备

水位站位置交通路线地形图(含电子地图),水尺附近的高程引据点的高程,如果需要采用GNSS 高程测量,还需要与所在的省、市 CORS 站主管部门取得联系,获取 CORS 使用授权。

5.6.3.2　水位观测

(1)水位站布设

水尺布设应符合以下原则:

①水尺的布设应能控制测区的水位变化。水尺应避开回水区，不直接受风流、急流冲击影响，同时要保证其不受船只碰撞，能在测量期间牢固保存。

②潮汐区域水尺最大间距不宜大于 20km，潮汐区域水尺最大距离不宜大于 10km，相邻水尺间的距离应满足最大潮高差不大于 1m、最大潮时差不大于 2h 和潮汐性质基本相同等要求。

③对于非感潮河段，两岸水位差大于 0.1m 时，应在两岸设立观测水尺。河口、河流汊道进出口门处宜设立水尺。对于水位变幅剧烈、复杂的水域，应加密水位观测。

④湖泊水下地形测量应沿湖设立临时水尺，相邻水尺间距不宜超过 10km。相邻水位落差较大时应加密布设。

⑤水尺的设定范围应大于测量期水位变幅。

（2）工作水准点高程接测

工作水准点高程采用四等几何水准，从国家高程控制网附近的水准点接测。20km 附近没有国家高程控制点的应急测量，可以利用 CORS 资源，采用 GNSS 静态测量方法。GNSS 静态测量一时段 4h，将测量数据提交 CORS 中心计算观测点的三维坐标和国家高程。

1）水尺零点高程接测

①水尺零点高程应采用不低于五等几何水准或与其同等精度的其他方法观测。易沉降区，水尺零点高程设置超过 48h 时应进行校核。

②水尺倾斜时应立即校正，并校核水尺零点高程，自记水位零点也应及时校正。

2）水位观测

水位观测一般采用水尺人工观测、安装自记水位计自动观测记录和全站仪三角高程测量。实施 GNSS 三维水深测量的水位可以采用 GNSS 船载 RTK 或 PPK 技术测量。溃口或围堰龙口沿程水位可以采用 GNSS 浮标测量。

3）水位资料整理

水位资料必须整理，应明确水位所在的地点和高程基准面，再按照时间顺序摘录整理水位。采用水位的连续性过程线检查本站水位观测数据的正确性，采用上下游水位对比检查河段水位的正确性。GNSS 水位还需要对短期的 GNSS 三维数据中质量不好的数据进行滤波处理。

5.6.3.3 急流速大落差水域水位测量方法研究案例

青草沙水库位置见图 5.6-4，青草沙水库在完成北侧 20km 长的顺流围堤和东南侧 1400m 中的 1300m 围堤后，留下来约 100m 的龙口，受不规则半日潮潮水位的涨落影响，水库内外的水位差时刻都在产生，最大消涨差达 4m，给合龙围堤带来了极大的困难。为了安全、经济、有效地完成龙口合龙施工工程，必须掌握不同潮差龙口的水面形态和龙口水流流速。

图 5.6-4　青草沙水库位置

龙口水域流速和落差大,测量船航行不安全,难以采用船载 GNSS 在航潮位测量,为此,设计和研制了浮球漂流连续水位测量系统。该系统由浮球、配重块、GNSS 双频接收机、MRU、罗经、数据采集系统等组成。其中,浮球是水位测量的载体,配重块用于稳定浮球,双频 GNSS 接收机用于水位测量,MRU 用于监测浮球姿态变化,罗经用于监测航向。各传感器在浮球漂流连续水位测量系统中的安置见图 5.6-5。

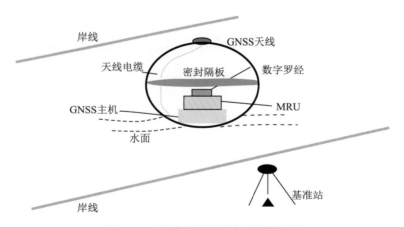

图 5.6-5　浮球漂流连续水位测量系统

青草沙水库龙口水位测量过程如下:

①选用两台 Leica 1230 双频 GNSS 接收机,分别架设在岸边已知点上和固定在浮球上。两台接收机进行静态测量;为避免截流区无线电通信中断给定位带来的影响,流动台接收机采用 PPK 测量模式,两台接收机的采样频率均设置为 5Hz。浮标 GNSS 测量前后,均进行了 10min 的初始化。此外,对光纤罗经也进行了校验。将 GNSS 主机、MRU 和光纤罗经安

放在浮球内,安置时确保光纤罗经的轴向与 MRU 的 x 轴向平行,将 GNSS 主机、MRU 和光纤罗经用隔离板隔离,确保不被水浸入。将浮球吊放在船舷边,观测 10min 数据,用于 MRU 安置偏差的探测。安置便携式计算机,利用 Hypack 软件采集 MRU 姿态、罗经和 GPS NMEA0183 导航数据。数据正常采集后,将浮球密封,悬挂配重,在龙口上游水道始端放开浮球,让其自然漂流和在航测量。

②完成龙口水道漂流后,收回浮球,停止数据采集,提取数据。

③利用 Leica LGO 软件对基准台站和流动台站的 PPK 观测数据进行综合处理,获得不同历元流动台站 GPS 接收机天线处的三维解。

④利用 PPK 解算得到的每个历元的 UTC 时间以及 Hypack 系统采集的 NMEA 0183 导航电文数据中的 UTC 时间,实现 PPK 解、姿态数据、罗经数据的同步。

⑤对流动台站 GPS 接收机天线处的三维解,结合姿态参数,实施姿态改正,获得瞬时水面高程时序。

⑥利用 FFT(Fast Fourier Transform,快速傅里叶变换)自适应水位提取技术,获得不同区段的连续水位。以一个航次为例,根据上述数据处理过程对在航数据进行处理。

首先提取出浮球漂流过程中的姿态数据,数据变化见图 5.6-6,Heave 的变化幅度在 0.5m 以内,横滚角为 $-12.2°\sim1.9°$,纵滚角为 $-6.7°\sim15.3°$,且偏向一侧,主要受水流的冲击所致。这 3 个姿态参数变化相对较大,反映了龙口区水流的剧烈变化。

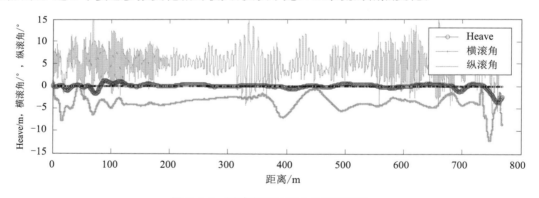

图 5.6-6　浮球漂流过程中的姿态变化

对 PPK 数据进行后处理,并实现姿态、航向与 PPK 三维解的同步,在此基础上,实施姿态改正,获得瞬时水面高程序列见图 5.6-7。图 5.6-7 表明漂流过程中,受波浪等因素影响,水位上下起伏变化在 15cm 以内;距离断面线始端至 170m 水域,水位变化平缓,为龙口上游区;170~400m 区间为龙口区,水流流速急,姿态变化显著,水位落差较大,尤其在 250~340m 区段;400~760m 区间为龙口下游区,水位相对上游区低,落差逐渐恢复正常。可以看出,漂流处于涨潮期,江水从上游灌入库区。

对连续水位观测数据进行区段划分,自动提取不同区段的水位序列,并进行频谱分析,获得各区段水位的截止周期或频率,并利用 FFT 低通滤波器自适应地提取出水位。合并各区段水位,形成整个漂流过程水位曲线。为了验证上述理论和方法的正确性,将每期所得水位与库区内、外潮位站在漂流开始和结束时刻水位进行了比较。由于数据处理中基准站坐标给定的是 1954 年北京坐标和 1985 年国家高程基准,同时辅助 7 参数改正和高程转换,因此由上述所得水位实际上为 1985 年国家高程基准下的水位,与潮位站潮位采用的高程基准一致。

基于 PPK 的浮球漂流水位连续测量系统和数据处理方法,有效地解决了龙口水域高流速大落差特殊情况下水位的连续提取问题,实践也验证了上述结论。基于自适应 FFT 滤波技术根据数据自身的频谱特性获得截止周期或频率,准确地提取出了不同情况下的真实水位,增强了传统 GPS 在航潮位测量的适用性和应用范围。

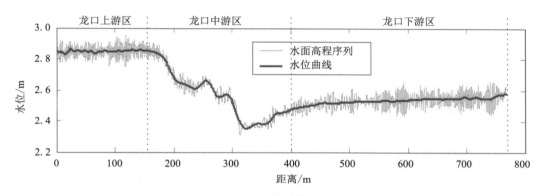

图 5.6-7　瞬时水面高程序列及水位曲线

5.6.4　流速测验

流速是水流通过某过水断面的速度。流速是近岸水沙观测的重要因子,是河床冲淤变化的动力因素。

5.6.4.1　流速仪分类

流速测验流速仪,按照测流原理主要分为机械式和超声波式,按照是否需要将仪器放置到测量位置分为接触式测量和非接触式测量。机械式测量的代表仪器有旋杯和旋桨式流速仪,如重庆水文仪器厂生产的 LS-25 型旋桨式流速仪(图 5.6-8)和青岛山东海洋大学生产的 SC-9 流速仪器,机械式流速仪都是接触式流速仪;非机械流速仪主要有声学多普勒剖面流速仪(ADCP)(图 5.6-9 和图 5.6-10)和厦门博意达公司的超声波流速仪以及电波流速仪(图 5.6-11)等。按照一次测定的流速点数可以分为单点流速仪和垂线剖面流速仪,如旋杯旋桨的机械式流速仪一次只能测量水体里一个点位的流速,称为单点流速仪;ADCP(图 5.6-10)一次可以测量量程水深内若干分层的流速,因此被称为剖面流速仪。

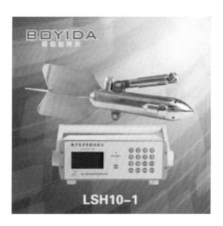

图 5.6-8　LS-25 型旋桨式流速仪　　　　　图 5.6-9　多普勒单点流速仪

图 5.6-10　声学多普勒剖面流速仪　　　　图 5.6-11　电波流速仪

　　实际工作中，应根据测流的位置和可行性条件选择合适的流速仪。例如：需要进行断面流速测验，选择走航式 ADCP 流速测验方案最适合；如果只需要在某一定点位置施测从水面到水底的垂线流速，就可以选择单点式旋桨或旋杯式流速仪或多普勒单点流速仪，也可以采用 ADCP 进行垂线流速测验；如果需要施测溃口处流速，受安全因素的制约，就需要选用无需人员到达溃口处的流量测验方法和测流设备，如 GNSS 浮标测流和电波流速仪测流。

5.6.4.2　单点流速仪测流

　　单点流速仪有转子（旋桨或旋杯）式流速仪和多普勒单点流速仪。

　　转子式流速仪在投入工作之前，应与标准流速仪进行同步比测率定，确定流速仪公式的加常数 C 值和乘常数 K 值：

$$V = Kn + C \tag{5.6-1}$$

式中，V——流速；

　　　　K——乘常数；

n——转速；

C——加常数。

转子式流速仪在流速测验期间，每施测一段时间就需要视含沙量的大小，判断是否清洗流速仪，清洗流速仪的清洗剂一般为汽油。为了不改变流速仪的率定公式，清洗流速仪时，一定要注意旋转轴部分各部件的组合安装顺序不能颠倒，拆卸时从前到后、从外到里按顺序拆洗，并按顺序排放吹干，安装的顺序与拆洗的顺序相反，后拆先装，滑轮的正反面也不能颠倒。安装完成后，要加入专用仪器油。

多普勒单点流速仪测前要按照使用说明书做好测前仪器参数的设置，包括日期、时间和测验历时等，做好自校验，带有流向的流速仪还要做好流向校准。

单点转子式和多普勒单点流速仪测流是通过测船或水文缆道将流速仪放置到指定的水体空间位置，测定水流速度的单点流速仪。《河流流量测验规范》（GB 50179—2015）水文测验规范规定，测流垂线的测点布置依据水深的大小分别采用一点法（$h<3m$，$0.6h$）、三点法（$3m<h<5m$，$0.2h$、$0.6h$、$0.8h$）、五点法（$h>5m$，$0.0h$、$0.2h$、$0.6h$、$0.8h$、$1.0h$），潮流河段通常采用最底部以上水深点往返测，最底部点在整点或半点的正点测。为了缩短测流历时，可以采用多船组同步测流。这种采用单点流速仪测流的方法是水文人传统的测流方法，被认定是测流精度较高、测验成果可靠的测流方法，其测验成果常常作为其他测流技术的校核与验证的标准。

5.6.4.3　ADCP 测流

1990 年以来，长江流量测验开始采用 ADCP 技术，相对于单点流速仪测流而言，ADCP 具有测量垂线流速的能力，通过船载 ADCP 沿测流断面走航测验，可以实现断面测流。ADCP 的应用，大大地提高了测流效率，由于实现全断面精细施测，比传统的流速仪代表线法提高了断面流量测验精度。目前，ADCP 已经被广泛应用于长江流量测验，进行近岸水沙因子测验，ADCP 更具有快捷性、灵活性、完整性。

ADCP 测量方法具有以下优势。

①传统的流速仪测量方法是静态的，需将其固定于不同水深处逐点施测。ADCP 流速测量则是动态的，它可以在走航过程中实现流速的实时、连续观测。

②传统的动船法流量测量通常要求测船航迹垂直于河岸，而利用走航式 ADCP 进行流量测量，航迹可以是任意曲线，提高了测船的机动性和灵活性。

③在传统的流量测量中，垂线数目是极少的，而 ADCP 可在走航过程获得相当多的垂线，一般可达数百条。

④传统方法对观测环境要求高，流速仪需平稳入水，并避开风、浪等因素的影响，循序渐进地进行施测。ADCP 则可利用磁罗经提供的航向、倾斜计提供的横摇和纵摇等姿态数据，将仪器坐标系下的流速分量通过相应公式转换成地理坐标下的流速分量。这样，即使在风浪较大的情况下进行测量，其测量成果也不会受到较大影响，这就简化了测流操作的程序，

确保了施测工作的连续性和数据的可靠性。

⑤传统的流速测量受仪器设备及施测环境限制，其水深及流速的最大量程受到极大限制。ADCP测量剖面的最大深度可达750m，流速测量范围为0~5m/s，所以适用范围更广。

虽然ADCP测流相较于传统测流有很多优势，但是也有其局限性，对ADCP需要外加设备，以补齐ADCP自身的短板，从而更好地使用ADCP完成流量测验。

不同频率ADCP的指标参数见表5.6-1。

表5.6-1　　　　　　　　　　不同频率ADCP的指标参数

标称频率 /kHz	实际频率 /kHz	波长 /mm	最大量程 /m	最小单元 长度/m	盲区 /m	速度精度 /%
75	76.8	20.00	700	4.00	2.00	1.00
150	153.6	10.00	400	2.00	1.00	1.00
300	307.2	5.00	120	1.00	0.50	0.50
600	614.4	2.50	60	0.50	0.25	0.25
1200	1228.8	1.25	25	0.25	0.00	0.25

（1）ADCP测验主要存在的问题

①测流断面存在上下水层盲区和左右岸边盲区。

②ADCP内置的磁罗经容易受到船体磁场的干扰，造成实测流向错误。

③采用底跟踪测量船速失败。

针对ADCP测验主要存在的问题，经过近10年的试验研究，找到了较好的解决方案。采用合适的垂线流速分布模型，插补计算上下盲区的水层流速；采用GNSS罗经仪代替ADCP的内部磁罗经解决了ADCP底跟踪失败的问题和磁罗经受到船体磁场干扰问题。

（2）ADCP外接GNSS罗经仪的测流系统安装偏差的测定

GNSS罗经仪由一个定位天线和一个定向天线组成，实时提供定位天线处的位置数据和定向天线与定位天线的基线的方位（罗经）数据。

先将ADCP配置文件的compass页和DS/GPS/EH页的外部罗经偏置都置零，然后测船沿顺（或逆）流方向航行一段不小于300m的直线，测记ADCP数据，查看GCBC表单，将此GCBC数值设置在DS/GPS/EH页的外部罗经偏置（External Heading offset）栏，再沿顺（或逆）流方向航行一段直线，此时GCBC数值应基本为零，若偏差较大，则需检查安装情况，加固后再校准一次。

（3）上下盲区流速插值方法

由ADCP测量原理可知，受"余振效应"和"旁瓣效应"影响，ADCP在水层顶部和底部分别形成上、下盲区，其面积占整个断面面积的10%~15%，为了得到全垂线和全断面的完整流速，需要插补出ADCP实测流速剖面的上下盲区的流速。插补大多采用幂函数模型、对数模型、抛物线模型及常数模型进行。

1)幂函数模型

$$\frac{u}{u_*} = c\left(\frac{z}{z_0}\right)^b \qquad (5.6\text{-}2)$$

式中，u——水深 z 处对应的流速；

z_0——河底粗糙高度；

u_*——河底的摩阻流速，$u_* = \sqrt{gz_0 J}$，其中，J 为水面比降；

c——系数，因水力条件不同而异；

b——幂函数的指数，与雷诺数 Re（流体力学中表征黏性影响的相似准则数）和相对粗糙度有关，一般取 $1/10 \sim 1/6$。

2)对数模型

$$\frac{u}{u_*} = \frac{1}{k} \times \ln\left(\frac{z}{z_0}\right) + B \qquad (5.6\text{-}3)$$

式中，k——卡门常数；

B——积分常数；

其他符号意义同式(5.6-2)。

卡门常数 k 一般取 0.4，积分常数 B 的取值则尚无定论，它反映的是壁面粗糙情况。根据不同的壁面情况，不同的学者计算的 B 值有所不同。Kironoto 等的研究中 B 值取 8.47 ± 0.90(Kironoto et al.,1994)，而董曾南对卵砾石床面得到的 B 值为 9.4(董曾南等,1994)。

3)抛物线模型

$$\frac{u_m - u}{u_*} = C_0\left(1 - \frac{z}{z_0}\right)^2 \qquad (5.6\text{-}4)$$

式中，u_m——最大流速；

C_0——待定系数；

其他符号意义同式(5.6-2)。

受断面的水力特征、几何特征、边界阻力等因素的影响，断面上不同位置的垂线流速分布规律基本一致，而流速分布系数 C_0 却有所变化，它决定垂线流速分布曲线的形状。

4)常数模型

常数模型是最为简单的流速模型，其假定表层流速为常数，等于 ADCP 实测的第一个有效深度单元流速。类似地，底层流速也假定为常数，其值等于最后一个有效深度单元流速。

$$\begin{cases} V_T = u_{\text{first}} \\ V_B = u_{\text{last}} \end{cases} \qquad (5.6\text{-}5)$$

式中，V_T——表层流速；

u_{first}——第一个有效深度单元流速；

V_B——底层流速；

u_{last}——最后一个有效深度单元流速。

（4）流量测验过程控制

ADCP 外接 GNSS 罗经组合成 ADCP 测流系统已经成为标准配置，采用 ADCP 测流系统进行流量测验，应按照以下过程实施，并做好记录。

①测前应检查 ADCP 仪器，确保其状态良好，连接电缆完好无损，连接计算机通电测试正常。

②不同的测船应制作适宜的 ADCP 安装架，将 ADCP 安装在距船首 2/3 长度位置，以保证在走航测验过程中，ADCP 能保持平稳状态，或力求减小纵横摇和上下起伏。

③在船顶安装 GNSS 罗经仪，在保证 GNSS 天线对空开阔的良好观测条件下，使 GNSS 罗经仪的定位天线尽可能在 ADCP 的正上方、GNSS 定位与定向天线的水平间距大于 1.5m，两天线大致安装在同一个水平面上，高差宜小于 0.5m。

④探测最大水深断面两侧水深情况，确定左右边界的测量位置。

⑤建立测验项目，按照上述第②条方法做好测流系统安装偏移量的测量与计算，并输入偏置配置栏。

外部罗经偏移量及 GNSS 平面位置偏置 x、y 的设置页面见图 5.6-12，波束 3 和船夹角设置页面见图 5.6-13。

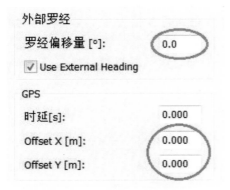

图 5.6-12　外部罗经偏移量及
GNSS 平面位置偏置 x、y 的设置页面

图 5.6-13　波束 3 和
船夹角设置页面

⑥按照任务书的技术要求，进行走航测流，观察是否有底部走沙情况，选定地理坐标系的流速计算参考系统（底跟踪、GGA 或 VTG 参考）。

⑦当 GNSS 罗经仪具有 RTK 精密定位时，记录开始和结束时的 RTK 水位，用于通过实测大断面资料计算测船与左右岸的距离。

（5）左右岸边盲区估算

采用比例外推法：

$$Q_{边部} = CV_m LD_m \tag{5.6-6}$$

式中，$Q_{边部}$——边部流量；

C——边部形状系数，三角形取 0.35，矩形取 0.91；

V_m——实测的第一段（或最后一段）的平均流速；

L——开始实测时船到岸的距离，可以根据每一次实测的水位值，结合大断面资料计算出来；

D_m——实测的第一段（最后一段）的深度。

（6）资料整理

ADCP 测流资料整理应按照《声学多普勒流量测验规范》（SL 337—2006），结合本项目技术设计书的规定进行。一般步骤是通过回放，设置盲区水层流速插补模型、左右岸流速计算序数，计算单次流量，并按照要求提取指定起点距的垂线流速，形成流量统计表和垂线流速成果表。

5.6.5　悬移质含沙量测验

悬移质含沙量是研究河段冲淤变化的重要参数，传统的含沙量测验方法是在河道断面规定的位置，用横式采样器取规定体积的天然水样，经沉淀烘干称重，得到该点的含沙量。

$$S = g/v \tag{5.6-7}$$

式中，S——含沙量，kg/m^3；

g——水样里干沙的质量，kg；

V——水样的体积，m^3。

近些年，水文人积极探索和采用新技术、新方法测量含沙量，如采用光电测沙仪、超声波测深仪、同位素测深仪等，目前在实际中广泛应用的主要方法是传统的野外采集水样，室内烘干称重计算的方法，另外在长江口 OBS-3A 浊度仪也被广泛应用于在线间接测量含沙量。

5.6.5.1　传统含沙量测验

传统含沙量测验分野外采集水样和室内处理烘干称重计算等步骤。操作过程需要严密细致，否则会对含沙量的最终计算结果造成较大的误差。野外取样的横式采样器宜采用不锈钢材质制作，采样器内壁光滑无锈斑、无污渍，舱盖的 4 根关闭弹簧拉力要均衡，两侧舱盖应能关闭密封不漏水，横式采样器见图 5.6-14。

安装采样器时，应保证采样器的进出口方向与水流方向一致。取水时，采样器到达指定的位置后，应稳定 10s 再关闭舱盖。水样装瓶时，应用原水样清洗采样器盛水仓，确保采样器内的泥沙全部被装进水样瓶。

室内处理应在水样瓶内泥沙充分沉淀后，用虹吸管吸掉水样瓶内上层的清水，如果水样中还含有盐分，就在抽掉上层清水后，加入自来水稀释并洗掉泥沙里的盐分，之后将浓缩的水样转入烧杯烘干称重。烧杯应有编号，且在注入水样之前，应进行空杯称重记录。

图 5.6-14　横式采样器

长江水利委员会水文局长江口局职工杨旭东同志研制了连接天平的泥沙称重记录计算软件，已经在水文系统广泛应用。该软件操作简单实用，大大降低了泥沙人工称重记录环节的出错率，减轻了劳动强度，提高了生产效率。

5.6.5.2　OBS 浊度计测沙

OBS-3A 浊度计由传感器、电子单元、接口部分和电源部分组成。红外光敏接收二极管接收到散射信号送至 A/D 适配器，将模拟信号转换成数字信号，然后由计算机对数字信号进行采集存储。OBS 也可以自动采集存储测量数据，这项功能可以实现 OBS 在线浊度观测。

OBS 测量得到的是水体含有泥沙等杂质的浊度值，需要与已知含沙量的水样的浊度值建立浊度—含沙量关系，然后才能将 OBS 实测的浊度值转换成含沙量。这个建立函数关系的过程就是 OBS 标定，OBS-3A 室内标定现场见图 5.6-15。OBS 标定方法是在测区取足够的水样，制作出原样和浓缩成不同浓度的水样，在充分均匀的条件下，用 OBS 测定浊度值，再将水样进行常规量体积、洗盐、浓缩、烘干、称重，求出其含沙量，这样含沙量与水体浊度就一一对应了，用同样的方法再完成其他浓度的水样处理，得到一组不同含沙量—浊度数据，以此组数据建立浊度—含沙量相关函数，OBS-3A 率定结果见图 5.6-16。

根据 OBS 浊度值，用 OBS 浊度与含沙量相关函数，解算各测点的含沙量，OBS 在线测量含沙量成果见表 5.6-2。

图 5.6-15 OBS-3A 室内标定现场

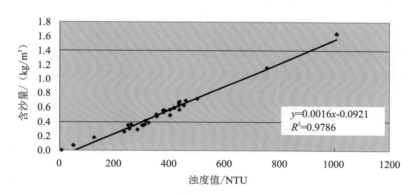

图 5.6-16 OBS-3A 率定结果

表 5.6-2　　　　　　　　　　　OBS 在线测量含沙量成果

时间	c1(694)			c2(688)			c3(685)			c4(656)		
	水深/m	浊度值/NTU	含沙量/(kg/m)	水深/m	浊度值/NTU	含沙量/(kg/m)	水深/m	浊度值/NTU	含沙量/(kg/m)	水深/m	浊度值/NTU	含沙量/(kg/m)
2018-02-01 17：30	低潮无水	11.3		3.02	185.5	0.205	3.83	153.7	0.265	4.44	293.0	0.335
2018-02-01 18：00	低潮无水	9.3		2.45	132.1	0.154	3.33	151.5	0.260	3.83	326.4	0.386
2018-02-01 18：30	低潮无水	10.3		2.05	124.0	0.143	2.69	139.1	0.234	3.38	226.9	0.236
2018-02-01 19：00	低潮无水	10.7		1.96	119.6	0.156	2.50	130.1	0.221	3.14	209.2	0.210

5.6.6 悬移质颗粒及床沙测验

悬移质颗分野外取样与悬移质含沙量取样相同，操作要严格细致，水样瓶要现场贴好标识并在记录本上记好水样的标准、取样日期、取样时间、垂线号和相对水深位置。

颗分水样室内处理就是要分析出不同粒径的泥沙颗粒的数量，绘制出泥沙颗粒级配曲线。泥沙颗粒级配分析方法有传统的筛分法、沉降法（移液管法）。现代粒径分析主要采用光学法，代表性的仪器有 Mastersizer 激光粒度分析仪，如 MS3000。该仪器对工作环境和操作有一定的要求，仪器的工作环境应满足以下条件。

①温度在 5～35℃，相对湿度不大于 90％。

②环境整洁无烟尘，周围没有机械振动源或电磁干扰源。

③工作台面尺寸根据仪器工作面实际大小情况确定。

④电源电压应在 210～240V，具有良好的接地，同时配备 UPS 稳压电源。

⑤具有给水、排水设施，给水系统应配备较高等级的净水装置。

仪器安装需请专业技术人员实施，安装完成后应做好调试工作，调试检测应符合下列要求。

1）标准粒子检测

用标准粒子对激光粒度分析仪进行检测，检测结果应不超过标准粒子标称的误差限。

2）激光强度与光能值检测

激光仪测量中，测量背景的光能值不大于 400，20 号检测器的光能值不大于 80，并且激光强度宜稳定在 65％以上。

3）拟合度检测

选择的折光率和吸收率应使残差小于 2％，以保证计算数据和测量数据具有良好的拟合度。

采用 MS3000 激光粒度分析仪分析泥沙粒径时，当一个样品测量完成后，应对其测量结果进行合理性检查，拟合残差值及单次误差应满足下列要求，否则，应重新测量，直至满足 3 次平均误差要求。

①拟合残差值一般宜小于 2％。

②单次与 3 次分析平均值比较，误差不应超过±2％。

③应根据分析点绘制光滑颗粒级配曲线，遇有一致性较大或出现特殊线形时，应详细检查各个工序。发现错误，应进行改正和加以说明。

5.6.7 典型崩岸断面土体取样

5.6.7.1 取样要求

对长江荆江段崩岸现象发生情况进行调研及现场查勘，结合现场实际情况，重点在崩岸现象常发区域且土体满足试验要求的断面进行取样。取样点主要分布在崩岸现象常发区域土体,根据各断面土体组成、结构及性质不同,所取土样深度可不同。现场取样时,无明显分层的断面按一层进行取样,分层明显的断面,可根据土性不同按2~4层进行取样,并取原状样若干筒,最后给出河岸土层的结构组成、厚度、名称等。

针对不同水位变化情况,每个断面分别在枯水期、洪水期等不同时期取样(2年内2~4次),获取不同干湿状态的土样,依据土工试验方法及规程开展室内土工试验,分析其土力学特性及相关指标。

5.6.7.2　取样分析

为了分析研究长江荆江段崩岸土体组成及其力学特性,对经常发生崩岸的土体进行取样及室内试验。室内试验主要包括土体颗粒分析,比重、界限含水率、密度、含水率、原状土体抗剪强度、不同含水率下土体抗剪强度指标试验,渗透试验等。试验结果反映土质的类别、颗粒的级配组成、渗透性、密实程度、抗剪强度等指标及抗剪强度指标随含水率的变化情况。

(1)密度、含水率试验及直接剪切试验

对所取断面崩岸原状样进行密度、含水率试验,并进行现场环刀取样,测定现场土体的湿密度、干密度及含水率等物性指标。

对原状样进行剪切试验,得到原状土体自然状态的内摩擦角和黏聚力。完成附表相关内容。

(2)不同含水率下的直接剪切试验

为了解不同含水率情况下土体的抗剪强度指标变化情况,分别对各典型断面土体进行5种含水率情况下的直接剪切试验。以自然状态时的干密度为控制指标,根据不同的含水率将称量好的土和水拌和均匀,并置于保湿器里润湿一夜再进行重塑土制样;试样剪切完成后再次称量其含水率。

最终得到各断面土体内摩擦角和黏聚力随含水率变化试验结果。

(3)颗粒分析、比重及渗透试验

对选取的各典型断面崩岸土体进行颗粒分析、比重及渗透试验,分别测定干土中各粒组所占该土总质量的百分数和土的比重值及渗透系数;对土体进行分类和定名。最后给出土体颗粒组成、比重及渗透系数。完成附表相关内容。

(4)界限含水率试验

采用天然含水率的土样,测定细粒土的液限和塑限,并计算塑性指数,划分土类。最后给出细粒土的液限、塑限,并依次计算塑性指数。完成附表相关内容。

5.6.8　床沙颗粒测验

床沙采集常见仪器有锥式采样器、抓斗式采样器。床沙取样的平面位置按照观测布置要求确定,取样深度一般为河床表面以下 $0 \sim 0.2 \mathrm{m}$,取样重量一般不少于 $0.5 \mathrm{kg}$。

床沙粒径分析方法根据床沙粒径的大小确定,对于较大的卵石床沙可以采用筛分方法,粒径小于 $3500 \mu \mathrm{m}$ 的床沙,可以采用光学分析法。整理资料,检查合理性。

5.6.9 近岸地形测量

为了直观掌握近岸河床形态以及直接计算局部河床的冲淤量,除了对近岸的水文状态进行勘测外,还需要施测局部河道地形或特征断面。地形测量比例尺不宜小于 $1:2000$,高斯投影中,中央子午线的选择以满足长度投影误差不大于 $5 \mathrm{cm}$ 为原则。为了便于对比分析,地形测量基准前后应保持一致,测量时机应能控制地形冲淤变化的拐点,一般在每年的汛前汛后各监测一次,对于不稳定的河段,应加密测次。

水下地形和水下断面测量可以采用单波束测深,GNSS 定位;特殊地形如冲刷坑、溃口的测量,就应采用多波束测深方法,以便详细掌握冲刷部位的细部形态。多波束测深前面章节已有详细描述,为方便准确测得近岸水下地形,本节介绍一种基于 EGM 2008 模型的无验潮测深技术。

5.6.9.1 背景

无验潮测深技术因其具有无需人工观测的水位,可消除由潮位观测及潮位模型改算水位带来的误差、全天候作业、有效消除动态吃水等优势,受到青睐,成为近些年研究的热点。无验潮测深技术是基于 GNSS 测得的 WGS-84 的参考椭球高,需经模型转换才能得到我国使用的高程系统——正常高,高程转换精度是影响无验潮测深的决定性因素,准确转换高程成为无验潮测深的难点和重点。目前,高程转换多采用高程拟合,以多项式拟合居多,该方法对已知的 GNSS/水准点分布要求高,且拟合范围不宜过大,因为地形起伏较大时可能会损失局部精度。有学者构建了分段二次曲面与 BP 神经网络拟合的方法,此法根据已有高程异常变化值分段,综合考虑控制点、高程异常、测区范围,需进行多次分区调试,增加了作业难度。本书提出将 EGM 2008 重力模型应用于无验潮测深,对控制点数量和分布要求大大降低,经精度测试,坐标转换误差和无验潮测深精度均达到厘米级,突破无验潮测深高程基准转换的瓶颈,实现了实时、高效、高精度的无验潮测深。

5.6.9.2 传统无验潮水下测深技术

传统的水下地形测量,多利用 GNSS 测得平面坐标,通过潮位及测得水深求得河底高程。这种方法作业效率不高、获取的水位精度相对较低,同时存在人为干扰因素,因此其可靠性不强。随着 GNSS 测量技术的发展,RTK 可在动态下获得厘米级甚至毫米级的水平定位精度和厘米级的高程定位精度。RTK 技术发展,让无验潮测深技术成为可能,可有效地消除测深动态吃水和潮位误差,且作业效率高。无验潮测深原理见图 5.6-17。

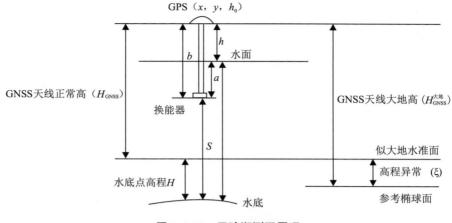

图 5.6-17　无验潮测深原理

GNSS 天线高程减去测深支架杆长,再减去换能器以下水深,即可获得水底高程,其公式如下:

$$H = H_{GNSS} - b - S \tag{5.6-8}$$

式中,H——水底高程,m;

　　H_{GNSS}——天线正常高程,m;

　　b——测深支架杆长,m;

　　S——换能器以下水深,m。

由于 GNSS 测得的是基于 WGS-84 参考椭球面的大地高,欲得到工程应用的正常高,需进行大地高到正常高间的高程基准转换,二者差值即为高程异常,公式如下:

$$H_{GNSS} = H_{GNSS}^{大地} - \xi \tag{5.6-9}$$

式中,$H_{GNSS}^{大地}$——天线大地高,m;

　　ξ——高程异常,m。

无验潮测深经高程基准转换后,直接获取水底高程,有效地消除了动态吃水及涌浪等因素影响,无需实时的潮位测量,不仅提高了效率,还免除潮位误差影响。但高程异常的求取成为测深过程中的难点和重点,此外,模型的选取、已知点的布设、大区域涉及的模型分段等,也是无验潮测深亟待解决的问题。因此,本节提出基于 EGM 2008 模型的无验潮测深技术。

5.6.9.3　基于 EGM 2008 模型的无验潮测深

以某河段河道演变项目为例,基于高精度、高分辨率的 EGM 2008 模型进行无验潮测深技术试验研究。测区东西向约 21km,南北向约 19km(图 5.6-18)。

定位系统采用省级 CORS,平面坐标系统采用 1954 年北京坐标系,高程基准采用 1985 国家高程基准,流动站采用 Trimble R10,测深仪采用无锡海鹰 HY-1601,导航软件采用 Trimble 公司的水深测量导航软件 HYDROpro。

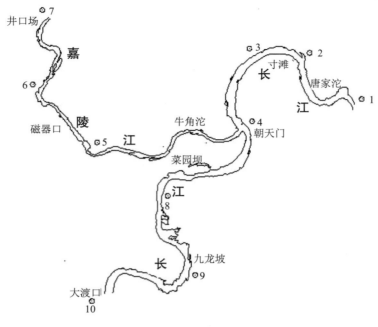

图 5.6-18　测区

（1）坐标转换实现

CORS 测量所得到的是 WGS-84 协议地球坐标系下的三维坐标信息，而我国所使用的是平面和高程测绘基准相分离的坐标体系：平面采用国家坐标系统或城市独立坐标系统，高程则采用正常高系统。这之间必然就涉及基于 CORS 系统的平面坐标与我国所使用高程系统间坐标转换问题。

平面坐标转换目前主要有四参数和七参数两种方法，四参数适用范围较小，而七参数适用范围较大，且精度较高，公认的成熟的七参数转换模型为布尔萨七参数模型。在测区边缘及中心选取 3 个以上具有源坐标系和目标坐标系重合点的坐标，利用布尔萨七参数转换模型实现平面坐标的转换，其公式如下。

$$\begin{cases} X_2 = \Delta X + X_1(1+\varepsilon) - \xi_Y H_1 + \xi_H Y_1 \\ Y_2 = \Delta Y + Y_1(1+\varepsilon) + \xi_X H_1 - \xi_H X_1 \\ H_2 = \Delta H + H_1(1+\varepsilon) - \xi_X Y_1 + \xi_Y X_1 \end{cases} \tag{5.6-10}$$

式中，ΔX、ΔY、ΔH——3 个平移参数，m；

　　ξ_X、ξ_Y、ξ_H——3 个旋转参数，弧度；

　　ε——一个无量纲的尺度参数。

高程转换利用已知的 GNSS/水准点求取各点的高程异常值，其公式如下：

$$\xi = H^{大地} - H^{正常} \tag{5.6-11}$$

式中,ξ——高程异常值,m;

　　$H^{大地}$——参考椭球(WGS-84 椭球)的大地高,m;

　　$H^{正常}$——正常高,m。

利用式(5.6.9)求出各点 EGM 2008 重力高程,并记作高程异常值 ξ_M。则两种高程异常值差值 $\Delta\xi$ 利用下式计算。

$$\Delta\xi = \xi - \xi_M \tag{5.6-12}$$

利用本实例数据,计算得 $\Delta\xi$ 结果见表 5.6-3。

表 5.6-3　　　　　　EGM 2008 重力场高程异常值与 GNSS/水准高程异常值差值结果

点号	1	2	3	4	5	6	7	8	9	10
$\Delta\xi$/cm	−14.2	−12.9	−14.3	−13.7	−13.9	−13.8	−14.5	−14.8	−14.1	−13.3

由表 5.6-3 可知,$\Delta\xi$ 均值为 −14.0cm,较差最大为 +1.1cm,最小为 −0.8cm。数值稳定,可以认为是"常数"。

坐标转换具体实现可通过 TGO 软件中"点校正"功能实现,"垂直平差"中水准面模型选择"EGM 2008"。综合考虑平面及高程转换精度,选取 1 号、4 号、7 号、10 号四个点进行坐标转换,求取坐标转换参数,利用该法可实现平面、高程综合"一步"完成,其余点作为检核点进行精度评定。测量所用的 RTK 外业测量软件、HYDROpro 具有相同的坐标管理器,求得的坐标转换参数可直接应用。

(2)坐标转换精度评定

1)内符合精度

通过计算坐标转换参数的重合点的残差中误差,评估坐标转换精度。对于 n 个点,坐标转换精度估计公式如下:

$$v(残差) = 重合点转换坐标 - 重合点已知坐标 \tag{5.6-13}$$

坐标 X 的残差中误差 μ_X 计算公式为:

$$\mu_X = \pm\sqrt{[vv]_X/(n-1)} \tag{5.6-14}$$

坐标 Y 的残差中误差 μ_Y 计算公式为:

$$\mu_Y = \pm\sqrt{[vv]_Y/(n-1)} \tag{5.6-15}$$

高程 H 的残差中误差 μ_H 计算公式为:

$$\mu_H = \pm\sqrt{[vv]_H/(n-1)} \tag{5.6-16}$$

则平面点位中误差 μ_P 计算公式为:

$$\mu_P = \pm\sqrt{\mu_X^2 + \mu_Y^2} \tag{5.6-17}$$

坐标转换内符合精度统计结果见表 5.6-4。

表 5.6-4 　　　　　　　　　　　坐标转换内符合精度　　　　　　　　　　（单位：cm）

点号	X		Y		H	
	较差	内符合精度	较差	内符合精度	较差	内符合精度
1	+1.0		+0.8		−1.2	
4	+0.9	±1.0	−1.0	±0.8	+0.9	±1.2
7	−0.7		−0.2		+1.3	
10	+0.8		+0.4		+0.5	

2）外符合精度

外符合精度是利用未参与坐标转换计算的独立检核点的残差中误差评估坐标转换精度。对于 n 个检核点依据检核点的外符合精度计算原理及方法同内符合精度。坐标转换外符合精度见表 5.6-5。

表 5.6-5 　　　　　　　　　　　坐标转换外符合精度　　　　　　　　　　（单位：cm）

点号	平面					高程	
	X		Y		外符合精度	残差	外符合精度
	残差	外符合精度	残差	外符合精度			
2	−2.3		+2.8			−4.0	
3	−1.9		−3.0			−1.7	
5	+2.1	±2.7	−1.1	±2.6	±3.8	−3.0	±3.0
6	−2.6		+2.9			+2.3	
8	+3.0		−2.1			−1.8	
9	−2.9		+1.7			+3.1	

（3）无验潮测深精度评定

1）断面法（动态法）

在稳定的寸滩河段选取一基准断面，利用验潮法往返测量基准断面两测回。验潮法测深公式如下：

$$H_{验} = H_{水位} - Z \tag{5.6-18}$$

式中，$H_{验}$——验潮法测得河底高程，m；

　　　$H_{水位}$——国家高程基准下的水位高程，m；

　　　Z——经吃水改正后的水深值，m。

将基准断面河底高程与基于 EGM 2008 无验潮法测得的断面河底高程进行比较，误差统计结果见表 5.6-6。

表 5.6-6　　　　　　　　　　　　断面法无验潮测深误差统计

项目	互差分布区间1	互差分布区间2	互差分布区间3
无验潮与验潮法测深互差绝对值/m	0～0.05	0.05～0.10	0.10～0.20
点数	148	383	7
占比(%)	27.5	71.2	1.3

总采样点数为 538 点,其中大于 0.10m 的数据为 7 点,只占总点数的 1.3%,小于 0.05m 点数为 148 点,占总点数的 27.5%,0.05～0.10m 的数据点为 383 点,占试验点数的 71.2%;互差最大值为 0.150m,平均值为 0.020m,标准差为±0.033m。

2)基准法(静态法)

枯水期,在露出水面的稳定的岩石上,设 3 个 80cm×80cm 的"基准桩"。平面采用 GNSS-RTK 五等平面控制点方式,高程采用四等水准精度观测其"真值"。当三峡水库蓄水后,测船停泊,在 170m、175m 水位级下,利用基于 EGM 2008 无验潮法多次测量 3 个"基准桩"的河底高程,并分别与"真值"进行比较,评定其精度,统计结果见表 5.6-7。结果证实基于 EGM 2008 无验潮测深精度可达厘米级。

表 5.6-7　　　　　　　　　　　　基准桩对比观测试验统计

桩号	实测高程/m	无验潮测深 170m 水位级			无验潮测深 175m 水位级		
		采样点数/个	水底高程/m	较差/m	采样点数/个	水底高程/m	较差/m
基桩A	166.51	49	166.57	+0.04	52	166.44	+0.07
基桩B	164.35	54	164.30	+0.05	47	164.39	-0.04
基桩C	167.02	45	167.06	-0.04	51	167.08	-0.06

5.6.9.4　方法评价

无验潮测深提高了测深精度和效率,但 GNSS 测得的大地高向正常高的转换成为无验潮测深的瓶颈。高程转换模型的选择,已知点布设,确保精度满足要求成为无验潮测深的重点和难点,通过利用 EGM 2008 模型,进行无验潮测深试验研究,得出如下结论。

①利用 EGM 2008 模型计算得到的高程异常值与 GNSS/水准点计算的高程异常值之差数值稳定,仅利用少量控制点就可求取该"常数"(二者高程异常之差值),无须分段,降低了高程转换对控制点分布及数量的要求,方法简便,精度可靠。

②基于 EGM 2008 模型的 GNSS 三维坐标转换内、外符合精度可达厘米级,精度高且可靠。

③基于 EGM 2008 模型无验潮测深精度可达厘米级,进一步提高了无验潮测深的精度和作业效率。

5.6.10 崩岸区冲淤状态分析

长江的崩岸主要发生在中下游河道,按其崩塌的类型可分为洗崩、条崩和窝崩等。洗崩是因水流及波浪的冲刷作用而使河滩产生的冲刷,冲刷的泥沙主要由表层的波浪所挟带,冲刷主要发生在上层。条崩是指沿河岸发生的长度较长的崩塌,它主要发生在沿岸水流条件和地质条件变化不大的河岸。窝崩是指在江岸水流作用下,堤岸崩进形成的一个个崩窝。由于窝崩崩速快,一次崩落量大,因此危害较大。

河堤窝崩是一种十分复杂的局部河床演变过程,其影响因素众多,目前对窝崩形成机理的研究认识还不统一,主要有 3 种观点:

(1)土体液化假设

美国学者在对密西西比河下游窝崩的研究中,首先提出土壤液化导致大堤窝崩的概念。

(2)深泓逼岸假设

陈引川等在对南京市、江都嘶马和安徽省发生的一些窝崩进行调查后,提出长江下游窝崩的形成主要由水流逼岸、河岸土质为粉砂或沙质壤土层及沿岸土质分布不均等条件所决定。

(3)深泓逼岸形成崩塌导致土体液化假设

张岱峰对镇江人民滩在 1996 年 1 月 3 日发生大规模窝崩这一现象进行分析后,认为窝崩形成是由深泓逼岸导致少量土体崩塌,再由崩塌引起土体液化而形成的。

5.6.11 铁黄沙北围堤 8＋108 处塌陷案例

5.6.11.1 北围堤塌陷情况

2015 年 2 月 1 日 15 时左右,铁黄沙整治工程北围堤下段(桩号 8＋108 处)发生抛石棱体及一级平台(坡)塌陷。塌陷发生后,相关部门积极采取应急措施。长江水利委员会水文局长江口局于 2 月 5—6 日对塌陷处上下游附近近岸区域进行了水文应急监测,2 月 8 日、11 日及 14—16 日对塌陷处附近河床进行了地形监测。

长江口局绘制的 2 月 8 日和 11 日塌陷区域大比例尺水下地形图显示,北围堤下段局部塌陷,是由围堤前沿滩地及其岸坡崩失,导致围堤前沿失去屏障而形成的。崩失区长约230m,岸坡崩进约 140m,平面形态呈"窝状",其口门宽度小于崩窝长度,围堤前沿崩区地形见图 5.6-19。由图 5.6-19 可知,显示其崩岸类型为"窝崩"。

根据崩岸前后两次 1：2000 水下地形测量成果计算,此次窝崩崩失方量约为 40 万 m^3,计算成果见表 5.6-8。

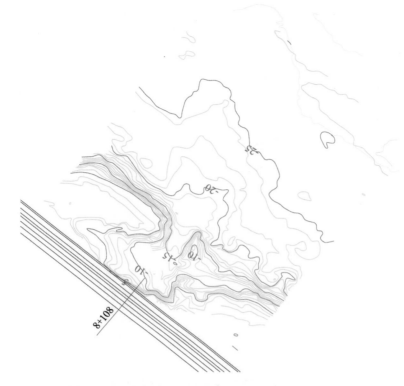

图 5.6-19   围堤前沿崩区地形(2 月 8 日测,比例尺 1∶1000)

表 5.6-8   铁黄沙北围堤桩号 8+108 附近崩岸崩失方量计算成果

时间	冲淤量/(×10⁶m³)					
	0m 以下	0～−5m	−5～−10m	−10～−15m	−15～−20m	−20m 以下
2014 年 7 月至 2015 年 2 月	−0.364	−0.137	−0.158	−0.11	−0.064	0.105

5.6.11.2   铁黄沙北围堤 8+108 处前沿窝崩原因分析

(1)主流和深泓贴岸是发生岸滩崩塌的动力原因

铁黄沙北围堤前沿岸滩窝崩处位于狼山沙西水道下端右岸,狼山沙西水道处于通州沙河段反向"S"形水道的下弯段,由于弯道水流的作用,狼山沙西水道的主流和深泓均位于凹岸,深泓线在窝崩发生河段均紧贴右岸,较陡的岸坡是发生窝崩的必要条件。狼山沙西水道水文监测断面(断面编号分别为 AD-T6、LSSX13 和 LSSX6)中 AD-T6 断面在 2012 年洪季涨落潮平均流速沿断面分布见图 5.6-20,2012 年洪季 AD-T6 断面见图 5.6-21。

结合图 5.6-20 和图 5.6-21 可知,洪季该断面落潮流流速大于涨潮流流速,落潮流速在右侧深槽处最大,涨潮流速沿断面分布自左向右逐渐减小。最大落潮期平均流速大、中、小潮分别为 0.90m/s、0.79m/s、0.52m/s,最大涨潮期平均流速大、中、小潮分别为 0.52m/s、0.41m/s、0.20m/s。

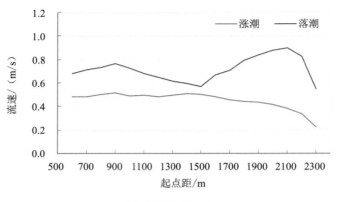

(a)大潮平均流速

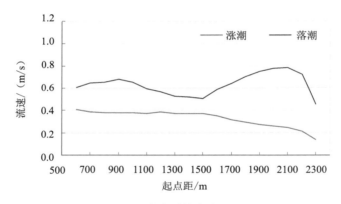

(b)中潮平均流速

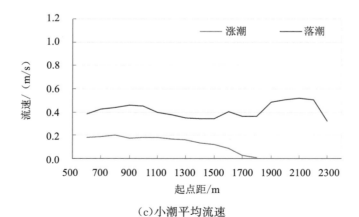

(c)小潮平均流速

图 5.6-20　AD-T6 断面潮段平均流速沿断面分布(2012 年洪季)

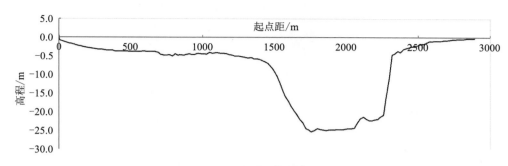

图 5.6-21　AD-T6 断面(2012 年洪季)

2012 年枯季 LSSX13 断面潮段平均流速沿断面分布见图 5.6-22,2012 年枯季 LSSX13 (大潮)断面见图 5.6-23。结合图 5.6-22 和图 5.6-23 可知,枯季该断面落潮流速大于涨潮流速,落潮流速沿断面分布自左向右逐渐增大,涨潮流速沿断面分布自左向右逐渐减小,涨潮流速大小沿断面变化没有落潮明显。最大落潮期平均流速大、中、小潮分别为 0.71m/s、0.77m/s、0.52m/s,最大涨潮期平均流速大、中、小潮分别为 0.50m/s、0.42m/s、0.18m/s。

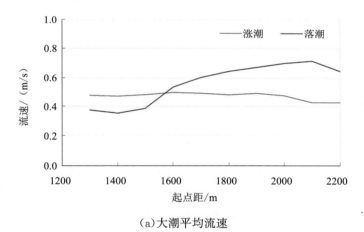

(a)大潮平均流速

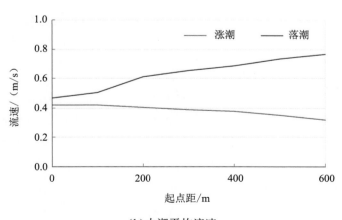

(b)中潮平均流速

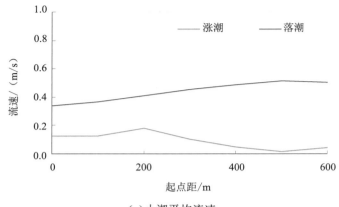

（c）小潮平均流速

图 5.6-22　LSSX13 断面潮段平均流速沿断面分布（2012 年枯季）

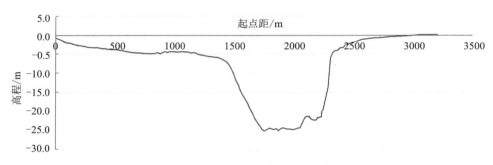

图 5.6-23　LSSX13（大潮）断面（2012 年枯季）

2014 年洪季 LSSX6 断面潮段平均流速沿断面分布见图 5.6-24,2014 年洪季 LSSX6（大潮）断面见图 5.6-25。图 5.6-24 和图 5.6-25 均显示,狼山沙西水道中下段落潮主流均贴靠右岸下行,由于西水道落潮流动力强于涨潮流动力,其河道演变主要受落潮流控制。根据河流动力学理论,河床冲刷一般发生在水流动力作用较强之处。而水流动力作用的强弱同水流单宽流量的大小成正比,在单宽流量较大的地方容易发生冲刷现象。一般说来,在河流弯道的凹岸、狭窄河段、河道主流的顶冲位置附近等部位,单宽流量都较大,并且竖轴环流较强,易发生局部冲刷。可见,主流和深泓贴近铁黄沙下段左缘（右岸）是铁黄沙围堤 8＋108处前沿岸滩发生崩岸的动力原因。

（2）河床地质组成是发生岸滩崩塌的物质原因

通州沙河段处于长江三角洲河口地带,地层成因以河流冲积为主,地貌分区属长江水下江心洲。中国科学院地理科学与资源研究所根据长江下游河岸物质的组成结构将枯水位以上的疏松沉积物分为四大类、十七亚类,分析了河岸的各类土质与崩岸现象产生之间的关系。结果表明,可动性最大的Ⅳ类河岸（其物质组成多为亚砂土、粉细砂）长度占岸线总长的35.7%,但发生崩岸的概率却高达 54%,这充分说明崩岸与河岸土体性质关系十分密切,其中由可动性最大的亚砂土和粉细砂组成的河岸最易出现崩岸。

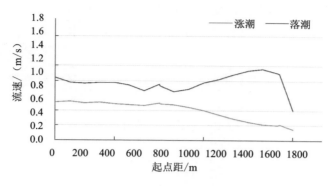

（a）大潮平均流速

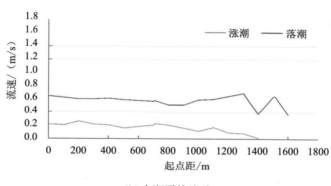

（b）小潮平均流速

图 5.6-24　LSSX6 断面潮段平均流速沿断面分布（2014 年洪季）

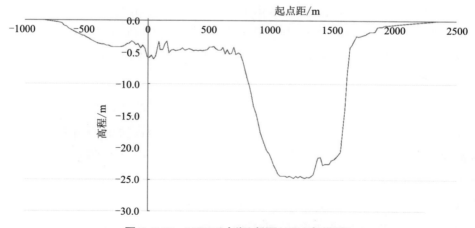

图 5.6-25　LSSX6（大潮）断面（2014 年洪季）

铁黄沙整治工程钻探资料显示，工程钻探深度范围内地层除堤防填筑 A 层为素填土外，其余均为长江冲积地层，属第四系全新统；依据土层性质、地质成因、工程地质特征和区域地质资料，铁黄沙地层自上而下可分为如下诸层：

A 层（Q_4^{ml}）：灰色、黄色重粉质砂壤土杂粉质黏土、重粉质壤土或粉质黏土、重粉质壤土杂砂壤土，为素填土，土质软硬不均，零星分布，主要分布在原长江堤防、海洋泾闸、福山闸引河堤防上。

①层（Q_4^{al}）：灰黄色淤泥质重粉质壤土、粉质黏土、软粉质黏土夹粉砂、砂壤土薄层，局部互层，流塑状态，高压缩性。

②层（Q_4^{al+pl}）：灰色、灰黄色重粉质砂壤土，局部为粉砂夹粉质黏土薄层，松散状态，大部分布。

②'层（Q_4^{al+pl}）：灰色、灰黄色、褐黄色重粉质壤土、粉质黏土，夹粉砂、砂壤土薄层，为透镜体，零星分布，以透镜体分布于②层中。

③层（Q_4^{al}）：灰色重粉质壤土、粉质黏土，夹砂壤土、粉砂薄层，偶见腐殖质，软塑状态，中—高压缩性。

④层（Q_4^{al+pl}）：灰色粉砂、轻粉质砂壤土，含云母，夹粉质黏土薄层，中密状态，中压缩性，大部分布。

④'层（Q_4^{al}）：灰色粉质黏土、重粉质壤土，夹粉砂薄层，为透镜体，零星分布。

⑤层（Q_4^{al}）：灰色重粉质壤土、粉质黏土，夹砂壤土、粉砂薄层，偶见腐殖质，软塑状态，中压缩性，大部分布。

⑤'层（Q_4^{al+pl}）：灰色细砂、粉砂、砂壤土，为透镜体，夹粉质黏土、壤土薄层。

⑥层（Q_4^{al+pl}）：灰色轻、重粉质砂壤土、粉砂，含云母，夹粉质黏土薄层，密实状态，局部分布，层厚不均匀。

⑦层（Q_4^{al+pl}）：灰、青灰色粉砂，含云母，夹粉质黏土薄层，密实状态，零星分布，未揭穿。

可见，除在原长江堤防、海洋泾闸、福山闸引河堤防等分布有重粉质砂壤土杂粉质黏土、重粉质壤土或粉质黏土、重粉质壤土杂砂壤土外，铁黄沙沙体物质组成大多为松散状态的重粉质砂壤土，局部为粉砂夹粉质黏土薄层，抗冲性较差。粉质和砂质壤土不仅抗冲性能差，而且崩塌的土体极易被水流分解成散粒而被水流带走。

（3）枯水期上游来沙量大幅减少，容易引发河床局部冲刷或崩岸

长江中下游河段属典型的平原河道，年内水沙过程具有明显的涨落变化，多数河段具有洪淤枯冲的特征。枯水期河道水流归槽，比降增大，河床与河岸出现冲刷，加上水位下降，岸坡土体内地下水位落差大，因而容易发生崩岸现象。据统计，长江下游河段洪水退水期或枯水期出现的崩岸次数远多于洪水期和涨水期，两者比例基本为 8：2。

通州沙河段含沙量年内也具有明显的涨落变化，洪季含沙量是枯季的数倍甚至十多倍。通州沙河段出口断面 2014 年枯季和洪季潮平均含沙量成果见表 5.6-9。

枯季水体含沙量减小，水流挟沙能力大于水流含沙量，河床易于冲刷。根据 2013 年和 2014 年河道监测断面成果，铁黄沙围堤 8＋108 处附近南岸河床也存在一定的洪淤枯冲现象。铁黄沙围堤 8＋108 处上游 27# 断面、下游 28# 断面 2013—2015 年断面变化见

图 5.6-26 至图 5.6-29。

表 5.6-9 通州沙河段出口断面单宽潮平均含沙量统计结果 （单位：kg/m³）

测验时间	测点	涨潮			落潮		
		大潮	小潮	平均	大潮	小潮	平均
2014 年 2 月	AD3L-1	0.116	0.044	0.080	0.063	0.047	0.055
	AD3L-2	0.092	0.034	0.063	0.071	0.024	0.048
	AD3R-1	0.107	0.038	0.073	0.084	0.055	0.070
	AD3R-2	0.104	0.032	0.068	0.089	0.034	0.062
2014 年 7—8 月	AD3L-1	0.289	0.125	0.207	0.324	0.125	0.225
	AD3L-2	0.188	—	0.188	0.193	0.090	0.142
	AD3R-1	0.150	0.053	0.102	0.230	0.078	0.154
	AD3R-2	0.139	0.042	0.091	0.124	0.056	0.090

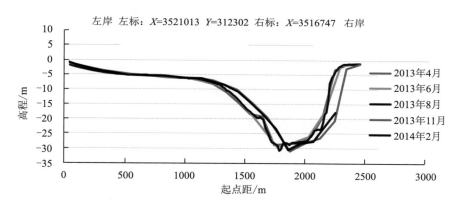

图 5.6-26 铁黄沙围堤 8＋108 上游 27# 断面变化（2013—2014 年）

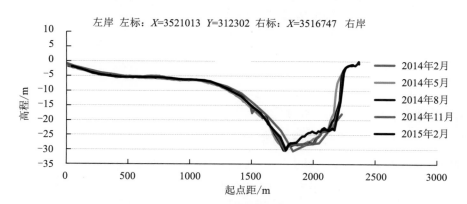

图 5.6-27 铁黄沙围堤 8＋108 上游 27# 断面变化（2014—2015 年）

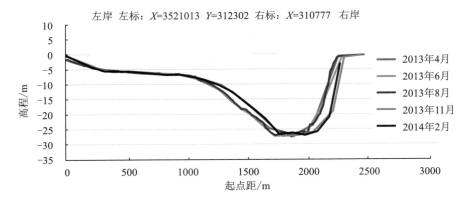

图 5.6-28　铁黄沙围堤 8＋108 下游 28[#] 断面变化（2013—2014 年）

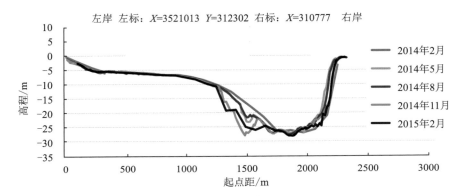

图 5.6-29　铁黄沙围堤 8＋108 下游 28[#] 断面变化（2014—2015 年）

由图 5.6-28 和图 5.6-29 可见,围堤 8＋108 前沿南岸河床具有洪季向外淤长、枯季向内冲刷后退的现象,这在一定程度上诱发了岸滩的崩塌。

(4)岸坡坡脚遭冲刷侵蚀形成深槽楔入是崩岸最终发生的地形原因

在窝崩发生前,其河岸岸坡坡脚遭冲刷侵蚀,出现较狭窄的深槽楔入,并不断向岸侧进逼。北围堤 8＋108 附近崩岸发生前河床地形见图 5.6-30。由图 5.6-30 可见,围堤 8＋108 处岸坡坡脚有一垂直河岸的深槽楔入岸坡,该坡脚处存在较为强烈的局部冲刷,并最终引起岸坡崩塌。

(5)北围堤 8＋108 处前沿高滩宽度窄,护堤滩地宽度相对不足

铁黄沙北围堤与上游通州沙西水道南岸边滩整治线保持平顺,基本沿－2m 等高线布置。北围堤前沿高滩宽度在上下游并不一致,上游高滩宽度大,向下游高滩宽度逐渐减小,至 8＋108 处附近高滩宽度减至最窄,北围堤前沿水深见图 5.6-31。

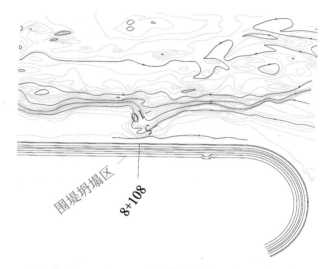

图 5.6-30　北围堤 8＋108 处附近崩岸发生前河床地形

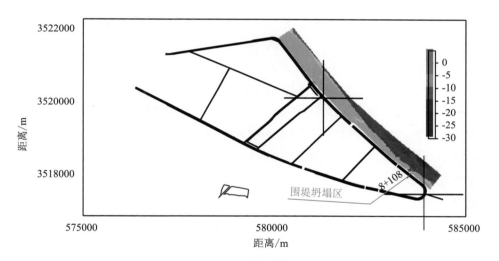

图 5.6-31　北围堤前沿水深

由图 5.6-31 可见,北围堤 8＋108 一带,围堤前沿高滩宽度只有上游高滩宽度的一半左右,且其处于弯道凹岸一侧的下游端,水流顶冲作用强,加之护堤滩地宽度不足,导致岸坡在持续冲刷作用下发生崩岸,并最终引起围堤塌陷。

5.6.12　荆州河段岸坡稳定性案例

5.6.12.1　水位过程对近岸岸坡稳定的影响

岸坡稳定状态取决于影响边坡稳定性的各种因素,这些因素通过 3 个方面来改变边坡稳定状态,包括:改变边坡的外形;改变边坡土体结构特征和力学性质;改变边坡土体的应力状态。河道近岸岸坡的稳定通过河道流量过程(具体应为近岸流速)、水位过程及含沙量变化等对上述 3 个方面产生影响。一般的自然岸坡崩塌后,坍塌的土体在岸坡下部堆积后形成稳定形态,而河道内岸坡崩塌后,坍塌后的土体受到水流冲刷,当土体颗粒能被水流启动,水流含沙量低而未达饱和时,泥沙将被带向下游,尤其在弯道,存在弯道环流,部分泥沙被带向凸岸,凹岸岸坡水下部分则因被淘空而失稳;对于同一岸坡,流量越大,水流对河岸的冲击作用越大,这种冲击力对岸坡稳定产生影响;水位过程直接影响到岸坡土体的含水率及地下水面线,当流量逐渐增大,近岸流速增大,水位上涨时,水下部分容易被淘空而形成崩岸,当高水位骤降时,土体基本处于饱和含水状态,上层土体较重,而岸坡失去原来高水位静水压力的支撑,因支撑力不足发生坍塌。可见流量及水位过程对岸坡稳定的影响是直接的,而含沙量对岸坡稳定的影响主要是通过水流对河道近岸水下土体产生冲刷表现出来。

在此主要针对水位变化过程对岸坡稳定的影响,以石首河湾北门口段荆 98 断面附近为例进行岸坡稳定分析。

荆江河道河岸组成为二元结构,一般上部为黏土,下部为非黏性土,上、下荆江组成有所差别,上荆江上层黏性土较厚,下部沙层较薄,下荆江上层黏性土较薄,下部沙层较厚,岸坡的稳定及边坡形态也有所不同。对于荆江二元结构河岸边坡形态,钱宁和余文畴等认为上层黏土层较厚时整个岸坡较陡,上层黏土较薄时上部岸坡较陡,下部岸坡较缓,说明岸坡稳定及形态与河床组成有关。有关上、下荆江河岸崩塌机理,夏军强认为上荆江一般先在岸顶出现裂缝,然后发生崩塌,下荆江主要是下部沙层被淘空形成悬臂而发生崩塌。

稳定计算采用圆弧条分法,河岸组成参照该段已有地勘成果,为了分析岸坡在不同水位时的抗滑稳定系数的变化,在长江处于高水位时利用圆弧滑动将圆心固定在岸坡顶端进行相对危险滑动面搜索,将此滑动面固定,再计算汛末水位快速下降及枯水水位时该滑动面的抗滑稳定系数。石首北门口荆 98 断面附近(右岸)河岸组成上层为约 4m 厚的黏性土层,下层为非黏性土层,概化计算断面见图 5.6-32。

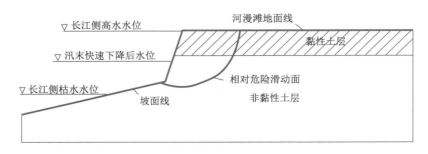

图 5.6-32　荆 98 断面附近岸坡相对危险滑动面

不同水位对应岸坡抗滑稳定系数结果见表 5.6-10。

表 5.6-10　　　　　　　　　　　不同水位对应抗滑稳定系数

长江水位/m	35.0	29.3(汛期水位快速下降)	26.5
抗滑稳定系数	1.34	0.99	1.21

江水位较高时抗滑稳定系数较大,岸坡处于稳定状态,在江水位快速降落期,岸坡处于不稳定状态,由于岸坡上部崩退后,枯水期岸坡变缓,抗滑稳定系数大于1.0,若岸坡水下部分不因发生冲刷而变陡,该坡面发生崩塌的可能性相对较小。实测的水位过程线(图5.6-33)与岸坡形态(图5.6-34)是对以上分析结果的验证。

8月17日至9月3日,石首站(距离北门口崩岸断面位置约5km)水位从35.11m退至31.15m,河岸崩退约35m,原凸咀部位消失,崩退前后岸坡形态变化见图5.6-35,在此前高水位期间的7月4日至8月6日以及快速退水后的9月3日至10月7日2个时段岸坡基本稳定。

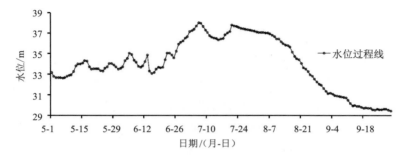

图5.6-33 石首水位站5—9月水位过程线

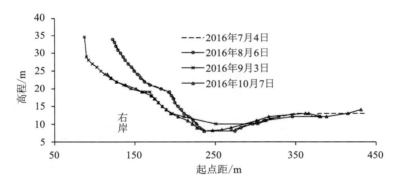

图5.6-34 北门口各时段岸坡形态

(a)崩退前　　　　　　　　　　　(b)崩退后

图5.6-35 北门口崩退前后岸坡形态变化

在快速退水过程中发生崩岸的概率较大，而在枯水时发生崩岸的概率相对较小，产生这一结果最根本的原因是在退水过程中决定岸坡稳定的因素被改变了，即退水过程改变了土层力学性质及应力状态，而在枯水期岸坡已经崩塌，岸坡外形已经因变缓而相对稳定。因素的具体改变过程表现为：

①在快速退水过程中，由于黏性土体渗透性较低，河岸黏性土体内水分来不及排出而对河岸产生额外渗透压力。

②由于洪水期对河岸土体长时间的浸泡，黏性土体的强度指标降低。

③水位降低，长江静水压力减小。

这些都会促使河岸因土体失稳而发生崩岸。

5.6.12.2 近岸河床形态尺度与水沙过程的关系

对于近岸河床形态尺度与水沙过程的相关关系，吴天蛟和夏军等认为冲积河流的平滩河槽尺度与前期多年汛期水沙条件有关，夏军强等对荆江低含沙河流做了详细研究，认为荆江河段平滩河槽形态尺度与前5年汛期平均冲刷强度密切相关，并建立了定量的相关关系。近岸河床的变化主要表现在近岸河槽的水深、河宽（河岸稳定）等方面，对于荆江河段近岸河槽形态尺度的时空变化特点与水沙之间的关系，本书根据荆江河段已有计算分析成果从水深及河宽因素进行探讨，荆江（枝城至沙市）2015年冲淤量见表5.6-11。

表5.6-11　　　　　　　　　荆江（枝城至沙市）2015年冲淤量

时段	平滩河槽/万 m³	枯水河槽/万 m³	采砂量/万 m³	除去采砂/万 m³
全年	2634	2669	658（推算）	1976
7—9月	1654	1660	143（相当于186万 t）	1511

在空间分布上，冲刷主要集中在枯水河槽，枯水河床明显冲刷下切，枯水水深增加。从已有的分析研究成果可以得出河道形态尺度变化较快的时间段，荆江段（枝城至沙市）2015年冲刷量为2634万 m³（平滩河槽），20000m³/s以上基本无采砂，推算非主汛期的采砂量为主汛期的3.6倍，除去采砂量，全年的冲刷量主要集中在主汛期，主汛期3个月冲刷量占全年的76%。荆江段近岸护岸与未护岸河床河道形态尺度的变化有区别。在已有护岸段岸坡，河床形态稳定，变化主要显现在水深上；而在未护岸段，水深及河宽均有变化。从定性上来分析，岸坡稳定段近岸河床枯水河槽的水深应当与汛期的水沙条件有关系，为定量统计分析近岸河床枯水水深与水沙条件的关系，本节收集整理了沙市段近岸河床观测的枯水水深（对应宜昌5000m³/s下的水深）及沙市水文站1997—2014年汛期（5—10月）平均流量及平均含沙量，冲刷强度计算运用夏军强等的研究成果，计算公式见式（5.6-19），通过计算分析，近岸枯水河槽水深与冲刷强度在 $n=5$ 时，相关系数达到最大。

$$\bar{F}_f = \frac{1}{N_f}\sum_{j=1}^{N_f}(Q_j^2/S_j)/10^8 \bar{F}_{nf} = \frac{1}{n}\sum_{i=1}^{n}\bar{F}_{fi} \tag{5.6-19}$$

式中，F_f——冲刷强度；

$\overline{F_{nf}}$——第 n 个冲刷强度；

$\overline{F_{fi}}$——第 i 个冲刷强度；

N_f——汛期总天数；

Q_j——汛期日均流量，$\mathrm{m^3/s}$；

S_j——悬移质含沙量，$\mathrm{kg/m^3}$。

在未护岸段，近岸河床的水深及河宽均可能发生变化，对于冲积性平原河流，当河道尺度增大时，一般规律为平滩河槽河宽增加较水深为快。为分析水深、河宽与水沙条件的关系，利用沙市河湾近岸、荆 60、荆 98、荆 133 及荆 181 等断面测量数据及相关水沙数据资料，其中沙市河湾近岸、荆 60 与荆 98 利用沙市站水沙数据资料，荆 133 及荆 181 断面利用监利站水沙资料。统计的断面河道形态尺度与水流冲刷强度的关系见图 5.6-36 至图 5.6-40 及表 5.6-12。

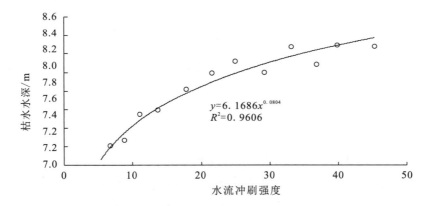

图 5.6-36　沙市河湾近岸河床枯水水深与水流冲刷强度关系($n=5$)

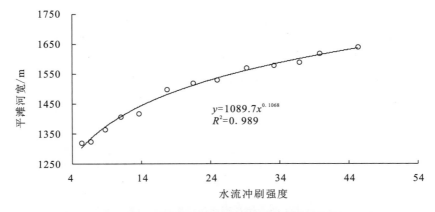

图 5.6-37　荆 98 断面平滩河宽与水流冲刷强度关系($n=5$)

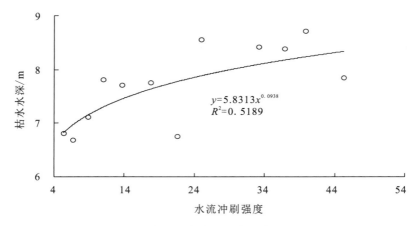

图 5.6-38　荆 181 断面枯水水深与水流冲刷强度关系（$n=5$）

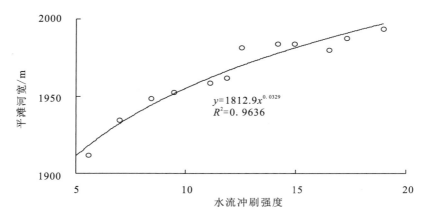

图 5.6-39　荆 98 断面平滩河宽与冲刷强度关系（$n=5$）

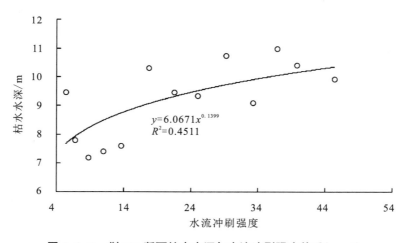

图 5.6-40　荆 181 断面枯水水深与水流冲刷强度关系（$n=5$）

表 5.6-12　　　　　　　　　　　　河道形态尺度与水流冲刷强度相关系数

位置	平滩河宽/m	平滩水深/m	枯水水深/m
沙市河湾近岸	—	—	0.96
荆 60 断面	0.94	0.41	0.42
荆 98 断面	0.99	0.41	0.52
荆 133 断面	0.92	0.16	0.25
荆 181 断面	0.96	0.54	0.45

在强冲刷河段,近岸河床河道形态尺度如平滩河宽、平滩水深及近岸河槽枯水水深与水流冲刷强度的关系表现为:

①在河岸岸坡稳定(具有护岸等)段,其近岸河槽枯水水深与水流冲刷强度密切相关,其平滩河宽与水流冲刷强度关系不甚明显。

②在未护岸等岸坡不稳定段,平滩河宽与水流冲刷强度密切相关,枯水水深与冲刷强度有一定相关性,但关系较弱。

荆 181 断面累积崩退宽计算值与实测值见图 5.6-41,通过水流冲刷强度与平滩河宽的相关关系,累积崩退宽的计算值与实测值拟合效果较好。

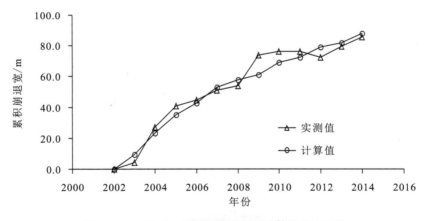

图 5.6-41　荆 181 断面累积崩退宽计算值与实测值

5.7　崩岸变化数据综合处理分析与预警系统

崩岸监测根据不同监测项目采用不同的监测仪器与手段进行,有的项目是表观的,有的是内部的。表面的变形往往是由内部变形引起的,内部是"质",表观是"形",从某种意义上说,探求崩岸内部机制的变化更为重要,更具有意义。崩岸发生前,必有一些效应量在发生变化,如果安全监测发挥了"耳目"的作用,捕捉到这些"蛛丝马迹",就为人们提供了预警,也赢得了处理的时间。

崩岸的影响因素主要有岸坡地质条件、河道地形、水文气象、人类活动等，除对近岸河床变化、局部流场、悬移质含沙量等外部环境量变化进行观测外，还应对崩岸自身开展内观及外观的监测。外观监测主要是在崩岸表面设置监测点，开展平面位移、垂直位移、裂缝开度等监测。内部观测主要针对深层水平位移、土压力、分层沉降、内部裂缝、孔隙水压力、土压力、钢筋应力、混凝土应力等。

由于崩岸监测的传感器类型多，各传感器的原理和输出的物理量不一样，所反映的效应量也不一样。因此必须建立一套综合处理系统，从原始数据的录入、多源数据处理、质量控制、安全综合评估和分析、预报和预警系统等方面进行综合分析、处理和预警。

5.7.1　总体路线

首先，开展关键技术和方法研究，解决影响崩岸安全监测数据处理可靠性的关键技术问题；在此基础上，基于理论研究成果，开展软件系统研制工作；最后，进行实验验证。

在数据处理关键技术研究方面，首先，开展量测数据质量综合控制方法研究，确保量测数据质量；其次，研究各量测系统自身数据处理方法，实现安全监测所需各类数据的正确获取；最后，在此基础上，进行基于多元数据的堤防安全综合分析和最优评估模型构建方法的研究，对堤防安全当前状况实施评估，开展最优预报模型的构建方法研究，对堤防的未来变化趋势实现预报、分析及预警。

项目研究的总体技术路线见图 5.7-1。

图 5.7-1　总体技术路线

基于以上总体路线，从多元量测数据质量综合控制方法研究、不同量测系统数据处理方法、安全性综合分析与评估模型构建、最优预报方法及预警确定、数据库搭建及多元数据综合管理、堤防安全监测综合数据处理软件系统研制以及实验验证 7 个方面展开研究。下面分别介绍各项研究内容的具体实施进展及取得的成果。

5.7.2　多元量测数据质量综合控制方法研究

首先,对统计分析法、回归分析法和 Kalman 滤波等方法进行研究。

其次,根据不同类型量测数据的特点及变化速率,对连续观测数据进行短时间统计分析,基于统计参数,实现粗差识别和剔除。

最后,基于数据序列变化特点及趋势,根据回归分析法或 Kalman 滤波,对原始量测数据实施滤波;同时借助上述两个模型具有的推估特点,推估量测数据,并与实际观测数据比较,实现粗差的识别和剔除。

(1)统计分析法

统计分析法通过对观测数据开展数理统计,求出观测值平均值(或中值)及中误差 σ,然后基于 $2\sigma/3\sigma$ 原则剔除观测数据中的异常值。

中误差 σ 可借助观测值序列自身,基于统计方法来确定,也可采用经验值。

基于原始观测数据,中误差 σ 可借助如下模型来确定:

$$\sigma = \sqrt{\frac{\sum\limits_{i=1}^{n} \Delta_i^2}{n-1}} \tag{5.7-1}$$

$$\Delta_i = x_i - \bar{x} \tag{5.7-2}$$

$$\bar{x} = \frac{1}{n} \sum_{i=1}^{n} x_i \tag{5.7-3}$$

〇式中,n——观测数据个数;

Δ_i——观测数据相对其均值的偏差量;

$\bar{x}$——观测值平均值;

x_i——观测值。

量测数据中异常观测值的判断原则为:

$$\begin{cases} \Delta_i \leqslant k\sigma & \text{正常} \\ \Delta_i > k\sigma & \text{异常} \end{cases} \tag{5.7-4}$$

式中,$k=2$ 或 3,需根据噪声水平选取。

以测斜仪数据为例,实验分析中原始数据为:−118,−64,−45,−41,−42,−43,−42,−38,−38,−49,−47,−45,−42,−48,−45,−41,−40,−43,−43,−41,−42,−46,−44,−43,−39,−46,−49,−47,−39,−41,−44,−42,−53,−44,−45,−41,−49,−41,−43,−45,−47,−42,−49,−45,−45,−46,−45,−47,−44,−38,−41,−42,−46,−44,−43,−98。

统计参数如下:

最大值为 −28;最小值为 −118;中值为 −46.429;中误差为 12.785;3 倍中误差

为 38.3542。

基于 3σ 原则，找到异常值为 -118 和 -98。

统计法误差剔除前后序列曲线见图 5.7-2。

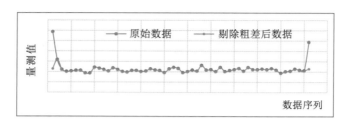

图 5.7-2　统计法误差剔除前后序列曲线

使用统计法实施数据质量控制时，需要注意如下问题：

观测对象具有短期稳定性，即认为观测数据短期内稳定或变化较小；统计窗口内有足够多的样本数据，即要求 n 较大，这就要求量测设备具有较高的采样率或者更新率；需要观测一个短暂时段（或者窗口），窗口时间长度取决于观测对象的稳定程度；采用该方法进行滤波时，尽量采用滑动窗口滤波，这样可以避免滤波结果在窗口间出现不一致；滤波中选用 2σ 还是 3σ 原则，需根据置信度和监测对象变化的幅度或速度等因素综合确定。

（2）回归分析法

回归分析法根据最小二乘原理，通过对量测数据 h_o 通过观测时间 t 进行曲线拟合，然后计算量测值与拟合值之间的偏差，若偏差大于 3σ，则将其剔除或用拟合值取代。曲线拟合基本模型为：

$$h = f(x) = a_0 + a_1 x + a_2 x^2 + a_3 x^3 \cdots \tag{5.7-5}$$

将参与建模的每个量测值代入上述模型，计算模型系数 $X = [a_0, a_1, a_2, a_3, \cdots]$。

上式的矩阵形式为：

$$H = AX \tag{5.7-6}$$

根据最小二乘原理，则有：

$$X = (A^{\mathrm{T}}A)A^{\mathrm{T}}H \tag{5.7-7}$$

获得了 X，即建立了回归模型。

将 X 代入上式，计算模型值 h_m，并与原始观测值 h_o 比较，得到差值 Δ，并根据式（5.7-5）计算偏差中误差，基于 2σ 或 3σ 原则，借助式（5.7-7）判断原始观测值是否为粗差。

对于式（5.8-6）中测斜仪数据，采用二阶函数拟合模型：

$$h = f(x) = -58.747x_0 + 1.26882x - 0.0221858x^2 \tag{5.7-8}$$

基于以上模型计算模型值，并与观测值比较，得到的每一个原始数据与拟合值的偏差为 -59.253，-6.49961，11.2981，14.1402，12.0267，9.95757，9.93279，12.9524，12.0164，0.1247，1.27741，2.4745，4.71595，-1.99822，0.331975，3.70654，4.12549，0.5888，

0.0964845，1.64854，0.244969，−4.11423，−2.42906，−1.69952，2.0744，−5.10732，
−8.24466，−6.33763，1.61377，−0.390454，−3.35031，−1.26579，−12.1369，
−2.96365，−3.74602，0.515988，−7.17764，1.17311，−0.431774，−1.99229，−3.50842，
2.01981，−4.40759，0.209388，0.870736，0.576455，2.32655，1.12101，4.95984，11.843，
9.77062，9.74257，6.75889，9.81959，11.9247，−41.9259。

统计参数如下：

最大偏差值为 14.1402；最小偏差值为 −59.253；偏差均值为 -7.58929×10^{-7}；中误差为 11.53533646。

基于以上参数和模型，探测出对应的异常量测值分别为 −118、−98。

回归分析法误差剔除前后序列曲线见图 5.7-3。

相对统计法，回归分析法不考虑数据的聚敛性，即无需顾及堤坝在短期内的稳定性，而是根据堤坝拟稳变化过程，结合整体变化趋势，分析量测数据的质量，从而实现粗差剔除。

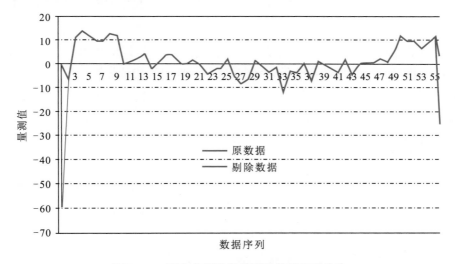

图 5.7-3　回归分析法误差剔除前后序列曲线

在回归分析法粗差探测中，需要注意以下几个问题：

1）参与建模数据选择

应尽量选择堤防非加载期的量测数据开展建模工作，即用堤防正常变化期数据进行序列拟合建模，该处理一是可以使数据序列反映正常的堤防自然形变过程，二是可以避免加载前、后数据序列变化规律不一致给模型构建带来粗差探测不准确以及修复精度偏低等影响。

2）建模序列长度

基于最小二乘原理，序列长度应大于模型中待求参数个数，即确保模型参数可解；此外，数据序列尽量长，以增加模型求解的冗余度，提高模型对正常形变过程反映的正确程度。

3）评判指标倍数的选择

在评判模型式(5.7-2)中，k 值需根据形变量和变化速率来综合确定，若其间二者变化稳

定,则建议 k 取 2;否则取 3。

（3）Kalman 滤波

对于连续变化过程,若观测数据中出现异常观测数据,可借助 Kalman 滤波,根据先验统计特性进行滤波处理。

$$X_k = \Phi_{k,k-1} X_{k-1} + \Gamma_{k-1} W_{k-1} Z_k = H_k X_k + V_k \tag{5.7-9}$$

式中,X_k 及 X_{k-1}——状态向量,包含量测信息及其由速度构成的向量;

$\Phi_{k,k-1}$——状态转移矩阵;

Z——由量测量构成的观测矩阵;

H_k 及 Γ_{k-1}——量测和噪声矩阵;

W_{k-1} 及 V_k——噪声和量测噪声向量。

（4）适用性分析及建议

统计分析法、回归分析法和 Kalman 滤波适用对象和特点各不相同,实际应用中应区别对待,才能确保粗差剔除的正确性。

统计分析法适用于短期内形变量较小,接近稳定的情况,该法要求设备数据采样率大,有足够多的数据参与精度评估和分析,否则难以达到理想的滤波效果。

回归分析法强调的是整体时序的变化特征,从回归模型对整体变化的反映中剔除粗差,相对于统计分析法,回归分析法需要一个长时间序列。需要强调的是,回归分析法适用的这种形变是由堤防自重产生的,具有稳定、渐进变化的特点,而非加载等人为因素产生的堤防显著变化。

Kalman 滤波要求数据连续变化,采样间隔稳定。应用时需提供不同期量测数据的观测精度指标,来实现滤波以及推估,不宜用于连续异常变化情况,否则易产生滤波发散,致使滤波失效。

（5）量测数据质量综合控制过程

基于上述研究,下面给出量测数据的综合质量控制过程。

首先,根据不同类型观测数据的特点及数据变化的速率,对于连续观测数据进行短时间统计分析,基于统计参数,实现粗差识别和剔除/修正。

然后,基于数据序列变化特点及趋势,采用回归分析法或 Kalman 滤波,对原始量测数据实施滤波;也可借助上述两个模型,利用前期量测数据,采用推估方法,估算量测值,并与实际观测数据比较,实现粗差的识别和剔除。

5.7.3 不同量测系统数据处理方法研究

主要涉及以下 3 类量测数据:

①沉降数据,反映堤防垂直方向变化。

②测斜数据,反映堤防水平方向变化。

③孔压数据,反映堤防垂直方向的压力变化。下面给出各系统数据处理模型,以获取上述量测数据。

(1)沉降数据处理

根据同一测井不同磁环上的往上测量值 H_{i-1}、往下测量值 H_{i-2} 计算磁环的高程 h_i。

$$h_i = h_0 - H_i \tag{5.7-10}$$

$$H_i = (H_{i-1} + H_{i-2})/2 \tag{5.7-11}$$

式中,H_i、H_{i-1}、H_{i-2}——第 i 个磁环测量值、第 i 个磁环往上测量值、第 i 个磁环往下测量值;

h_i——第 i 个磁环到井顶的高度;

h_0——井顶高程。

则对于第 i 测环,第 t 次变化量 Δh_i^t 为:

$$\Delta h_i^t = h_i^t - h_i^{t-1} \tag{5.7-12}$$

式中,h_i^t——第 i 个磁环第 t 次高程;

h_i^{t-1}——第 i 个磁环 $t-1$ 次高程。

利用 h 或 Δh 可以反映堤防在垂直方向的变化量,如沉降量。

(2)测斜数据计算

测斜仪观测数据有正向观测值 A_1 和负向观测值 A_2,首先需检验观测量的正确性。观测量的正确性根据正向、负向数据之和与阈值的关系来评定。

$$\Delta A = A_1 + A_2 \tag{5.7-13}$$

式中,A_1、A_2——同一位置测斜仪观测的正、负向数据;

ΔA——正、负向观测量不符值。

基于以下原则进行判断:

$$\begin{cases} \Delta A \leqslant \Delta & \text{正常} \\ \Delta A > \Delta & \text{异常} \end{cases} \tag{5.7-14}$$

获得了正确的测斜观测量后,则可以计算其变化量 A_i:

$$A_i = A_1 - A_2 \tag{5.7-15}$$

式中,A_i——第 i 段正常测斜仪观测量变化量。

据此可以计算当前位置水平位移增量 ΔS_i:

$$\Delta S_i = k A_i \tag{5.7-16}$$

式中,ΔS_i——第 i 段水平位移增量;

k——水平量转换参数,可根据仪器设计参数得出。

则整个水平位移量为:

$$S_k = \sum_{i=1}^{m} \Delta S_i \tag{5.7-17}$$

式中，S_i——第 i 段倾斜量；

S_k——对于第 k 个测井，计算得到的水平位移总量。

据此得到位移增量 ΔS 与深度、水平位移 S 与深度之间的关系曲线，见图 5.7-4。

（3）孔压计算模型

孔压力可根据反映垂直方向的压力变化 P，借助以下模型来计算：

$$P = K\Delta F + \Delta P \qquad (5.7\text{-}18)$$

式中，P——当前压力值；

K——仪器标定系数；

ΔP——压力修正量；

ΔF——本次频率模数值变化量，可借助本次测量频率模数值 F_S 和基准频率的差值 F_B 来计算。

$$\Delta F = F_S^2 - F_B^2 \qquad (5.7\text{-}19)$$

当压力修正量为 0 时，式（5.7-18）可简化为：

$$P = K\Delta F \qquad (5.7\text{-}20)$$

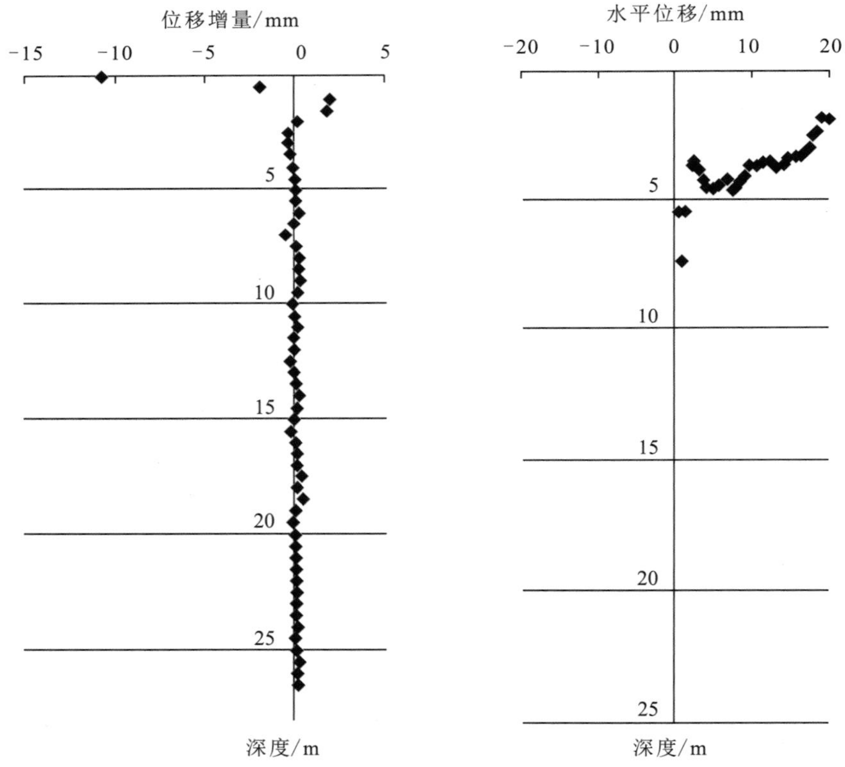

（a）位移增量—深度关系　　　　（b）水平位移—深度关系

图 5.7-4　位移增量—深度关系和水平位移—深度关系

5.7.4　安全性综合分析与评估模型构建

根据所采集的各类传感器时序监测数据,结合相关规范、规程以及实际工程经验,给出堤防安全性评估的各类参量门限或阈值,借助 BP 神经网络,构建反映诸参量与安全性评估指标间的映射关系,实现模糊参数模型的构建,并结合实际工程,检验模型的正确性。

（1）预警

参考专家经验和已有规范、规程,经典预警中控制施工加荷速率的堤身稳定性评估指标为:

①垂直沉降平均每昼夜不大于 10mm;

②水平位移平均每昼夜不大于 5mm;

③孔压系数 $\Delta u/\Delta p$ 不大于 0.6。

当监测结果中有一项超过预警即安全评估不合格时,崩岸将可能出现安全性问题,应给予相应的警报。

（2）基于 BP 神经网络的综合评估模型构建

实验选取 12 组数据,构建 12×3（水平位移速度,垂直沉降速度和孔压系数）输入矩阵,并利用 12×1（各项量测数据安全评估结果）矩阵作为输出,进行 BP 神经网络训练,构建映射模型。

网络训练参数设置:网络为层状,层数为 3;输入层节点个数为 3;输出层节点个数为 1;学习率为 75%;期望误差为 0.001;最大循环次数为 300000。

基于 BP 神经网络的安全性综合分析模型构建及网络训练见表 5.7-1,借助表 5.7-1 所列量测数据、输出量等进行网络训练。

表 5.7-1　　　　基于 BP 神经网络的安全性综合分析模型构建及网络训练

项目	输入量			输出量	训练量	差量
	水平位移 速度/(mm/d)	垂直沉降 速度/(mm/d)	孔压 系数			
学习 数据	20.123	10.453	1.524	−1.00	−1.00	0.00
	3.123	2.453	0.224	+1.00	+1.00	0.00
	50.123	20.453	10.524	−1.00	−1.00	0.00
	15.723	7.453	0.824	−1.00	−1.00	0.00
	1.123	0.453	0.224	+1.00	+1.00	0.00
	30.123	10.453	1.024	−1.00	−1.00	0.00
	5.123	1.453	0.024	+1.00	+1.00	0.00
	25.123	15.453	2.524	−1.00	−1.00	0.00
	0.123	0.453	0.024	+1.00	+1.00	0.00

续表

项目	输入量			输出量	训练量	差量
	水平位移速度/(mm/d)	垂直沉降速度/(mm/d)	孔压系数			
验证数据	9.123	4.907	0.594	+1.00	+0.82	0.18
	8.123	4.453	0.524	+1.00	+0.98	0.03
	10.123	6.453	0.724	−1.00	−0.94	0.06

从表 5.7-1 可以看出，学习数据中包含了水平位移速度、垂直沉降速度、孔压系数 3 类原始观测量，对每类数据借助经验预警值进行安全评估，评定数据是否存在安全隐患，若存在，则标定为−1；正常则标定为+1。据此构建输出向量和开展网络训练。

利用训练好的网络对输入数据进行安全评估，训练结果见表 5.7-2。由表 5.7-2 可得，网络训练误差为 0，表明网络训练内符合精度（可靠性）达到 100%。利用外部 3 组数据对网络进行检验，检验结果除一组偏差稍大外，其他两组基本一致，表明训练所得网络结果稳定可靠，实现了内外符合精度基本一致。

表 5.7-2   网络训练测试结果   （单位：mm）

测试数据			网络计算结果	经典阈值判断	差值
20.2	10.2	1.0	−1.00	−1.00	0.00
5.2	4.2	0.5	+0.98	+1.00	0.02
2.3	2.3	0.2	+1.00	+1.00	0.00
12.7	8.6	2.0	−1.00	−1.00	0.00

利用该网络对未测试的 4 组数据进行安全性评估，评估结果与专家经验（经典阈值判断结果）达到了很好的一致，评估可靠性达到 100%，表明网络训练内符合、外符合均达到了较高的精度。

5.7.5 最优预报方法及预警确定

$V\text{-}T\text{-}S$ 曲线法、回归分析法、灰色理论、神经网络法等主要用于形变监测预报模型构建。结合各量测系统工作机理以及量测数据特点，通过比较分析，给出了各类数据的最优分析预报方法。

根据相关文献及类似工程经验，针对施工期与运营期的工程特性，对不同监测项目和传感器类型，通过获取的大量数据信息，研究荷载集与效应集、效应集与控制集之间的非确定性关系，基于统计学方法，建立时间、荷载及效应量之间的数学关系，以此确定荷载或效应量的临界值，给出了合理的预警参数。

5.7.5.1 $V\text{-}T\text{-}S$ 曲线法

$V\text{-}T\text{-}S$ 曲线法借助观测时序来反映变化速度—时间—变化量关系，其中 V 代表速度，T

代表时间，S 代表变化量。

实验采用测试数据中第一断面的 FC3 测孔 5 月 20 日至 6 月 4 日分层沉降数据，给出了沉降变化量 S 随时间 T 变化以及沉降速度 V 随时间 T 变化的曲线图。FC3 测孔沉降的 T-S 曲线和 V-T 曲线分别见图 5.7-5 和图 5.7-6。

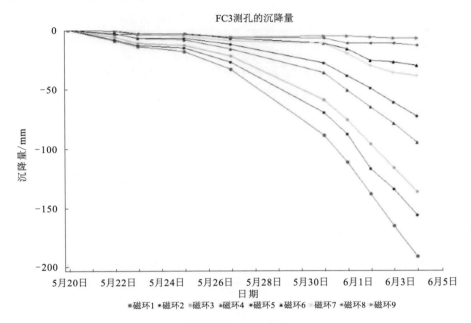

图 5.7-5　*S-T* 曲线

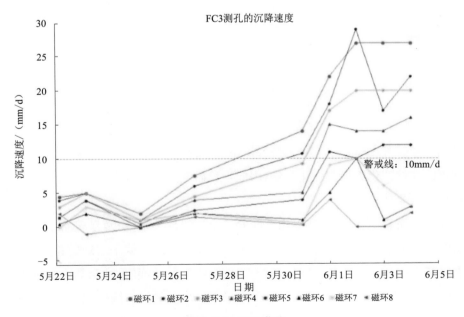

图 5.7-6　*V-T* 曲线

从图 5.7-5 和图 5.7-6 可以看出：S-T 曲线与 V-T 曲线均表现出了堤防正常的、自然的沉降变化过程；V-T 曲线变幅相对 S-T 曲线显著。无论是 S-T 曲线还是 V-T 曲线，变化均具有渐进性，若某时刻出现异常沉降量，则对应的 V-T 曲线将会呈现出剧烈的跳变，与前期变化序列不一致，据此可以判断崩岸是否出现异常，实现预警。V-T-S 曲线预报或预警仍基于已有观测序列的历史变化趋势来进行，为人工预报和预警提供参考。

5.7.5.2　回归分析法

回归分析法根据观测数据拟合曲线，基于拟合曲线外推实现预报。

回归分析法涉及的模型主要有以下几种：

多项式趋势模型：

$$Y_t = a_0 + a_1 t + \cdots + a_n t^n \tag{5.7-21}$$

对数趋势模型：

$$Y_t = a + b \ln t \tag{5.7-22}$$

幂函数趋势模型：

$$Y_t = a t^b \tag{5.7-23}$$

指数趋势模型：

$$Y_t = a \, \mathrm{e}^{bt} \tag{5.7-24}$$

双曲线趋势模型：

$$Y_t = a + b/t \tag{5.7-25}$$

修正指数模型：

$$Y_t = L - a \, \mathrm{e}^{bt} \tag{5.7-26}$$

Logistic 模型：

$$Y_t = \frac{L}{1 + \mu \mathrm{e}^{-bt}} \tag{5.7-27}$$

Gompertz 模型：

$$Y_t = L \exp[-\beta \mathrm{e}^{-\theta t}] \tag{5.7-28}$$

考虑堤防自然变化为拟稳变化过程，因此项目研究采用二次多项式曲线模型实施拟合，模型阶数根据需要选定。

就实际情况而言，变形值与变形因素间并非全是线性关系，而常呈现曲线关系；另外，影响变形值的因素是多方面的。为此，需要解决一个变量与多个因子之间的相关问题。此外，很多因素对变量的影响还是非线性的，对于这种非线性关系，可通过变量的变换转化为线性问题。因此，需解决的问题仍可以看成一个变量与多个变量间的线性相关问题，其核心是确定形变量及与其影响因子间的关系。确定了这种关系后，借助观测数据，通过建模，再运用最小二乘法实现回归方程中回归系数的求解，进而实现预测模型的构建。

回归方程(模型)建立步骤为:建立回归方程;回归方程的显著性检验;回归系数的显著性检验。

由于多元回归本身不能判断各个自变量对因变量是否都显著,因此由它所求得的回归方程不一定是最佳的。最佳回归方程需满足选入回归方程的因子的影响都是显著的,而未选入回归方程的其他因子的影响不显著。基于此,回归建模需要进行逐步回归计算,其计算过程如下:

①选第 1 个因子。

由分析结果,对每一影响因子与因变量建立一元线性回归方程。由显著性检验来接纳因子进入回归方程。

②选第 2 个因子。

对一元回归方程中已经选入的因子,加入另外一个因子,建立二元线性回归方程,并进行显著性检验。

③选第 3 个因子。

根据已经选入的 2 个因子,用多元回归模型依次与未选入的每一因子建立三元线性回归方程,进行检验来接纳因子。在选入第 3 个因子后,对原先已选入回归方程的因子重新进行整体显著性检验。

④继续选择因子,重复③操作。

考虑崩岸形变特点以及量测数据变化特征,结合前期研究经验,主要采用多项式回归分析法和逻辑曲线回归分析法两种方法实施建模。下面分别介绍这两种方法的建模原理及过程。

(1)多项式回归分析法

由于量测数据反映的是堤防形变的一个时序过程,因此多项式回归分析法可通过构建与时间 t 相关的多项式模型来反映量测量的这种变化。其基本模型见式(5.7-21)。

多项式回归模型可根据数据序列变化程度选择模型阶数,参与建模的数据不得少于模型系数(待求参数)个数。为了提高模型精度,通常选择较多的数据参与建模,通过提高模型冗余度实现模型精度的提高。

模型阶数需要根据数据变化的特点来选取。模型阶数选择过高,虽然可以实现局部最佳逼近,但是不一定能够保证整体最优;反之,模型阶数过低,则不但不能实现与整体最佳拟合,也难以实现与局部最佳逼近。

以第一断面 FC3 测孔磁环 1 的 2012 年 5 月 20 日至 6 月 7 日沉降数据为样本,取 5 月 20 日至 6 月 1 日前 7 组数据作为建模数据构建模型,并利用这些数据计算模型内符合精度(拟合精度),评定模型的拟合效果;用 6 月 2—4 日 3 组数据测试模型,计算模型外符合精度(预报精度),评定模型推估精度。

2~6 阶多项式模型拟合和预报效果见图 5.7-7,不同阶多项式模型拟合和外符合精度见表 5.7-3。

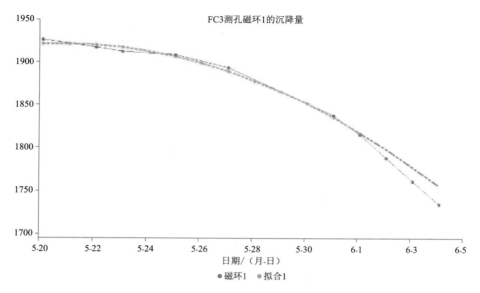

（a）2阶多项式模型拟合和预报效果

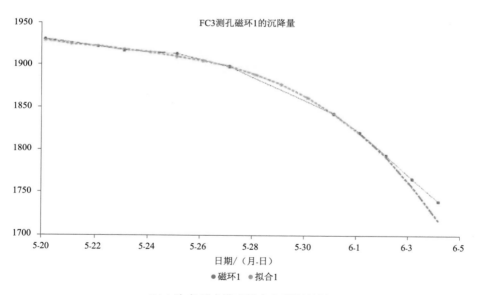

（b）3阶多项式模型拟合和预报效果

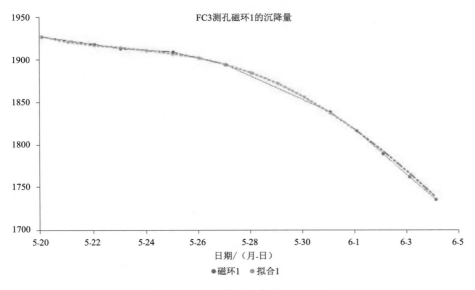

（c）4 阶多项式模型拟合和预报效果

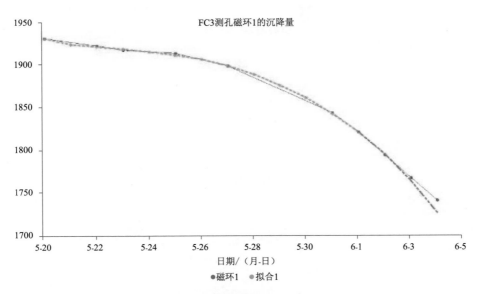

（d）5 阶多项式模型拟合和预报效果

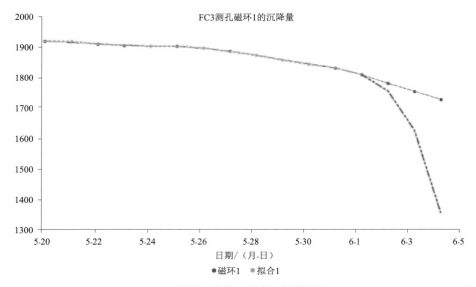

（e）6阶多项式模型拟合和推估效果

图 5.7-7　2~6阶多项式模型拟合和预报效果

表 5.7-3　　　　　　　　　　　不同阶多项式模型拟合和外符合精度

多项式模型阶数	检验	最大偏差/mm	最小偏差/mm	偏差均值/mm	标准差/(±mm)
2	内符合精度	4.2	−5.3	1.2	3.8
	外符合精度	−10.6	21.7	−16.4	5.6
	$Y=1924.83+0.910279X-0.798827X^2$				
3	内符合精度	2.1	−1.6	3.9	1.2
	外符合精度	21.2	1.9	10.6	9.8
	$Y=1928.65-5.41454X+0.733004X^2-0.0878747X^3$				
4	内符合精度	1.4	−1.4	0.0	0.9
	外符合精度	−3.2	−4.1	−3.5	0.5
	$Y=1929.03-7.29843X+1.6313X^2-0.21816X^3+0.00572979X^4$				
5	内符合精度	1.1	−1.5	0.0	0.9
	外符合精度	14.2	−1.1	5.4	7.9
	$Y=1929.1-8.72457X+2.64438X^2-0.453747X^3+0.0276887X^4-0.000712122X^5$				
6	内符合精度	0.0	0.0	0.0	0.0
	外符合精度	368.2	25.6	172.8	176.3
	$Y=1929+7.38226X-13.2087X^2+5.10402X^3-0.856037X^4+0.0640089X^5-0.00177294X^6$				

　　图 5.7-7 和表 5.7-3 表明，随着模型阶数的增加，模型的内符合精度和外符合精度均逐渐提高，但模型的外符合精度提高到一定程度后，随着模型阶数的增加，外符合精度快速降低。

　　分析认为，模型阶数提高，可以使模型最大限度地逼近量测数据，因此内符合精度显著提高,但这种提高虽实现了局部最优,却牺牲了全局最优。因此,当模型外符合精度达到一定程度后,随着模型阶数的增加,外符合精度自然降低。较好的预报模型应该确保内符合精度与外符合精度基本一致。据此原则,可以认为4阶多项式模型作为预报模型比较适合。

为分析建模数据对模型外符合精度的影响,利用部分数据与4阶多项式建模,利用所建模型外符合剩余时段沉降量,不同数据建模情况下的预报效果见图5.7-8。

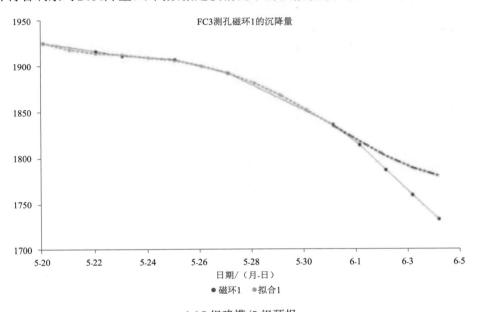

(a)5组建模/5组预报

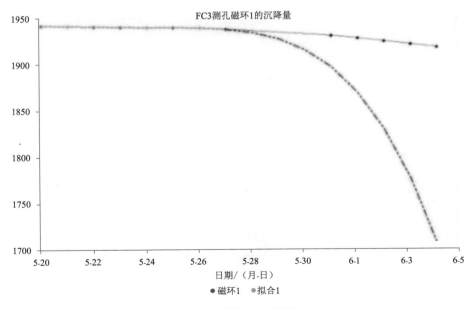

(b)6组建模/4组预报

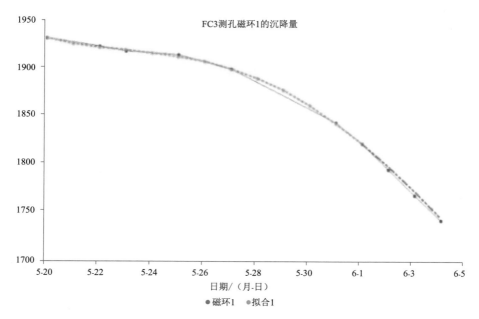

（c）7 组建模/3 组预报

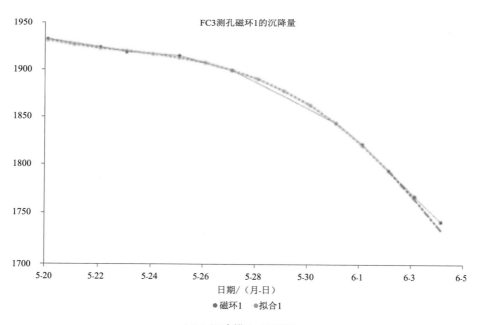

（d）8 组建模/2 组预报

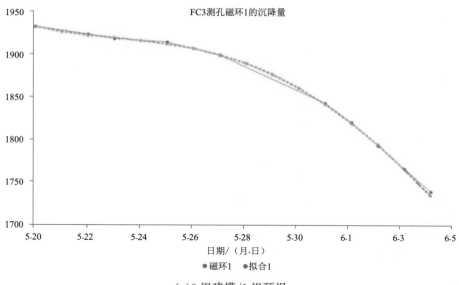

(e)9 组建模/1 组预报

图 5.7-8　不同数据建模情况下的预报效果

从图 5.7-8 可以看出,利用 4 阶多项式建模,随着参与建模数据量的增加以及预报时段的减少,模型的外符合精度越来越高;此外,预报时段越接近拟合模型尾端,外符合精度越高,但随着预报时间的增加,模型预报可靠性越来越差。

因此,应利用尽量多的数据参与建模,以确保模型真实可靠地逼近建模数据,反映数据实际变化趋势,进而才能实现准确预报。

(2)逻辑曲线回归分析法

逻辑曲线回归分析法的模型为 Logistic 模型:

$$N(t) = \frac{K}{1 + e^{a-rt}} \tag{5.7-29}$$

式中,$N(t)$——t 时刻对应的堤坝沉降量预测值,mm;

a,r——待定系数;

K——$N(t)$ 的理论最大极限值。

将式(5.8-29)转化为以下形式:

$$\ln \frac{K - N(t)}{N(t)} = a - rt \tag{5.7-30}$$

通常采用三点计算法求式(3.2-30)方程中的参数 K。选取实测数据序列的始点$(t_0, N(1))$、中点$(t_1, N(2))$以及终点$(t_2, N(3))$,分别代入式(5.7-30),可得以下 3 式:

$$\ln \frac{K - N(1)}{N(1)} = a - rt_1 \tag{5.7-31}$$

$$\ln \frac{K - N(2)}{N(2)} = a - rt_2 \tag{5.7-32}$$

$$\ln \frac{K-N(3)}{N(3)}=a-rt_3 \tag{5.7-33}$$

联立式(5.7-31)至式(5.7-33)可解得：

$$K=\frac{2N(1)N(2)N(3)-N^2(2)(N(1)+N(3))}{N(1)N(3)-N^2(2)} \tag{5.7-34}$$

解得 K 后，对转化式(5.7.30)进行线性变换得：

$$Y(t)=a-rt \tag{5.7-35}$$

其中 $\ln \frac{K-N(t)}{N(t)}=Y(t)$，通过最小二乘法求出系数 a 和 r，便可解得最终的模型公式。

以第一断面 FC3 测孔磁环 1 的 2012 年 5 月 20 日至 6 月 7 日沉降数据为样本，5 月 20 日至 6 月 1 日 7 组数据建模，并利用这些数据计算模型内符合精度，评定模型的拟合效果；用 6 月 2—4 日 3 组数据测试模型，计算模型外符合精度。逻辑曲线回归分析法拟合和预报效果见图 5.7-9。

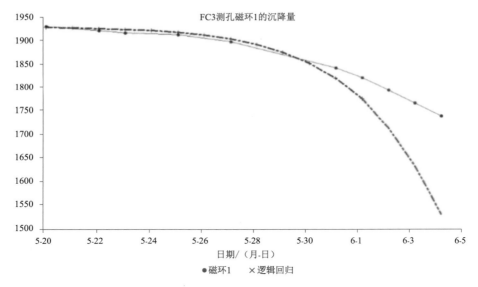

图 5.7-9 逻辑曲线回归分析法拟合和预报效果

通过建模，得到理论最大预测沉降量 K 为 1929.5mm，预报模型为：

$$y=-\frac{1929.5}{1+e^{(-6.76897-0.361673x)}} \tag{5.7-36}$$

模型内符合精度统计参数如下：

最小偏差为 -7.9mm；最大偏差为 44.7mm；偏差均值为 6.3mm；偏差标准差为 ±19.8mm。

模型外符合精度统计参数如下：

最小偏差为 78.2mm；最大偏差为 206.6mm；偏差均值为 138.6mm；偏差标准差为±64.5mm。

（3）两种回归分析建模法比较

比较以上两种建模方法，可以看出：选择适当阶数的多项式曲线模型开展拟合，基于拟合实现推估，可以达到较好的外符合精度；逻辑曲线回归分析法基于指数运算，实现与已有观测数据的拟合以及推估，但由于对量测数据中的变化具有"扩张"作用，因此外符合精度较低。当数据变化趋势规律性较强时，无论选用何种回归分析方法，模型均可以取得较好的拟合和推估效果；而当数据序列中出现非规律性显著变化时，模拟曲线则会在这些时间段出现异常变化。

相对而言，多项式回归分析法整体较优，具有相对稳定的内符合精度和外符合精度；逻辑曲线回归分析法无论是模型内符合精度还是外符合精度均比较低，难以满足外符合精度要求。

5.7.5.3　灰色理论分析法

灰色系统理论应用于变形分析的基本思想是根据观测值自身寻找数据的变化规律，进而实现对数据整体变化趋势的反映。灰色系统是部分信息已知、部分信息未知的系统，即信息不完全系统。

基于灰色理论建模的基本思路为对离散的、带有随机性的变形监测数据进行"生成"处理，达到弱化随机性，增强规律性的作用；由微分方程建立数学模型；建模后经过"逆生成"还原后得到结果数据。

本系统主要采用工程中最常用的 $GM(1,1)$ 模型。监测数据受天气等因素影响，采样间隔天数不固定，而目前 $GM(1,1)$ 研究和应用中需要等时间间隔序列数据，故需对监测数据进行等时间间隔插值，以满足 $GM(1,1)$ 建模。实际应用中，由于监测数据变化较有规律，采用线性内插方式实现数据等时间间隔内插。

设经过间隔采样和插值之后的序列为：

$$X^{(0)} = \{x^{(0)}(1), x^{(0)}(2), \cdots, x^{(0)}(n)\} \tag{5.7-37}$$

对 $x^{(0)}$ 做一次累加生成：

$$x^{(1)}(t_i) = \sum_{k=1}^{i} x^{(0)}(t_k) \tag{5.7-38}$$

得到一次累加生成序列为：

$$X^{(1)} = \{x^{(1)}(1), x^{(1)}(2), \cdots, x^{(1)}(n)\} \tag{5.7-39}$$

然后由一次累加生成序列建立一阶微分方程：

$$\frac{\mathrm{d}X^{(1)}}{\mathrm{d}t} + aX^{(1)} = u \tag{5.7-40}$$

按最小二乘法求解，得白化值：

$$\hat{a} = [a \quad u]^{\mathrm{T}} = (B^{\mathrm{T}}B)^{-1}B^{\mathrm{T}}Y \tag{5.7-41}$$

$$B = \begin{bmatrix} -\dfrac{1}{2}\left[x^{(1)}(2)+x^{(1)}(1)\right] & 1 \\ -\dfrac{1}{2}\left[x^{(1)}(3)+x^{(1)}(2)\right] & 1 \\ \vdots & \vdots \\ -\dfrac{1}{2}\left[x^{(1)}(n)+x^{(1)}(n-1)\right] & 1 \end{bmatrix}$$ (5.7-42)

$$Y = \begin{bmatrix} x^{(0)}(2) \\ x^{(0)}(3) \\ \vdots \\ x^{(0)}(N) \end{bmatrix}$$ (5.7-43)

求得白化值 $\hat{a}$ 后，代入微分方程中，对微分方程求解，可得：

$$\hat{x}^{(1)}(k+1) = \left[x^{(0)}(1) - \frac{u}{a}\right]\mathrm{e}^{-ak} + \frac{u}{a}$$ (5.7-44)

最后对 $\hat{x}^{(1)}(k+1)$ 作累减生成，可得到其还原值为：

$$\hat{x}^{(0)}(k+1) = \hat{x}^{(1)}(k+1) - \hat{x}^{(1)}(k)$$ (5.7-45)

实验仍采用测试数据中第一断面 FC3 测孔磁环 1 的前 7 组数据建模，后 3 组数据测试，灰色理论分析法拟合和预报效果见图 5.7-10。

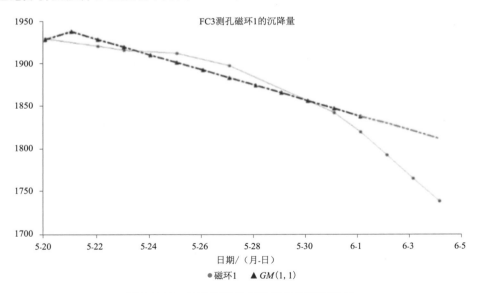

图 5.7-10　灰色理论分析法拟合和预报效果

构建模型参数 a 为 0.00486；u 为 1952.09。

$GM(1,1)$ 模型：

$$x(k+1) = (x - 401202)\mathrm{e}^{-0.00486561k} + 401202$$ (5.7-46)

模型内符合精度统计参数如下：

最小偏差为 -18.9mm；最大偏差为 13.7mm；偏差均值为 -1.9mm；偏差标准差为 11.2mm。

模型预报精度统计参数如下：

最小偏差为 -73.3mm；最大偏差为 -37.0mm；偏差均值为 -55.2mm；偏差标准差为 18.1mm。

从实验效果可以看出，$GM(1,1)$ 模型的拟合效果整体趋势与实际相对比较一致，基本反映了真实的沉降趋势变化，内符合精度与外符合精度基本一致，但相对拟合精度（内符合精度）而言，外符合精度偏低。

5.7.5.4 神经网络分析法

BP 神经网络模型的实质即为误差反向传播模型，其网络结构为输入层、隐含层和输出层。

BP 网络的一般学习步骤为：产生随机数作为节点间连接权的初值；计算网络的实际输出 Y；由目标输出 D 与实际输出 Y 之差，计算输出节点的总能量 E；调整权值；进行下一个训练样本，直至训练样本集合中的每一个训练样本都满足目标输出。

基于以上思想，构建基于 BP 神经网络的预报模型。

模型构建仍采用 FC3 测孔磁环 1 的 5 月 20 日至 6 月 1 日 7 组数据，并利用这些数据计算模型内符合精度，评定模型的拟合效果；用 6 月 2—4 日 3 组数据测试模型，计算模型的外符合精度。

神经网络分析法拟合和预报效果见图 5.7-11。

网络模型的内符合精度：

最小偏差为 -5.8mm；最大偏差为 7.7mm；偏差均值为 1.5mm；偏差标准差为 5.0mm。

网络模型的外符合精度：

最小偏差为 -24.8mm；最大偏差为 -8.5mm；偏差均值为 -17.1mm；偏差标准差为 8.2mm。

从以上模型的内符合精度和外符合精度可以看出：内、外符合精度基本一致，且相对 $GM(1,1)$ 和逻辑曲线回归分析法精度较高；神经网络拟合法精度在数据变化规律较强时，具有较好的拟合效果，而在个别位置出现偏差。通过分析，认为由于神经网络训练形成的映射机制主要考虑了数据的整体变化情况，顾及了整体最优，尚无法实现局部最优，因此产生了前面提到的个别位置偏差。从预报效果来看，预报精度仍基于拟合趋势实现预报，若拟合"趋势"产生偏差，外符合精度必然偏低。

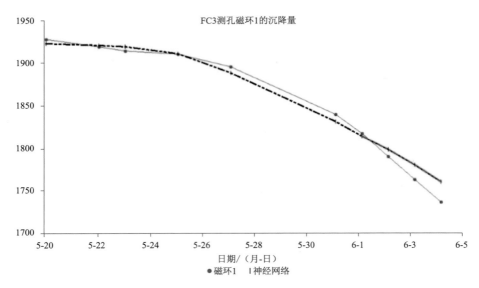

图 5.7-11　神经网络分析法拟合和预报效果

5.7.5.5　预警

根据专家经验，施工期间，控制加荷速率、确保堤防安全的稳定性标准为：

①垂直沉降平均每昼夜不大于 10mm。

②水平位移平均每昼夜不大于 5mm。

③孔压系数 $\Delta u / \Delta p$ 不大于 0.6。

当监测结果中有一项超过预警时，应给予相应的警报。因此，借助预警可以实现实时警报，并为预警提供依据。

5.7.5.6　综合分析

综合以上 4 种预报方法，各方法精度统计结果见表 5.7-4。

表 5.7-4　　　　　　　　　　不同方法模型精度和外符合精度统计

方法	评定指标	最小偏差 /mm	最大偏差 /mm	偏差均值 /mm	标准差 /(±mm)
4 阶多项式 回归分析法	模型精度	−1.4	1.4	0.0	0.9
	外符合精度	−4.1	−3.2	−3.5	0.5
逻辑曲线 回归分析法	模型精度	−7.9	44.7	6.3	19.8
	外符合精度	78.2	206.6	138.6	64.5
灰色理论 分析法	模型精度	−18.9	13.7	−1.9	11.2
	外符合精度	−73.3	−37.0	−55.2	18.1
神经网络 分析法	模型精度	−5.8	7.7	1.5	5.0
	外符合精度	−24.8	−8.5	−17.1	8.2

　　评定预报模型优劣的标准应该是模型具有较好的内符合精度和模型外符合精度,且二者基本均衡。据此原则,从表 5.7-4 统计结果可以看出,4 阶多项式回归分析法最优,其次是神经网络分析法,第三为灰色理论 $GM(1,1)$ 分析法,逻辑曲线回归分析法最差。因此,建议在实际数据处理中采用 4 阶多项式回归分析法和神经网络分析法开展预报。

5.7.6　数据库搭建及多元数据综合管理

　　根据各类观测数据的特点,定义记录字节和存储方式,选择合理的数据库,并构建各类数据的数据库,实现多元数据的综合管理和灵活调用。

　　由于单个项目的所有类型的量测数据量较小,数据间关系比较简单,故本项目采用小型开源的嵌入式数据库管理系统 SQLite 进行数据库的构建。

　　该数据库管理系统有以下特点:

　　①作为一款轻型的数据库,SQLite 遵守 ACID 的关联式数据库管理系统,占用资源非常低,处理速度较同类开源数据库快;

　　②不同于常见的客户—服务器范例,SQLite 引擎不是各程序与之通信的独立进程,而是连接到程序中成为它的一个主要部分;

　　③整个数据库(定义、表、索引和数据本身)都在宿主主机上并存储在一个单一的文件中。

　　监测多元数据的综合管理设计数据库模型见图 5.7-12 和图 5.7-13,该模型同时考虑测斜仪、沉降仪、孔压仪及一定的扩展性(方便以后添加其他类型数据)。

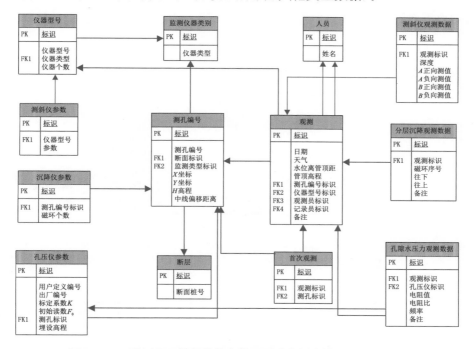

图 5.7-12　监测多元数据的综合管理设计数据库模型(概念名称)

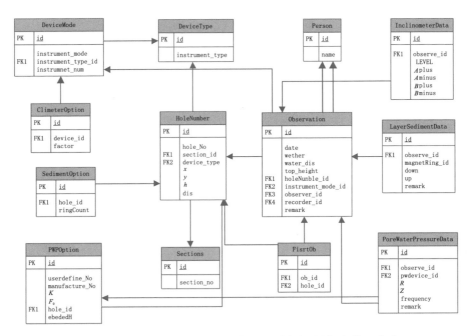

图 5.7-13　监测多元数据的综合管理设计数据库模型（物理名称）

5.7.7　堤防安全监测综合数据处理软件系统研制

根据以上研究内容，结合工程需要，搭建软件框架，基于 Qt/C＋＋平台，研制了软件模块，最终形成了崩岸安全监测综合数据处理软件系统。软件主界面见图 5.7-14。

图 5.7-14　崩岸安全监测综合数据处理软件系统主界面

（1）软件需求分析

根据理论研究，结合工程需要，为更好地实现对变形监测数据的管理及变形预报，需要

研制崩岸安全监测数据综合处理软件系统,实现以下功能:

1)数据库搭建及多元数据综合管理

根据各类观测数据的特点构建数据库,实现多元数据的综合管理和有机应用;为了满足后续数据添加,数据库设计时,还考虑了数据库的扩展性。

2)多元量测数据综合质量控制

利用理论研究中确定的不同量测数据的最优质量控制方法,建立综合质量控制模块。其功能为:给出适合不同量测数据的最优质量控制方法;基于量测数据的相关性,实现多元数据质量综合控制。

3)构建安全评估综合分析模型

根据多元量测数据及基于阈值/门限参数的安全评估结果,建立专家库,研究安全综合分析和评估模型的构建方法。

4)建立综合预警系统

根据不同类型监测数据特点及对应的预警,建立最优分析预报模型,实现安全预警。

5)结果输出

根据多元数据的不同要求,分别给出不同量测数据的输出报表、曲线等结果;基于量测数据的相关性,输出综合分析结果。

(2)软件框架设计

软件总体框架分为以下几个部分:

1)原始数据读取和管理模块

原始数据读取和管理模块能够实现原始数据的读取和管理,包括原始数据的直接录入、后期录入,各种量测数据的增加、修改、删除以及导入导出等;数据管理模块则通过建立相应的数据库实现数据管理。

2)多元量测数据质量控制模块

针对不同量测数据,分别以最优的质量控制方法来进行处理;同样根据不同量测数据间的相关性,给出多元数据的综合控制方法。

3)多元量测数据处理模块

针对不同量测数据,分别以最优的处理方法得到工程安全监测中所需要的数据;同时利用数据间的相关性,实现由点到线到面的处理。

4)安全评估模块

借助主成分分析(显著分析)方法,建立专家库,实现对堤防工程的综合性安全评估。

5)预报模块

利用 V-T-S 曲线法、回归分析法、灰色理论、神经网络等方法,基于历史及当前观测时序,对堤防变化过程实施预报;利用安全评估模块中专家库给出的报警门限实施预警。

6）结果输出模块

结果输出模块负责以上各模块数据处理结果的输出，输出形式包括报表、曲线图、文本等。

各软件模块间关系见图5.7-15。

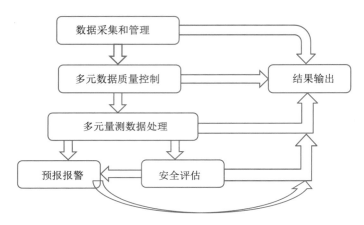

图 5.7-15　各软件模块间关系

（3）软件研制及功能模块

基于以上软件设计思想搭建框架，研制了"安全监测（Safety Monitor）数据处理"软件系统。软件主要模块及功能如下：

1）项目管理模块

项目管理模块主要负责项目的新建、打开、保存，以及详细的项目参数设置，具体包括管理仪器、管理断面、管理测孔、管理人员、设置测斜仪参数、设置分层沉降仪参数、设置孔压仪参数以及设置向导。

2）数据录入与管理模块

数据录入与管理模块负责测斜仪、分层沉降仪、孔压仪的量测数据导入，并将其保存在项目数据库中。为方便用户使用，同时提供手动输入和文本导入两种方式。数据按照一次观测形式将观测日期、测孔与观测数据分别保存到数据库中，通过测孔和观测时间实现观测数据的快速索引。

3）数据质量控制模块

数据质量控制模块提供统计分析法、回归分析法和 Kalman 滤波法 3 种质量控制方法，可对原始数据和计算过程中所得的数据进行相应的质量控制，并用红色标出异常数据。对于符合正态分布的数据推荐使用统计分析法，对于稳定变化的数据推荐使用回归分析法或 Kalman 滤波法。

4）数据处理模块

对 3 类数据分别进行处理。

①测斜仪数据：将所测的电压转化为水平方向的偏移量。

②分层沉降仪：通过计算管顶高程，获得每个磁环的高程。

③孔压仪：将测得的模数转化为压力。

对上述处理得到的数据，绘制数据相应的变化过程以及变化速度曲线，同时生成数据报告。

5）预报模块

预报模块通过使用多项式函数拟合法、逻辑曲线回归分析法、灰色理论方法、神经网络方法，实现对不同类型历史量测数据的拟合以及未来量测数据的预报。该模块同时会根据选择的数据，基于经验，自动选择预报模型、构建模型，并计算模型的内、外符合精度。

6）预警模块

预警模块根据经验预警，通过计算当前水平位移速度、垂直沉降速度和孔压系数以及其变化曲线实现预警的自动化识别。

7）安全评估模块

安全评估模块借助专家经验数据以及当前 3 类量测数据，通过建立训练模型，训练形成相应的 BP 神经网络，对当前数据以及预报所得未来数据进行安全评估分析，给出安全性指标，并实现警告提示。

8）报告模块

报告模块主要负责上述处理各类数据的输出，包括原始量测数据、计算中间过程数据、数据报表、周期性报告、变化曲线以及预测成果报告等，主要以网页形式输出。

（4）软件界面及应用

利用某项目实际观测得到的各类监测数据，对研究给出的理论方法的正确性及软件系统的稳定性和可靠性进行评估。

1）新建项目

首先新建相应的工程项目，再根据"新建项目"向导，逐步输入项目信息，新建项目见图 5.7-16。

2）设置实际工程信息

新建项目之后，需要逐个设置项目所需信息，依次是设置设备信息、断面信息、每个断面的测孔信息、测斜仪参数、分层沉降仪初始磁环个数、孔压仪中每个测孔不同深度等设备信息和人员信息，部分工程项目参数设置见图 5.7-17。

3）数据录入

完成设置项目信息后，通过数据导入模块，分别导入测斜仪、沉降仪、孔压仪量测数据，数据导入界面见图 5.7-18。3 类数据分别通过不同的对话框导入，其中测斜仪数据通过文件录入，而分层沉降仪和孔压仪数据可分别通过手动输入和文件导入方式录入。

(a)简介

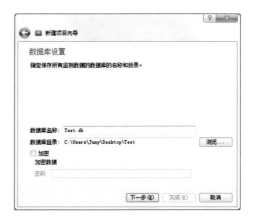

(b)数据库设置

(c)项目信息

(d)输出文件

图 5.7-16　新建项目

(a)设置设备信息

(b)设置断面信息

(c)设置每个断面的测孔信息

(d)设置测斜仪参数

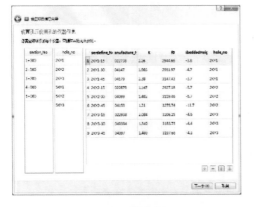

(e)设置孔压仪中每个测孔不同深度

(f)设置工作人员信息

图 5.7-17　工程项目参数设置

（a)测斜仪数据

（b)沉降仪数据

（c）孔压仪数据

图 5.7-18　导入测斜仪、沉降仪和孔压仪数据

4）数据管理

数据管理主要包括对仪器、断面、测孔、人员及仪器参数等信息管理，仪器参数管理包括测斜仪、沉降仪以及孔压仪参数管理，各类参数管理见图 5.7-19。

5）数据处理

数据处理主要是对测斜仪、沉降仪以及孔压仪 3 种仪器数据的处理。分别通过计算过程、图像显示和数据报表 3 种形式呈现，各类数据处理见图 5.7-20。

（a）仪器管理

（b）断面管理

（c）测孔参数管理

（d）人员管理

（e）测斜仪参数管理　　　　　　　　　（f）分层沉降仪参数管理

（g）孔压仪参数管理

图 5.7-19　各类参数管理

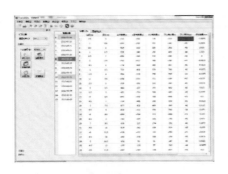
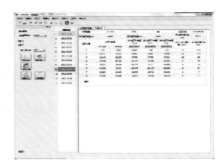

（a）测斜仪数据处理　　　　　　　　　（b）沉降仪数据处理

（c）孔压仪数据处理

图 5.7-20　各类数据处理

对 3 种仪器的数据进行处理后，可分别进行图形显示，各类数据处理结果图形见图 5.7-21。

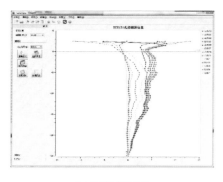

（a)测斜仪图形

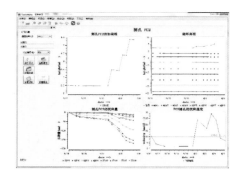

（b)沉降仪图形

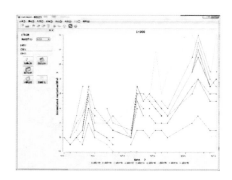

（c)孔压仪图形

图 5.7-21　各类数据处理结果图形

可分别对测斜仪、沉降仪以及孔压仪的数据形成处理后数据报表，各类数据处理结果报表见图 5.7-22。

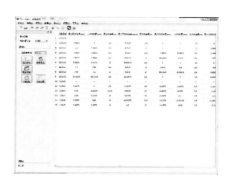

（a)测斜仪数据报表

（b)沉降仪数据报表

（c）孔压仪数据报表

图 5.7-22　各类数据处理结果报表

6）质量控制

质量控制为隐性模块，在数据录入数据库时开展，并在数据库列表显示中将异常值标示为红色（图 5.7-20（a））。

7）沉降预报

导入数据后，可以利用这些数据实现沉降量预报（图 5.7-23）。程序中提供了 4 种预报模型，对于不同情况，可选择适合的模型；同时可以指定用以计算的数据，开展建模和预报工作，并提高模型精度。

8）预警模块

预警模块为隐性模块，以图表方式显示，沉降速度预警见图 5.7-24。

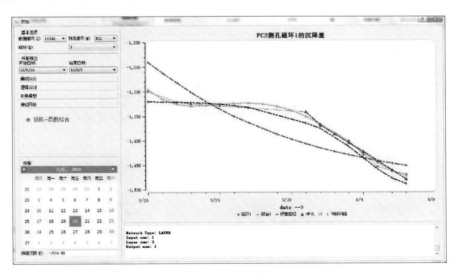

图 5.7-23　沉降量预报

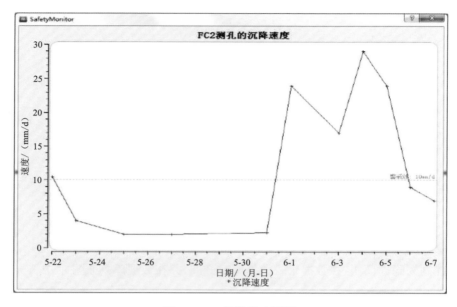

图 5.7-24　沉降速度预警

9）生成报告

对上述数据处理结果生成处理报告，报告以网页形式输出，便于查看和使用其他编辑工具编辑（如 Word），报告选项和所有数据报告分别见图 5.7-25 和图 5.7-26。

图 5.7-25　报告选项

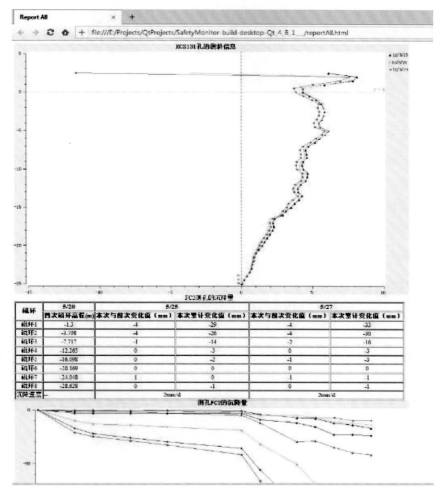

图 5.7-26　所有数据报告

5.8　防洪河道应急监测

5.8.1　监测目的与意义

近年来,突发性地质灾害(如护岸重大崩岸、河道近岸滑坡等)和河道应急事件(如沉船、桥梁人为损坏、大坝水下裂缝等)呈现逐年上升趋势,每次河道灾害事件不仅会造成社会和人民的财产损失,还会造成人身伤亡;不仅会造成眼前的损失,还会造成长远损失,以至于产生不良的社会影响、政治影响,甚至产生不稳定因素。同时,随着经济的高速发展和社会进步,人民对政府如何应对突发水事件的关注程度越来越高,国家防灾减灾面临的压力也越来越大。因此,进行河道应急监测,为防灾减灾提供有力的依据,是服务社会的需要。

从广义角度上讲,河道应急监测指常规和非常规情况下的河道测绘工作;从狭义角度上讲,河道应急监测是应对突发性河道事件的非常规状态下的河道测绘工作。可见,河道应急监测在应对突发性自然灾害事件中承担着"侦察兵"和"突击队"的角色,河道应急监测能够为国家防灾减灾提供更加有力的信息支持和决策支持,对水资源的可持续利用和经济社会的可持续发展的促进作用更加显著。

河道应急监测具有以下两个显著特点。

(1)专业技术综合性强

河道应急测绘工作主要为政府决策部门制定抢险减灾方案提供决策依据和技术保障,为施工单位工程排险提供信息服务,如提供现场各种地理信息特征资料。河道应急监测工作通常是在突发性情况下开展的,因基础信息缺乏,环境恶劣,往往需要借助现代最新测绘技术和通信技术。

(2)现场服务时效性强

灾害发生时,政府希望把损失降低到最低,各种处理方案要在最短的时间内制定出来,这对河道应急监测的现场服务时效性提出了更高的要求。作为"突击队"和"侦察兵",要在尽可能短的时间内提供现场第一手资料,为科学决策提供强力支撑。

河道应急监测主要包括溃口(分洪扒口)应急监测、洪水调查、护坡安全监测、重要崩岸(险情)监测等。

5.8.2 溃口应急监测

汛期洪水引起的堤防溃口严重威胁当地的农业、交通运输、生态环境及附近居民的生命财产安全,因此,溃口一旦发生应及时进行监测。溃口应急监测内容包括溃口宽度及深度、崩塌速度以及溃口上、下游水位等,当条件允许时,需对溃口口门流速、流量以及事后口门附近冲刷坑和坑后淤积带进行测量。

(1)溃口宽度、深度测量

溃口宽度测量可采用摄影测量系统、手持测距仪、免棱镜全站仪、GNSS等设备;溃口深度测量可采用无人船测深系统或单波束测深系统、手持测深仪、测杆、测锤。

(2)水位观测

在溃口上、下游50m范围内各布置一组临时水尺,人工观测水位。水位每0.5h观测一次,水势平稳时每2~4h观测一次。

(3)流量测验

根据溃口口门流量级情况,可选用低速流速仪、普通流速仪、多普勒流速仪等设备进行流量测验。当测验条件特别困难时,可采用手持式雷达电波流速仪、三体船载ADCP弧形断面测验法等。

（4）冲刷坑和坑后淤积带测量与泥沙量调查

对溃口口门附近受影响区域,待洪水消退、地形相对稳定后,按 1：500～1：2000 比例尺测图。此外,洪水消落后,还应及时进行泥沙冲淤量调查。

5.8.3 洪水调查及评价

发生流域性大洪水后,要对区域性暴雨、河道洪水、溃口（垸）、水库拦蓄和排涝等方面进行广泛、深入的调查考证,补救大量珍贵的水文资料。完整地掌握暴雨洪水资料,分析确定一批有重要影响、具有全局意义的水文数据和成果,提出流域性干支流主要水文站的洪水频率分析成果,分析、评价水利工程和人类活动对洪水的影响,深化对流域暴雨洪水特性和规律的认识,科学、系统、全面地分析评价大洪水,阐述社会关注的热点问题,对洪水调查分析及研究评价成果具有重大的现实意义和深远的历史意义。

5.8.3.1 调查评价的主要技术措施

对流域的暴雨洪水进行全面调查、分析和评价,对水库、分洪和溃垸等水利工程在洪水期间的运用进行调查、勘测、还原计算和洪水影响分析,在此基础上,结合对天气和雨区的发展过程、各历时的降雨等值线分布图及历史暴雨洪水的对比分析等,全面分析暴雨成因、洪水成因、洪水发展过程、洪水组成,进而对洪水的量级作出评价。

暴雨洪水调查及评价是一项基础性研究工作。对于历史性大洪水而言,其发生的范围广、溃口多,因此,研究工作量和技术难点都很大。在调查实施过程中,采用传统手段和先进技术相结合的技术方案,如在雨量分析和溃口（垸）调查中采用 GIS 技术、雷达回波、卫星云图和卫星遥感等新技术,在洪水还原计算中运用水动力模型等。

5.8.3.2 暴雨洪水调查方法

（1）基本情况

了解调查区内政治、经济、文化、教育与科技等情况,具体包括调查区面积、人口、工农业总产值等。

了解调查区内堤防工程总体情况,具体包括堤防标准、排涝泵站、防洪闸、穿堤涵管、穿堤交通等。

（2）水情与灾情

考查、调查区内历史曾发生过的大洪水及相应水位,需要调查的大洪水,其重现期约为100 年一遇、50 年一遇和 20 年一遇,尤其是新中国成立以来发生的大洪水及最高水位。

调查每次大洪水对堤防、涵闸、泵站所产生的影响及危害程度,以及对调查区产生的社会、经济影响,尤其是造成的经济损失。

（3）防洪排涝措施

根据历次大洪水所暴露的问题,找准造成内涝外患的主要原因,提出防洪工程措施与非工程措施，制定近期与中远期规划。

5.8.4 护坡安全监测

为保障大型水利工程安全运营，在水利工程修建时，在主要构筑物及渠道上预埋安全监测系统或监测点。安全监测系统主要包括变形、渗流、应力应变等各类监测仪器设备及网络系统，其目的是监测工程施工期和运行期的安全性态，通过监测数据、图表、趋势变化等为工程安全运行提供可靠的科学保证。

（1）构筑物内部观测、监测

内部观测、监测仪器主要由安装在水工建筑物内部及底板下、渠道与堤防边坡的各类仪器组成，包括渗压计、沉降计、应力应变计、土压力计、测缝计等。

监测仪器的基准值选择是监测资料整理计算中的重要环节，基准时间选择过早或过迟会造成监测数据不正常或监测资料丢失，使监测计算成果不准确。不同监测仪器所考虑的因素和选取的基准时间也各不相同。为保证监测成果的可靠性、合理性，对已有监测资料的基准值采用原有历史选取。对初始监测的，基准值的选取按照规范及相关设计要求进行准确选取，具体选取原则如下：

1）土压力计监测

土压力计选取埋设前未受土压力，即自由状态时的测值作为基准值。

2）渗流渗压监测

在埋设前将装有渗压计的沙袋浸泡于水中，使渗压计完全处于水饱和状态，24h后，将渗压计从水中慢慢提起，以渗压计的透水石端接近水面而不暴露出水面时的测值作为基准值。

3）位错计观测

位错计埋设后，采用相应的读数仪表进行观测。根据施工期的实际情况进行监测，当变化量较大时应适当加测。

4）沉降计观测

沉降计埋设后，采用相应的读数仪表进行观测。根据施工期的实际情况进行监测，当沉降量有较大变化时应适当加测。

5）倾斜监测

将测斜仪安装于测斜管中，以此时的测值作为基准值。

6）基点、标点

以首次引测值作为基点、标点基准值。正常情况下，工作基点每年校测2次；出现异常情况时，应随时校测。

7）垂直位移测点观测

建筑物竣工投入使用后每季度观测1次，至沉降稳定后每半年观测1次，另外在每年的汛前和汛后应各观测1次,出现异常情况时应加大监测频次。

（2）监测数据整理方法

①建立观测数据库,使观测数据与传感器资料(编号、参数、计算公式等)一一对应。

②采用商业专用数据处理软件,首先对观测数据进行误差处理,使观测资料尽量接近真实。

③直接输出物理量,打印表格、绘制物理量过程线及相关线等。

④根据合同要求,按月对观测资料进行初步分析,研究各物理量的变化规律,以及各物理量与周围环境量的相关性和发展趋势,为工程安全运行提供可靠依据。

⑤对所有监测资料(仪器、率定、观测、文件、报表及报告等)进行计算机整理归档,并用光盘备份保存。

（3）监测成果分析

监测资料分析成果包括月报及年报。

1）监测资料分析成果月报

月报每月1期,主要反映各部位当月的主要监测成果,及时指出月报中的异常测值并分析其原因,为护坡的安全运营等提供必要的参考数据。

2）监测资料分析成果年报

年报每年1期,主要提供年度内全面的资料分析报告,为整个工程提供安全评价依据。

（4）监测资料的整编与管理

①定期进行系统全面的资料整理工作,包括仪器监测资料和有关监测设施变动或检验、校测等资料的收集、填表、绘图、初步分析和编印等工作。所有监测资料按监理人规定的格式建立数据库,输入计算机,用磁盘或光盘备份保存并刊印成册。

②将整编的成果刊印成册及时报送委托方。整编的成果要做到项目齐全,考证清楚,数据可靠,图表完整,规格统一,说明完备。

③整编资料按内容划分为以下3类。

a. 仪器资料。

仪器资料包括仪器型号、规格、技术参数、工作原理和使用说明,测点布置,仪器埋设的原始记录和考证资料,仪器损坏、维修和改装情况,其他相关的文字、图表资料。

b. 监测资料。

监测资料包括人工巡视检查、监测原始记录、物理量计算成果及各种图表,有关的水文、地质、气象及地震资料。

c. 相关资料。

相关资料包括文件、批文、合同、咨询、事故及处理、仪器设备与资料管理等方面的文字及图表资料。

对所有与监测有关的资料进行妥善保管,并建立能满足工程运营安全需要的监测资料管理模式,负责对已整理的资料(含文字记录、电子文档、声像资料等)进行整编存档,所有存档资料满足委托方档案管理要求。

5.8.5　重要崩岸监测

5.8.5.1　崩岸应急监测内容

重要崩岸应急监测主要包括险工险段(崩岸)巡查(定期和不定期巡视检查)、1∶200～1∶2000半江地形监测、水文测验(包括近岸水位、流速、流向及含沙量)等。

应急监测主要是为应对突发性崩岸、大堤溃坝、高水分洪等险情,为及时准确地获取事发当时有关地形、水文的基本资料而进行的测绘、测验工作,应急监测内容与常规监测的地形水文测验一致。由于事件的突发性和安全的不确定性,需要专业监测人员具有快速反应能力、协同作战能力和灵活应变能力,并配备专门的仪器设施设备。

开展应急监测一般需成立应急监测队,应急监测队可由1名队长和若干队员组成。队长负责应急抢险监测的组织安排,负责现场重大事项的决策,负责现场策划、督促、指导及调度、监测数据的审核。为及时解决应急监测的技术难题,可成立技术专家组,专家组根据工作需要在现场或后方工作。

为使应急监测顺利开展,可将应急监测队按工作性质划分为若干个工作组,包括现场测量组(负责流量测验及相应水位观测、地形测量)、综合组(负责测验仪器设备及物资保障,负责水陆交通、现场人员生活后勤、对外联系、安全监管)及后方技术组(负责接收处理现场报回的信息,解决现场的技术难题)。

5.8.5.2　崩岸巡查方法

(1)测次安排

崩岸巡查分为日常巡查和应急巡查两种。

日常巡查主要在汛前、汛期及汛后进行,一般汛前、汛后枯季各安排一次,汛期安排不少于两次;应急巡查为特殊情况下(如遭遇大洪水、大暴雨、河道水位剧变、突发重大崩岸险情等)进行的全面的、专门的或连续性的巡查,巡查次数根据水情变化或崩岸程度而定。

(2)技术方法

崩岸巡查一般采用快艇、越野车分别作为水、陆路交通工具,通过技术人员现场巡视,目测河道主流线、水流顶冲点、漩涡等变化情况;查看迎水坡护面或护坡是否有裂缝、剥落、滑动、隆起、松动、塌坑、冲刷等现象;查看背水坡及堤内脚有无散渗、渗水坑、管涌等现象,近岸崩岸巡查见图5.8-1。崩岸测量的内容为对已经发生的崩岸段进行拍照、摄影,并采用激光测距仪、钢卷尺等量测崩岸纵横方向的长度和宽度,判断崩岸进一步发生的可能性,查找潜在的崩岸险情段,崩岸测量见图5.8-2。

图 5.8-1　近岸崩岸巡查　　　　　　　　图 5.8-2　崩岸测量

　　每次巡查应详细填写现场检查表,及时整理现场记录,并将其与照片、摄影等其他辅助资料一一对应。巡查完毕后,应与上次或历次检查结果进行对比分析,发现异常情况需报告。巡查人员应相对固定且具备相关专业知识,以便对异常情况有准确的了解和掌握。

5.8.5.3　重大崩岸监测技术方法

　　崩岸段快速测量包括崩岸段半江地形测量和水文泥沙监测两部分。崩岸段地形测量一般针对崩岸或潜在崩岸的近岸部分,特殊时间节点(如汛前、高洪、汛后或连续观测时段)对重点监测的崩岸、已发生的重大崩岸险情段及预警将要发生的崩岸段进行的多测次大比例尺(1:200~1:2000)半江地形测绘。通过近期多测次、年内及年际地形变化分析,判定崩岸稳定性和安全性,为护岸整治提供基本资料。半江地形测量是崩岸监测极为重要的内容。

　　崩岸监测除近岸地形测量外,还需要对水流动力、河床边界条件等进行监测,监测内容包括水位、流速、表面流速流向、悬移质含沙量、悬移质颗粒级配、河底床沙、崩岸岸线物质等内容。一般在每个崩岸段的上、中、下(崩岸段向上、向下各延长 200m 左右)各布置 1 个半江固定断面,崩岸段较长(超过 100m)时,崩岸口门内增加一个断面,断面方向与主流方向垂直。

　　为更准确地获取崩岸段地貌(冲刷)、河床底质组成情况,可进一步采用多波束测深仪、浅地层剖面仪进行测量。

5.8.6　资料整理

5.8.6.1　基本要求

　　①险工险段观测资料整理,应突出实效性,中间成果经检核无误后可用于应急,事后再整理或整编最终成果。

　　②当天测量水位应及时编制水位登记表,水下测量包括水位观测时间、地点、测时水位及对应水下断面号、临时水尺读数等,然后推算断面水位,生成水位推算成果表。

　　③水深数据应对照数字(或纸质)模拟记录进行校核,近岸部分或特征点应适当插补或

加密。

④应重点检查地形图近岸部分在高水、低水时的合理性，尤其是近岸固定物体在高水时的合理性处理，如石垃、丁坝，加固陡坎等。

⑤险工险段测量外业结束后，应及时进行险工险段测报编制，并报送上级单位或有关部门。

5.8.6.2　提交成果

①技术文件，包括专业技术设计书、专业报告、产品检查报告、简要分析报告。

②成果汇编，包括控制成果、断面成果、水文泥沙成果表等。

③断面图、断面布置图、局部范围水道地形图。

5.9　小结

长江中下游河段是河道崩岸易发区域。崩岸具有巨大的危害性，主要表现为造成人民生命财产的损失，致使堤防受损影响防洪安全、影响航运，导致河势恶化进而影响沿江经济建设等。

长江中下游崩岸具有长度大、数量多、分布广、突发性等特点，采用传统手段进行崩岸监测，具有精度低、难度大、时效性差、作业风险高等不足。长江水利委员会水文局参与了多次崩岸应急与常规性监测，为崩岸应急抢险、崩岸治理、崩岸预警、崩岸机理探索提供大量基础数据。

随着技术积累与总结，长江水利委员会水文局先后采用先进设备及技术集成船载多传感崩岸水陆监测技术，水陆三维地形崩岸监测系统陆域点云精度三维坐标分量优于 10cm，水域多波束测深精度优于 15cm；采用三维激光扫描技术、影像全站扫描仪、无人机倾斜摄影测量等技术，实现厘米级的空地一体崩岸坎上窄状岸滩监测技术体系；利用崩岸常规巡查、无人船巡查、声呐巡查等技术，实现崩岸快速巡查技术；利用近岸水沙因子观测、岸坡内外观监测技术，对易发生崩岸体进行监测、稳定性分析并达到预警目的。

目前，长江水利委员会水文局实现了从低空、近水域崩岸巡查→崩岸水陆多维度、多时相监测→崩岸监测成果质量控制→崩岸预警→崩岸机理探索的全流程崩岸监测技术体系。有效地解决了崩岸监测、巡查、预警等难题，为崩岸治理、机理研究等提供了坚实的保障。

第6章 河道动水面两岸复杂边界实时 获取关键技术研究

6.1 概述

6.1.1 研究背景与意义

河道水体边界成果是水利、交通等涉水工程建设及运行的基础依据,能够为防洪减灾、水资源管理提供技术支撑。但水体表面边界测量是当今世界公认的难题。充分利用先进测绘方法和技术手段,研究并构建高效率、高精度的水体表面边界测量技术方法体系,在有限的人力资源条件下获取高时效性的水体表面边界信息,具有重要的理论价值和现实意义。

目前,河道水下地形测量采用 GNSS 和数字回声测深仪监测,水体表面边界测量采用测船顶坡定位或人工肩负 GNSS 现场施测。河道边界的形状施测是一项非常复杂烦琐的工作,从目前水下地形测量工作量统计来看,河道边界的形状测量所需时间、人员和设备往往要超过水下测量,且河道水体表面边界形状的施测是以点形式进行,在边界复杂地段还不能反映其真实形状。随着新仪器、新技术的应用,河道测量精度及时效性越来越高。目前,河道水下地形采用 GNSS 和测深仪同步采集,测量精度和效率得到了很大提高,但水体表面边界的测量因受到水体表面边界存在的崩岸、浅水淤泥滩、芦苇、陡坡地形等的影响,存在测点难以到达、通视条件差、视线被严重遮挡、信号被屏蔽等问题及安全风险,导致施测困难,直接影响到地形测量的精度和时效性。

2008 年,长江水利委员会水文局长江下游水文水资源勘测局提出了采用船载民用雷达结合罗经测量水体表面边界的设想,并对该方法进行了大胆的尝试,通过实验证实了通过雷达图像提取水体表面边界的可行性,满足 1:10000 比例尺地形图水体表面边界测量精度的要求。但是,当时开发的技术需要通过自动截屏的方式截取雷达图像,采用 AutoCAD 等工具软件通过人工操作来完成雷达图像拼接处理,且需要人工对大量雷达图像与罗经数据进行准确匹配。在整个工序中,所需人工干预较多,工作量较大,且各项动态误差难以得到有效校正。因此,该技术难以在实际生产中推广应用。

相对于其他技术,船载雷达和数字近景摄影测量技术具有显著优势。其一,该技术具有严密的理论基础,能获取目标精确的二维和三维空间信息和物理信息;其二,它是一种非接触式测量技术,能有效克服观测目标难以到达的问题;其三,近年来高精度 GNSS 系统的普及,有效解决了雷达扫描和摄影测量的控制点依赖问题,大大提升了该技术的灵活性,极大降低了劳动强度;其四,将设备安装在船上,对水体表面边界进行非接触式扫描和摄影测量,既能有效克服陆地测量植被高密度覆盖造成的视线遮挡问题,又便于实现水下地形测量与水体表面边界测量的一体化。近年来,诞生了 X 波段的高分辨率宽带民用雷达,雷达的性能也得到了全面提高,为水体表面边界测绘技术方法革新带来了新的契机。

河道水体表面边界高效连续获取关键技术研究是基于现代高分辨率宽带民用雷达、普通数码相机等的河道水体表面边界自动化提取方法,旨在解决长期以来困扰测绘与水文工作者的水体表面边界测绘难题,为水体表面边界测量提供一种切实可行的新手段,全面提高水体表面边界测量的精度和效率。

6.1.2　国内外研究现状

目前,国内外关于水体表面边界提取方面的研究,主要集中于海岸线的提取,主要方法有:①基于遥感影像的水体表面边界提取方法。②基于 DTM/DEM 的水体表面边界提取方法。③基于机载 LiDAR 点云的水体表面边界提取方法。

6.1.2.1　基于遥感影像的水体表面边界提取

基于遥感影像的水体表面边界提取,主要是在航空、航天影像上选定陆地与水体区分明显的波段,根据影像空间海岸线周围的色调、纹理等特征,通过数字图像处理技术提取水陆分界线。边界提取的主要方法有阈值分割法、边缘检测法、主动轮廓模型法、面向对象法、神经网络分类法等。阈值分割法根据水、陆、潮滩光谱特征,选择合适的阈值,对水面和陆地进行密度分割。边缘检测法则通过 Laplace、Gauss、Roberts、Prewitt、Soble 等算子或小波分析,检测每个像素与其直接邻域的状态,根据边界上像元点邻域的像元灰度值变化是否比较大来判定该像素是否处于边界上。主动轮廓模型法是一种基于能量函数最小的图像分割算法,其基本思想是定义一个能量函数,并创建初始轮廓线,通过计算能量值并不断最小化,使初始轮廓线逐渐靠近真实轮廓线,寻找能量函数的局部最小值,即通过对能量函数的动态优化来逼近目标的真实位置。主动轮廓模型法常与边缘检测法结合起来,以得到连续的岸线轮廓。面向对象法是将影像对象作为影像分析的基本单元,以自然对象为出发点,根据对象的几何特征、光谱特征以及影像对象间的语义关系将图像分割成为一个个在光谱、纹理和空间组合关系等特征的“同质均一”的单元,再通过单元合并等处理对影像进行分类与分割,进而得到水边线。神经网络分类法首先把图像标准化,再把图像分块输入到多层神经网络分类器中进行分类,水陆边界被转化为海岸带的条带,最后用包容过滤器和阈值水平来确定海岸线,并用连接算法把散乱的岸线连接起来,分类精度可达 90%。

虽然基于遥感影像的水体表面边界提取方法在国内外得到了广泛、深入的研究,但还存在以下不足:

①基于遥感影像的水体表面边界提取方法有两个前提条件：一是水面、陆地本身必须有充足的对比度（指在一定波谱范围内亮度上的对比度）；二是遥感仪器必须有能力记录下这个对比度。但是，受传感器分辨率（光谱分辨率和空间分辨率）的局限，影像上水体表面边界有时表现模糊，区分困难。例如，近岸水质比较浑浊的情况下，实施困难且误差较大。

②遥感影像的时间分辨率也有限，海岸线的动态变化和多尺度特性使得在不同时间、不同尺度下观察的海岸线会有所不同，使得水体表面边界提取存在不确定性。

③精度验证困难。海岸线检测涉及的地理空间尺度一般都较大，并且部分地区实地调查困难，使得检测结果缺乏必要的精度验证。

④长江岸滩地区存在植被高覆盖、高遮挡的问题，真实水体表面边界被隐藏，基于遥感影像的水体表面边界提取精度和可靠性难以保证。

⑤长江河道蜿蜒曲折、跨度大，获取大量同期遥感影像困难，且成本高。

6.1.2.2　基于 DEM 的水体表面边界提取

基于 DEM 提取水边线的基本思路是根据实测水位观测数据，或者采用水文潮汐模型计算得到当地平均大潮高潮面的高程，建立高程参考面，并与 DEM 横切，通常采用等值线自动跟踪方法得到水边线。其中，所采用的 DEM 获取有两种方法：一种是通过水下和岸滩地形测量得到，代价相对较大；另一种是根据水体表面边界提取历史数据来获取，基本思想是首先假定摄影时刻在一定的范围内，水边线不受潮位的影响，水边线的位置可以认为是干出滩上高程一致点连接而成的等高线（也称等水位线）。在上述假设条件下，利用多时相的遥感影像提取的水边线信息，结合水文或者潮汐模型（或验潮数据）推断出水边线的高程值，一系列不同潮位条件下获得的遥感水边线即可形成一系列已知高程信息的等高线，利用这些等高线和海图的零米线通过空间插值进而得到潮间带 DEM。

这种方法的不足主要是：

①准确的水边线提取需要高精度 DEM，高精度 DEM 获取相对困难，DEM 精度低会导致在河道漫滩等区域水边线提取的平面误差大。

②基于水边线测量历史数据可建立的 DEM 范围有限，当遇到超历史洪水位或枯水位时，水位高程参考面将超出 DEM 范围，使得该方法失效。

③长江上下游水位变化大，且水位变化不连续，采用等值线与 DEM 求交提取的水边线误差大。水边线的准确提取，需要各河段足够数量的、准确的、实时的水位高程数据的支持，实际操作较为困难。

6.1.2.3　基于机载 LiDAR 点云的水体表面边界提取

机载 LiDAR 可以快速获取高密度、高精度的三维地表点云数据，因此近年来逐渐成为海岛礁测绘、水边线及海岸线提取和海岸侵蚀研究的一种新的数据源，相关的算法也得到了发展。基于 LiDAR 点云的水边线提取方法主要有两种：一种是剖面分析法，对河/海岸带数字表面模型进行剖面分析，连接这些剖面和当地平均大潮高潮面的交点提取高潮线。该方法的提取精度与剖面取样密度成正比,人工运算量大;另一种是等高线追踪法,采取跟踪特定高程(如高程等于零)等高线的方式,从 LiDAR 点云建立的高精度数字地表模型(DSM)中提取高、低潮潮位线。该方法实现简单、精度高,是目前使用最广泛的方式,然而直接跟踪等高线碎片多,不够美观,需要大量的人工编辑,效率低。

为提高水边线提取的可靠性,也有人提出了基于 LiDAR 点云与光学影像的水边线提取方法,将 LiDAR 点云和遥感影像或者同机影像进行配准融合,利用 MEAN-SHIFT 等算法对光学影像进行分割融合,通过数字图像处理技术提取水体,进而提取水边线。该方式需要拥有同时期的航空影像或者遥感影像,增加了提取难度,数据获取的代价也相对较大。

6.1.2.4　现有方法的综合比较

针对长江河道蜿蜒曲折、跨度大、上下游落差大、岸滩高覆盖、高遮挡、洲滩发育显著等特点,根据水边线测量实际要求,从以下几方面对现有水边线提取算法进行综合评价比较。

(1)精度

基于遥感影像的水边线提取精度受制于遥感影像的空间分辨率,总体可以达到米级定位精度;基于 DEM 的水边线提取精度受制于 DEM 分辨率和精度,由于缺乏水下及岸滩高精度 DEM,再考虑到河岸地形频繁变化,误差也可达米级;基于机载 LiDAR 点云的水边线提取精度受制于 LiDAR 离散点云的密度和定位精度,而机载 LiDAR 点云的平面精度显著低于高程精度,要达到米级精度非常困难。尤其在植被高覆盖、高遮挡洲滩区域,这 3 种基于航空平台的水边线提取方法都难以提取准确的水边线,精度无法保证。

(2)效率

3 种方法理论上都可以通过计算机来自动化完成水边线提取,但是,水体表面边界自动提取的可靠性难以完全满足生产实际的要求,通常需要大量的人工干预,包括参数优选、人工编辑、修正等,而且由于缺乏有效的验证手段,往往还需要进行实地调查,大大降低了效率。

(3)时效性

及时获取高分辨率遥感影像非常困难,高精度 DEM 更新过程也非常缓慢,因此前两种方法时效性较差。机载 LiDAR 作为一种主动式遥感技术,理论上数据获取可以更加及时,但是受航空管制、起降场地与条件、设备调度等限制,其时效性也大打折扣。

(4)成本

购买大量的高分辨率遥感影像和机载 LiDAR 数据的成本大;而考虑到河道地形的频繁变化,及时更新大比例尺 DEM 的代价也非常大。因此,3 种方法的成本都较高。

综上所述,虽然国内外研究提出了多种多样的水边线提取方法,但是针对长江河道水体表面边界提取,其精度、效率、时效性、成本方面都难以满足实际生产要求,探索新的水边线提取方法与手段,是该领域亟待进一步研究解决的重点。

6.1.3 主要研究内容

本章节研究内容为基于船载数字雷达和数字近景摄影方式，对河道水体表面边界进行高精度同步测绘的方法。首先，对于雷达连续扫测水体表面边界获得的图像数据，进行图像校正、拼接并进行水体表面边界数据自动提取。近景摄影系统在GNSS罗经的支持下，以像方概略控制的方式在船上安装普通数码相机，获取河岸近景多基线序列影像，并基于数字近景摄影测量、视觉测量理论和数字图像处理等技术，对序列影像进行空间量测化处理，实现水体表面边界的精确提取。主要研究内容如下：

（1）数据采集方法研究

数据采集方法研究包括雷达图像数据采集、校正和近景摄影测量硬件设备的检校与标定、摄影测量控制、影像获取等的方法研究。

（2）雷达图像数据处理方法研究

针对水体表面边界存在树体或芦苇遮盖、码头、崩岸、浅水淤泥滩、陡坡等各种复杂情形，研究雷达图像的滤波去噪、几何校正、水体表面边界提取、边界线拼接等方法。

（3）时序多基线影像精确定位定姿方法研究

鉴于GNSS系统不能提供姿态参数，且提供的位置精度有限，同时考虑水面波动造成的场景存在局部动态变化，研究多基线序列影像定向算法，包括特征点提取、相对定向、长条带序列影像空三解算等关键算法研究。

（4）水体表面边界的精细化提取与成图

在雷达测量边界数据的辅助下，基于数字图像处理和影像匹配技术，研究水陆交界线的自动化提取与匹配方法，完成水体表面边界二维和三维坐标的解算，并通过研究水体表面边界的拼接方法，得到完整的二维和三维水体表面边界并输出成图。

（5）软件系统研究与开发

基于以上研究，采用面向对象编程技术，研发相应的数据处理软件系统，满足中比例尺、大比例尺水体表面边界测绘的要求。

6.1.4 关键技术

6.1.4.1 设备自动化控制与数据采集方法

在航行过程中，各传感器设备保持高速运动，且船上设备和作业人员有限，如何保证数据采集连续，避免数据缺失，实现全自动化或无人值守数据采集，并保证数据质量满足数据处理的需求，是本研究要解决的首要技术问题。需解决的问题包括雷达最优参数的快速设置、雷达扫描数据的及时获取与自动传输；数码相机快门的定时与自动控制和影像自动传输问题；GNSS数据的同步获取与自动解析等。

6.1.4.2 水边线提取精度与质量控制

如何克服传感器高速运动的影响，克服 GNSS 定位、定姿误差影响，克服卫星、雷达、数码相机钟差影响，同时克服岸滩植被覆盖以及江面运动目标的影响，保证水边线提取的几何精度和可靠性，是本研究要解决的关键技术问题。高精度的水边线提取，需要综合分析各传感器的所有误差来源，剖析误差影响机理，研究设计相应的误差校正方法和对策。

6.1.4.3 基于雷达图像的水体表面边界自动提取

水边线极不规则，且受水面波动影响而存在动态变化，存在树体或芦苇遮盖、码头、崩岸、浅水淤泥滩、陡坡等各种复杂情形，雷达成像受多种因素干扰，且数据量巨大，如何从雷达图像中自动、精确、快速提取并智能化识别水体表面边界，是本研究要解决的关键技术问题。解决该问题涉及雷达成像机理分析、雷达图像微分几何纠正、噪声处理、边缘提取与追踪、影像边界分析与水体表面边界提取、坐标变换等一系列数字图像处理技术。

6.1.4.4 无控制点的多基线时序影像空三解算

常规的摄影测量都必须基于严格的物方控制或者像方控制。在无严格物方和像方控制条件下，如何利用精度有限的 GNSS 罗经定位数据，对多基线时序影像进行自动化空三解算，实现数码影像的高精度定位、定姿，以及基于数码影像的河道三维水边线精确量测，也是本研究面临的关键技术问题。进行自动化空三解算需要克服动态场景，存在大面积纹理缺失或弱纹理（天空、水面）区域、目标区域在影像中呈狭长带状集中分布等对影像特征点提取与匹配的影响；需要解决无控制点的光束法秩亏自由网平差、海量时序影像的大规模稀疏矩阵高效求解等问题。

6.2 基于船载 X 波段雷达的水边线获取技术

6.2.1 水边线提取原理

雷达是检测移动物体的最普通方法，所有利用雷达波来检测移动物体速度的原理，其理论基础皆源自多普勒效应。电磁波同声波一样，遇到障碍物要发生反射，雷达就是利用电磁波的这个特性工作的。

雷达测距原理：遇到障碍物要发生反射。基于雷达测距原理通过测量船与目标之间电磁波的往返时间 Δt，就可以测量出船与目标之间的距离 S。

电磁波往返时间为 $\Delta t = t_2 - t_1$，其中 t_1 为信号的发射时刻，t_2 为天线接收到回波信号的时刻。船体与目标之间的位置可以通过下式求得：

$$S = C \cdot \Delta t / 2 \tag{6.2-1}$$

式中，C——电磁波传播速度，为 $3 \times 10^8 \, \mathrm{m/s}$。

雷达测方位原理：由于天线具有高度的定向性，因此只有天线主波束对准目标时，才能探测到目标，即天线的方向就是目标的方向。由于显示器扫描线与天线同步旋转，因此该目标回波就会在相应的方位上显示出来。在水平方向上,定向性与天线水平波束宽度 θ_h 有关,θ_h 越小,定向精度越高。

当高精度雷达配合 GNSS 罗经在 GNSS 的实时导航下采集测船位置、船首方向及水体表面边界雷达反射图像时,可计算出雷达反射图像中水体表面边界的实际坐标,并通过计算分析处理输出连续的水体表面边界数据。

6.2.2　系统组成和功能

6.2.2.1　数据采集硬件设备

（1）Simrad BR24 宽带雷达

雷达数据采集装备采用 Simrad 4G 宽带雷达,Simrad 4G 民用船载雷达见图 6.2-1,宽带雷达独特的技术和性能特点使得其可以和任何类型船只相匹配,采用 X 波段,具有较高的分辨率和辨别能力（0.1m 以内）,而且它体积小、功率要求低,传输能量更加安全,具备了所有船载雷达应有的优势。其主要技术参数见表 6.2-1。

图 6.2-1　Simrad 4G 民用船载雷达

表 6.2-1　　　　　　　　　　　Simrad 4G 宽带雷达主要技术参数

技术参数	特征
测程	50m（200 英尺）至 66km（36 海里）, 18m 范围设置（nm/sm/km）—单和双范围模式（独立）
旋转速度	24/36/48（r/m）±10%
发射器频率	X 波段,9.3～9.4GHz
发射机峰值	165MW（标称—天线端口）
扫描重复频率	200～540Hz（模式相关）
扫描时间	1.3ms±10%
扫描带宽	最大 75MHz
水平波束宽度（Tx 和 Rx 天线）	2.6°～5.2°±10%（−3dB 宽度） 有效水平波束宽度目标分离控制可在 2.6°～5.2°调节
垂直波束宽度（Tx 和 Rx 天线）	25°±20%（−3dB 宽度）

（2）GNSS 卫星罗经系统

由于实际工作中无法在物方（河岸）布设控制点，因此摄影测量采用像方控制的方式，通过罗经系统获取每张像片拍摄瞬间定位定向信标接收机的位置和方位参数，用于摄影测量解算。Trimble SPS461 定位定向信标接收机见图 6.2-2。开通 OmniSTAR 后，动态定位精度可到 0.2m 以内，两天线间距 0.5m 安装后方位角定向精度可达 1°。

图 6.2-2　Trimble SPS461 定位定向信标接收机

6.2.2.2　设备安装

（1）雷达

雷达安装应满足以下要求：

①安装在船体顶部，避免信号严重遮挡或屏蔽，避免多路径效应。

②尽量避免电磁干扰。

③与 GNSS 天线保持固定的相对位置和方位。

因此，通常将雷达安装在船体顶部（图 6.2-3），通过电缆线与船内电源和计算机相连。

（2）GNSS 安装

GNSS 卫星罗经通过同步星站差分的方式，获得位置和方位角信息。天线应安装在船体顶部，其安装见图 6.2-4，GNSS 安装满足以下要求：

①无信号遮挡，避免多路径效应。

②两个天线之间无障碍，保证工作时同步接收到相同卫星信号。

③基线保持在 1.5m 以上，避免过短的基线导致方位角测量误差增大。

④附近无电波干扰。

GNSS 卫星罗经接收机开机后，要先得到浮点解，再启动雷达和数码相机进行数据采集。

图 6.2-3　雷达安装

图 6.2-4　Trimble SPS461 定位定向接收机天线安装

6.2.2.3　标定

（1）雷达与 GNSS 相对位姿标定

雷达与 GNSS 相对位姿标定的目的是获得两种设备的相对位置和方位参数，根据 GNSS 实测位置和方位，计算雷达的中心位置和起始扫描方位角。雷达与 GNSS 位姿标定参数见图 6.2-5，需要标定的参数包括 GNSS 天线中心与雷达中心的相对坐标 ΔX、ΔY，罗经方位与雷达方位角的夹角。为便于测量，建立一个船过渡坐标系，以中轴线上某点为原点，Y 坐标为船龙骨方向，船头朝向为正，X 轴与 Y 轴垂直，船右舷为正。在这个坐标系下，采用钢尺精密丈量得到天线中心与雷达中心的相对坐标 ΔX、ΔY，再测定 GNSS 基线与船轴线的水平夹角 α，即可根据 GNSS 测量的位置（N_0，E_0）和方位角 β，推算雷达的中心位置（N，E）。

$$\begin{cases} N = N_0 + \Delta X \cdot \cos(\beta - \alpha) - \Delta Y \cdot \sin(\beta - \alpha) \\ E = E_0 + \Delta X \cdot \sin(\beta - \alpha) + \Delta Y \cdot \cos(\beta - \alpha) \end{cases} \tag{6.2-2}$$

雷达初始扫描方向方位角与 GNSS 测量方位角的夹角需要通过实测目标来标定。标定参考物可选择两个点状目标构成的直线，或者平直岸线。设雷达与 GNSS 方位夹角为 γ，标定前先设定为 0；雷达测量得到的目标直线方位角为 θ_1；通过现场 GNSS RTK 测量得到的目标实际方位角为 θ_2；则 γ 按式（6.2-3）计算得到。

$$\gamma = \theta_2 - \theta_1 \tag{6.2-3}$$

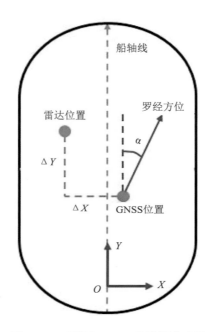

图 6.2-5　雷达与 GNSS 位姿标定参数

（2）钟差精确标定

雷达图像的起止扫描时间与 GNSS 时间的钟差标定，用以将雷达图像的起止扫描时间转换为 GNSS 时间，进而获得扫描时刻的准确位置和方位角。

由于本研究中两种数据都直接存储在同一台电脑，因此两种钟差的标定实际就是标定电脑时钟与 GNSS 时钟的钟差。由于航行过程中，船速可达 2～5m/s，因此对钟差的标定要精确到 0.01s 级精度。标定方法为 Socket 通信从 GNSS 读取高频导航数据时，从导航数据中截取定位 UTC 时间，同时，获得电脑当前毫秒级时间，将 2 种时间相减，得到钟差。为了减少计时器误差的影响，每隔固定的时间（如 1min）获取一次钟差数据，得到一系列钟差数据。考虑到钟差短期内比较稳定（1 天内不超过 0.01s），因此将钟差数据取平均，作为当日的最终钟差值。

得到钟差参数后，再把雷达扫描时间换算成 GNSS 的 UTC 时间。由于雷达图像扫描生成时,直接记录了毫秒级的起止扫描时间,因此根据钟差直接可以计算雷达扫描的 UTC 时间。

6.2.2.4　数据采集

（1）雷达自动化控制

该款雷达硬件设备不提供操控面板,通过一个配套的终端电子设备对雷达的开关机、参数设置、扫描等操作进行控制。但是,该终端提供的功能有限,更关键的是无法与 PC 机建立连接,将雷达扫描影像及扫描参数导出。为此,本研究基于 VC＋＋开发工具,结合雷达产品自带的软件开发工具包 SDK（Software Development Kit）,开发专门的雷达软件产品,实现对雷达的自动化控制和扫描数据传输。雷达自动化控制流程见图 6.2-6。

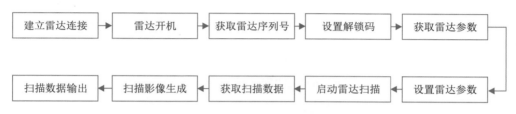

图 6.2-6　雷达自动化控制流程

（2）雷达数据采集

雷达运行过程中,按照设定的扫描转速（36r/min 或 48r/min）,周而复始地扫描,经转换得到的位图像不断被刷新。设雷达图像坐标系原点为雷达图像中心,横坐标向右为 X 轴,纵坐标向上为 Y 轴,则雷达从 Y 轴开始,沿顺时针方向开始扫描,扫描 360°完成后,得到一幅完整的雷达图像。雷达辐射数据构成见图 6.2-7。每幅雷达图像由 0～4095 共 4096 个条带（Spoke）组成,每个条带的圆心角约为 5°27′,即每完成 1 周扫描,要通过 UDP 协议发送 4096 批次数据,每批数据包含位置、方位角、回波强度数据。由于每周图像生成周期为 1.25～1.67s,而在这个周期中,船体一直处于运动状态,因此不仅要记录雷达图像数据,还需要记录雷达图像生成的起止时间,才能与 GNSS 定位定向数据准备匹配。

另外,考虑到数据量问题,每隔设定的时间间隔（秒级）采集一幅雷达图像。雷达数据采集方法设计如下:

①设置一个时钟计时器和计数器,每秒钟让计数器加 1。

②读取当前条带对应的次序 ID,如果为 0,则记录当前系统时间 t_0,精确到毫秒;同时,将时钟计数器清零。

③根据回调函数接收雷达发送来的扫描数据,不断更新位图。

④判断新的条带对应的 ID,如果 ID＝4095,则将位图保存。为节省存储空间,将位图存为 png 无损压缩格式,压缩率可达 99％以上,文件名包含 t_0、雷达转速、扫描距离。

⑤时钟计数器不断累加,直到计数器达到设定的时间间隔,重复步骤①～④,抓取新的位图并保存。

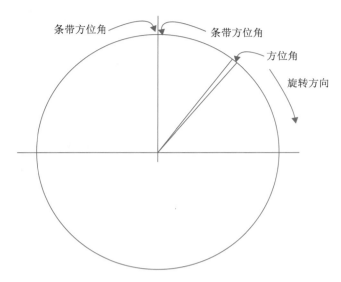

图 6.2-7　雷达辐射数据构成

按照以上步骤采集的雷达图像文件命名规则，根据 t_0 得知该影像的开始扫描时间；根据雷达转速，可以计算该影像的扫描结束时间；根据扫描距离及影像大小，可以计算得出影像的像素分辨率。这些参数将用于后续雷达图像处理。

（3）GNSS 卫星罗经数据传输

GNSS 设备提供两种通信方式：一种是 COM 通信，另一种是 TCP/IP 通信。考虑当前大多数笔记本电脑不再提供 COM 端口，本研究采用 TCP/IP 通信方式接收 GNSS 数据。

6.2.3　数据处理

基于雷达图像和卫星罗经数据自动提取河道水边线是一个全新的研究课题。同时，长江等长程河道水体表面边界存在树体或芦苇遮盖、码头、崩岸、浅水淤泥滩、陡坡等各种复杂情形，给水体表面边界提取造成了极大困难。本研究基于雷达构像原理，利用数字图像处理技术，研究基于雷达图像的水体表面边界的高效、自动提取方法，并设计、开发相应的软件系统。

6.2.3.1　雷达位姿解算与影像纠正

（1）航迹生成与雷达位姿插值

读取 GNSS 导航数据，选择其中定位状态为 5（浮点解）的高精度定位数据，将其经纬度大地坐标，经过七参数或三参数转换为当地平面直角坐标和正常高。将各有效定位点按照时间顺序连成线，得到航迹曲线，并标记航迹线每个节点的 GNSS 方位角。

航迹生成后，根据雷达图像的起始扫描时间、扫描速度、钟差标定参数，计算雷达图像的终止扫描时间，进而计算雷达图像 4096 个条带对应的准确 UTC 时间，根据各条带的扫描时间,GNSS 数据测量时间和航迹图与节点方位角,采用线性插值,得到每个条带扫描时的雷达中心位置及瞬时扫描方位角。

（2）基于图斑统计的雷达图像筛选

雷达图像提取水体表面边界的精度主要取决于雷达测距的精度和雷达图像的分辨率。根据雷达成像原理,在硬件参数固定的条件下,雷达测距精度和影像分辨率又主要取决于测量距离。距离越短,精度和分辨率越高;反之,精度和分辨率越低。为保证雷达图像提取水体表面边界的精度,先对所有雷达采集影像数据进行筛选,即选择近岸的雷达图像作为水体表面边界提取的数据源。筛选方法为对雷达图像进行图斑分析,搜索优势图斑（面积最大的图斑）,视之为河岸。统计优势图斑各像素到雷达中心的最近距离,并统计优势图斑面积与图像面积比,将比值大于某一设定阈值（如 10%）且距离小于某一设定阈值（如 200m）的图像作为候选处理数据源。

采用二值化连通域搜索算法,实现雷达图像优势图斑的搜索。

首先,生成一个与原始影像大小相同的二维二值化矩阵,若雷达图像某像素的值为 0,则其对应的二值化矩阵元素取值为 0;否则,取值为 1。

对雷达图像进行扫描,扫描顺序从左到右、从上到下。对于每一个目标像素点只能根据已经判断连通性的像素点来确定其连通性,所以对于普通的一个像素点只需扫描自身和周围已确定连通性的像素点就可确定自身连通性,即扫描左、左上、上、右上 4 个像素的灰度值就可以了。并定义初值 $p=0$,当前格网块行数 $i=1$,当前格网块列数 $j=1$,点集 $C_p=\varphi$。

由于不是每个像素都有 8 个相邻的像素,对于一些位置特殊的像素还要特殊考虑,包括以下几种可能：

①二值矩阵左上角的像素,由于是第 1 个扫描的像素,无需考虑相邻点连通性,也无需考虑记录等价对问题。

②二值矩阵第 1 行（最上行）的像素,只需考虑左相邻像素的连通性,无需考虑记录等价对问题。

③二值矩阵第 1 列（最左列）的像素,只需考虑上和右上 2 个相邻像素的连通性。

④二值矩阵最后一列（最右列）的像素,需要考虑左、左上、上 3 个相邻像素的连通性。

除此之外的所有像素,若是目标像素,则都要考虑左、左上、上、右上 4 个相邻像素的连通性来确定自己的连通性,若出现不同连通标记的相邻像素,则还需要考虑记录等价对的问题。

在进行扫描时,考虑目标像素的特殊情况或者其 4 个相邻像素的连通域,若与判断范围内的像素不存在连通性,则 $p=p+1$,$C_p=C_p \cup (d_{ij})$;若存在连通性,则 $C_p=C_p \cup (d_{ij})$,直到完成对二值矩阵中的所有像素的搜索。

但当连通区域为凹字形时（图 6.2-8）,容易将连通区域分割为多个点集。为了解决这个问题,需要再对二值矩阵所有取值为 1 的点集进行一次新的搜索,判断其周围领域内是否存在具有连通性但点集类型不同的点，若存在，则将此两类点集合并。

1	1	0	0	0	1	1
1	1	0	0	0	1	1
1	1	0	0	0	1	1
1	1	0	0	0	1	1
1	1	1	1	1	1	1
1	1	1	1	1	1	1
1	1	1	1	1	1	1

图 6.2-8　二值矩阵阵列连通区域

最后，统计每个连通区域的面积，找出面积小于某一设定阈值的栅格点集，这些点大多为水域的船舶反射点，少数为孤立点或噪声点，需要删除。

（3）雷达图像几何纠正

由于在雷达扫描形成一幅完整图像过程中，雷达位置随着船的航行，其中心位置的方位一直在发生变化，将给水边线提取造成不可忽视的误差，扫描中心变化造成的河岸成像错位见图 6.2-9。为避免雷达扫描时中心位移和方位角变化对水边线提取造成的误差，必须对雷达图像进行微分纠正。

（a）正常河岸线

（b）错位河岸线

图 6.2-9　扫描中心变化造成的河岸成像错位

以雷达图像中某一灰度值非 0 的像素为例，纠正方法如下：

①以雷达起始扫描方向（垂直向上方向）为标准方向，计算该像素在雷达图像中的坐标方位角。

②根据方位角，推算该像素所在的 4096 个条带编号。

③根据条带编号，从雷达位姿解算数据中获得各条带对应的雷达中心位置和方位角，进而计算该像素点对应的真实坐标。

④将该像素真实坐标进行坐标系转换,转换到起始扫描时刻雷达中心位置为原点的坐标系中。

⑤将转换后坐标变换为图像坐标,并将该像素灰度值赋予新位置像素。

⑥按照步骤①~⑤,逐像素重新投影变换后,生成一幅扫描中心和方位角统一的新雷达图像。

⑦针对图像中可能存在的重采样孔洞,根据邻域像素,采用反距离加权插值法,插值孔洞的灰度值。

6.2.3.2 雷达图像处理与水体表面边界提取

雷达图像处理的目标是提取矢量化水体表面边界。考虑到长江河道水体表面边界的复杂性,结合上述处理过程,本研究设计一种基于雷达图像的自动化水体表面边界提取方法,其数据处理流程见图 6.2-10,具体方法如下所述:

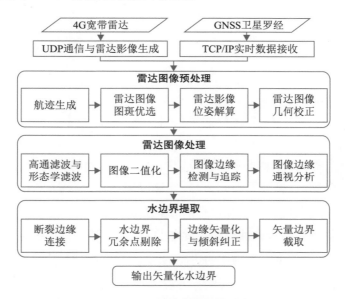

图 6.2-10 雷达数据处理流程

（1）雷达图像滤波

针对树体或芦苇遮盖、码头、崩岸、浅水淤泥滩、陡坡等各种复杂因素对水边线提取的影响,需要研究雷达图像去噪方法。水边线提取之前,先对雷达图像进行滤波和二值化处理。

通过对雷达分析,得出雷达图像具有如下特点:

①由于植被遮挡等各种复杂因素,因此雷达图像中连续的河岸可能存在微小断裂,河岸不连续,将对水边线提取造成不良影响。

②雷达扫描场景中,水面可能存在大量船只反射点,即噪声。

③雷达图像上显示的文字、圆形、方位线等图形,将对图像边缘提取造成影响。

④由于不同目标的反射特性差异，雷达图像通过其像素值表现出目标反射强度差异。

针对以上特点，本研究先采用高通滤波结合数学形态学滤波对雷达图像进行处理。

首先，统计得出雷达植被反射强度及其对应的影像灰度值分布范围，进而设定一个阈值，采用高通滤波器，将雷达图像中灰度值小于该阈值的像素视为水体表面边界植被反射点，将其像素值赋为 0，对于灰度值大于该阈值的像素点，将其像素值赋为 255，得到一幅二值化影像。

然后，再对二值化图像进行数学形态学滤波处理。数学形态学滤波方法主要是利用形态学开运算，先将比结构元素尺寸小的噪声点等非陆地点从原始影像中移除掉，然后通过膨胀运算尽量恢复被腐蚀掉的、比结构元素窗口尺寸大的物体，从而达到滤波的目的。该方法的基本运算有腐蚀、膨胀、开运算和闭运算 4 种，设 $f(x,y)$ 为待处理的图像，$g(x,y)$ 为结构元素，式（6.2-4）至式（6.2-7）分别表示膨胀、腐蚀、开运算和闭运算的公式表达：

$$(f \oplus g)(i,j) = Z(i,j) = \max(Z(s,t)), Z(s,t) \in w \tag{6.2-4}$$

$$(f \ominus g)(i,j) = Z(i,j) = \min(Z(s,t)), Z(s,t) \in w \tag{6.2-5}$$

$$(f \circ g)(i,j) = ((f \ominus g) \oplus g)(i,j) \tag{6.2-6}$$

$$(fg)(i,j) = ((f \oplus g) \ominus g)(i,j) \tag{6.2-7}$$

式中，w——结构元素；

$Z(i,j)$——计算之后生成的栅格影像中第 i 行、第 j 列的像素值。

一维数学形态学膨胀、腐蚀见图 6.2-11，经过腐蚀运算，结构元素的窗口中心的灰度值由窗口内的高程最小值取代。而膨胀运算后，结构元素的窗口中心的灰度值被窗口内的最大灰度值替代。运算是先进行腐蚀操作去除船只、文字、圆形、方位线等尺寸小于窗口尺寸的小物体，之后的膨胀操作恢复大物体的边界，并将大目标断裂的边界连通。

此外，由于数学形态学滤波不需要解算方程，因此速度快，效率较高。

经过上述处理后，雷达图像滤波效果见图 6.2-12。

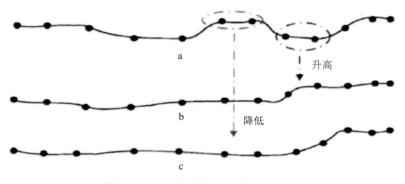

a

升高

b

降低

c

图 6.2-11　一维数学形态学膨胀、腐蚀

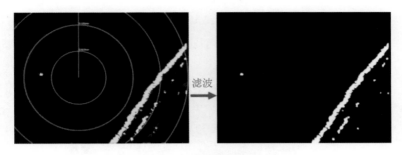

图 6.2-12　雷达图像滤波效果

（2）影像边缘追踪与筛选

边缘检测是图像分割和识别的基础和前提，在图像处理中被广泛应用。在二值图像中边界的灰度值和边界内部灰度值均相同，而边缘是闭合、连续的。为了求区域的连接关系，必须沿区域的边界点跟踪像素，这一行为被称为边界跟踪。

为提取水体表面边界，本研究首先对滤波后二值化雷达图像进行边缘提取与追踪。考虑到边缘的复杂性，为保证边界提取的效率，对边缘方向进行归一化，设计如下边缘追踪算法：

①生成一个与图像大小相同的二值状态矩阵，用以保存已经被遍历的像素，并将其矩阵元素初值全赋为 0。

②从图像左上角开始，遍历每一个像素，找出第一个像素值为 255（白色）的像素 P_1，并将其对应的状态矩阵元素值置为 1。

③邻域像素搜索次序见图 6.2-13，按图 6.2-13 所示顺序遍历当前像素 P_1 的 8 个邻域像素，若其对应的状态矩阵元素为 0，则判断其是否为边界点，将找到的第一个边界点，作为下一个边界点 P_2，并停止搜索。边界点判别方法见图 6.2-14，若当前像素的 8 个邻域点中，存在 1 个以上像素值为 0（黑色）的点，则视该点为边界点，否则视该点为非边界点。将所有被遍历的边界点和非边界点对应的状态矩阵元素值全置为 1。

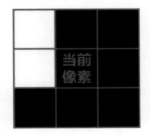

图 6.2-13　邻域像素搜索次序　　图 6.2-14　边界点判别方法

④按照步骤③中方法，继续搜索下一个边界点，直到找不到边界点。由此，找出一系列边界点 $P_3, P_4, \cdots, P_n$，得到一条完整的边界。

⑤重复步骤②～④，直到所有像素值为 255（白色）的像素遍历完成。最终，得到 m 条闭合的边界，且每条边界的方向均为顺时针方向，边缘检测与追踪结果见图 6.2-15。

图 6.2-15　边缘检测与追踪结果

⑥提取的边界中，仍存在非河岸边界。将周长小于设定阈值的边界剔除，将保留的优势边界视为可能的河岸边界，见图 6.2-16。

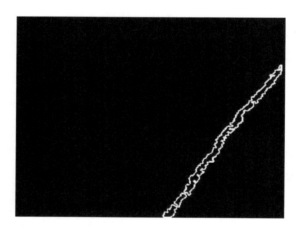

图 6.2-16　保留的优势边界线

（3）影像边缘通视分析

提取的优势边界线往往是非水边线，或者只有局部是水边线。为了得到正确的水边线，还需对提取的边界线做进一步处理。本研究采用通视分析，在边界线中截取正确的水边线。

首先，对每一条边界线中的每一个节点进行可视性分析。以边界点 p 为例，考虑到雷达中心点的平面位置往往位于水域中，因此将雷达中心点与边界点连线，确立一条线段。将该线段与所有边界点折线进行求交计算，如果只存在 1 个交点，则 p 点可视，为水体表面边界点；否则，p 点为非水体表面边界点。通视边界点判断方法见图 6.2-17，由图 6.2-17 可以看到,雷达中心点与边界点 p 的连线,与边界线存在 3 个交点,因此 p 点不可视,为非水体表面边界点。

找出每条边界线中的通视边界点后,对所有边界点进行方位角统计,得出水体表面边界的两个端点,截取两个端点之间的边界,作为真正的水体表面边界,见图 6.2-18。

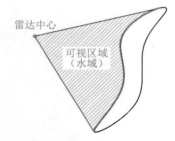

图 6.2-17　通视边界点判断方法　　　　图 6.2-18　可视区域

水体表面边界局部区域分析时,要针对各种局部遮挡情况,做出相应的判断和处理,避免真实水体表面边界损失或者断裂,保持水体表面边界的连续,水体表面边界局部遮挡见图 6.2-19。

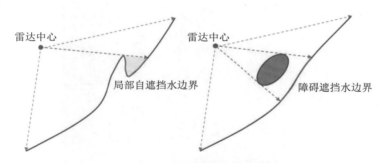

图 6.2-19　水体表面边界局部遮挡

按照以上通视分析方法,对图 6.2-16 中的优势边界进行处理后,得到图 6.2-20 所示的水体表面边界。

(4)断裂边缘线连接

提取的河岸线可能存在缺口或者断裂,而实际的水边线往往是连续的,因此需对断裂边缘线进行连接处理,采用的连接方法如下:

①设定一个距离阈值。

②取各水体表面边界起点和终点附近的若干个节点,组成顶点列表。

③对不同水边线的顶点列表进行比对,取最小距离,作为水体表面边界之间的代表距离。

④判断该代表距离是否小于设定阈值,若小于阈值,则满足连接条件,将两条水体表面

边界合并成一条水边线。

⑤重复步骤④,直到不满足连接条件为止。

采用以上方法,将图 6.2-20 中断裂的水边线连接后,得到的完整水体表面边界见图 6.2-21。

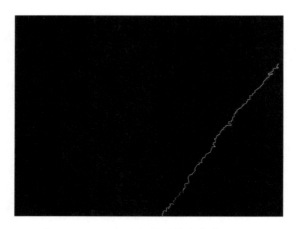

图 6.2-20　通视分析得到的水体表面边界

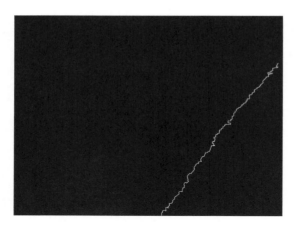

图 6.2-21　断线连接得到的完整水体表面边界

（5）水体表面边界冗余节点剔除

基于雷达图像提取的水体表面边界,每个像素都有一个节点,因此水体表面边界中节点数量非常多,且往往存在大量的冗余节点,为减少边界点数据量,需对水体表面边界进行冗余点剔除。

水体表面边界冗余点剔除方法见图 6.2-22,设某一条水体表面边界点由节点 1,2,3,4…组成,其冗余点剔除的具体方法如下:

①设定一个阈值 d_0,默认为 1 个像素。

②从第一个节点开始,先将第一个节点存为有效节点。

③将节点1,3连线,计算得出直线方程,并按式(6.2-8)计算顶点2与该连线的距离,记为d_2,若d_2大于阈值d_0,则节点2也是有效节点。

$$d = \left| \frac{Ax_0 + By_0 + C}{\sqrt{A^2 + B^2}} \right| \qquad (6.2\text{-}8)$$

④若d_2小于阈值d_0,则节点2为冗余节点,接着将节点1,4连线,分别判断节点2,3到该连线的距离d_2,d_3,如大于设定阈值,则将节点3视为有效节点;否则,将节点1,5连线,再按同样的方法进行判断。

⑤按照以上方法,直到遍历完所有的节点,再将线段的最后一个节点存为有效节点。

对图6.2-22中水体表面边界进行冗余节点剔除后,得到的水体表面边界见图6.2-23。

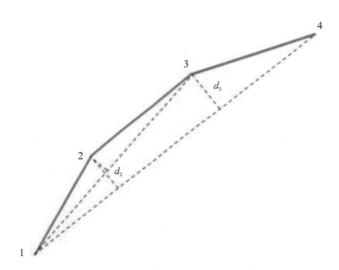

图6.2-22　水体表面边界冗余点剔除方法

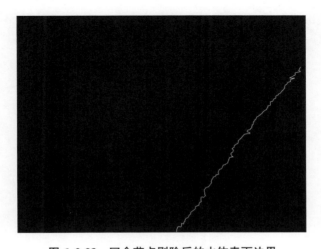

图6.2-23　冗余节点剔除后的水体表面边界

（6）边缘矢量化与纠正

考虑到雷达测得的距离为雷达中心到反射目标之间的直线距离,往往为斜距。为计算水体表面边界各点的实际地面坐标,需要对斜距进行纠正。雷达斜距改正见图 6.2-24,纠正方法如下:

①根据雷达中心点位、雷达图像比例,计算各边界点与雷达中心点的斜距,记为 l。

②根据雷达相对于水面的安装高度(记为 Δh),按式(6.2-9)对斜距 l 进行改正,得到水平距离 d。

$$d = \sqrt{l^2 - \Delta h^2} \tag{6.2-9}$$

③根据罗经方位角 α,按式(6.2-10)计算每个边界点的地面三维坐标,得到矢量化三维水边线。

$$\begin{aligned} X_p &= X_0 + d\cos\alpha \\ Y_p &= Y_0 + d\sin\alpha \end{aligned} \tag{6.2-10}$$

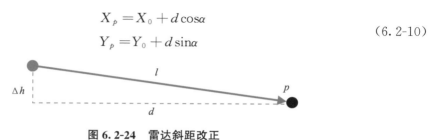

图 6.2-24　雷达斜距改正

（7）水体表面边界截取

水体表面边界提取精度受罗经方位角测量误差的影响,距离中心越远的水体表面边界定位误差越大,距离越近则定位误差越小,精度越高。为保证水体表面边界的定位精度,还需对水体表面边界进行截取,根据罗经方位角误差、扫描距离和精度要求,推算水边线截取角 α,以最近水边点为基准,截取角度范围为 $[-\alpha, \alpha]$ 的水边线,水体表面边界截取见图 6.2-25,作为最终的水边线,将矢量水边线自动输出为 dxf 图形交换格式。

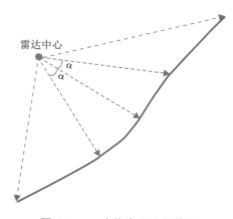

图 6.2-25　水体表面边界截取

6.2.4　雷达图像水体表面边界提取软件研制

基于以上雷达图形处理与水体表面边界提取方法,采用面向对象编程技术和底层研发雷达影像处理软件,实现雷达自动化控制、雷达图像及定位定姿数据采集与纠正、影像数据的处理及提取、水边界拼接合成、水边线矢量图输出等功能,从而实现水体表面边界的自动提取。

软件主要功能模块设计见图 6.2-26。

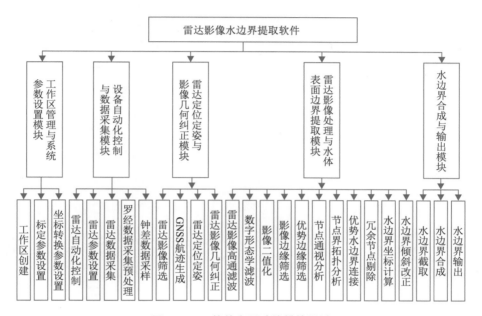

图 6.2-26　软件主要功能模块设计

软件开发采用的平台为 VS2010(VC++),采用面向对象技术底层开发;软件运行硬件环境为普通 PC 机,对硬件配置无特殊要求。水边界雷达测量系统主界面见图 6.2-27。

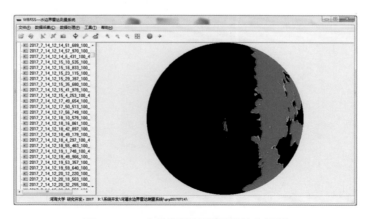

图 6.2-27　水边界雷达测量系统主界面

（1）工作区管理与系统参数设置模块

工作区管理与系统参数设置模块的主要功能包括工作区创建（图 6.2-28），雷达标定参数设置（图 6.2-29），大地坐标转换参数设置（图 6.2-30）等。

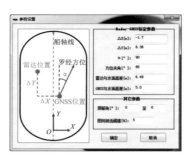

图 6.2-28　新建工作区系统主界面　　　图 6.2-29　雷达标定参数设置

（2）设备自动化控制与数据采集模块

设备自动化控制与数据采集模块的主要功能包括雷达自动化控制、雷达参数设置、雷达数据采集（图 6.2-31），GNSS 数据采集与处理、钟差数据采样（图 6.2-32）等。

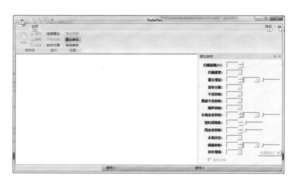

图 6.2-30　大地坐标转换参数设置　　　图 6.2-31　雷达自动化控制与数据采集界面

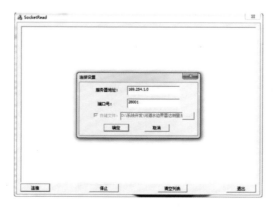

图 6.2-32　GNSS 连接与数据采集

（3）雷达定位定姿与影像几何纠正模块

雷达定位定姿与影像几何纠正模块的主要功能包括雷达图像筛选（图 6.2-33），GNSS航迹生成（图 6.2-34），雷达定位定姿与影像几何校正（图 6.2-35）等。

（4）雷达图像处理与水体表面边界提取模块

雷达图像处理与水体表面边界提取模块的主要功能包括雷达图像高通滤波、数字形态学滤波、二值化功能，影像边缘的自动提取以及优势边缘的自动选取，提取影像边缘的通视分析，自动截取有效水体表面边界；对断裂的水体表面边界进行邻接拓扑关系分析，自动连接邻接的水边线，得到完整的水体表面边界；自动计算影像水体表面边界节点的三维坐标，并进行斜距纠正，得到准确的矢量化地面水体表面边界。雷达图像处理与水体表面边界提取操作界面见图 6.2-36。

ID	影像	图斑含量
1	2017_7_14_10_10_13_820_75_48.png	21.071%
2	2017_7_14_10_10_1_240_75_48.png	21.412%
3	2017_7_14_10_10_27_635_75_48.png	21.981%
4	2017_7_14_10_10_40_199_75_48.png	21.434%
5	2017_7_14_10_10_52_771_75_48.png	21.198%
6	2017_7_14_10_11_17_913_75_48.png	21.961%
7	2017_7_14_10_11_30_473_75_48.png	21.186%
8	2017_7_14_10_11_43_54_75_48.png	21.792%
9	2017_7_14_10_11_55_618_75_48.png	21.305%
10	2017_7_14_10_11_5_335_75_48.png	21.281%
11	2017_7_14_10_12_20_763_75_48.png	21.252%
12	2017_7_14_10_12_33_327_75_48.png	21.100%
13	2017_7_14_10_12_45_891_75_48.png	22.176%
14	2017_7_14_10_12_58_455_75_48.png	21.195%
15	2017_7_14_10_12_8_183_75_48.png	22.157%
16	2017_7_14_10_13_11_36_75_48.png	21.941%
17	2017_7_14_10_13_23_600_75_48.png	21.283%
18	2017_7_14_10_13_36_180_75_48.png	21.078%
19	2017_7_14_10_13_48_744_75_48.png	21.251%

图斑筛选阈值[%]：5　　图斑统计　　筛选　　退出

图 6.2-33　雷达图像筛选

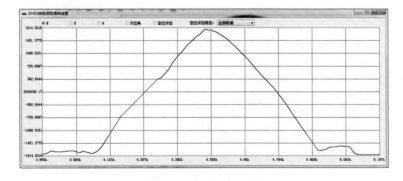

图 6.2-34　GNSS 航迹生成

图 6.2-35　雷达定位定姿与影像几何校正

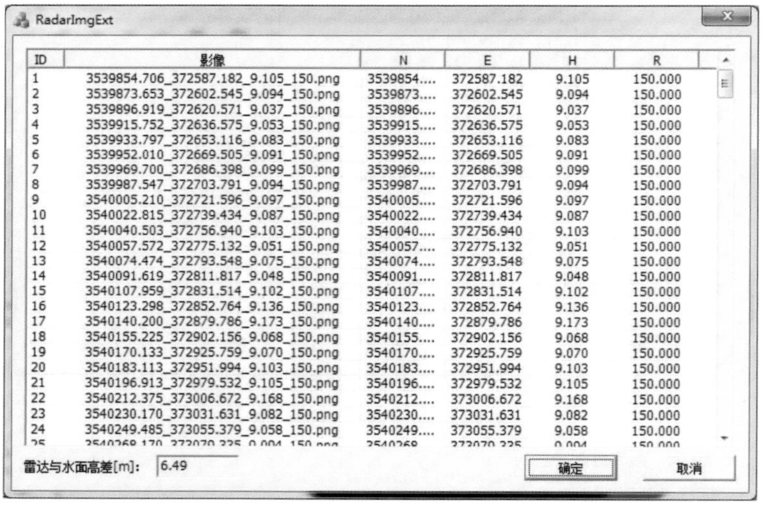

图 6.2-36　雷达图像处理与水体表面边界提取操作界面

（5）水体表面边界合成与输出模块

水体表面边界合成与输出模块将各影像提取的水体表面边界进行自动截取、合成，形成测区完整的水体表面边界，并输出矢量化水体表面边界，另存为 dxf 图形交换格式，其操作界面见图 6.2-37。

系统关键算法采用并行计算，数据处理效率较高，且具有较高的鲁棒性，在各种复杂情况下，都能得到正确的水边线，水体表面边界提取结果见图 6.2-38。

图 6.2-37 水体表面边界截取、合并与输出操作界面

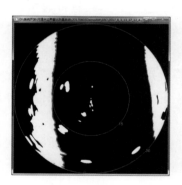

（a）大型轮船遮挡

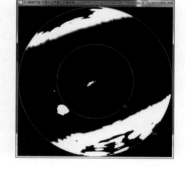

（b）两岸水边线并存

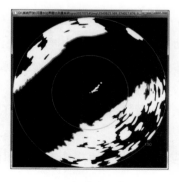

（c）电磁波干扰

（d）超近距离扫描

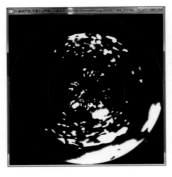 

（e）暴雨杂波干扰   （f）汊河

图 6.2-38　水体表面边界提取结果

6.2.5　误差来源及分析

6.2.5.1　误差因素及处理方法

通过前期研究,比测分析高水期不同边界条件的雷达施测水体表面边界提取结果,其影响施测精度的主要因素及合理处理方法如下：

①雷达本身的测量精度由雷达天线的水平波束宽度决定,在选择时可选择水平波束角小的雷达,其图像分辨率和测距精度都将得到提高。在施测时,尽量选用量程挡内数据。

②雷达增益值的合理设置对不同反射面的精度起直接的作用,在实际施测时可结合雷达反射器将其调谐到合适的位置,使雷达反射图像直接反映出水边的真实情况。

③雷达海浪的调谐对于反射效果不好的边界可以起到增强反射图像边界的作用,但要调谐到边界清晰为好。

④风浪、雨雪等天气因素直接影响雷达图像的反射质量,可根据实际情况调谐风浪、雨雪增益,在无法克服的情况下应尽量避免水边的施测。

⑤罗经的选择不仅需要考虑精度和外界干扰,还应考虑到输出数据的刷新率,确保船首方向的精度。

⑥GNSS 定位和定向精度直接影响对水边的定位精度,在配备时可根据不同的比测尺选择设备。其中,GNSS 定向误差是影响水体表面边界提取精度的主要误差来源。

⑦雷达图像截取与 GNSS 和罗经数据的同步直接影响到雷达位置改算和水边线的精度,GNSS、罗经的数据应保留在截取的雷达图像文件中。

⑧因雷达图像抓取时边界有可能刷新不同步（边界有一半刷新,一半没有刷新）,导致边界不连续,可以通过前后两幅图拼接判断。

⑨勾绘雷达图像反射水边或水工建筑物时,应尽量采用垂直岸线近距离图像。

6.2.5.2　精度评价

雷达图像水体表面边界提取过程中,大部分误差都得到了有效的消除,而在不能有效消除的误差中,影响最大的是 GNSS 定位误差和定向误差。其中,GNSS 定位误差对水体表面边界提取的影响机理比较简单,造成水边线的位移量等于 GNSS 点位误差,动态定位误差小于 0.2m。而 GNSS 方位角误差对水体表面边界影响更大,GNSS 方位角误差引起的水体表面边界误差见图 6.2-39,可用式(6.2-11)表示。

图 6.2-39　GNSS 方位角误差引起的水体表面边界误差

$$\begin{cases} \Delta X = X - X\cos\alpha + Y\sin\alpha \\ \Delta Y = Y - X\sin\alpha - Y\cos\alpha \end{cases}$$ (6.2-11)

式中,X、Y——真实水体表面边界点,m;

$\quad\alpha$——GNSS 方位角测量误差,°;

$\quad\Delta X$、ΔY——α 引起的点位误差,m。

坐标系见图 6.2-40,设航向即摄影方向为 X 轴,垂直航向即水平方向为 Y 轴。又设罗经测角精度为 0.5°,GNSS 定位精度为 0.15m,每幅影像中提取水体表面边界直线距离为施测距离的 2 倍,则不同施测距离下雷达图像处理后提取的水体表面边界平面精度估计见表 6.2-2。

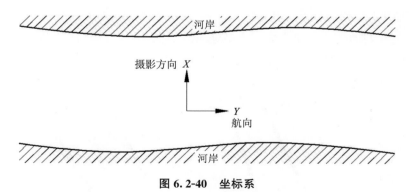

图 6.2-40　坐标系

表 6.2-2 　　　　　　　　　雷达图像提取水体表面边界平面精度估计　　　　　　　　（单位:m)

施测距离	X 坐标精度	Y 坐标精度
100	±1.0	±0.15
200	±2.0	±0.15
300	±3.0	±0.16

6.2.5.3 　重复测量误差

重复测量实验即在大致相同位置,对同一区段水体表面边界进行反复测量。大致相同扫描位置下得到水边线见图 6.2-41，测量船在水面缓慢航行，雷达扫描距离约 100m，连续采集该区域多幅雷达图像，通过系统软件处理，从每幅雷达图像中提取得到一条水体表面边界，输出为矢量图后进行叠加。

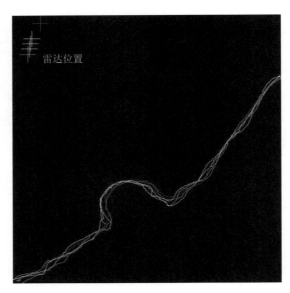

图 6.2-41　大致相同扫描位置下得到水边线

随机抽取 22 个断面，对水边线之间的局部最大偏差距离进行统计。水边线局部最大偏差统计方法见图 6.2-42，指定任意位置，估计水边线中线位置，作中线的垂线，作为一个统计断面线；取水边线与断面线的交点中距离最远的两个交点距离，作为局部最大偏差。统计结果见表 6.2-3，最大偏差最大值为 2.807m，最大偏差最小值为 0.202m，最大偏差均值为 1.344m，最大偏差方差值为 1.497m。

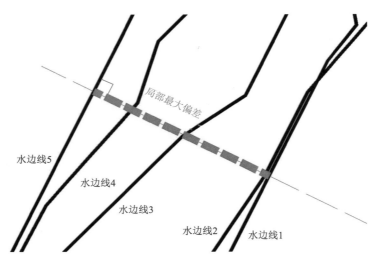

图 6.2-42　水边线局部最大偏差统计方法

表 6.2-3　　　　　　　　　　　　　　　　　水边线重复测量偏差

点号	断面中心坐标 E/m	断面中心坐标 N/m	最大偏差/m
1	371552.327	3538526.720	2.290
2	371557.441	3538531.563	2.807
3	371548.504	3538524.809	2.661
4	371559.998	3538532.590	1.712
5	371562.043	3538533.763	1.775
6	371564.944	3538535.318	1.113
7	371566.863	3538536.843	1.071
8	371567.150	3538535.847	0.757
9	371573.437	3538554.357	1.264
10	371577.267	3538556.245	0.315
11	371606.968	3538555.467	1.427
12	371631.724	3538592.076	0.663
13	371632.746	3538594.706	1.244
14	371633.552	3538595.947	1.264
15	371627.690	3538586.765	1.795
16	371626.035	3538584.135	1.111
17	371627.553	3538583.962	1.522
18	371617.974	3538572.677	0.202
19	371619.354	3538573.917	0.489
20	371616.664	3538569.314	1.157
21	371614.037	3538565.514	1.329
22	371542.157	3538518.038	1.607

6.2.5.4　不同扫描距离的水体表面边界提取误差

　　为分析不同扫描距离下的水边线提取精度,在不同的距离对同区段水体表面边界进行测量,再比较不同水边线的偏离误差。实验分别以 75m 和 150m 的扫描距离对河岸进行扫描,提取的水边线见图 6.2-43。

　　采用与 6.2.4.3 相同的局部最大偏差距离统计法,统计水边线的偏差,统计结果见表 6.2-4。水边线最大偏差最大值为 2.827m,最大偏差最小值为 0.026m,最大偏差均值为 1.078m,最大偏差方差值为 1.355m。

图 6.2-43 不同扫描距离下得到水边线

表 6.2-4 不同扫描距离的水边线偏差

点号	断面中心坐标 E/m	断面中心坐标 N/m	最大偏差/m
1	371534.069	3538516.001	0.373
2	371535.118	3538516.376	0.055
3	371535.411	3538516.669	0.026
4	371535.850	3538516.963	0.026
5	371537.898	3538517.550	0.420
6	371544.625	3538518.433	2.169
7	371553.253	3538526.358	1.166
8	371557.273	3538528.413	1.596
9	371559.830	3538530.613	0.932
10	371564.361	3538532.666	1.815
11	371565.853	3538535.373	0.266
12	371566.827	3538535.764	0.184
13	371586.976	3538556.096	1.741
14	371609.495	3538559.762	1.639
15	371611.925	3538564.350	0.897
16	371616.873	3538570.773	0.346
17	371623.966	3538576.683	1.817
18	371626.817	3538580.042	1.999
19	371627.613	3538584.576	1.267
20	371570.331	3538542.417	2.827

6.2.5.5　水体表面边界提取绝对误差

为验证水边线的绝对误差,现场采用 GNSS RTK 对水边线进行施测(图 6.2-44),施测时沿边界按 20～30m 的点距采集点,并对特征点加密,每次采集时测船顶在岸边,并将数据点转入 AutoCAD 软件中绘出水边,作为验证水体表面边界,对雷达测量得到的水体表面边界进行精度统计。比测水边线全长约 4km。

图 6.2-44　GNSS RTK 水边线测量

测试组分别于 2017 年 8 月 3 日和 2017 年 8 月 4 日进行了 2 次测试实验,得到的水体表面边界分别见图 6.2-45 和图 6.2-46,将两天的测量水体表面边界合并,得到水体表面边界见图 6.2-47。由于两天水位变化较小,因此两天测量的水边线在接边处几乎完全吻合。

实验中,雷达扫描沿岸线按扫描距离为 50～200m 来回扫描 4 次,共采集 812 幅雷达图像,经筛选得到有效影像 762 幅,经处理后得到多度重叠水边线;将 RTK 实测水边线作为验证水边线,与雷达水边线叠加,水边线吻合情况见图 6.2-48。可见,雷达测量水边线在验证水边线两侧随机振荡,平均振幅小于 2m;雷达水边线中线与验证水边线无明显偏差。

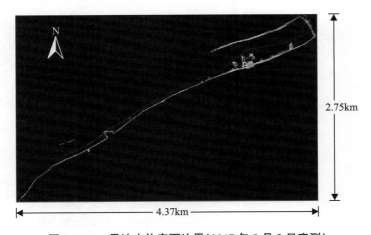

图 6.2-45　雷达水体表面边界(2017 年 8 月 3 日实测)

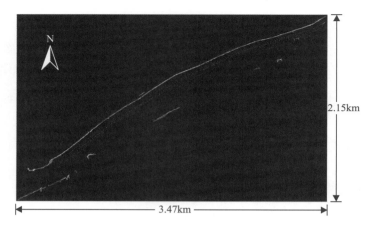

图 6.2-46 雷达水体表面边界（2017 年 8 月 4 日实测）

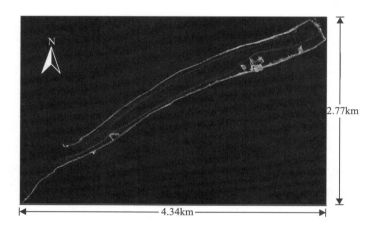

图 6.2-47 雷达水体表面边界（2017 年 8 月 3 日与 2017 年 8 月 4 日合并）

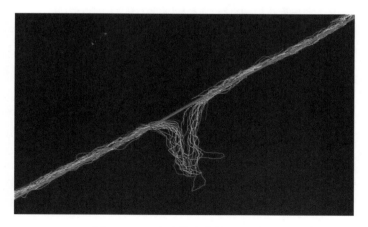

图 6.2-48 水边线吻合情况（局部）

取雷达水体表面边界中线，作为雷达测量最终得到的水体表面边界，将现在 RTK 所有水体表面边界实测点垂直投影到最终雷达水体表面边界,投影距离即水体表面边界偏差。统计每个节点的偏差,统计结果见表 6.2-5,水边线最大偏差为 2.442m(出现在河堤施工严重干扰区),平均偏差为 1.180m,偏差中误差为 1.343m,精度能满足 1:5000 比例尺地形图的平面精度要求。

表 6.2-5   水边线偏差统计结果

RTK 实测点号	RTK 实测坐标 E/m	RTK 实测坐标 N/m	偏差/m
1	376393.53	3541855.05	0.849
2	376164.83	3541762.10	1.411
3	375907.72	3541678.53	0.584
4	375623.75	3541590.62	1.502
5	375435.16	3541521.76	1.164
6	375274.28	3541452.32	1.393
7	375017.98	3541340.23	1.859
8	374840.11	3541255.14	0.977
9	374520.11	3541078.23	1.561
10	374393.81	3540986.02	0.919
11	374249.82	3540878.38	0.496
12	374168.87	3540807.67	0.306
13	374051.84	3540722.51	0.181
14	373947.51	3540645.10	1.538
15	373760.78	3540539.91	1.376
16	373708.75	3540512.11	0.595
17	373682.75	3540496.84	2.442
18	373569.79	3540435.43	1.983
19	373459.64	3540389.91	1.924
20	373361.77	3540348.53	0.146
21	373195.90	3540268.71	0.456
22	376584.72	3541911.62	0.937
23	376393.53	3541855.05	2.280
24	376591.15	3541939.18	1.455

6.2.6 影响因素分析及质量保证措施

6.2.6.1 影响因素分析

雷达测量水边定位方程见式(6.2-12)。

$$\begin{cases} X = X_0 + d\sin\alpha \\ Y = Y_0 + d\cos\alpha \end{cases} \qquad (6.2\text{-}12)$$

式中，X_0、Y_0——雷达中心位置，m；

    α——雷达扫描方位角，°；

    d——雷达中心到目标的水平距离，m；

    X、Y——水边点坐标，m。

（1）GNSS 定位误差对水边点定位精度的影响

由雷达测量水边定位方程可知，若不考虑 GNSS 定向误差，水边点定位与雷达中心位置的关系为：

$$
\begin{cases}
\Delta X = \Delta X_0 \\
\Delta Y = \Delta Y_0
\end{cases}
\tag{6.2-13}
$$

式中，ΔX、ΔY——水边点坐标误差，m；

    ΔX_0、ΔY_0——GNSS 定位误差，m。

设 GNSS 定位精度为 m_{X_0}、m_{Y_0}，则水边界定位精度 m_X、m_Y 为：

$$
\begin{cases}
m_X = m_{X_0} \\
m_Y = m_{Y_0}
\end{cases}
\tag{6.2-14}
$$

（2）GNSS 定向误差对水边点定位精度的影响

GNSS 定向误差导致的水边点定位误差见图 6.2-49。

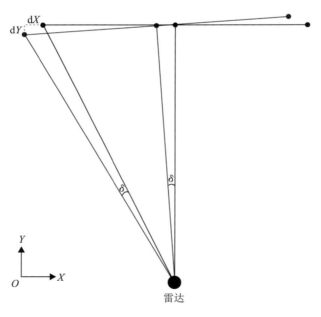

图 6.2-49　GNSS 定向误差导致的水边点定位误差

根据雷达测量水边定位方程，设 GNSS 定向误差为 δ，则导致的水边点坐标误差 ΔX、

ΔY 为：

$$\begin{cases} \Delta X = d\sin(\alpha+\delta) - d\sin\alpha \\ \Delta Y = d\cos(\alpha+\delta) - d\cos\alpha \end{cases} \tag{6.2-15}$$

即：

$$\begin{cases} \Delta X = d\sin\alpha\cos\delta + d\cos\alpha\sin\delta - d\sin\alpha \\ \Delta Y = d\cos\alpha\cos\delta - d\sin\alpha\sin\delta - d\cos\alpha \end{cases} \tag{6.2-16}$$

式中，α——雷达中心到水边点与连线的矢量方位角，°。

设 GNSS 定向精度为 m_a，若不考虑 GNSS 定位误差，则水边界定位精度为：

$$\begin{cases} m_X = m_a d\cos\alpha \\ m_Y = m_a d\sin\alpha \end{cases} \tag{6.2-17}$$

设雷达扫描距离为 100m，GNSS 定向误差分别为 0.1°、0.5°、1.0°，则导致的水边界定位最大误差为 0.175m、0.873m 和 1.745m，最小误差为 0。误差分布呈现如下规律：

①GNSS 定向误差导致的水边界 X、Y 坐标误差随着水边界点方位角的变化而变化，而点位距离偏差为恒定不变的常数。

②当方位角为 90°和 270°时，X 坐标误差均为 0，与 GNSS 定向误差无关；Y 坐标误差达到最大值。

③当方位角为 0°和 180°时，Y 坐标误差均为 0，与 GNSS 定向误差无关；X 坐标误差达到最大值。

④水边界为 X、Y 坐标误差大小基本与 GNSS 定向误差大小成正比线性关系。

6.2.6.2 质量保证措施

雷达施测水边线关键核心技术就是通过获取正确的雷达图像，可从雷达图像、GNSS、罗经等质量相关环节进行控制，确保雷达图像的质量。

（1）雷达图像质量

影响水边界提取的雷达图像质量要素主要包括雷达图像捕获时间间隔和重叠度、雷达扫描距离、雷达工况参数（雷达增益、水面杂波抑制、雨杂波抑制等）。

1）雷达图像捕获时间间隔设置

雷达图像捕获时间间隔，即雷达图像采集与存储的时间间隔，其设置将决定雷达水边界的重叠度。较大的时间间隔可减少雷达图像数据量，从而提高雷达水边界提取效率，但也会导致雷达水边界重叠度减少或水边界缺失。而较小的时间间隔设置意味着同一水边界重复测量次数增加，即存在大量的多余观测值，在存在随机误差的情况下，通过水边界拟合处理，可提高水边界定位精度，但也会增加雷达图像数据量，增加水边界提取耗时。因此，应合理设置雷达图像捕获间隔。

雷达扫描距离与岸线长度关系见图 6.2-50，设雷达扫描半径为 r(m)，雷达离岸距离为 d(m)，则一幅雷达图像可扫描的岸线长度 l(m)，可通过式(6.2-18)计算。

$$l = 2\sqrt{r^2 - d^2} \tag{6.2-18}$$

为保证雷达水边界至少存在两度重叠，即相邻两幅雷达图像覆盖的岸线存在 50% 以上的重叠，设船速为 $v(\text{m/s})$，则雷达图像捕获时间间隔 $\Delta t(\text{s})$ 应小于 $l/(2v)$。同时考虑雷达扫描速度为 36r/min 或 48r/min，每幅雷达图像生成时间最少为 1.25s，因此雷达图像捕获时间间隔 Δt 的合理设置范围为：

$$1.5 < \Delta t < \frac{\sqrt{r^2 - d^2}}{v} \tag{6.2-19}$$

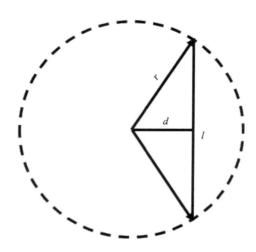

图 6.2-50　雷达扫描距离与岸线长度关系

2）雷达扫描距离设置

由于雷达图像像幅是固定的，因此不同的扫描距离设置，直接决定了雷达图像的地面分辨率（GSD），以 Simrad 4G 雷达为例，影像大小为 2048×2048 像素，若扫描距离设置为 d，则影像分辨率为：

$$\text{GSD} = \frac{d}{2048} \tag{6.2-20}$$

100m 扫描距离下，雷达图像的空间分辨率为 0.049m/p。而雷达图像的分辨率，将直接影响水边界提取的定位精度。扫描距离越近，水边界提取的定位精度越高；在不考虑其他误差影响的前提下，水边界提取精度与扫描距离成反比。然而，在存在河道浅滩的情形下，过近的距离船只将无法到达。因此，为保证水边界可靠的精度，在船只能正常到达的前提下，应尽量减少扫描距离。

3）雷达工况参数选择

雷达工况参数，尤其是雷达增益、水面杂波抑制、雨杂波抑制参数，将影响雷达成像的质量，从而影响雷达水边界提取的精度。

雷达增益是指信号的放大倍数，调整增益就是调整接收机的放大能力。接收机的组成一旦确定,其最大增益是固定的,如果最大增益减小,接收机对信号放大的能力减弱,说明接收机出现问题。因此,调整增益是在这个最大增益范围内调整的。对于雷达接收的微弱信号(比如目标回波),需要把它放大到合适的大小,使雷达操作者看得清楚,并且要保证信号处理系统可以进行信号处理,这时需要调大增益。对于雷达接收到的强信号,比如各种干扰,我们需要把它衰减到合适的值,其目的也是让操作者看得清楚,并且保证接收机不过载,这时需要把增益调小。增益调整可以分手动和自动。手动增益控制(MGC)主要由操作者根据自己的经验判断,手动增大或者减小增益,使信号处于一个合适的值。自动增益控制(AGC)是由雷达自身根据回波的强弱自动调整增益,回波强时增益减弱,回波弱时增益增强,很显然,它的原理很简单,就是一个闭环的负反馈控制系统。AGC虽然原理简单,但它已经成为雷达信号处理和控制技术一个十分重要的组成部分,几乎所有雷达都有AGC。本研究通过大量的实验表明,在大多数正常的水边界情形下,采用自动增益控制,雷达成像质量是最佳的。而在存在大面积坡度平缓的沙滩、淤泥质潮滩的水边界情形,采用AGC将探测不到真实的水边界,需要采用MGC模式,将雷达增益调整到最大增益的75%以上,真实水边界才开始成像;但将雷达增益调整到最大增益的90%以上,雷达图像将存在大量的噪声,导致水边界与噪声高度混淆,从而致使水边界提取失败。

水面杂波抑制参数根据水面浪高进行设置,当水面较为平静时,将水面杂波抑制调整到较低水平,反之,调高水面杂波抑制参数,减少浪花的雷达回波信号成像造成的图像噪声。

在大到暴雨天气,根据雷达图像情况适当增大"雨杂波抑制"参数,雷达成像时将自动滤除雨滴雷达回波信号成像造成的图像噪声。除以上雷达工况参数外,其他参数采用出厂默认值即可。

(2)GNSS卫星罗经数据质量

GNSS卫星罗经数据包括定位坐标数据和定向方位角数据。GNSS坐标数据精度主要取决于接收机本身的性能、开通的星站差分服务类型、卫星的数量及空间分布,实际作业中,为提高定位数据质量,可选择高性能接收机。此外,GNSS天线安装位置应尽量避免遮挡和多路径效应,避免电磁干扰。为提高GNSS定向精度,应设置合理的基线长度,建议为2m以上,并且GNSS主天线与从天线应安装在统一高度,使两个GNSS天线能同步接收完全相同数量卫星的信号。

此外,考虑船体的瞬时波动频率较高,GNSS数据采样频率应保持在10Hz以上。待GNSS解状态进入最佳后,再进行雷达与数码影像采集。

6.3 基于时序多基线影像的水边界获取技术

6.3.1 基本原理

基于时序多基线影像的水边界获取技术就是采用数字近景摄影方式同步河道水体表面边界高精度测绘方法。近景摄影系统在GNSS罗经的支持下,以像方概略控制的方式在测船上采用数码相机获取河岸近景多基线序列影像，并基于数字近景摄影测量、视觉测量理论和数字图像处理等技术，对序列影像进行空间量测处理，实现水体表面边界的精确提取。

6.3.2　系统组成及安装

6.3.2.1　数据采集硬件设备

（1）数码相机

数据采集采用 Sony ILCE-7M2 全画幅微单数码相机（图 6.3-1），相机主要性能及参数见表 6.3-1。之所以选择该款数码相机，是因为它提供多种外部接口，可通过有线或无线方式建立应用程序与相机设备之间的通信。有线方式指通过数据线与数码相机 USB 3.0 接口建立连接，无线方式则允许用户手机 App、PC 机应用程序连接相机内置 WiFi 或蓝牙设备，有线或无线连接建立后，可远程对相机进行操控，包括设置相机参数、控制相机快门、传输影像数据。

图 6.3-1　Sony ILCE-7M2 数码相机

表 6.3-1　　　　　　　　　　　　Sony ILCE-7M2 数码相机参数

特征	技术参数
产品类型	全画幅微单
传感器类型	Exmor CMOS
传感器尺寸	全画幅（35.8mm×23.9mm）
最高分辨率	6000×4000,2400 万像素
镜头类型	Sony FE28mm 定焦镜头
焦距	等效 24mm
最大光圈	F2.8
快门速度	1/8000～30s
存储卡	闪迪 256G SD 卡，读写速度大于 95MB/s
无线功能	WiFi
外观尺寸	126.7mm×94.4mm×48.2mm（长×宽×高）
产品重量	416g（仅机身）
电池续航能力	约 340 张

（2）卫星罗经系统

罗经系统用于获取每张像片拍摄瞬间的位置和方位参数,本次采用的是 Trimble SPS461
定位定向信标接收机,具体指标和安装方式见 6.2.2.1 中"（2）GNSS 卫星罗经系统"。

6.3.2.2　设备安装

（1）数码相机

根据实际作业中船的行驶方式,在船体前段或两侧各安置一台数码相机,以满足河道左
右岸影像采集的需要,安装方法（图 6.3-2）如下：

①相机主光轴与船体纵轴线基本垂直,即与航行方向基本垂直,以保证航行时基本正对
河岸拍摄。

②相机与 GNSS 保持相对位置和姿态固定。

③相机机身尽量保持水平,不宜存在过大的俯仰角,基本保证河岸取景于影像中部。

④相机通过 USB 3.0 数据线（长度 5m 以上）与 PC 机相连,用于远程控制和数据传输,
同时给相机供电。

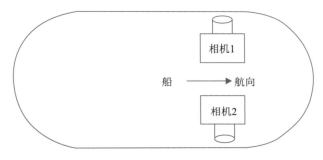

图 6.3-2　数码相机安装

（2）GNSS 安装

GNSS 卫星罗经通过同步星站差分的方式,获得位置和方位角信息。天线应安装在船
体顶部,满足以下要求：

①无信号遮挡,避免多路径效应。

②附近无电波干扰。

GNSS 接收机开机后,要等待开始得到浮点解,再启动雷达和数码相机开始进行数据
采集。

6.3.2.3　数码相机自动化控制

相机远程自动控制方法有 3 种：

（1）蓝牙方式

开启相机蓝牙功能,通过手机安装相机生产商提供的 App,将手机与相机蓝牙连接后,

可通过 App 设置相机对焦模式、ISO 感光度、影像尺寸与纵横比、对焦模式等主要参数，还可控制相机快门进行拍摄，并指定像片在手机存储卡的保存路径。

（2）WiFi 方式

开启相机内置 WiFi，根据其提供的 WiFi 网络名称和登录密码，将手机与相机建立连接，通过与蓝牙方式类似的手机 App，对相机进行控制，并传输数码相机到手机。

（3）USB 有线方式

用 USB 数据线连接相机 USB 3.0 接口与 PC 机 USB 接口，启动电脑的远程控制桌面软件（Remote Camera Control），对相机主要参数进行设置，手动控制相机或者按设定的时间间隔自动拍摄影像。

其中，蓝牙方式、WiFi 方式可控距离有限，容易导致连接信号失锁，造成数据丢失或者数据传输不稳定；另外，采用手机存储海量数码像片，受手机内存限制。再者，需要手机操作人员时刻控制手机，无法实现全自动化或无人值守作业。因此，对于长时作业或者较大型船只不宜采用。而且，准确标定手机与 GNSS 钟差（毫秒精度）困难，将影响照片拍摄位置的匹配精度。

综合考虑到系统的稳定性以及全自动化需求，本研究采用第 3 种方式。然而，相机厂商提供的桌面软件只能以 10s 以上时间间隔自动拍摄影像，在船以正常时速航行时，影像之间的重叠度无法保证，不能满足摄影测量的基本要求，从而导致影像无法量测化处理。此外，相机厂商不提供第三方编程的 SDK，无法通过编程实现与相机的直接通信。

为解决这一问题，本研究采用进程间通信技术，实现对相机的间接自动化控制。进程间通信（Interprocess Communication，IPC）见图 6.3-3，即在一个操作系统里同时运行的两个或者多个独立的应用程序，相互之间传递、交换信息，协调不同的进程，使得一个程序能够在同一时间里处理多个用户的要求。为此，本研究对相机厂商提供的桌面软件内部的消息传递和相应机制进行了侦听与解析，在此基础上，基于 Windows 应用程序接口（Application Programming Interface，API）与 VC++开发工具，开发独立的应用程序，给现有相机远程自动化控制软件传递命令消息，使相机远程自动化控制软件自动完成用户请求，即按设定的时间间隔（1～60s）自动拍照，有效克服了现有相机远程控制软件的功能不足，保证了数码摄影基线满足摄影测量要求。

图 6.3-3　进程间通信

6.3.2.4 数码影像数据采集

数码影像数据采集可采用两种模式。摄影模式一见图 6.3-4，当船近岸且航向基本保持与河岸垂直时，以设定的时间间隔，垂直河岸拍摄影像；摄影模式二见图 6.3-5，船航向基本保持与河岸平行时，以设定的时间间隔垂直某一河岸拍摄影像，然后，再用同样的方法拍摄另一河岸影像。

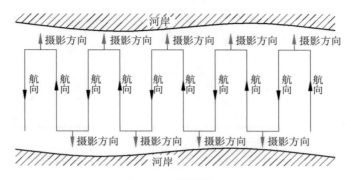

图 6.3-4　摄影模式一

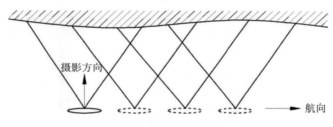

图 6.3-5　摄影模式二

根据相机视场角、拍摄距离、船的航行速度来决定摄影基线，摄影基线设置见图 6.3-6，进而决定拍摄时间间隔，保证相邻拍摄影像之间重叠度不小于 65%。合理的基线设置估算公式见式(6.3-1)。

$$B \geqslant W \frac{D}{f} \times 60\% \tag{6.3-1}$$

式中，B——摄影基线，m；

$\quad W$——像幅宽度，m；

$\quad f$——相机主距，m；

$\quad D$——拍摄距离，m。

设船速为 4m/s，拍摄距离为 100m，相机焦距为 24mm，则可每隔 10～15s 拍摄一张照片，或每隔 35～45m 拍摄一张影像。

为便于实验数据采集，模拟未来实际应用情况（相机固定安装在船上），设计专用的近景影像采集像方控制装置，见图 6.3-7。该装置各部件通过固定螺丝或卡槽连接，与数码相机连接部分可拆卸，重复安装位置精度在 1mm 以内，姿态精度在 6″以内，适合各种型号规格的数码相机。该装置在船上固定安装后,可精确标定其相对于 GNSS 罗经的安装位置和方位参数。

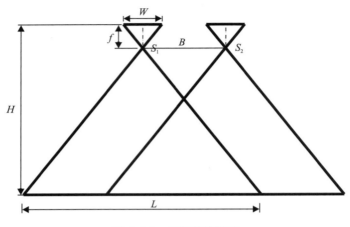

图 6.3-6　摄影基线设置

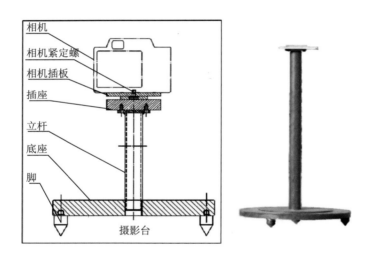

图 6.3-7　近景影像采集像方控制装置

此外,为保证影像清晰度,影像采用最大尺寸;曝光时间控制在 1/300s 以上,避免运动模糊;先自动对焦,再锁定自动对焦模式,采用手动对焦,保持相机对焦位置固定。

6.3.2.5　数码相机与 GNSS 相对位置标定

数码相机与 GNSS 相对位置的标定是为了获得坐标转换参数,用以根据 GNSS 位置解算得到两台相机的拍摄位置,标定方法与雷达与 GNSS 相对位姿标定方法相同(图 6.3-8)。得到标定参数后,便可得到两台相机的安装中心位置。由于罗经测量的方位角误差较大,不能满足摄影测量的精度要求,因此对相机主光轴方位与 GNSS 方位的夹角不做标定。

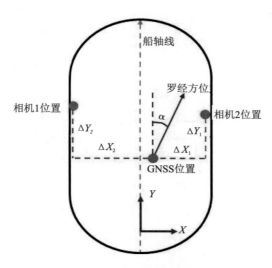

图 6.3-8 数码相机与 GNSS 相对位置标定参数

6.3.2.6 钟差精确标定

数码影像拍摄时间与 GNSS 时间的钟差标定：用以将数码影像的拍摄时间转换为 GNSS 时间，进而获得拍摄瞬间相机的准确位置。

由于本书中两种数据都直接存储在同一台电脑，因此两种钟差的标定实际就是标定电脑时钟与 GNSS 时钟的钟差。在航行过程中，船速可达 2～5m/s，因此对钟差的标定要精确到 0.01s 级精度。对于数码影像拍摄时间，通常只能通过文件属性或 jpg 文件的 EXIF 信息中心提取到整数秒级拍摄时间，误差较大（0.5s，对应实际定位误差 1～2.5m）。为解决这一问题，本书通过编程访问文件内核的方式，来获取像片拍摄瞬间的准确时间，精度可达毫秒级，从而解决了数码相机动态精确定位的问题。

6.3.3 时序多基线影像处理方法

常规的摄影测量都必须基于严格的物方控制或者像方控制。物方控制即在拍摄对象（物方）上布设空间参考目标，如一定数量的控制点，利用参考目标提供的空间信息，将摄影测量采集数据纳入物方参考坐标系。像方控制即通过 INU（Intertial Navigation Unit，惯性导航设备）或摄影经纬仪，直接获取相机拍摄位置和姿态参数，来将采集数据纳入地面参考坐标系。然而，本书不能采用常规的摄影测量方法，主要原因是：其一，河岸因存在潮滩、多层次、高密度覆盖，人难以到达，更难以布设物方控制点；其二，像方随着船航行颠簸而难以固定，测程长因而难以采用 GPS RTK 方式进行实时导航定位，像方控制也难以实施。

另外，河道水边线摄影过程，场景存在动态变化，如河道岸滩芦苇、树木受风力影响而随机摆动，水面与水边线受潮汐或波浪影响而存在频繁波动等。场景的动态变化导致不同影像中的同名地物构像异常，将对影像匹配、水边线量测与提取等造成极大困难。

为此,本书深入研究无物方参考和严格像方控制的数码影像高精度摄影测量方法,以降低特殊硬件设备投入,充分利用现有设备,实现数码影像的鲁棒定位定姿,以及基于数码影像的河道三维水边线精确量测。

6.3.3.1　数码相机高精度标定

相机标定是近景摄影测量和计算机视觉领域中至关重要的基础工作。随着数码传感器技术的发展,普通数码相机因其经济、简便等优点,逐渐成为数字城市三维建模、大比例尺地形测量和工业测量的重要数据获取设备。但是,普通数码相机出厂时没有准确地测定内方位元素,此外,透镜组构像畸变差较大且不提供畸变差改正参数,而这些参数决定了相机成像的几何模型,从二维影像获取三维欧氏空间信息,必须要确定这些参数。确定这些相机参数的过程,称为相机标定。

本书采用高精度的 Luca Lucchese 模型作为数码相机畸变改正模型。

$$
\begin{cases}
\Delta x = (x-x_0)(k_1 r^2 + k_2 r^4 + k_3 r^6) + p_1(r^2 + 2(x-x_0)^2) + 2p_2(x-x_0)(y-y_0) \\
\Delta y = (y-y_0)(k_1 r^2 + k_2 r^4 + k_3 r^6) + p_2(r^2 + 2(y-y_0)^2) + 2p_1(x-x_0)(y-y_0)
\end{cases}
$$

$$(6.3\text{-}2)$$

式中,x,y——像点的像片量测坐标;

　　Δx,Δy——像点坐标改正值;

　　x_0,y_0——像主点在像平面坐标系中的坐标;

　　r——像点到主点的距离,$r = \sqrt{(x-x_0)^2 + (y-y_0)^2}$;

　　k_1,k_2,k_3——径向畸变差系数;

　　p_1,p_2——偏心畸变差系数。

该模型同时考虑径向、切向畸变差,并保留了高阶畸变系数,对各种镜头畸变差模精度可达到 0.1 像元以内的高精度。

（1）数码相机高精度标定方法

本书采用 PTR 标定方法对数码相机进行严格的标定。该方法是河海大学国家发明专利技术"数码相机可量测化检测方法",对各种数码相机标定的实际精度可达到 0.1～0.2 像素以内。

PTR 方法将畸变系数和内方位元素分别在二维和三维控制场中进行检校,可以有效减弱未知参数之间相关性的影响。此外,该方法所使用的三维控制场对于物方控制点的空间点位分布要求略低于光束法,控制点可以分布于一个近似平面上。而光束法在近似平面控制条件下的检校通常出现解算不稳定甚至不收敛的情况。算法原理是依据平面控制场与像片的透视变换关系求解畸变系数,利用求得的畸变系数对三维控制场各控制点的像方坐标进行畸变差改正,然后代入共线方程平差解算内方位元素。PTR 方法解算流程见图 6.3-9。

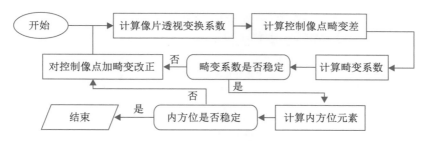

图 6.3-9　PTR 方法解算流程

1）畸变参数估算

首先，基于一个高精度平面控制场，进行畸变参数的估算。平面控制场见图 6.3-10，在一个纯平特制面板中，均匀布设一定数量的控制点，每个控制点的二维平面坐标通过精密量测，为已知数据。然后，采用数码相机对该平面控制场进行拍摄，在导出的影像中，量测每个控制点的像素坐标，进而估算相机畸变参数。

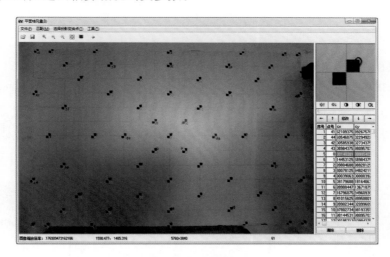

图 6.3-10　平面控制场

畸变系数的估算利用了两个平面之间的透视投影关系。不存在畸变的理想情况下，物点、像点、投影中心三点严格共线，像平面和物平面（液晶屏）两个平面之间的关系为投影变换关系，投影变换公式如下：

$$\begin{cases} x' = x + \Delta x = \dfrac{a_1 X + a_2 Y + a_3}{a_7 X + a_8 Y + 1} \\ y' = y + \Delta y = \dfrac{a_4 X + a_5 Y + a_6}{a_7 X + a_8 Y + 1} \end{cases} \qquad (6.3\text{-}3)$$

式中，X,Y——物平面格网点物方坐标；

x',y'——对应格网点理想的像片坐标；

x,y——自动提取的格网点实际像片坐标；

$a_1 \sim a_8$——8个透视投影系数。

投影变换系数与畸变系数迭代解算流程见图6.3-11。

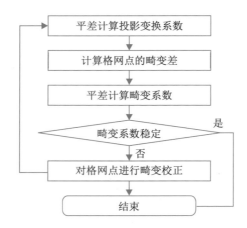

图6 3-11 投影变换系数与畸变系数迭代解算流程

2）相机内方位元素的计算

畸变差改正模型涉及相机内方位元素，内方位元素 x_0、y_0、f 的检定也是相机标定的另一大任务。利用一个高精度三维控制场，通过光束法来解算像片的内、外方位元素。三维控制场见图6.3-12，控制场中分层布设119个控制点，采用T2精密经纬仪通过多次前方交会测量，经计算得到控制点的三维坐标，坐标精度在0.1mm以内，对该三维控制场拍摄多张影像。

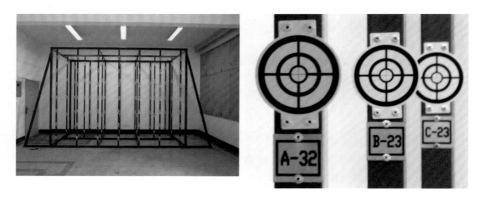

图6.3-12 高精度三维控制场及其控制点

相机内方位元素的解算利用构像共线方程：

$$\begin{cases} x - x_0 = -f \dfrac{a_1(X-X_s) + b_1(Y-Y_s) + c_1(Z-Z_s)}{a_3(X-X_s) + b_3(Y-Y_s) + c_3(Z-Z_s)} \\ y - y_0 = -f \dfrac{a_2(X-X_s) + b_2(Y-Y_s) + c_2(Z-Z_s)}{a_3(X-X_s) + b_3(Y-Y_s) + c_3(Z-Z_s)} \end{cases} \tag{6.3-4}$$

式中，$a_1,a_2,a_3,b_1,b_2,b_3,c_1,c_2,c_3$——方向余弦；

X,Y,Z——控制点物方坐标；

x,y——控制点像方坐标。

以内方位元素 x_0,y_0,f 和外方位元素 $X_s,Y_s,Z_s,\omega,\varphi,\kappa$ 为未知数。

将像点坐标视为观测值，按照 Taylor 级数展开，对其线性化，得误差方程（6.3-5）。估计得到内、外方位元素初值后，再通过最小二乘法平差解算内、外方位元素的改正数，通过迭代计算，得到稳定的内、外方位元素值。

$$\begin{bmatrix} V_x \\ V_y \end{bmatrix} = \begin{bmatrix} \dfrac{\partial x}{\partial X_s} & \dfrac{\partial x}{\partial Y_s} & \dfrac{\partial x}{\partial Z_s} & \dfrac{\partial x}{\partial \varphi} & \dfrac{\partial x}{\partial \omega} & \dfrac{\partial x}{\partial \kappa} & \dfrac{\partial x}{\partial x_0} & \dfrac{\partial x}{\partial y_0} & \dfrac{\partial x}{\partial f} \\ \dfrac{\partial y}{\partial X_s} & \dfrac{\partial y}{\partial Y_s} & \dfrac{\partial y}{\partial Z_s} & \dfrac{\partial y}{\partial \varphi} & \dfrac{\partial y}{\partial \omega} & \dfrac{\partial y}{\partial \kappa} & \dfrac{\partial y}{\partial x_0} & \dfrac{\partial y}{\partial y_0} & \dfrac{\partial y}{\partial f} \end{bmatrix} \begin{bmatrix} \Delta X_s \\ \Delta Y_s \\ \Delta Z_s \\ \Delta \varphi \\ \Delta \omega \\ \Delta \kappa \\ \Delta x_0 \\ \Delta y_0 \\ f \end{bmatrix} - \begin{bmatrix} l_x \\ l_y \end{bmatrix} \quad (6.3\text{-}5)$$

3）畸变系数与内方位元素序贯解算

求出内方位元素后，再将内方位元素代入式（6.3-3），并重新按照上述步骤计算畸变参数，由此形成一个相机畸变系数和内方位元素迭代计算的完整过程（图 6.3-13）。直到以上的迭代过程可在畸变系数值收敛时停止。实验证明，内方位元素对解求畸变系数影响甚小。

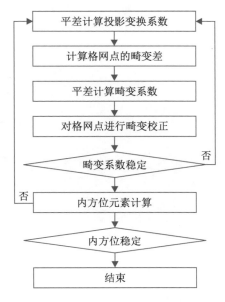

图 6.3-13 畸变系数与内方位元素序贯解算流程

（2）数码相机标定精度评价方法

1）畸变校正残差验证

畸变校正残差的大小是衡量标定精度的重要指标,本相机标定方法可以直接统计得到畸变校正残差。标定残差检验中,将畸变校正后格网点像方坐标,与格网点物方坐标透视变换反算的像点坐标求差,可统计出各格网点的畸变校正残差。进而,采用三维可视化技术,直观表现影像畸变差及其畸变残差的分布。图 6.3-14 中,x 轴为像片坐标 x 轴,y 轴为像片坐标 y 轴,z 值为畸变校正量（pixel）,见图 6.3-15 中 z 值为畸变校正残差中误差（pixel）。

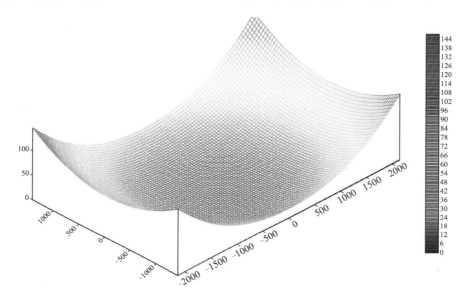

图 6.3-14　影像的畸变差分布表现方法

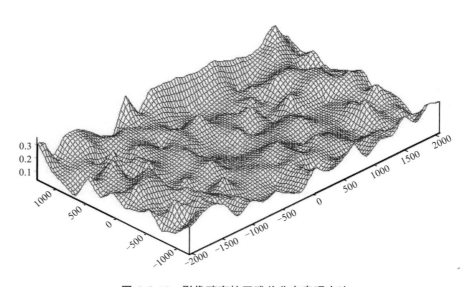

图 6.3-15　影像畸变校正残差分布表现方法

2)实际应用精度评价

将标定后的数码相机用于实际摄影测量,见图 6.3-16,模拟现场作业条件,选定一个三维建筑物场景,通过布设控制点、检查点的方式来检验数码相机标定的实际应用精度。实验方案如下:

①采用精密全站仪 TM30,精确测定建筑物上的特征点三维坐标;

②按实际拍摄距离,以多基线方式对实验场景拍摄 3 张影像;

③选定少量三维控制点作为定向点,其他点作为检查点,对数码影像进行定向解算,得到每幅影像的外方位元素;

④通过多像片前方交会,计算所有检查点的空间坐标;

⑤将解算得到的检查点三维坐标与其实测坐标进行比较,得到每个控制点三维坐标测量误差,并统计点位中误差。

图 6.3-16　数码相机标定的实际应用精度检验方法

6.3.3.2　数码影像筛选

根据摄影测量原理,摄影测量精度与影像的空间分辨率成正比,影像的空间分辨率越高,测量精度越高;反之,测量精度越低。而在相机硬件参数固定的条件下,影像的空间分辨率又主要取决于拍摄距离。摄影距离越短,影像空间分辨率越高;反之,影像的空间分辨率越低。为保证近景影像提取水体表面边界的精度,先对所有采集的数码影像进行筛选,即选择近岸的数码影像作为水体表面边界提取的数据源。筛选方案如下:

①根据 GNSS 罗经获得定位数据,解算各数码影像的拍摄中心位置、拍摄方向;

②根据雷达的航行轨迹,以及各数码影像的拍摄位置,估计各数码影像的拍摄物距;

③根据各数码影像的拍摄物距与拍摄方位,结合河道走向方位角,选择近岸且拍摄方位基本垂直于河岸的数码影像,作为有效影像数据源,并对所选影像进行自动分组与编码。

6.3.3.3　多基线序列影像定向

影像定向是摄影测量的关键处理过程,其目标是获取每幅影像拍摄瞬间的空间位置和姿态参数，为从二维影像获取三维欧氏空间信息提供基本的参数。针对无物方控制和缺乏严格像方控制情形，本书设计如下影像定向方法，流程见图 6.3-17。

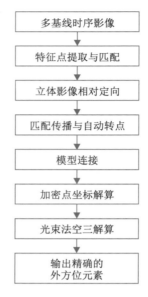

图 6.3-17　影像定向方法

（1）原始影像畸变差校正

由于原始数码影像存在较大的构像畸变差，对其直接进行摄影测量处理将带来较大的定向和定位误差。此外，为提高后续影像处理的效率，首先要根据相机标定得到畸变系数和内方位参数，对原始影像进行畸变校正。影像畸变校正的过程如下：

①生成一张与原始影像同样大小的空白影像 M。

②对原始影像逐个像素进行畸变校正。以行列号为 (i,j) 的像素 P 为例，先根据畸变校正式（6.3-6）计算 P 改正后的行列号 (i',j')，取出像素 P 的灰度值，将其填充到影像 M 行列号为 (i',j')。

$$\begin{cases} \Delta x = (x-x_0)(k_1r^2+k_2r^4+k_3r^6)+p_1(r^2+2(x-x_0)^2)+2p_2(x-x_0)(y-y_0) \\ \Delta y = (y-y_0)(k_1r^2+k_2r^4+k_3r^6)+p_2(r^2+2(y-y_0)^2)+2p_1(x-x_0)(y-y_0) \end{cases}$$

$$(6.3-6)$$

③空白像素插值。

经过第 2 步重采样后，考虑到影像 M 上必然有一些像素依然为空白，采用反距离权法插值出空白像素的灰度值。见图 6.3-18，遍历影像 M 中的每个像素，如当前像素为空白像素，记为 Q，则沿 Q 周围的 8 个方向搜索非空白像素，对每个方向搜索到的有效像素，以它们到 Q 的距离倒数为权值，对它们的灰度值进行加权平均计算，得到像素 Q 的灰度值。

2	3	4
1	当前 像素	5
8	7	6

图 6.3-18 反距离权插值搜索方向

（2）影像特征点提取与匹配

影像特征点提取与匹配将为后续的影像定向处理提供基本数据点，并为后续的影像匹配提供参考。

1）特征点提取

现有的影像特征点提取方法众多，其中 SIFT（Scale Invariant Feature Transform，即尺度不变特征变换）算法具有放缩、旋转和仿射不变性，可以在不同的空间和图像区域中检测到大量的特征点，用于图像的匹配。Lowe 曾做过实验，一幅 500×500 像素的图像中大约检测到了 2000 个特征点。当然特征点的数目也受到图像中景物的影响。这些特征具有尺度和旋转不变性，而且能够克服光照和视角的变换。同时，这种特征还具有较高的辨别能力，有利于后续的影像匹配。SIFT 算法的主要特点是：

①SIFT 特征是图像的局部特征，对旋转、尺度缩放、亮度变化保持不变性，对视角变化、仿射变形、噪声也保持一定程度的稳定性。

②独特性（Distinctiveness）好，信息量丰富，适用于在海量特征数据中进行快速、准确的图像匹配。

③多量性，即使少数的几个物体，也可以产生大量的 SIFT 特征向量。

④高速性，经简化的 SIFT 匹配算法可以达到实时性的要求。

⑤可扩展性，可以很方便地与其他形式的特征向量进行联合。

鉴于以上优势，采用 SIFT 算子提取定向点。常规的 SIFT 特征点提取方法将放大 2 倍后的原始影像作为初始金字塔基准影像，但是将原始影像直接作为基准影像提取的特征点也足以满足影像定向的要求，且可节省 70% 以上计算机内存资源消耗，可大大减少特征点提取与匹配的时间消耗。

2）特征点匹配

SIFT 特征检测完成后，定向点还需要通过特征点匹配得到。SIFT 特征点匹配基于其

128 维向量来进行。见图 6.3-19，为找到左片某点 i 在右片的同名点，计算 A 点与右片所有特征点的欧氏距离式（6.3-7）。

$$D_{ij} = \sqrt{\sum_{k=1}^{128} (t_{ik} - t_{jk})^2}$$

（6.3-7）

式中，t_{ik}——左片 i 点的第 k 个向量值；

t_{jk}——右片 j 点的第 k 个向量值。

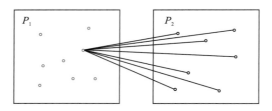

图 6.3-19 SIFT 特征匹配原理

然后找出左片 i 点在右片的最近邻特征点距离（最小距离）与次近邻特征点距离（次小距离）之比 d（即 NN 算法），如果 d 小于设定的阈值（如 0.8），则认为匹配成功。

由于 SIFT 特征向量的维数高达 128 维，因此需要一种高效的数据结构以达到快速搜索的目的，K－D 树（K Dimension Tree，K－D 树中 K 表示为 K 个维度）搜索算法是二叉搜索树的扩展，能避免穷举法的不足而快速找到最近邻点。对于 K－D 树而言，每个节点都代表一个维度的分割，其左子树之节点都小于等于其代表的值，而右子树皆大于其值。若父节点为第 i 个维度的分割，则子节点代表第 $i+1$ 个维度的分割。当一个节点中的点数少于给定的最大点数时，分割结束，K－D 树的时间复杂度为 $O(n \cdot \log n)$，其中 n 为点的个数。

对 K－D 树的数据结构定义如下：

```
struct KD_NODE
{
    int k;/*分叉值索引,取值 1～128 */
    float v;/*分叉值 */
    bool leaf;/*是否为树的叶节点,即最底层 */
    FEATURE* features;/*该节点包含的特征点 */
    int n;/*包含的特征点数量 */
    KD_NODE* kd_left;/*左分叉节点 */
    KD_NODE* kd_right;/*右分叉节点 */
};
```

匹配之前，先建立右影像的特征点 K－D 树，建立步骤如下：

①利用所有特征点（n 个），统计 128 维向量中每一维向量的方差。

$$\sigma_i = \frac{1}{n} \sum_{j=1}^{n} (x_{kj} - mean_j)^2$$

（6.3-8）

式中，x_{kj}——第 k 个特征点的第 i 个维度；

$$mean_j = \frac{1}{n} \sum_{k=1}^{n} x_{kj}.$$

找出 128 维向量中维度方差最大的维号，作为该树节点的 k 值。

②对 n 个 128 维向量按第 k 个维度大小排序。

③取排序后的中位数作为该节点的 v 值，将特征点集分为左、右两部分，左子树节点第 k 个维度小于或者等于 v 值，右子树节点第 k 个维度大于 v 值。

④按步骤 1～3，对树的左、右子节点再进行划分，直到子节点包含的特征点数小于 2。

按照上述步骤建立的 K－D 树是一种平衡二叉树，每个树节点的左、右子节点包含的特征点数大致相同。

小维度的 K－D 树搜索十分高效，但是随着其维度的提高，K－D 树的搜索效率会降低。因此本书采用一种适合高维度空间的搜索方法（Best Bin－First，简称 BBF 方法），对 K－D 树进行最近邻搜索。BBF 搜索算法是在 K－D 树的基础上采用优先队列将节点和被查询节点间的最短距离按递增排序来搜索节点，在沿着某一方向的分支搜索节点时，优先队列将会加入一个成员，该成员记录了对应节点的相关信息，包括此节点在树中的位置信息和该节点到被查询节点间的距离信息，当搜索到叶子节点后删除队列的队首，再搜索包含最近邻节点的其他分支。

BBF K－D 树优化搜索的具体步骤如下。

①初始化优先队列：将 K－D 树的根节点插入队列 P。

②从队列 P 中提取最优元素，作为遍历起始节点 e。从队列中提取第 1 个元素，并从队列中删除该元素，同时将队列的最后一个元素赋为 0 元素，并对队列重新排序，以保证最优元素在队首。

③读取节点 e 的 k_i 与 k_v 值，并与右片特征点的 k_i 维度值 k_v 比较，以判断下一级搜索的节点应该是 e 的左子节点 L 还是右子节点 R，遍历下一级节点的同时，将 e 的左、右子节点中被淘汰的节点存入队列，并且将 e 的 k_v 值与特征点对应维的 k_v 值差值的绝对值作为新队列元素的 key 值，按照 key 大小确定在队列中的插入位置。

④重复步骤 3，直到遍历到叶节点，退出循环。此时，优先队列 P 中加入了一定数量的新成员。

⑤将遍历得到的叶节点对应的特征点按照欧氏距离大小插入特征点数组 B 中，数组 B 中最多只保留 2 个元素。

当数组 B 中元素个数为 0，则直接往数组中插入该特征点，作为第一个数组元素。

当数组 B 中元素个数为 1，则将新特征点到左片特征点的距离与数组中已有特征点到左片特征点的距离进行比较，较小者存为数组的第一个元素，较大者存为数组的第 2 个元素。

当数组 B 中元素个数为 2，则将新特征点到左片特征点的距离与数组中已有 2 个特征点到左片特征点的距离进行比较，设数组 B 中第 1 个特征点到左片特征点的距离为 d_1，第 2 个特征点到左片特征点的距离为 d_2，新特征点到左片特征点的距离为 d_3；如果 $d_3 > d_2$，则不保存新特征点；如果 $d_1 < d_3 < d_2$，则将数组 B 的第 2 个元素替换为新特征点；如果 $d_3 < d_1$，则将数组 B 的第 1 个元素替换第 2 个元素，并将新特征点作为数组 B 的第 1 个元素。

⑥重复步骤 3～5，重新遍历队列 P 中的最优元素，直到循环次数超过设定的限值（如 200 次）。

⑦将得到的特征点数组 B 中第 1 个特征点即最邻近点，第 2 个特征点即次邻近点，按式（6.3-6）计算左片特征点到最邻近点的距离 d_1 和次邻近点的距离 d_2，如果 d_1/d_2 小于设定的阈值（如 0.8），则认为 B 中第 1 个特征点是左片特征点的同名像点，匹配成功。

3）特征点优选

基于 NN 算法的 SIFT 特征点匹配时，d 的阈值很重要，当阈值较高时匹配点对的数量很大，但易产生弱匹配点，减弱主要匹配点对在计算中的权值，从而影响匹配效果和计算速度；当 d 较小时，匹配点对的数量较少，可能会集中在影像的局部区域，影响其他区域的匹配效果。因此，只能选择适中的阈值来进行匹配，在保证特征点达到一定数量的同时，对于匹配中存在的部分粗差点，采用有效的方法予以自动剔除。

利用 BBF K−D 树方法在匹配影像（右影像）中寻找并确定基准影像（左影像）上某 SIFT 特征点 P 的最近邻点 Q；如果再利用 BBF K−D 树方法在左影像中寻找并确定右影像上特征点 Q 的最近邻点也正好是 P，则此时特征点 P 与 Q 满足双向一致性约束条件，将其纳入最佳匹配点集。

基于单一原则约束的误匹配剔除很难奏效，因此研究中采用多原则约束，以保证定向点的正确可靠性，构建最佳匹配点集用于定向计算。

RANSAC（Random Sample Consensus）是根据一组包含异常数据的样本数据集，计算出数据的数学模型参数，得到有效样本数据的算法。它由 Fischler 和 Bolles 最先提出，基本思想是假设样本中包含正确数据（inliers，可以被模型描述的数据），也包含异常数据（Outliers，偏离正常范围很远、无法适应数学模型的数据），即数据集中含有噪声。这些异常数据可能是由错误的测量、错误的假设、错误的计算等产生的。同时 RANSAC 也假设，给定一组正确的数据，存在可以计算出符合这些数据的模型参数的方法。

根据 RANSAC 算法的基本思想，本书设计如下算法，以从最佳匹配点集中筛选出可靠的定向点，以保证得到准确的定向结果。

①构建两个样本集，一个为有效样本集，记为 A，存放有效的相对定向点；另一个为异常样本集，记为 B。

②从不同的匹配点分区中随机选择出 8 对以上点，纳入 A 集，其他样本纳入 B 集。

③利用 A 集中所有匹配点对进行相对定向计算，并统计定向中误差 m。

④将 B 集中匹配点对逐一代入计算出的相对定向模型，计算残差 q，如果 $|q| < 2m$，则将该点对纳入 A 集，并从 B 集中移除。

⑤重新利用 A 集中所有匹配点对进行相对定向计算,并统计新的定向中误差 m。

⑥逐一统计 A 集中所有匹配点对的定向残差 q,如果 $|q|>2m$,则将该点对纳入 B 集,并从 A 集中剔除。

⑦重复步骤③～⑥,直到迭代次数超过设定的限值(如 100 次)或者相对定向中误差 m 小于一定的阈值(如 0.2)。

考虑到传统相对定向算法都采用迭代计算,需要较好的参数初始值估计,并且计算量大,因此该迭代算法中,采用直接法相对定向。相对定向直接解法有两个优点:一是计算不需要未知参数的初始值;二是计算不需要迭代,保证有解。其数学模型为:

$$\begin{bmatrix} y_{L_1}x_{R_1} & y_{L_1}y_{R_1} & -y_{L_1}f & x_{R_1}f & -f^2 & x_{L_1}x_{R_1} & x_{L_1}y_{R_1} & -x_{L_1}f \\ y_{L_2}x_{R_2} & y_{L_2}y_{R_2} & -y_{L_2}f & x_{R_2}f & -f^2 & x_{L_2}x_{R_2} & x_{L_2}y_{R_2} & -x_{L_2}f \\ \vdots & \vdots & \vdots & \vdots & \vdots & \vdots & \vdots & \vdots \\ y_{L_n}x_{R_n} & y_{L_n}y_{R_n} & -y_{L_n}f & x_{R_n}f & -f^2 & x_{L_n}x_{R_n} & x_{L_n}y_{R_n} & -x_{L_n}f \end{bmatrix} \begin{bmatrix} L_1 \\ L_2 \\ \vdots \\ L_8 \end{bmatrix} = \begin{bmatrix} -y_{R_1}f \\ -y_{R_2}f \\ \vdots \\ -y_{R_n}f \end{bmatrix}$$

$$(6.3-9)$$

即

$$A_{n\times 8}X_{8\times 1} = B_{n\times 1} \tag{6.3-10}$$

式中,(x_L,y_L),(x_R,y_R)——定向点对的左、右像片坐标;

f——相机主距;

$L_1 \sim L_8$——直接法相对定向参数。

相应的误差方程式为:

$$V_{n\times 1} = A_{n\times 8}X_{8\times 1} - B_{n\times 1} \tag{6.3-11}$$

未知参数的最小二乘法解为:

$$X = (A^{\mathrm{T}}A)^{-1}A^{\mathrm{T}}B \tag{6.3-12}$$

观测值中误差为:

$$m = \sqrt{\frac{1}{n-8}\sum_{i=1}^{n}V_i^2} \tag{6.3-13}$$

(3)基于 Unit Quaternions 的影像相对定向

经典的相对定向算法中,都是针对拍摄条件较严格(基线分量 B_y、B_z 远小于 B_x,计算时初值当 0 处理。左、右像片相对姿态角接近于 0 的情况),因此对求解系数方程做了大量的约化。而地面近景摄影测量中,很难保证满足这种条件,从而导致相对定向时迭代计算不收敛,或者得不到准确的解算结果。为此,本书将 Pope-Hinsken 算法引入多基线序列影像相对定向中。

Pope 从四维代数出发,提出用 4 个代数参数 a,b,c,d 构成旋转矩阵 R。Hinsken 结合 Pope 的思路导出了一整套算法,即 Pope-Hinsken 算法(简称 P-H 算法)。相对于其他的相对定向方法,P-H 算法具有收敛速度快、收敛能力强的特点。

1）旋转矩阵的确定

设有单位四元数（Unit Quaternions）$q=d+a\mathbf{i}+b\mathbf{j}+e\mathbf{k}$，其中 4 个代数参数满足条件：

$$a^2+b^2+c^2+d^2=1 \tag{6.3-14}$$

设：

$$P=\begin{bmatrix} d & a & b & c \\ -a & d & c & -b \\ -b & -c & d & a \\ -c & b & -a & d \end{bmatrix} \qquad Q=\begin{bmatrix} d & -a & -b & -c \\ a & d & c & -b \\ b & -c & d & a \\ c & b & -a & d \end{bmatrix}$$

可证得上面两个矩阵为正交阵，则：

$$A=PQ=\begin{bmatrix} 1 & 0 & 0 & 0 \\ 0 & & & \\ 0 & & R & \\ 0 & & & \end{bmatrix} \tag{6.3-15}$$

因 $A^{\mathrm{T}}A=Q^{\mathrm{T}}P^{\mathrm{T}}PQ=I_{4\times4}$，可知 $R^{\mathrm{T}}R=I_{3\times3}$，$R$ 为正交阵，其形式为：

$$R=\begin{bmatrix} a^2-b^2-c^2+d^2 & 2(ab+cd) & 2(ac-bd) \\ 2(ab-cd) & -a^2+b^2-c^2+d^2 & 2(bc+ad) \\ 2(ac+bd) & 2(bc-ad) & -a^2-b^2+c^2+d^2 \end{bmatrix} \tag{6.3-16}$$

此 R 矩阵可表示为任何一种旋转状态，因此摄影测量中可引入此矩阵作为旋转矩阵。

P-H 算法的最大特点是在平差计算旋转矩阵时直接估计的参数不是 a、b、c、d，而是另一组参数 $W^{\mathrm{T}}=[W_1 W_2 W_3]$，同时建立了 W 和 a、b、c、d 之间的函数关系。

由于 R 是正交阵，得：

$$RR^{\mathrm{T}}=I_{3\times3} \tag{6.3-17}$$

对式（6.3-17）两边求导，得：

$$\mathrm{d}R\cdot R^{\mathrm{T}}+R\cdot\mathrm{d}R^{\mathrm{T}}=0 \tag{6.3-18}$$

对式（6.3-18）变形后，得：

$$\mathrm{d}R\cdot R^{\mathrm{T}}=-(\mathrm{d}R\cdot R^{\mathrm{T}})^{\mathrm{T}} \tag{6.3-19}$$

由式（6.3-19）可知 $\mathrm{d}R\cdot R^{\mathrm{T}}$ 是反对称矩阵，设：

$$S_W=\mathrm{d}R\cdot R^{\mathrm{T}} \tag{6.3-20}$$

根据反对称矩阵性质，S_w 可写成：

$$S_W=\begin{bmatrix} 0 & w_3 & -w_2 \\ -w_3 & 0 & w_1 \\ w_2 & -w_1 & 0 \end{bmatrix} \tag{6.3-21}$$

将式（6.3-20）两边同时乘以 R，再将等号两边互换得：

$$\mathrm{d}R=S_W\cdot R \tag{6.3-22}$$

对矩阵 R 求导，得：

$$dR = \frac{\partial R}{\partial a}\Delta a + \frac{\partial R}{\partial b}\Delta b + \frac{\partial R}{\partial c}\Delta c + \frac{\partial R}{\partial d}\Delta d = (\frac{\partial R}{\partial a}R^{\mathrm{T}}\Delta a + \frac{\partial R}{\partial b}R^{\mathrm{T}}\Delta b + \frac{\partial R}{\partial c}R^{\mathrm{T}}\Delta c + \frac{\partial R}{\partial d}R^{\mathrm{T}}\Delta d)R$$

$$(6.3\text{-}23)$$

比较式(6.3-20)和式(6.3-21),得:

$$S_w = \frac{\partial R}{\partial a}R^{\mathrm{T}}\Delta a + \frac{\partial R}{\partial b}R^{\mathrm{T}}\Delta b + \frac{\partial R}{\partial c}R^{\mathrm{T}}\Delta c + \frac{\partial R}{\partial d}R^{\mathrm{T}}\Delta d \qquad (6.3\text{-}24)$$

由式(6.3-14)两边求导再经计算可得:

$$\Delta d = -(a \cdot \Delta a + b \cdot \Delta b + c \cdot \Delta c)/d \qquad (6.3\text{-}25)$$

结合式(6.3-19)、式(6.3-22)和式(6.3-23)可得:

$$\begin{bmatrix} w_1 \\ w_2 \\ w_3 \end{bmatrix} = \frac{2}{d}\begin{bmatrix} a^2+d^2 & ab+cd & ac-bd \\ ab-cd & b^2+d^2 & bc+ad \\ ac+bd & bc-ad & c^2+d^2 \end{bmatrix}\begin{bmatrix} \Delta a \\ \Delta b \\ \Delta c \end{bmatrix} \qquad (6.3\text{-}26)$$

令

$$C = \frac{2}{d}\begin{bmatrix} a^2+d^2 & ab+cd & ac-bd \\ ab-cd & b^2+d^2 & bc+ad \\ ac+bd & bc-ad & c^2+d^2 \end{bmatrix} \qquad (6.3\text{-}27)$$

经计算 C 有唯一的逆矩阵:

$$C^{-1} = \frac{1}{2}\begin{bmatrix} d & -c & b \\ c & d & -a \\ -b & a & d \end{bmatrix} \qquad (6.3\text{-}28)$$

可以检验得到:$C^{-1}C = CC^{-1} = I$,由式(6.3-28)且考虑到式(6.3-14)可知,不管 $d,a,b,$ c 取何值,C^{-1} 都存在,因此基于四元数的 P-H 算法可免除奇异情况发生。

由式(6.3-26)可知:

$$\begin{bmatrix} \Delta a \\ \Delta b \\ \Delta c \end{bmatrix} = C^{-1}W = \frac{1}{2}\begin{bmatrix} dw_1-cw_2+bw_3 \\ cw_1+dw_2-aw_3 \\ -bw_1+aw_2+dw_3 \end{bmatrix} \qquad (6.3\text{-}29)$$

计算中不是直接解算 d,a,b,c,而是解算 w_1,w_2,w_3。

2)基于 Unit Quaternions 的连续法相对定向

摄影测量的相对定向是用共面条件来描述的,指左、右像对的同名光线、摄影基线三线共面,用数学模型表示为:

$$F = \begin{vmatrix} B_x & B_y & B_z \\ X_1 & Y_1 & Z_1 \\ X_2 & Y_2 & Z_2 \end{vmatrix} = 0 \qquad (6.3\text{-}30)$$

式中,

$$\begin{bmatrix} X_1 \\ Y_1 \\ Z_1 \end{bmatrix} = R_0 \begin{bmatrix} x_l \\ y_l \\ -f \end{bmatrix} \quad \begin{bmatrix} X_2 \\ Y_2 \\ Z_2 \end{bmatrix} = R \begin{bmatrix} x_r \\ y_r \\ -f \end{bmatrix} \tag{6.3-31}$$

式中，B_x, B_y, B_z——摄影基线的分量；

x_l, y_l——左像片上的像点坐标；

x_r, y_r——右像片上的同名像点坐标；

f——相机主距；

R_0——上一个相邻模型的相对定向元素组成的旋转矩阵，为已知矩阵，如果上一个模型不存在，则 R_0 为单位阵；

R——当前模型定向待求的旋转矩阵。

对式(6.3-28)求导，得：

$$\mathrm{d}F = (Z_1 X_2 - X_1 Z_2)\mathrm{d}B_y + (X_1 Y_2 - Y_1 X_2)\mathrm{d}B_z + \frac{\partial F}{\partial X_2}\mathrm{d}X_2 + \frac{\partial F}{\partial Y_2}\mathrm{d}Y_2 + \frac{\partial F}{\partial Z_2}\mathrm{d}Z_2$$

$$\tag{6.3-32}$$

其中：

$$\frac{\partial F}{\partial X_2} = \begin{vmatrix} B_x & B_y & B_z \\ X_1 & Y_1 & Z_1 \\ 1 & 0 & 0 \end{vmatrix} = B_y Z_1 - B_z Y_1 \tag{6.3-33}$$

$$\frac{\partial F}{\partial Y_2} = \begin{vmatrix} B_x & B_y & B_z \\ X_1 & Y_1 & Z_1 \\ 0 & 1 & 0 \end{vmatrix} = B_z X_1 - B_x Z_1 \tag{6.3-34}$$

$$\frac{\partial F}{\partial Z_2} = \begin{vmatrix} B_x & B_y & B_z \\ X_1 & Y_1 & Z_1 \\ 0 & 0 & 1 \end{vmatrix} = B_x Y_1 - B_y X_1 \tag{6.3-35}$$

对式(6.3-31)求导，得：

$$\begin{bmatrix} \mathrm{d}X_2 \\ \mathrm{d}Y_2 \\ \mathrm{d}Z_2 \end{bmatrix} = \mathrm{d}R \begin{bmatrix} x_r \\ y_r \\ -f \end{bmatrix} \tag{6.3-36}$$

将式(6.3-32)代入上式，且结合式(6.3-31)可得：

$$\begin{bmatrix} \mathrm{d}X_2 \\ \mathrm{d}Y_2 \\ \mathrm{d}Z_2 \end{bmatrix} = S_w R \begin{bmatrix} x_r \\ y_r \\ -f \end{bmatrix} = S_w V \tag{6.3-37}$$

其中：

$$V = \begin{bmatrix} X_2 \\ Y_2 \\ Z_2 \end{bmatrix} \tag{6.3-38}$$

由外矢积定理可得：

$$S_W V = -S_V W \tag{6.3-39}$$

式中，

$$S_V = \begin{bmatrix} 0 & Z_2 & -Y_2 \\ -Z_2 & 0 & X_2 \\ Y_2 & -X_2 & 0 \end{bmatrix} \tag{6.3-40}$$

由此可得：

$$\begin{bmatrix} dX_2 \\ dY_2 \\ dZ_2 \end{bmatrix} = -S_V W = -\begin{bmatrix} 0 & Z_2 & -Y_2 \\ -Z_2 & 0 & X_2 \\ Y_2 & -X_2 & 0 \end{bmatrix} \begin{bmatrix} w_1 \\ w_2 \\ w_3 \end{bmatrix} = \begin{bmatrix} Y_2 w_3 - Z_2 w_2 \\ Z_2 w_1 - X_2 w_3 \\ X_2 w_2 - Y_2 w_1 \end{bmatrix} \tag{6.3-41}$$

于是式(6.3-30)可以简写成线性形式：

$$F = F_0 + dF \tag{6.3-42}$$

将式(6.3-32)至式(6.3-36)代入式(6.3-42)，整理后可得相对定向的观测方程为：

$$F = (Z_1 X_2 - X_1 Z_2)dB_y + (X_1 Y_2 - Y_1 X_2)dB_z +$$

$$[Z_2(B_z X_1 - B_x Z_1) - Y_2(B_x Y_1 - B_y X_1)]w_1 +$$

$$[X_2(B_x Y_1 - B_y X_1) - Z_2(B_y Z_1 - B_z Y_1)]w_2 + \tag{6.3-43}$$

$$[Y_2(B_y Z_1 - B_z Y_1) - X_2(B_z X_1 - B_x Z_1)]w_3 + F_0$$

列出误差方程为：

$$V = A_{n \times 5} X_{5 \times 1} - L_{n \times 1} \tag{6.3-44}$$

其中：

$$X = \begin{bmatrix} B_y & B_z & w_1 & w_2 & w_3 \end{bmatrix}^T, L = \begin{bmatrix} F_{01} & F_{02} & \cdots & F_{0n} \end{bmatrix}^T$$

计算时，给定初值 $a = b = c = 0, d = 1, Bx = $ 常数，按照式(6.3-16)构建旋转矩阵 R，得到 w_1, w_2, w_3 后，计算 a, b, c 的改正数：

$$\begin{bmatrix} \Delta a \\ \Delta b \\ \Delta c \end{bmatrix} = \frac{1}{2} \begin{bmatrix} dw_1 - cw_2 + bw_3 \\ cw_1 + dw_2 - aw_3 \\ -bw_1 + aw_2 + dw_3 \end{bmatrix} \tag{6.3-45}$$

$$\Delta d = -(a \cdot \Delta a + b \cdot \Delta b + c \cdot \Delta c)/d \tag{6.3-46}$$

将 a, b, c 加上相应的改正数得到新值，然后计算新的 d 值，考虑到四元数满足：$a^2 + b^2 + c^2 + d^2 = 1$，所以：

$$d = \begin{cases} \sqrt{1-a^2-b^2-c^2} & (1-a^2-b^2-c^2 \geqslant 0) \\ d + \Delta d & (1-a^2-b^2-c^2 < 0) \end{cases} \tag{6.3-47}$$

得到新的四元数 a,b,c,d 后重新构建旋转矩阵，重新迭代计算，直到未知参数的变化小于设定阈值。

最后得到相对定向角元素可由旋转矩阵 R 算出：

$$\varphi = -\tan^{-1}(R(1,3)/R(3,3))$$
$$\omega = -\sin^{-1}(R(2,3)) \tag{6.3-48}$$
$$\kappa = \tan^{-1}(R(2,1)/R(2,2))$$

3）相对定向的传递

设多基线序列影像从左至右编号为 $(P_1,P_2,\cdots,P_n)$，首先对 P_1、P_2 进行相对定向，定向时左片的旋转矩阵为 R_0 单位阵，按照上述算法，根据相对定向元素得到右片旋转矩阵 R_1；然后对 P_2、P_3 进行相对定向，定向时，将左片 P_2 的旋转矩阵为 R_1 代入式(6.3-28)，计算 P_3 的旋转矩阵；依此类推，下一个模型相对定向始终用上一个模型的相对定向角元素来组成左片旋转矩阵，保证所有模型坐标系相互平行。

（4）自动转点与模型连接

模型拼接的目的是将相对定向建立的各个独立模型拼接成一个整体模型。常用的方法是选择第一个模型作为基准模型，其他模型依靠公共连接点逐个进行空间相似变换，即经旋转、平移、缩放后与基准模型或上一个相邻模型配准，最终拼接成一个整体模型。

前一节所述的相对定向方法中，各像对定向时选用的像空间辅助坐标系均以序列影像中第一幅影像的像空间坐标系为基准，每个模型的像空间辅助坐标系坐标轴保持彼此平行，因此模型拼接时不用考虑坐标系三轴旋转。但是，每个模型的坐标系原点为立体像对中的左片投影中心，因此各坐标系之间存在 X,Y,Z 3 个方向的平移。此外，每个模型定向时选用的基线长度固定不变，但实际摄影时不同像对的基线长度不同，因此模型拼接还需要考虑缩放。综上所述，模型拼接工作可分为两个步骤来完成，首先要选择模型连接点，然后计算出坐标系统变换参数，对模型进行缩放和平移。

1）模型连接点自动获取

模型连接点的作用是用来计算相邻相对定向模型空间坐标系之间的缩放系数和平移参数，因此模型连接点至少要出现在相邻两个模型中，即同时出现在相邻的 3 幅影像中。模型连接点的查找就是搜索影像三度重叠区的同名像点。

不同像对的相对定向点中，存在一定数量的模型连接点。由于定向点是通过立体匹配而不是多片匹配产生的，因此这些模型连接点还必须通过进一步搜索来确定。

模型连接点的数量和分布将影响模型连接的精度，为此，对从相对定向点中产生模型连接点，还需进一步处理。首先，为保证分布均匀，根据相对定向点的视差判断大致的影像三度重叠区，然后将影像三度重叠区划分为 6 个格网区域，见图 6.3-20。设定每个区域最少连

接点数限值 n_1 和最多连接点数限值 n_2，判断子区域 R 的连接点数量 k，如果 $k > n_2$，则进一步优选，保留其中 n_2 个；如果 $n < n_1$，则利用前一个像对的相对定向点自动到第三张影像上匹配同名点。具体算法如下：

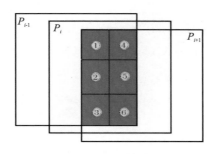

图 6.3-20 模型连接点分区

①读取子区域 R 内像对 $P_{i-1} \sim P_i$ 的相对定向点。

②对像对 $P_{i-1} \sim P_i$ 的一对相对定向点 p, q（图 6.3-21），在像对 $P_i \sim P_{i+1}$ 相对定向点中查找像片 P_i 中离 q 点最邻近的 4 个点 a, b, c, d 及其在 P_{i+1} 中的同名点 a', b', c', d'。

③根据透视变化方程计算 a, b, c, d 到 a', b', c', d' 的透视变换系数。

④通过透视变换，计算 q 点在影像 P_{i+1} 中的预测位置 q'。

⑤根据 q 点坐标以及 $P_i \sim P_{i+1}$ 的相对定向元素，生成通过 q 点的核线 l_1 和右片同名核线 l_2。

⑥将 q' 点 x 坐标代入 l_2 方程，计算 y 坐标，沿 l_2 核线在以 (x, y) 为中心的搜索区间内，采用相关系数法匹配出 q 的同名点。

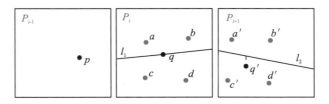

图 6.3-21 模型连接点搜索

2）模型自动拼接

首先，计算连接点在左模型和右模型中的模型坐标，再通过以下公式计算相邻模型的比例系数：

$$\lambda = \frac{1}{n-1} \sum_{i=1}^{n-1} \sqrt{\frac{(X_{i+1} - X_i)^2 + (Y_{i+1} - Y_i)^2 + (Z_{i+1} - Z_i)^2}{(\widetilde{X}_{i+1} - \widetilde{X}_i)^2 + (\widetilde{Y}_{i+1} - \widetilde{Y}_i)^2 + (\widetilde{Z}_{i+1} - \widetilde{Z}_i)^2}} \tag{6.3-49}$$

式中，X_i, Y_i, Z_i——第 i 个连接点在左模型中的模型坐标；

$\widetilde{X}_i, \widetilde{Y}_i, \widetilde{Z}_i$——第 i 个连接点在右模型中的模型坐标。

设定 $\lambda_1 = 1$，则各模型统一比例系数为：

$$\lambda'_i = \prod_{j=1}^{i} \lambda_j \qquad (6.3\text{-}50)$$

然后，根据式(6.3-50)计算出统一的模型系数，对模型基线进行修正：

$$B'_{x(i)} = \lambda'_i B_{x(i)}, B'_{y(i)} = \lambda'_i B_{y(i)}, B'_{z(i)} = \lambda'_i B_{z(i)} \qquad (6.3\text{-}51)$$

$B_{x(i)}, B_{y(i)}, B_{z(i)}$ 为第 i 个模型相对定向时计算得到的基线向量，$B'_{x(i)}, B'_{y(i)}, B'_{z(i)}$ 为统一比例尺后的第 i 个模型基线向量。

则模型 i 的坐标系平移参数 $\Delta X_i, \Delta Y_i, \Delta Z_i$ 为：

$$\begin{cases} \Delta X_i = \sum_{j=1}^{i-1} B'_{x(j)} \\[2mm] \Delta Y_i = \sum_{j=1}^{i-1} B'_{y(j)} \\[2mm] \Delta Z_i = \sum_{j=1}^{i-1} B'_{z(j)} \end{cases} \qquad (6.3\text{-}52)$$

$$\Delta X_1 = 0, \Delta Y_1 = 0, \Delta Z_1 = 0$$

按照上述步骤计算得到的缩放系数先对模型进行缩放，然后按照坐标系平移参数对模型坐标系进行平移，即可将各相对定向模型统一到同一坐标系统，完成模型连接。

3）模型连接精度评价方法

将上述得到的模型平移参数 $\Delta X_i, \Delta Y_i, \Delta Z_i$ 作为第 $i+1$ 张像片的外方位线元素，并用第 i 个模型的相对定向角元素作为第 $i+1$ 张像片的外方位角元素，构成第 $i+1$ 幅影像的旋转矩阵。通过双像前方交会，计算模型连接点在相邻模型之间的模型坐标，再通过计算模型点之间距离相对误差来统计模型连接误差，具体公式如下：

$$\delta = \frac{1}{n-1} \sum_{i=1}^{n-1} \frac{|d_{i,i+1} - \tilde{d}_{i,i+1}|}{(d_{i,i+1} + \tilde{d}_{i,i+1})/2} = \frac{1}{M} \qquad (6.3\text{-}53)$$

式中，$d_{i,i+1}$——根据左模型坐标计算得到的第 i 个模型点到第 $i+1$ 个模型点的空间距离；

$\tilde{d}_{i,i+1}$——根据左模型坐标计算得到空间距离；

n——模型连接点数。

最终把误差写成整数 M 分之一的形式来表达。

（5）整体模型概略绝对定向

模型连接后，各相对对象模型被拼接成一个整体模型，但是该模型坐标系为自由坐标系，要将其变换到地面坐标系，还需要进行绝对定向。绝对定向，即通过将相对定向建立的立体模型进行缩放、旋转和平移，使其达到绝对位置。

常规的绝对定向，需要根据 3 个以上地面控制点，计算控制点的模型坐标，再与其对应的地面坐标建立联系,通过式(6.3-54)所示的刚性变换模型来平差解算 7 个空间相似变换参数,记为:$\lambda,\varphi,\omega,X_0,Y_0,Z_0$。

$$
\begin{bmatrix} X_{tp} \\ Y_{tp} \\ Z_{tp} \end{bmatrix} = \lambda R \begin{bmatrix} X_p \\ Y_p \\ Z_p \end{bmatrix} + \begin{bmatrix} X_0 \\ Y_0 \\ Z_0 \end{bmatrix} \tag{6.3-54}
$$

式中,X_{tp}、Y_{tp}、Z_{tp}——控制点地面坐标;

X_p,Y_p,Z_p——控制点的模型坐标;

λ——模型缩放系数;

X_0,Y_0,Z_0——模型坐标系统平移量;

R——旋转矩阵,由 3 个独立角元素 λ,φ,ω 组成,其 9 个元素表示为:

$$
R = \begin{bmatrix} a_1 & a_2 & a_3 \\ b_1 & b_2 & b_3 \\ c_1 & c_2 & c_3 \end{bmatrix}, \begin{cases} a_1 = \cos\varphi\cos k + \sin\varphi\sin\omega\sin k \\ a_2 = -\cos\omega\sin k \\ a_3 = -\sin\varphi\cos k + \cos\varphi\sin\omega\sin k \\ b_1 = \cos\varphi\sin k - \sin\varphi\sin\omega\cos k \\ b_2 = \cos\omega\cos k \\ b_3 = -\sin\varphi\sin k - \cos\varphi\sin\omega\cos k \\ c_1 = \sin\varphi\cos\omega \\ c_2 = \sin\omega \\ c_3 = \cos\varphi\cos\omega \end{cases} \tag{6.3-55}
$$

在本书中,由于无法布设物方控制点,因此不能采用常规的绝对定向方法。为解决无控制点的绝对定向问题,本书充分利用罗经测量数据,将整体模型纳入地面坐标系。将罗经测量数据解算得到的影像外方位线元素与模型连接后建立的影像外方位元素建立联系,代入空间相似变换模型,并对其进行线性化,得到式(6.3-56)。

$$
F = F^0 + \frac{\partial F}{\partial \lambda}\Delta\lambda + \frac{\partial F}{\partial \Phi}\Delta\Phi + \frac{\partial F}{\partial \Omega}\Delta\Omega + \frac{\partial F}{\partial K}\Delta K + \frac{\partial F}{\partial X_0}\Delta X_0 + \frac{\partial F}{\partial Y_0}\Delta Y_0 + \frac{\partial F}{\partial Z_0}\Delta Z_0
$$

$$\tag{6.3-56}$$

给定 7 个参数初值后,建立误差方程,写成矩阵形式为:

$$
\begin{bmatrix} V_X \\ V_Y \\ V_Z \end{bmatrix} = \begin{bmatrix} 1 & 0 & 0 & X' & -Z' & 0 & -Y' \\ 0 & 1 & 0 & Y' & 0 & -Z' & X' \\ 0 & 0 & 1 & Z' & X' & Y' & 0 \end{bmatrix} \begin{bmatrix} \Delta X_0 \\ \Delta Y_0 \\ \Delta Z_0 \\ \Delta\lambda \\ \Delta\Phi \\ \Delta\Omega \\ \Delta K \end{bmatrix} - \begin{bmatrix} I_X \\ I_Y \\ I_Z \end{bmatrix} \tag{6.3-57}
$$

再通过最小二乘法迭代求解，得到绝对定向元素稳定解。算法流程如下。

①影像外方位元素数据获取：获取罗经测量得到的影像外方位线元素 X_{ts}，Y_{ts}，Z_{ts}；以及模型连接后的影像外方位线元素 X_{ps}，Y_{ps}，Z_{ps}。

②坐标系统转换：将罗经测量影像外方位线元素由大地坐标系转换为地面坐标系后，计算地面坐标系统与模型坐标系的 X 轴夹角。根据该夹角，将地面坐标系统旋转至与模型坐标系平行，并保存坐标转换参数。

③将影像外方位线元素地面坐标与模型坐标分别进行重心化。

④给定相似变换 7 个参数的初值 $\lambda=1$，$\Phi=\Omega=K=0$，$X_0=Y_0=Z_0=0$。

⑤计算式(6.3-57)所示误差方程式的系数和常数项。

⑥解法方程，求相似变换参数改正数。

⑦将相似变换参数改正数与初值相加，得到相似变换参数的新值。

⑧判断迭代是否收敛。如不收敛，将新的相似变换参数作为新的初值，重复步骤⑤～⑧，直到收敛。

⑨输出绝对定向元素。

（6）罗经位置参数约束的光束法空三测量

光束法空中三角测量以中心投影的共线方程作为平差的基础方程，通过各光线束在空间的旋转和平移，使模型之间的公共光线实现最佳交会，将整体区域最佳地纳入控制点坐标系中，从而解算像片精确的外方位元素，见图 6.3-22。

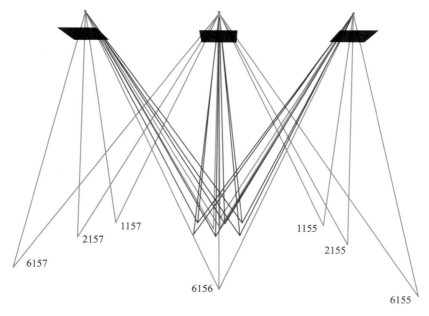

图 6.3-22　多基线影像空三

1)未知参数初值估计

由于模型连接点只考虑三度重叠的定向点,为提高光束法平差的可靠性,在这些连接点的基础上,按照前述的模型连接点查找方法,继续从相对定向点集中找出可能存在 4°、5° 或者更多度重叠的匹配点,并剔除重复的点,作为光束法中的加密点。

采用多像片前方交会算法,计算模型连接点的模型坐标,模型坐标重心化后,再根据绝对定向元素,按照式(6.3-54),计算模型连接点的物方坐标初值。

影像外方位元素初始值可以通过相对定向元素和绝对定向元素计算得到。相对定向模型连接后,统一比例尺后的第 i 个模型基线向量为 $B'_{x(i)}, B'_{y(i)}, B'_{z(i)}$,第 i 个模型的相对定向角元素为 φ, ω, κ,则模型右像片,即第 $i+1$ 幅影像的外方位线元素为:

$$\begin{bmatrix} X_{s(i+1)} \\ Y_{s(i+1)} \\ Z_{s(i+1)} \end{bmatrix} = \begin{bmatrix} X_{s(i)} \\ Y_{s(i)} \\ Z_{s(i)} \end{bmatrix} + \lambda R \begin{bmatrix} B'_{x(i)} \\ B'_{y(i)} \\ B'_{z(i)} \end{bmatrix} + \begin{bmatrix} \Delta X \\ \Delta Y \\ \Delta Z \end{bmatrix} \tag{6.3-58}$$

式中,$X_{s(i)}, Y_{s(i)}, Z_{s(i)}$——第 i 幅影像的外方位线元素;

R——由绝对定向角元素组成旋转矩阵;

λ——绝对定向模型缩放系数;

$\Delta X, \Delta Y, \Delta Z$——模型绝对定向平移参数。

第 1 幅影像的外方位线元素为:

$$\begin{bmatrix} X_{s(1)} \\ Y_{s(1)} \\ Z_{s(1)} \end{bmatrix} = \lambda R \begin{bmatrix} -X_g \\ -Y_g \\ -Z_g \end{bmatrix} + \begin{bmatrix} \Delta X \\ \Delta Y \\ \Delta Z \end{bmatrix} \tag{6.3-59}$$

式中,X_g, Y_g, Z_g——模型重心坐标。

第 1 幅影像的外方位角元素组成的旋转矩阵为:

$$R_1 = R \tag{6.3-60}$$

第 $i+1$ 幅影像的外方位角元素组成的旋转矩阵为:

$$R_{i+1} = R \cdot \widetilde{R}_i \tag{6.3-61}$$

式中,$\widetilde{R}_i$——第 i 个模型的相对定向角元素确定的旋转矩阵。

得出各像片旋转矩阵后,反算外方位角元素:

$$\varphi = -\tan^{-1}(R_{1,3}/R_{3,3}), \omega = -\sin^{-1}(R_{2,3}), \kappa = \tan^{-1}(R_{2,1}/R_{2,2}) \tag{6.3-62}$$

2)自由网平差模型建立

在无控制点的情况下,对于 p 张像片,m 个待定点,各观测值之间视为等权,像点误差方程如下:

$$\begin{cases} 第一幅像片：V_{11}=A_1T_1+B_1X-l_1 \\ 第二幅像片：V_{21}=A_2T_2+B_2X-l_2 \\ \vdots \\ 第\ P\ 幅像片：V_{P1}=A_PT_P+B_PX-l_P \end{cases}$$

误差方程系数矩阵基本形式为：

$$[V]=\begin{bmatrix} A_{11} & & B_{11} & \\ A_{12} & & & B_{12} \\ \vdots & & & \cdots \\ A_{1m} & & & B_{1m} \\ & A_{21} & B_{21} & \\ & A_{22} & & B_{22} \\ & \vdots & & \cdots \\ & A_{2m} & & B_{2m} \\ \cdots & \cdots & \cdots & \cdots \\ & A_{p1} & B_{p1} & \\ & A_{p2} & & B_{p2} \\ & \vdots & & \cdots \\ & A_{pm} & & B_{pm} \end{bmatrix} \begin{bmatrix} \Delta X_{s1} \\ \Delta Y_{s1} \\ \Delta Z_{s1} \\ \Delta \varphi_1 \\ \Delta \omega_1 \\ \Delta \kappa_1 \\ \vdots \\ \Delta X_{SP} \\ \Delta Y_{SP} \\ \Delta Z_{SP} \\ \Delta \varphi_P \\ \Delta \omega_P \\ \Delta \kappa_P \\ \Delta X_1 \\ \Delta Y_1 \\ \Delta Z_1 \\ \vdots \\ \Delta X_m \\ \Delta Y_m \\ \Delta Z_m \end{bmatrix} \begin{bmatrix} l_{11} \\ l_{12} \\ \vdots \\ l_{1m} \\ l_{21} \\ l_{22} \\ \vdots \\ l_{2m} \\ \vdots \\ l_{p1} \\ l_{p2} \\ \vdots \\ l_{pm} \end{bmatrix}$$

式中，A_{ij}——像片外方位元素改正数的系数矩阵，矩阵大小为 2×6；

B_{ij}——待定点坐标改正数的系数矩阵，大小为 2×3。

误差方程中，未知数个数包括 $6p$ 个外方位改正参数和 $3m$ 个待定点改正参数。由于没有控制点的起算数据，光束法平差就变成一个独立坐标系的自由网空间定位问题，且其法方程的系数矩阵是奇异的，秩亏数为 7，7 个自由度分别是 3 个平移量、3 个旋转角元素和 1 个比例尺缩放系数。

自由网平差的常用解法有广义逆法、直接解法、伪观测值法，各种解法都需要用到附加条件来解决法方程的秩亏问题。但是，为提高解算精度，附加何种限制条件？ 光束法大规模矩阵运算，如何优化计算，减少迭代次数，提高效率？ 这是秩亏自由网平差面临的两大问题。

3）附加条件选择

为解决秩亏问题，得到未知参数的唯一最优解，根据罗经测量得到的影像外方位线元素，将其改正数的最小范数作为附加条件，进行自由网拟稳平差。影像外方位线元素改正数的最小范数条件为以下 7 个：

$$\begin{cases} \sum_{i=1}^{k} \Delta X_{si} = 0 \\ \sum_{i=1}^{k} \Delta Y_{si} = 0 \\ \sum_{i=1}^{k} \Delta Z_{si} = 0 \\ \sum_{i=1}^{k} (X_{si} \Delta Z_{si} - Z_{si} \Delta Y_{si}) = 0 \\ \sum_{i=1}^{k} (Z_{si} \Delta X_{si} - X_{si} \Delta Z_{si}) = 0 \\ \sum_{i=1}^{k} (X_{si} \Delta Y_{si} - Y_{si} \Delta X_{si}) = 0 \\ \sum_{i=1}^{k} (X_{si} \Delta X_{si} + Y_{si} \Delta Y_{si} + Z_{si} \Delta Z_{si}) = 0 \end{cases} \qquad (6.3\text{-}63)$$

式中，X_{si}, Y_{si}, Z_{si}——罗经测量得到的第 i 幅影像的外方位线元素值；

$\Delta X_{si}, \Delta Y_{si}, \Delta Z_{si}$——相应的外方位线元素改正数。

式(6.3-63)中前 3 个条件要求优选点的地面坐标改正数的总和为 0，即平差后这些优选点的重心位置保持不变。式(6.3-63)4～6 个条件确定了像片外方位元素的微小旋转，而条件式(6.3-63)最后一个条件确定了模型比例尺。

根据以上条件，得到附加条件的误差方程系数矩阵为：

$$G_{7 \times n}^{T} = \begin{bmatrix} 1 & 0 & 0 & \cdots & 0 & 0 & 0 & \cdots \\ 0 & 1 & 0 & \cdots & 0 & 0 & 0 & \cdots \\ 0 & 0 & 1 & \cdots & 0 & 0 & 0 & \cdots \\ 0 & -Z_i & Y_i & \cdots & 0 & 0 & 0 & \cdots \\ Z_i & 0 & -X_i & \cdots & 0 & 0 & 0 & \cdots \\ -Y_i & X_i & 0 & \cdots & 0 & 0 & 0 & \cdots \\ X_i & Y_i & Z_i & \cdots & 0 & 0 & 0 & \cdots \end{bmatrix}$$

外方位改正数系数　待定点改正数系数

平差时，以上最小范数附加条件仅仅增加了 7 个误差方程，与虚拟观测方程解法相比，速度上有明显优势。虚拟观测方程形式见式(6.3-64)，对于 k 幅影像，需要增加 $3k$ 个误差方程。

$$\begin{bmatrix} V_{X_s} \\ V_{Y_s} \\ V_{Z_s} \end{bmatrix} = \begin{bmatrix} X_s + \Delta X_s \\ Y_s + \Delta Y_s \\ Z_s + \Delta Z_s \end{bmatrix} - \begin{bmatrix} X_{s0} \\ X_{s0} \\ X_{s0} \end{bmatrix} = \begin{bmatrix} \Delta X_s \\ \Delta Y_s \\ \Delta Z_s \end{bmatrix} - \left(\begin{bmatrix} X_{s0} \\ X_{s0} \\ X_{s0} \end{bmatrix} - \begin{bmatrix} X_s \\ Y_s \\ Z_s \end{bmatrix} \right) \qquad (6.3\text{-}64)$$

6.3.3.4　基于数码影像的三维水体表面边界提取

采用传统摄影测量方法时，水体表面边界等地形要素 DLG 生成主要采用影像的立体测图模式。近景影像立体测图是在获得像片定向参数的前提下，生成水平核线影像，在专业立体显卡、立体眼镜和手轮、脚盘等硬件支持下，通过立体显示技术对逐个核线像对进行立体量测和解译。立体量测时需要不断调整手轮脚盘以逐点消除像点左、右视差，每个像对量测完成后还需要拼接处理，对测图人员专业技能要求较高，再考虑到影像数量众多，因此立体测图工作量巨大，效率也非常低。

考虑到水边线极不规则且受水面波动影响而动态变化，存在树体或芦苇遮盖、码头、崩岸、浅水淤泥滩、陡坡等各种复杂情形，难以实现自动化精确提取，采用人/机辅助方式，提取水体表面边界。同时，为尽量减少人工干预，提高水体表面边界提取效率，借助数字影像匹配技术，设计一种高效的水体表面边界提取方法，流程见图 6.3-23。

①水边线勾绘：采用人机辅助方式，人为选定少量影像，在选择的影像中勾绘出水边线。

②水边线立体匹配：在影像序列中，自动搜索勾绘水边线影像的左、右相邻立体影像，通过数字影像匹配，在 2 幅相邻影像中匹配出同名水边线。

③水边线匹配传播：通过匹配传播，在所有多基线影像序列中搜索出同名水边线。

④采用光束法空三得到的影像外方位元素，经多像前方交会平差解算，得到水边线各关键节点的三维空间坐标。

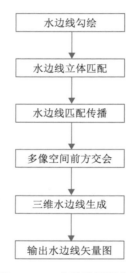

图 6.3-23 水边线提取方法

⑤生成三维水边线，并根据各水边线空间坐标，对水边线进行连接，生成完整的水边线；根据水边线高程相等条件，对三维水边线中的粗差点进行剔除；剔除水边线中的冗余数据点。

⑥将完整的水边线输出为图形交换格式 dxf。

该方法中，关键环节是高程约束的水边线立体匹配和水边线匹配传播，具体方法如下所述。

（1）水边线立体匹配

影像立体匹配技术是数字摄影测量的关键技术，也是摄影测量领域持续研究的热点。

目前,存在多种多样的立体影像匹配方法,但考虑到立体匹配的病态问题,没有任何一种方法能适合所有的场合。各匹配方法中,概率松弛匹配充分利用了匹配点集的整体约束来提高匹配的可靠性。但是,传统概率松弛匹配方法应用于普通数码影像时,在匹配候选点确定、概率初值设置、约束范围和搜索范围确定等方面都存在问题,导致匹配难以成功。为解决这一问题,并使得匹配方法适合线状目标的匹配,本书提出一种改进的概率松弛匹配算法,如下所述。

1)初始稀疏匹配的构建

足够数量的正确初始匹配点,将为下一级匹配加密提供良好的基准和约束条件,从而在一定程度上影响着最终密集匹配的难度和质量。影像定向点是经过优选的可靠初始匹配点集,为此,将其作为初始匹配点并构建初始匹配三角网,用于概率松弛匹配候选点的估计。

2)匹配候选点的生成

①水边线匹配候选点提取(图6.3-24)。先在待匹配影像中,将水边线以设定的步长 D_x 分成若干区间,在每个区间提取 Forstner 特征点。

图 6.3-24　水边线特征点提取

为了克服对阈值的依赖,保证每个区间基本都能找到特征点,在 Forstner 特征点提取时,计算像素(c,r)在上、下、左、右 4 个方向的 Robert's 梯度绝对值 $\Delta g_1,\Delta g_2,\Delta g_3,\Delta g_4$:

$$\begin{cases} \Delta g_1 = \left| g_{c+1,r} - g_{c,r} \right| \\ \Delta g_2 = \left| g_{c,r+1} - g_{c,r} \right| \\ \Delta g_3 = \left| g_{c,r-1} - g_{c,r} \right| \\ \Delta g_4 = \left| g_{c,r-1} - g_{c,r} \right| \end{cases} \qquad (6.3\text{-}65)$$

如果 4 个灰度差分绝对值全部小于 20(像素取值区间为 0～255),则像素(c,r)的兴趣值置为 -1,否则,直接计算协方差矩阵 N 和兴趣值,计算公式为:

$$T_w = \begin{cases} 0 & (tr(N)=0) \\ \dfrac{Det(N)}{tr(N)} & (tr(N)\neq 0) \end{cases} \qquad (6.3\text{-}66)$$

对于每个 D_x 步长的区间,取一个兴趣值最大且大于 0 的点作为特征点。

②特征点邻近初始匹配点的搜索。邻近点搜索需要遍历所有点,计算距离并按照距离排序,找出距离最小的 n 个点,计算量巨大。为提高邻近点搜索效率,先将初始匹配点进行分区(图6.3-25),记录每个特征点的分区号。按照点的数量和分布范围大小,自动计算矩形分区大小。

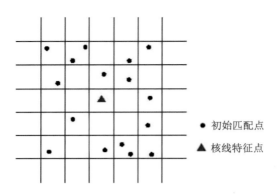

图 6.3-25　邻近区间查找

邻近点查找时,首先根据特征点的坐标确定特征点所在的分区;然后在它的邻近区间内找出一定数量(如 6 个)的初始匹配点,如果数量不足,则不断扩大范围,在次邻近区间继续查找。

③特征点视差估计。计算特征点到邻近初始匹配点之间的距离,以及邻近初始匹配点的视差,通过反距离权插值得到特征点的视差估计值。

④特征点的匹配候选点生成。对于左片核线上每一个特征点,根据估计的视差范围,在右片预测位置沿核线开辟一个区间(图 6.3-26),沿核线范围为 $[-R,R]$,偏离核线范围为 $[-T,T]$,将区间沿核线分成 n 个子区间,R 取 2 倍邻近点的视差方差,T 取 1～3,并在每个子区间里找出与左片像点相关系数最大且大于设定阈值的点,作为左片特征点的匹配候选点。因此,左片每个特征点对应的候选点数量可能不同。

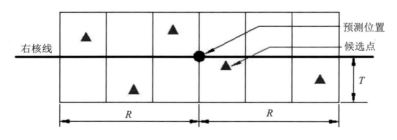

图 6.3-26　匹配候选点的生成

3)候选点的概率松弛迭代

①初始概率值的确定。计算左片每个特征点与其候选匹配点的相关系数 ρ_{ij},j 的取值区间为 $[1,n_i]$,n_i 为左片特征点 i 的候选匹配点数。将 $p_{ij}^{(0)}=\rho_{ij}/\sum\limits_{k=1}^{n_i}\rho_{ik}$ 作为每个候选匹配点的初始概率。

②候选匹配点的概率增量计算。找出左片特征点 i 的 m 个相邻特征点 h,h 的取值区间为 $[1,m]$,计算左片每个相邻特征点的贡献值:

$$T_h = \sum_{k=1}^{n_h} \left[c(i,j;h,k) \times p_{hk}^{(r)} \right] \tag{6.3-67}$$

式中，$c(i,j,h,k) = \dfrac{1}{A+B \mid V_{ij} - V_{hk} \mid}$，其中，$A$，$B$ 为相容系数的调整参数，通常取 1。$V_{ij} = xl_i - xr_j$，V_{ij} 为左片 i 点与右片 j 点的左右视差。

n_h——左片特征点 h 的候选匹配点数。

r——迭代次数。

$p_{hk}^{(r)}$——第 r 次迭代中左片特征点 h 与其右片候选匹配点之间的概率值。

进而，计算左片特征点 i 与其候选匹配点 j 的概率增量：

$$q_{ij}^{(r)} = \frac{1}{m-1} \sum_{\substack{h=1 \\ h \neq i}}^{m} T_h \tag{6.3-68}$$

依此计算左片所有特征点与其每个候选匹配点的概率增量 q 值，共得到 $\sum\limits_{i=1}^{m} n_i$ 个概率增量。

③候选匹配点的新概率值计算。根据上一次计算得到的概率值及其概率增量，按照式(6.3-68)，计算左片特征点 i 与其右片上每一个匹配候选点 j 的新概率值，j 取值区间为 $[1,n_i]$。

$$p_{ij}^{(r+1)} = \frac{p_{ij}^{(r)} \times (q_{ij}^{(r)} + 1)}{\sum\limits_{k=1}^{n_i} p_{ik}^{(r)} \times (q_{ik}^{(r)} + 1)} \tag{6.3-69}$$

由于计算 i 与 j 点的新概率值时，需要用到 i 与其他候选点的上一次的概率值，因此要等 i 所有候选点的新概率值计算完毕后，才能更新候选点的概率值。依此计算出左片上所有特征点与其右片对应匹配候选点的新概率值。

④概率增量和概率值迭代计算。重复步骤②～④，迭代计算左片所有特征点的每个候选匹配点的概率增量和概率值，直到迭代次数超过设定的阈值，如 50 次。

⑤正确匹配点的确定。迭代完成后，对于左片特征点 i，得到它的 n_i 个候选点的概率值 P_j，$j=[1,n_i]$。找出最大的概率值 Max_P，如果 Max_P 大于设定的阈值，如 0.8，则认为匹配成功，最大概率值出现的候选点即为 i 的同名点。依此方法找出左片所有匹配成功的特征点及其同名像点。

(2)水边线匹配传播

对于水边线上的每一对立体匹配点，根据像片外方位元素，经过前方交会得出它的物方空间坐标，再根据第 3 张影像的外方位元素，代入共线方程，得到该对同名像点在第三张影像上的估计位置(图 6.3-27)，以该估计位置为中心，沿核线建立一个长度为 $2r$、偏离核线 2～3 像素的矩形窗口，在该窗口内，将相关系数大于设定阈值的点作为匹配候选点，然后将第二张影像的点和第三张影像的候选匹配点进行概率松弛迭代。

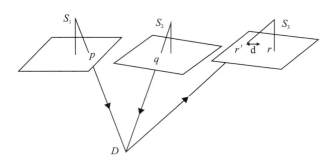

图 6.3-27　多基线影像匹配传播

两张影像匹配时,为避免单点匹配的歧义性,概率松弛匹配应充分利用匹配点之间的视差约束,来提高基于相似性测度的匹配可靠性,但是其匹配过程需要经过反复的迭代,计算量较大。而在影像存在多重覆盖的情况下,多像之间的空间约束关系也是可利用的匹配约束条件。为此,提出一种基于多像约束的匹配新方法,用以对初始稀疏匹配进行加密。其步骤如下:

1)匹配候选点的构建

如图 6.3-28 所示,对于像片 1 的某特征点 M,先在第二幅影像和第三幅影像上,根据估计的视差,沿核线搜索出若干可能的匹配候选点。设在像片 2 中沿核线搜索的候选点为 P_1、P_2、P_3、P_4,在像片 3 中沿核线搜索的候选点为 Q_1、Q_2、Q_3、Q_4。

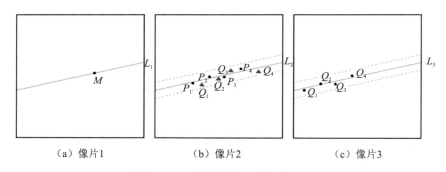

（a）像片1　　　　　（b）像片2　　　　　（c）像片3

图 6.3-28　多像约束下的影像匹配

2)准匹配点的物方坐标估计

考虑到像片 1～3 基线比像片 1～2 基线长,前方交会精度更高,因此利用像片 1、3,通过前方交会计算出像片 3 上所有候选点的 X,Y,Z 三维坐标。

3)基于最小投影误差的准匹配点筛选

将像片 3 上每个候选点的三维坐标代入共线方程,根据像片 2 的旋转矩阵和外方位元素,反算其在像片 2 上的像片坐标,得到 Q_1、Q_2、Q_3、Q_4 在像片 2 的投影点 $Q_1{'}$、$Q_2{'}$、$Q_3{'}$、$Q_4{'}$。

在像片 2 中的两组点 P_1,P_2,P_3,P_4 和 $Q_1{'},Q_2{'},Q_3{'},Q_4{'}$ 中,共 16 组距离中找出距离最小且小于设定阈值的两点,最终找出 P_3 与 $Q_2{'}$ 为一组最近点,因此 M 点在第二幅影像的

匹配点为 P_3，在第三幅影像的匹配点为 Q_2。

6.3.4 水体表面边界多基线摄影测量软件设计开发

基于以上多基线序列影像处理与水体表面边界提取方法，采用面向对象编程技术，研发边界多基线摄影测量软件系统，主界面见图 6.3-29。

图 6.3-29 水体表面边界多基线摄影测量软件系统主界面

水体表面边界多基线摄影测量软件功能模块设计见图 6.3-30。

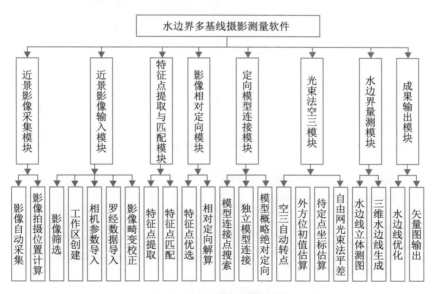

图 6.3-30 水体表面边界多基线摄影测量软件功能模块设计

（1）近景影像采集模块

功能包括数码相机远程控制自动化数据采集（图 6.3-31）；根据罗经测量数据，以及经过标定得到的数码相机与罗经中心的相对位置参数，自动计算各影像的拍摄位置，并按照拍摄距离自动估算理想基线要求，根据理想摄影基线对原始影像进行筛选（图 6.3-32）。

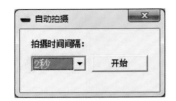

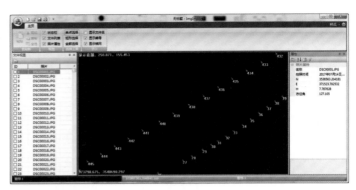

图 6.3-31　数码相机远程控制
自动化数据采集界面

图 6.3-32　基于 GNSS 的影像自动定位与筛选

（2）近景影像输入模块

设计并建立数据处理工作区，对近景图像导入工作区并自动编码；录入 GNSS 标定参数（图 6.3-33）、导入影像拍摄位置参数（图 6.3-34）、相机参数（图 6.3-35），以及其他参数；对数码影像进行畸变校正（图 6.3-36）。

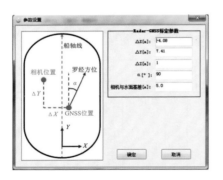

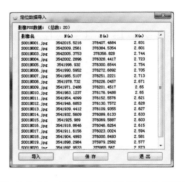

图 6.3-33　GNSS 标定参数设置界面　　图 6.3-34　GNSS 定位数据导入界面

图 6.3-35　相机参数设置界面　　图 6.3-36　影像畸变校正界面

（3）影像特征点提取与匹配模块

实现摄影测量定向点的自动提取，包括特征点提取、特征点匹配，采用 GPU 优化特征点提取与匹配效率(图 6.3-37)。

（4）序列影像相对定向模块

对匹配特征点进行优选,得到相对定向点;自动解算多基线序列影像之间相对位置和姿态参数(图 6.3-38)。

图 6.3-37　影像特征点提取与匹配界面　　**图 6.3-38　影像特征点提取与匹配界面**

（5）近景影像模型连接与绝对定向模块

通过特征匹配传播,实现影像的自动转点;基于自动转点得到的连接点,将独立模型自动拼接成整体模型;根据罗经测量数据,对整体模型进行绝对定向。

（6）多基线影像光束法空三模块

通过匹配传播,搜索影像多度重叠点,作为空三加密点;根据相对定向与绝对定向参数,以及罗经测量数据,估计像片外方位元素初值;根据外方位元素初值,计算加密点三维空间坐标初值;根据拍摄位置参数,建立自由网平差的约束条件,建立无控制点的光束法平差模型,实现近景影像的精密定位、定姿(图 6.3-39)。

ID	影像名	Xs	Ys	Zs	φ[度]	ω[度]	κ[度]
1	S001N001.jpg	-461.005	0.035	32.598	-1.298	1.407	1.609
2	S001N002.jpg	-442.508	0.317	31.083	-2.384	1.461	1.630
3	S001N003.jpg	-417.458	0.366	28.516	-0.072	1.197	1.622
4	S001N004.jpg	-389.350	0.342	27.063	5.187	0.380	1.752
5	S001N005.jpg	-360.992	0.075	28.032	9.649	0.506	1.730
6	S001N006.jpg	-332.352	0.093	29.795	8.028	1.651	1.565
7	S001N007.jpg	-309.683	0.119	29.564	4.246	2.215	1.499
8	S001N008.jpg	-283.439	0.077	28.587	3.686	1.309	1.633
9	S001N009.jpg	-257.110	0.108	27.107	3.340	1.389	1.632
10	S001N010.jpg	-230.767	0.098	25.216	1.751	1.706	1.590
11	S001N011.jpg	-204.581	0.096	22.429	0.090	1.601	1.628
12	S001N012.jpg	-181.763	0.118	19.391	-0.784	1.445	1.639
13	S001N013.jpg	-160.056	-0.062	16.271	-1.378	1.528	1.623
14	S001N014.jpg	-139.210	-0.060	12.923	-1.542	1.494	1.613
15	S001N015.jpg	-118.091	-0.076	9.752	-0.666	1.332	1.631
16	S001N016.jpg	-94.153	-0.046	6.560	-0.350	1.420	1.609
17	S001N017.jpg	-69.787	-0.046	3.852	0.456	1.148	1.654
18	S001N018.jpg	-46.888	-0.044	1.828	1.203	1.385	1.590
19	S001N019.jpg	-23.839	0.060	0.341	1.500	1.463	1.600
20	S001N020.jpg	0.578	0.264	-1.170	0.843	1.539	1.572

图 6.3-39　全自动化空中三角测量模块

（7）近景序列影像的水体表面边界量测模块

提供互补色立体测图功能（图 6.3-40），通过人机交互，立体量测水边线，生成三维水体表面边界。

图 6.3-40　水边线立体测图

（8）成果输出模块

对水边线进行拼接、粗差点与冗余点剔除，将生成的三维水边线输出为图形交换格式 dxf。

软件开发采用的平台为 VS2010（VC++），采用面向对象编程技术底层开发；软件运行硬件环境为普通 PC 机，对硬件配置无特殊要求。

（9）数据处理效率测试

为验证本书开发的软件系统处理效率，采用普通电脑（CPU：Core i7－4790 @ 3.60GHz，8 核，内存 8GB）对系统进行测试，共处理雷达原始图像 812 幅，雷达图像采集时间约为 1.5h，影像大小为 2048×2048 像素，测试结果见表 6.3-2。

表 6.3-2　　　　　　　　　　　　　系统算法效率测试结果　　　　　　　　　　　（单位：s）

原始影像总数	影像筛选耗时	影像纠正耗时	水体表面边界提取耗时	水体表面边界合成耗时	总耗时
812 幅 （2048×2048 像素）	7.9	20.6	65.5	0.5	94.5

考虑人工操作时间，本系统能在 2min 内处理完 1.5h（90min）采集的雷达图像数据。显而易见，本系统各算法效率非常高，系统数据处理能满足现场实时水边线生成的要求。

6.3.5 精度评价

根据近景摄影测量双方前方交会原理，推导 GNSS 误差导致的水边线定位误差，设 A 点 (X_A, Y_A) 为水边线上某点，该点的坐标可表示为：

$$\begin{cases} X_A = X_{s1} + N_1 X_1 \\ Y_A = Y_{s1} + N_1 Y_1 \end{cases} \tag{6.3-70}$$

其中：

$$N_1 = \frac{B_X Y_2 - B_Y X_2}{X_1 Y_2 - X_2 Y_1}, B_X = X_{S2} - X_{S1}, B_Y = Y_{S2} - Y_{S1} \quad \begin{bmatrix} X_1 \\ Y_1 \\ Z_1 \end{bmatrix} = R_1 \begin{bmatrix} x_1 \\ y_1 \\ -f \end{bmatrix}, \begin{bmatrix} X_2 \\ Y_2 \\ Z_2 \end{bmatrix} = R_2 \begin{bmatrix} x_2 \\ y_2 \\ -f \end{bmatrix}$$

设 GNSS 坐标测量精度为：

$$m_N = m_E$$

如果忽略定姿误差，只考虑 GNSS 定位误差导致的影像外方位线元素误差，则：

$$m_{B_X}^2 = m_{X_{S2}}^2 + m_{X_{S1}}^2 = 2m_N^2$$

$$m_{B_Y}^2 = m_{Y_{S2}}^2 + m_{Y_{S1}}^2 = 2m_N^2$$

$$m_{N_1}^2 = m_{B_X}^2 \left(\frac{Y_2}{X_1 Y_2 - X_2 Y_1} \right)^2 + m_{B_Y}^2 \left(\frac{X_2}{X_1 Y_2 - X_2 Y_1} \right)^2 = 2m_N^2 \frac{Y_2^2 + X_2^2}{(X_1 Y_2 - X_2 Y_1)^2}$$

$$m_{X_A}^2 = m_{X_{s1}}^2 + m_{N_1}^2 X_1^2 = m_N^2 \left(1 + 2 \frac{Y_2^2 X_1^2 + X_2^2 X_1^2}{(X_1 Y_2 - X_2 Y_1)^2} \right)$$

$$m_{Y_A}^2 = m_{Y_{s1}}^2 + m_{N_1}^2 Y_1^2 = m_N^2 \left(1 + 2 \frac{Y_2^2 Y_1^2 + X_2^2 Y_1^2}{(X_1 Y_2 - X_2 Y_1)^2} \right)$$

将 GNSS 定位误差 0.2m 代入以上上影测量精度评价模型，不同施测距离下光学数码影像摄影测量提取的水体表面边界定位精度估计见表 6.3-3。

表 6.3-3　　　　无专业 INU 和控制点支持的摄影测量水体表面边界定位精度估计　　　　（单位：m）

拍摄距离	X 坐标精度	Y 坐标精度	高程精度
50	<0.35	<0.20	<0.25
100	<0.50	<0.30	<0.35
150	<1.00	<0.50	<0.40
200	<1.50	<0.80	<0.50

6.3.6 数码影像水体表面边界提取实验验证

为了验证基于近景数码影像的水边线提取精度，实验选取其中部分影像（拍摄距离

150m 以上，见图 6.3-41）进行处理，依次经过特征点提取、特征点匹配、特征点优选、相对定向、匹配传播、自动转点、模型连接、自动坐标系转换、概略绝对定向，再基于 GNSS 定位数据进行空三解算。空三解算精度（像点坐标残差）为 1～2 像素以内，迭代 7 次，耗时 0.249s，见图 6.3-42。

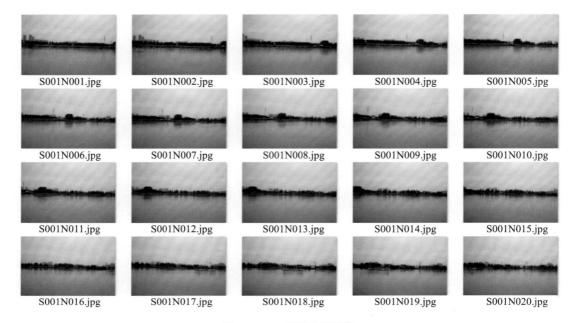

图 6.3-41　原始数码影像

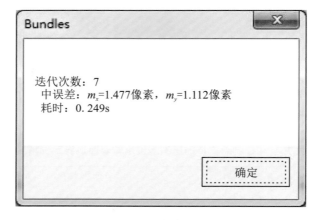

图 6.3-42　空三解算精度及耗时

经过立体测图（图 6.3-43），得到三维水体表面边界，自动输出到 AutoCAD，与现场 RTK 实测水体表面边界（验证水体表面边界）进行比较。将立体量测得到的水体表面边界点垂直投影到验证水体表面边界，统计各点垂直距离，即水体表面边界点偏差，统计结果见表 6.3-4。

图 6.3-43 水体表面边界立体量测

表 6.3-4   **150m 拍摄距离下水体表面边界点坐标及偏差**   （单位:m）

点号	E 坐标	N 坐标	偏差
1	376053.772	3541726.305	0.518
2	376004.356	3541709.843	0.496
3	375960.753	3541695.316	0.613
4	375892.927	3541674.011	0.644
5	375805.722	3541646.896	0.568
6	375721.424	3541619.781	0.466
7	375641.002	3541594.602	0.341
8	375592.555	3541577.171	0.212
9	375512.132	3541548.119	0.321
10	375449.151	3541524.877	0.335
11	375113.253	3541382.779	0.393
12	375113.640	3541382.681	0.189
13	375122.520	3541386.558	0.552
14	375144.018	3541395.144	0.556
15	375141.604	3541394.243	0.053

由表 6.3-4 可得:偏差均值为 0.417m,偏差中误差为 0.449m。

6.3.7 误差分析及质量保障措施

6.3.7.1 误差分析

（1）多基线前方交会算法

由两幅二维影像所构成的"单基线"立体像对重建三维空间是一个"病态"问题。如图 6.3-44 所示,由目标点 a 进行影像匹配可能获得多解 A_1,A_2,A_3。若采用多基线影像进行匹配,正确的光线只能交于同一点,就能较好地得到匹配点 A。

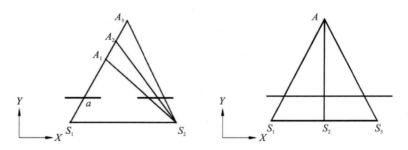

图 6. 3-44　单基线立体影像与多基线立体影像

　　在传统单基线摄影测量中,自动匹配和交会难以兼顾。多基线摄影测量是一种"多目"视觉方法,采用短基线获取大重叠度的序列影像。在短基线序列影像中,相邻的两幅影像摄影基线短、交会角小,可用于自动匹配,而首尾的影像摄影基线长、交会角大,并且有多个观测值,交会时可以提高精度。由多基线摄影测量方法获取的序列影像既有利于影像的自动匹配,同时也可以提高交会精度,这是单基线摄影测量方法难以实现的。

　　多基线前方交会一般有光束法前方交会和线性法前方交会两种方法可以应用。光束法前方交会与后方交会类似,是基于共线方程,根据已知内外方位元素的两幅或两幅以上的影像,把待定点的影像坐标作为观测值,解求其值并逐点解求待定点物方空间坐标的过程。与后方交会不同的是,外方位元素不是待求的未知数,像点对应的地面点三维坐标才是要求的未知数。

　　将共线方程线性化,可得多像前方交会的误差方程式:

$$\begin{cases} V_x = -\dfrac{\partial x}{\partial X}\mathrm{d}X - \dfrac{\partial x}{\partial Y}\mathrm{d}Y - \dfrac{\partial x}{\partial Z}\mathrm{d}Z - lx \\ V_y = -\dfrac{\partial y}{\partial X}\mathrm{d}X - \dfrac{\partial y}{\partial Y}\mathrm{d}Y - \dfrac{\partial y}{\partial Z}\mathrm{d}Z - ly \end{cases} \tag{6.3-71}$$

　　对每一个像点,可以列出两个误差方程。若某点出现在 n 幅序列影像中,则可以列出 $2n$ 个方程式。用矩阵的形式表示则为:

$$V = AX - L \tag{6.3-72}$$

　　式中:

$$V = \begin{bmatrix} V_x \\ V_y \end{bmatrix}; X = \begin{bmatrix} \Delta X \\ \Delta Y \\ \Delta Z \end{bmatrix}; L = \begin{bmatrix} l_x \\ l_y \end{bmatrix}; A = \begin{bmatrix} -\dfrac{\partial x}{\partial X} & -\dfrac{\partial x}{\partial Y} & -\dfrac{\partial x}{\partial Z} \\ -\dfrac{\partial y}{\partial X} & -\dfrac{\partial y}{\partial Y} & -\dfrac{\partial y}{\partial Z} \end{bmatrix}$$

　　则其法方程的解为:

$$X = (A^{\mathrm{T}}A)^{-1}A^{\mathrm{T}}L \tag{6.3-73}$$

　　未知数的初值可以通过双像前方交会求得,依照式(6.3-73)可以得到空间点的坐标值为：

$$(X,Y,Z)^\mathrm{T}=(X_0,Y_0,Z_0)^\mathrm{T}+(\Delta X,\Delta Y,\Delta Z)^\mathrm{T} \qquad (6.3\text{-}74)$$

通过迭代解算可以求待定的坐标。

(2)交会角对多基线前方交会精度的影响

若测量误差为定值，则前方交会的误差主要取决于交会角，交会角愈小，测量的误差愈大(图6.3-45)。在相同的重叠度下，即观测值个数相等时，物点离摄站距离越近，交会精度越高，其关键因素就是交会角的大小不同。

(3)基线长度对多基线前方交会精度的影响

摄影测量定位精度在交会方向精度最差。对于地面近景摄影，光线交会方向为 Y 轴方向。为此，以下重点讨论各因素对 Y 坐标的影响。

①前方交会的中误差取决于像点平面坐标的测量中误差与方位元素的中误差。若不考虑方位元素的中误差与左像点测量中误差，则平面中误差与左像点测量中误差成正比，而 Y 中误差 m_y 与平面误差 m_x 有以下关系。

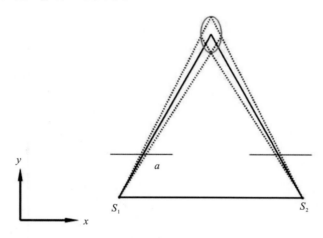

图 6.3-45 交会误差椭圆

$$m_y=m_x/\tan\theta \qquad (6.3\text{-}75)$$

式中，θ——交会角。

由式(6.3-75)可得：

$$\tan\theta=b/f=B/D \qquad (6.3\text{-}76)$$

式中，B——摄影基线；

  D——摄影物距；

  b——影像基线；

  f——相机焦距。

将式(6.3-76)代入式(6.3-75)得：

$$m_y = m_x D/B \tag{6.3-77}$$

由式(6.3-77)可知，在平面中误差 m_x 与物距 D 一定的前提下，Y 坐标中误差 m_y 与摄影基线长度 B 成反比，也即是摄影基线越长，交会角越大，Y 坐标精度就越高；摄影基线越短，交会角越小，Y 方向精度就越低（如图 6.3-46 中的虚线所示）。

②根据"光束法"前方交会原理，可得垂直摄影情况下误差方程式(6.3-68)相应的协因数矩阵为：

$$Q = (A^{\mathrm{T}}A)^{-1} = \begin{bmatrix} \dfrac{D^2}{2f^2} & 0 & 0 \\ 0 & \dfrac{D^2}{x_l^2 + x_r^2 + y_l^2 + y_r^2} & 0 \\ 0 & 0 & \dfrac{D^2}{2f^2} \end{bmatrix} \tag{6.3-78}$$

式中，D——摄影物距；

f——相机焦距。

由协因数矩阵分析可知，前方交会 Y 方向的精度与 $x_l^2 + x_r^2 + y_l^2 + y_r^2$ 成正比。当基线 B 越长时，$x_l^2 + x_r^2$ 越大。即摄影基线 B 越长，Y 方向的前方交会精度就越高；摄影基线 B 越短时，Y 方向的前方交会精度就越低。这是因为在航高一定的前提下，基线长，则交会角大、基高比大，因此前方交会的精度就高。

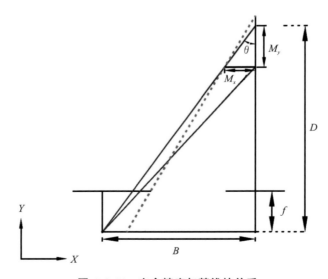

图 6.3-46　交会精度与基线的关系

（4）交会影像数对多基线前方交会精度的影响

多基线立体影像具有较大的重叠度，同名像点可以出现在 n 幅影像上。$S_1, S_2, S_3, \cdots,$

S_n 为各摄站,此时法方程的协因数矩阵为:

$$Q = (A^T A)^{-1} = \begin{bmatrix} \dfrac{D^2}{nf^2} & 0 & 0 \\ 0 & \dfrac{D^2}{\sum\limits_{i=1}^{n}(x_i^2 + y_i^2)} & 0 \\ 0 & 0 & \dfrac{D^2}{nf^2} \end{bmatrix} \tag{6.3-79}$$

式中,n——目标点在影像中的重叠次数。

从协因数矩阵可以看出,随着 n 的增大,即多像前交的影像数的增加,不仅 Y 方向的前方交会精度提高,X 与 Z 方向的前方交会精度也会提高。多基线立体影像的基线虽然短,但影像会出现多度重叠。即多基线摄影测量加大了交会角,从而能够提高前方交会的精度。而且根据测量平差的理论,冗余观测数越大,平差结果的可靠性也就越高。

(5)最大交会误差估算

以 Sony ILCE-7M2 数码相机为例,像幅大小为 6000×4000p(像素),相机设主距 f 为 4572.28 像素,水平方向像场角为 66.54°,设像点量测误差为 1 个像素,则带来的交会角误差约为 79.8″。设采用理想垂直摄影模式,则不同基线长度、不同物距(拍摄距离)条件下,水边界 Y 坐标的最大误差见表 6.3-5。

表 6.3-5　　　　　　　　　　　不同基线和物距水边界最大误差

基线 B/m	物距 D/m	像点量测误差/p	最大 Y 误差/m
10	100	1	0.197
15	100	1	0.133
20	100	1	0.100
30	100	1	0.070
10	200	1	0.393
15	200	1	0.265
20	200	1	0.200
30	200	1	0.140

(6)GNSS 定位精度对水边线定位误差的影响

GNSS 定位精度对水边线定位误差的影响(图 6.3-47),包括对模型绝对定位的影响和对模型方位角的影响。

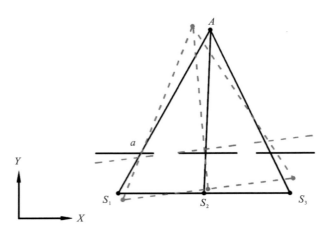

图 6.3-47　GNSS 定位误差导致的模型误差

采用摄影测量进行水边界定位时，采用 3 幅照片的 GNSS 位置作为约束条件进行整体平差解算。这样，GNSS 定位精度与摄影测量水边界定位精度的影响关系见式（6.3-80）：

$$
\left.
\begin{aligned}
m_x &= \sqrt{\frac{m_{E_{s1}}^2 + m_{E_{s2}}^2 + m_{E_{ss}}^2}{9}} \\[2mm]
m_y &= \sqrt{\frac{m_{N_{s1}}^2 + m_{N_{s2}}^2 + m_{N_{ss}}^2}{9}}
\end{aligned}
\right\}
\tag{6.3-80}
$$

式中，m_x，m_y——摄影测量水边点定位精度；

$m_{E_{S1}}$，$m_{E_{S2}}$，$m_{E_{S3}}$——3 张像片投影中心点 X 坐标的定位精度；

$m_{E_{S1}}$，$m_{E_{S2}}$，$m_{E_{S3}}$——GNSS 在 Y 坐标的定位误差。

GNSS 水平精度可表述为：

$$
m_p = \sqrt{m_E^2 + m_N^2}
\tag{6.3-81}
$$

GNSS 在 X，Y 方向的定位中误差 m_E，m_N 相同，因此：

$$
m_E = m_N = \frac{m_p}{\sqrt{2}}
\tag{6.3-82}
$$

由此可得，GNSS 水平定位精度对摄影测量水边界的影响关系见式（6.3-83）：

$$
\left.
\begin{aligned}
m_x &= \frac{m_p}{\sqrt{6}} \\[2mm]
m_y &= \frac{m_p}{\sqrt{6}}
\end{aligned}
\right\}
\tag{6.3-83}
$$

设 GNSS 罗经的水平定位精度为 0.20m，则导致的摄影测量水边界定位精度约为 0.082m。

此外，GNSS 定位误差还将导致摄影测量三维模型的方位角定向误差。方位角误差对摄影测量水边界定位的影响,与 GNSS 方位角对雷达水边界定位的影响类似。GNSS 定位精度对摄影测量三维模型方位角精度的影响关系为:

$$m_\varphi = \pm\tan^{-1}\left(\frac{m_p}{\sqrt{6}\,B_X}\right) \tag{6.3-84}$$

设 $m_p=0.20\text{m}$,拍摄距离为 100m。则当摄影基线为 30m 时,摄影测量三维模型方位角精度约为 0.156°,随着拍摄目标方位角从 0°~360°变化,水边点的定位精度分布见图 6.3-48;则当摄影基线为 20m 时,方位角精度约为 0.234°,水边点的定位精度分布见图 6.3-49;则当摄影基线为 10m 时,方位角精度约为 0.468°,水边点的定位精度分布见图 6.3-50。

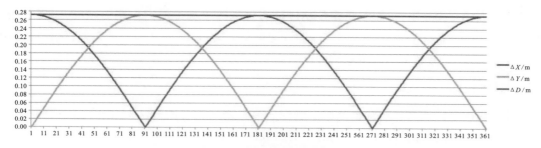

图 6.3-48　基线为 30m 时摄影测量水边界定位精度

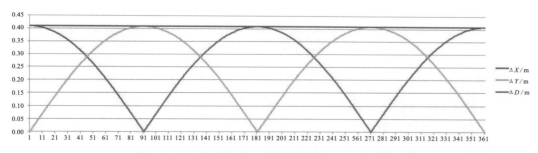

图 6.3-49　基线为 20m 时摄影测量水边界定位精度

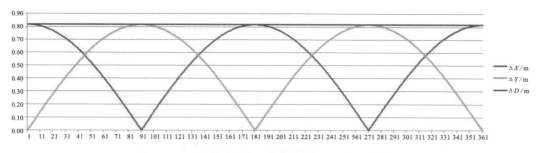

图 6.3-50　基线为 10m 时摄影测量水边界定位精度

6.3.7.2　精度保证措施与方法

数字近景摄影测量方法提取的水体表面边界精度主要影响因素及处理方法如下:

（1）拍摄距离

根据摄影测量原理，不考虑其他误差因素的前提下，摄影测量的定位精度基本与摄影距离成反比。因此，兼顾拍摄效率，控制合理的拍摄距离，是保证摄影测量精度的关键措施。

（2）像素的地面分辨率 GSD

原始影像单个像素对应的平均实地范围大小，首先取决于传感器尺寸，其次是像素总数。一方面要选择较大画幅和像素分辨率的相机，另一方面要选择有利的拍摄条件，拍摄清晰高质量影像。

（3）影像定位定姿精度

在像方控制模式下，摄影测量定位精度还直接取决于像片的定位定姿精度。采用高精度 POS 装置，是有效控制定位定姿精度的方案之一，其二是充分利用各种条件，优化摄影测量平差模型，提高像片位姿的解算精度。

（4）相机标定精度

即相机内方位元素和畸变参数的准确性。需要采用精密的方法对相机进行精确标定，并考虑相机参数的稳定性问题，定期对相机参数进行标定。

此外，船载数字雷达和数字近景摄影方式两种水边界数据的深度融合，有望发挥两种观测技术的互补优势，进一步提高水体表面边界处理精度。

6.4 基于低空摄影测量的水边界提取技术

基于低空摄影测量的水边界提取技术是采用低空摄影测量方式来实现的，即通过摄影测量获得 DEM，再从 DEM 影像提取水边线信息。

针对长江中下游地形航摄测试采用两种方式，分别是布设像控点进行航摄和采用 RTK 实时差分无像控点航摄。航空摄影系统可利用空中和地面控制系统实现影像的自动拍摄和获取，同时实现航迹的规划和监控、信息数据的压缩和自动传输、影像预处理等功能。

6.4.1 无人机航测系统组成

（1）无人机主要技术参数

①飞行模式支持全自动/自动驾驶辅助/全手动方式，并可随时在不同模式间切换。

②典型巡航速度不小于 60km/h。

③标配相机传感器尺寸不低于 M4/3，可达 1600 万像素及以上，配备定焦镜头 14mm $f/2.5$ 或其他。

④内置 MEMS 惯性测量单元（IMU）、陀螺仪、加速度计等。

⑤典型地面采样间距（GSD）：1.6～20cm。

⑥测量精度：在无需地面像控点的情况下可达到 5cm 平面（X/Y）和高程（Z）精度（内置

GNSS 支持 RTK 测量,最高支持 120Hz 更新率)。

(2)飞行计划软件特色

①可创建自动适应高程模型的飞行计划;

②可野外进行数据质量检查和像片预览;

③完整的飞行跟踪和控制功能;

④支持不连接无人机的情况下离线创建飞行计划;

⑤支持 2D 和 3D 视角下实时查看无人机飞行过程及状态;

⑥无人机起飞后仍可对飞行计划进行修改调整。

(3)后处理软件功能

①支持航空和近距离空中三角测量;

②可生成点云(稀疏/密集);

③可生成多边形模型(平面/纹理);

④支持坐标系统设置;

⑤可生成带地理参考的 DEM;

⑥可生成带地理参考的真正射影像;

⑦可使用飞行记录文件或 GCP 作地理参考;

⑧具备多光谱影像处理能力;

⑨支持动态场景的 4D 重建。

6.4.2　低空摄影测量要求

(1)航线设计

①航线采取东西飞行,航线间隔及旁向重叠度要求控制在 25%～45%,按照 40%设计,最小不得小于 20%。

②航摄像片航向重叠度一般控制在 65%～75%,按照 70%设计,最小不得小于 55%。

③保证全摄区无航测漏洞,航向超出摄区范围 6 条基线,旁向超出摄区不少于 30%像幅。

④像片倾斜角小于 5°,最大不超过 12°,出现超过 8°的像片不多于总数的 10%。

⑤影像要求色彩均匀清晰,颜色饱和无云影和划痕,层次丰富,反差适中,像元分辨率为 6.41μm。

(2)像控测量及空三加密

像控点联测采用江苏 CORS 进行,每次测量前均联测高等级控制点,检核合格后再测量,测量的同时获得像控点的平面和高程成果(图 6.4-1)。本测区加密共分 2 个区进行平差计算,26 个像控点参与平差计算。

图 6.4-1　像控点测量

（3）DEM/DOM/DLG 制作

为保证 DEM 的精度、质量及效率，本书采用 Inpho 软件处理，DEM 匹配生成模块 DTM 进行 DEM 生产，设置 DEM 生成参数，进行自动匹配和 DEM 制作，在 DEM 基础上对影像微分纠正，生成 DOM（图 6.4-2 至图 6.4-5），在测图模块下进行 DLG（图 6.4-6）采集，进行粗编方便外业调绘。

图 6.4-2　生成的 DOM

图 6.4-3　拼接后的 DOM

图 6.4-4　局部 DOM

图 6.4-5　DEM

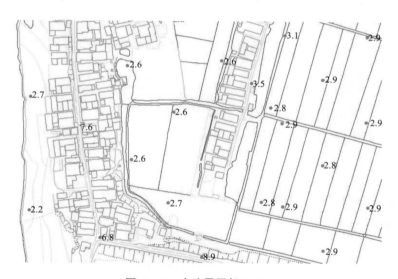

图 6.4-6　水边界局部 DLG

6.4.3　误差来源及影响因素分析

低空数字航空摄影测量相对传统摄影测量来说,机动快速、操作简单、云下摄影,能获取高分辨率航空影像,影像制作周期短、效率高、成本低,在应急测绘、困难地区测绘、小范围高精度测绘等方面应用广泛。但是,固定翼无人机舰空摄影测量系统可采用的传感器是由工业级 CCD 改装的相机。这种相机为非测量相机,较之传统的测绘航空摄影传感器,存在着光学畸变差和 CCD 阵面非正交性所产生的误差。另外,由于 CCD 阵面为非正方形,其相机的放置方式也影响实际航空摄影的基线长度，再加上后期像控点联测，立体量测的误差，成为影像无人机航空摄影测量最终产品质量的主要影响因素。

固定翼无人机航空测量系统在进行地形测量时，存在着测量误差。这些误差主要来源于仪器误差、人为误差、气候等外界因素影响产生的误差。

（1）仪器误差

仪器误差是指由于仪器设计、制作不完善，或校验残余误差。这部分误差主要是传感器量化过程带来的系统误差。

（2）人为误差

人为误差是指由于人的感官鉴别能力、技术水平和工作态度因素带来的误差，以及像控识别、空三加密、立体采集产生的人为误差。

（3）外界因素影响产生的误差

外界因素影响产生的误差是指由于天气状况对飞行器姿态和成像质量的影响产生的误差。

对于不复杂的地形，精度能满足 1：500 的要求，而对于地表上有高覆盖树林、芦苇及密集草丛区域，滤波植被数据精度较低，误差较大，不满足地形测量精度要求。但低空数字航空摄影测量拍摄的照片清晰，低空飞行在 100～200m 时平面分辨率达 3～5cm，可对水边界有目的地甄别筛选。

布设像控点航摄和采用 RTK 实时差分无像控点航摄效率比较，后者明显高出很多；燃油无人机的工作时间比用电无人机长，燃油无人机最长飞行时间可达 3h 以上，而用电无人机时间一般在 1h 以内；出于安全性考虑，用电无人机比较小巧，安全性相对于燃油机明显具有优势。

6.5　基于三维激光扫描仪的水体表面边界

6.5.1　原理

该技术通过一个连续转动的用来反射脉冲激光的镜子的角度值得到仪器到扫描点的距离值（相对与扫描姿态的仪器坐标(x,y,z)），可同步采集现场全景影像，并快速根据采集空间点位信息建立三维影像模型、地形图、现场实景等数据。利用这些数据，通过水边界高程与影像相结合的方式，实现水边界的提取。

6.5.2　系统组成

三维激光扫描测量系统由三维激光扫描仪、数码相机、后处理软件及附属设备构成。它采用非接触式高速激光测量方式，获取地形或者复杂物体的几何图形数据和影像数据。最终由后处理软件对采集的点云数据和影像数据进行处理转换成绝对坐标系中的空间位置坐标或模型，以多种不同的格式输出，满足空间信息数据库的数据源和不同应用的需要。图三维激光点云数据密集,激光在水面无反射,使得水体表面边界能明显反映出来。

施测水体表面边界的三维激光扫描系统可以分为静态施测和动态施测两种。静态施测主要由三维激光扫描仪、数码相机和GNSS设备组成,它可单站施测,多站自动拼接;而动态施测一般由1~3台三维激光扫描头组成,还需配备姿态仪、罗经、GNSS及全景相机等设备,它可安装在汽车和测船上进行移动施测。

(1)静态施测

以RIEGL VZ-1000三维激光扫描系统(图6.5-1)测试为例介绍如下:

普通的三维激光扫描仪对于植被覆盖的区域,仅能取得图6.5-2中绿色的点云数据,因为普通的三维激光扫描仪无法穿透植被取得树林后的点云数据。而RIEGL地面三维激光扫描仪拥有机载激光扫描仪的技术(Online Full Waveform Analysis),能即时分析激光回波波形,激光能穿透植被,精准且完整地取得树林后的点云数据(图6.5-3、图6.5-4)。如图6.5-2所示,绿色为单回波测量数据,是普通三维激光扫描仪取得的点云数据;黄色为第一道回波数据,是Online Full Waveform的第一道回波,蓝色为最后一道回波数据,是Online Full Waveform的最后一道回波资料,除了第一道和最后一道回波之外,其他回波资料统称为其他回波,用青色表示。

图 6.5-1 RIEGL VZ-1000 三维激光扫描现场施测

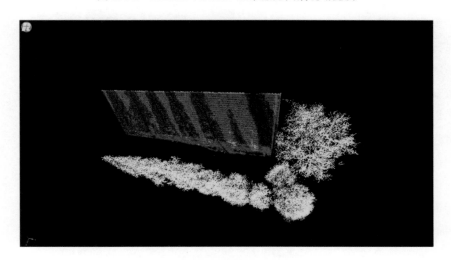

图 6.5-2 树林后建筑物回波状况

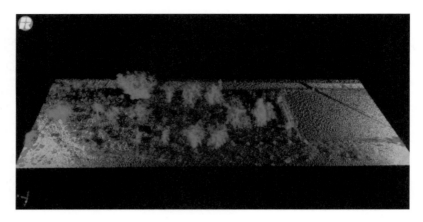

图 6.5-3　植被施测点云数据

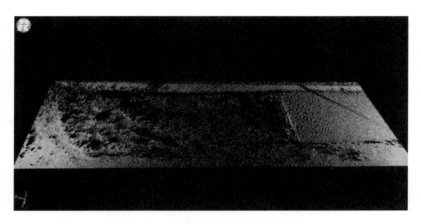

图 6.5-4　去除植被的地表点云数据

主要技术指标：

①最大测量距离(物体反射率≥90％,1400m,物体反射率≥20％,350m)。

②目标回波接收的最大量：无限次回波。

③精度：8mm。

④重复测量精度：5mm。

⑤最近测量距离：2.5m。

⑥激光发散度：0.3mrad。

⑦扫描参数：垂直扫描（线扫描），水平扫描（面扫描）。

⑧扫描角度范围：100°(＋60°～－40°),0°～360°。

⑨扫描机制原理：旋转反射棱镜,旋转激光头。

⑩扫描速度：3线/s～120线/s,0°/s～60°/s。

⑪角度步频率：$0.0024° \leqslant \Delta\theta(垂直) \leqslant 0.288°, 0.0024° \leqslant \Delta\psi(水平) \leqslant 0.5°$。

⑫倾斜传感器：内置,专门用于扫描仪垂直位置的变化定位。

⑬内置同步计时器:实时同步扫描数据的采集时间。

（2）动态施测

动态施测一般为车载或船载移动测量系统,由导航系统(IMU+GNSS+DMI)、三维激光扫描仪、同步控制模块和计算机系统组成。如武汉大学测绘学院研发的车(船)载河道三维激光测量系统主要由高精度的 POS 系统、高分辨率的全景相机和两套激光扫描仪系统组成(图 6.5-5)。

图 6.5-5　船载三维激光测量系统

POS 系统主要的性能参数指标见表 6.5-1。

表 6.5-1　　　　　　　　　　　　　POS 系统主要的性能参数指标

测量范围	方位角测量范围	0°～360°
	俯仰角测量范围	±90°
	滚动角测量范围	±180°
	角速率	±300°/s
	加速度	±10g
	纬度	±85°
测量精度	航向(GPS 有效)	0.1°(基线长度≥2m,1σ)
	姿态(GPS 有效)	0.05°(1σ)
	位置(GPS 有效)	3m(CEP)、2cm+1ppm(CEP)(后差分)
	速度精度(GPS 有效)	0.1m/s(rms)、(1σ)
准备时间	启动时间	≤10s
	稳定时间	GPS 位置及航向有效后系统正常工作 (具体时间视周围环境而定,开阔地 2min)

续表

电源	电压	直流(DC)12～32V,24V±10%（额定）
	功率	≤25W
物理指标	体积	191mm×166mm×131.5mm(X,Y,Z)
	重量	≤3.6kg（主机部分）
可靠性	平均无故障时间（MTBF）	2000h
	连续工作时间	≥12h

全景相机由 6 个高分辨率的单反相机组成,可提供超过 1 亿像素的高清全景影像。

测试采用两套扫描仪的原因,是为了通过对比河道的激光点云数据,来分析哪种类型的扫描仪更适合长江河道扫描。

其中一款 2D 扫描仪的性能参数见表 6.5-2。该扫描仪为英国 MDL 公司生产的型号为 SLM-500 的二维激光扫描仪,与次与我们系统同时参与测试的 Trimble 公司的 MX2 系统中的 SLM-250 扫描仪为一个产品系列。因此,构建的激光三维扫描系统的扫描参数基本相同。我们的系统在扫描距离上比 Trimble 公司的 MX2 更远,可以获得更大范围的有效数据。

表 6.5-2　　　　　　　　　　　2D 扫描仪的性能参数

扫描距离/m	500	旋转速度/Hz	30
距离误差/cm	±5	激光测量速率/kHz	36
分辨率/°	1	防护等级	IP65
可视范围/°	360	重量/kg	3
角度分辨率/°	0.01	激光类型	1 类激光

另一款长距离、高分辨率扫描仪的性能参数见表 6.5-3。该扫描仪为奥地利 Riegel 公司生产的型号 VZ-4000 二维、三维一体化扫描仪,该扫描仪扫描距离长达 4000m,长距离扫描精度在公分级,扫描频率在 3～100Hz 可调,适合于车载、船载动态扫描（保证行驶方向的点云密度）,扫描角分辨率高（保证垂直与行驶方向的点云密度）。集成该扫描仪主要是为利用该扫描仪的高性能,获得高精度、高品质的激光测量数据,提高河道三维激光测量系统性能。

表 6.5-3　　　　　　　　　　　VZ-4000 扫描仪的性能参数

扫描距离/m	4000	旋转速度/Hz	3～100
距离误差/mm	15	激光测量速率/kHz	300
可视范围/°	100	防护等级	IP64
角度分辨率/°	优于 0.0005	激光类型/类	1

6.5.3　测量方法

测量过程为沿河道左右岸航行,激光扫描系统连续采集激光、全景影像、POS 数据等多源数据,并通过一体化管理及点云处理软件实时展示点云及航迹等数据。

根据数据采集所获取的激光、全景影像、POS 数据等多源数据处理需求,激光扫描与全景成像数据处理软件平台主要包括多源数据预处理软件、多源数据一体化管理软件、综合点云处理软件和点云与全景综合成图软件组成的综合处理应用平台。

(1)多源数据预处理软件

多源数据预处理软件主要提供了 POS 轨迹与点云解算、全景拼接与配准、轨迹编辑与多源数据入库等系列多源数据预处理模块,主要完成将系统采集的多源原始数据转换为便于后期可视化、入库及专业应用处理等环节。

1)POS 轨迹与点云解算模块

POS 轨迹与点云解算模块主要提供了 GNSS 以及 IMU 数据的解算与插值处理、点云解算、点云分段及坐标系转换等功能。

2)全景拼接与配准模块

全景拼接与配准模块主要提供了自主研发的高分辨率相机的全景影像拼接与匀光、全景影像与点云高精度配准等功能,主要是为了实现全方位高精度全景可量测功能,并便于后期的入库处理。

3)轨迹编辑与多源数据入库模块

轨迹编辑与多源数据入库模块主要是在前述 POS 及点云解算与分段、全景拼接与高精度配准的基础上提供轨迹拓扑编辑、全景影像切片以及多源数据的数据库入库功能,以便于后期基于数据库的多源数据一体化管理。

(2)多源数据一体化管理软件

多源数据一体化管理软件主要在多源数据入库的基础上,提供基于数据库拓扑信息的全景、点云、轨迹、DOM 等数据的动态调度,并在调度的基础上提供矢量绘制、滤波、压缩与基本分类等功能,为进一步的点云绘图、信息提取等专业应用处理奠定数据基础。

(3)综合点云处理软件

三维点云综合数据处理软件系统是一套基于三维激光扫描点云数据进行三维矢量采集与绘图及三维建模等测绘工作的点云数据处理系统,主要提供包括海量点云数据管理、导入与渲染、格网数据导入与渲染、数据选择、标识、分割等交互功能,点云数据切片功能,参考面定义功能,基于点云数据的量测功能,基于点云数据与全景影像的测图功能,点云数据的自动半自动拟合和三维建模功能,点云数据的构网、DEM 及等高线生成功能,基于 COM 接口的 AutoCAD 软件交互功能等点云综合处理功能。

(4)点云与全景综合成图软件

点云与全景综合成图软件是以 AutoCAD 为平台进行二次开发而形成的一套支持在 CAD 平台进行海量点云数据矢量成图的软件,在 AutoCAD 强大的矢量交互功能基础上研发提供了按国家或城市制图标准的点云成图模块。

6.5.4　数据处理

数据处理主要包括 POS 及点云解算、全景影像拼接与配准、多源数据入库以及基于点云的水边线提取等环节，整体数据处理流程见图 6.5-6。

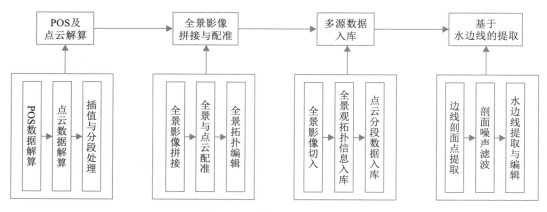

图 6.5-6　整体数据处理流程

（1）POS 及点云解算

将测试过程中获取的 POS 数据、三维激光扫描仪的线扫描数据、预标定参数数据等进行联合解算得到轨迹信息、三维点云坐标及强度信息。解算的轨迹数据及点云分别见图 6.5-7、图 6.5-8、图 6.5-9。

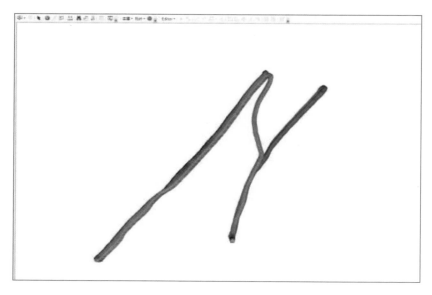

图 6.5-7　项目测试采集 POS 轨迹数据

图 6.5-8　VZ-4000 采集的护坡数据

图 6.5-9　SLM-500 采集的护坡数据

（2）全景影像拼接与配准

将测试过程中获取的多面阵全景影像数据进行拼接、匀光以及与点云的配准，便于后期的全景影像可视化及量测等处理。全景拼接与配准过程分别见图 6.5-10 和图 6.5-11。

（3）多源数据入库

多源数据入库主要是对经过前述处理的点云、轨迹、全景影像等数据进行切片、八叉树组织等处理并将相关信息写入数据库的过程，以便于大范围数据的一体化管理与调度，便于后期的进一步专业处理与应用。多源数据入库过程见图 6.5-12 和图 6.5-13。

图 6.5-10　全景拼接与匀光

图 6.5-11　全景影像与点云配准

图 6.5-12　全景影像与轨迹数据入库

图 6.5-13 点云数据入库

（4）基于点云的水边线提取

基于点云的水边线提取主要包括边线参考面的建立、水边线剖面点云裁剪、剖面点云的孤立点及强度去噪滤波、水边线自动拟合与后续编辑成图等主要过程。

边线参考面的建立主要根据局部范围内的点的水边线的高程基本一致为算法依据，选择某一清晰边线上的点为参考点建立边线参考面，见图 6.5-14。

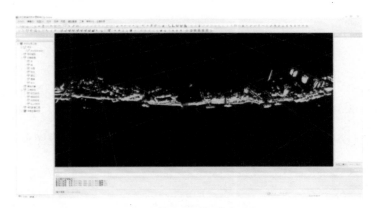

图 6.5-14 边线参考面的建立

水边线剖面点云裁剪主要是根据边线参考面进行水边线剖面点的裁剪。裁剪后的剖面点云见图 6.5-15。

剖面点云的孤立点及强度去噪滤波是针对边线剖面点云中所包含的孤立点以及低强度点进行滤波，去除边线噪声点，提高后续的自动拟合精度。剖面点云的孤立点及强度去噪滤波见图 6.5-16。

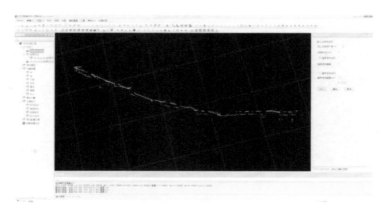

图 6.5-15　水边线剖面点云裁剪

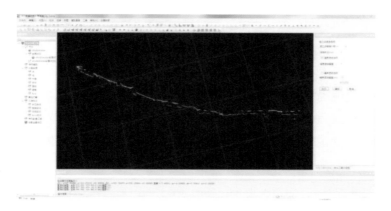

图 6.5-16　剖面点云的孤立点及强度去噪滤波

　　水边线自动拟合与后续编辑成图主要是将前述经过滤波去噪后的剖面点云根据最小生成树原理进行自动拟合，并将剖面点及拟合后的线通过接口导入 CAD 系统，进一步手工编辑成图。水边线自动拟合见图 6.5-17。基于 AutoCAD 的后续编辑成图见图 6.5-18。

图 6.5-17　水边线自动拟合

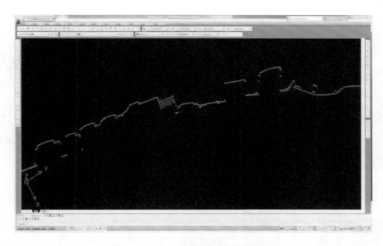

图 6.5-18 AutoCAD 的后续编辑成图

6.5.5 应用案例

2013 年 11 月 26 日，在江西省九江市新港镇对已经施测完成的局部 1:2000 陆上地形进行了现场检测测试。除进行地形检测外，还进行了水边界及三维激光扫描仪标称最大距离测试。测试位置位于张家洲右汊右岸，右汊江面宽 1300m 左右，测试采用 RIEGL（瑞格）VZ-1000 三维激光扫描成像系统进行，为了达到扫描全覆盖施测，共架设三维激光扫描仪 6 站次进行地形扫测，每次单站 360°扫描时间为 5min 左右，施测三维激光架设基站点控制，采用 GNSS RTK 方式联测（图 6.5-19 至图 6.5-22）。

图 6.5-19 新港监测测区

图 6.5-20　三维激光扫描仪现场设站

图 6.5-21　施测点云数据全貌

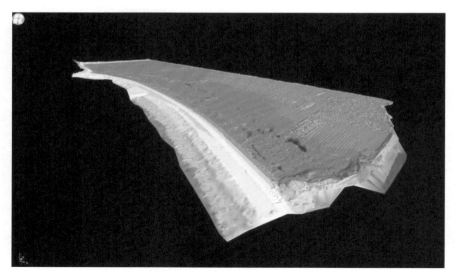

图 6.5-22　处理生成的 DEM

（1）精度检测

平面、高程精度检测使用 TRIMBLE R10 GNSS 施测的地形与三维激光扫描系统施测成果进行断面比较，共检测了 218 点，特征点平面精度优于 10mm，并对高程（三维激光扫描系统自带数据滤波软件处理）精度进行了统计（表 6.5-4）。通过检测数据可证实在植被较密地区使用三维激光扫描仪可穿透，获得更多的地面点数据，且高程精度基本满足要求。

表 6.5-4　　　　　　　　　　　　　检测高程精度统计

高程差值 Δh 区间/m	占测点总数的比例/%
$\leqslant -0.30$	17.8
$-0.30 < \Delta h \leqslant -0.20$	4.6
$-0.20 < \Delta h \leqslant -0.10$	12.8
$-0.10 < \Delta h \leqslant 0.10$	61.5
$0.10 < \Delta h \leqslant 0.20$	1.8
$0.20 < \Delta h \leqslant 0.30$	0.9
> 0.30	0.6

（2）施测长度检测

测试河段江面宽 1300m 左右，测试设备标称施测长度 1400m，检测现场观测数据，最长施测 1499.535m（图 6.5-23），激光施测距离超过设备标称长度。

图 6.5-23　激光施测长度

（3）施测水边界分析

测试河段江面宽 1300m 左右，测试设备标称施测长度 1400m，按水平扫描角 0.04° 测试,单站 360°扫描时间为 5min 左右,距离 100m 时测点间距为 0.07m,1400m 时为 1.00m 左右。通过测试,在施测范围的 200m 范围内,地物点多次扫描重复精度在 0.02m 以内。对于水边激光是无法反射信号的,这样水边界施测的数据显得尤为清晰,一般情况下,水边界都能有较好的反射。对于较平坦的水边界的扫测,可选择增加测站高度来提高入射的夹角,提高反射率。对于距离较远或有特殊要求的水边界,还可以通过减小水平扫描角来提高精度,如 0.005°时,距离 1400m 时的点距仅为 0.12m 左右(图 6.5-24 至图 6.5-26)。

图 6.5-24　施测水边界拼接

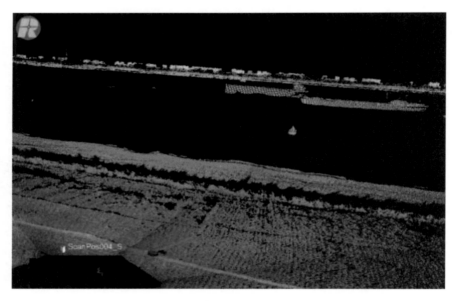

图 6.5-25　单站施测的近岸水边界

图 6.5-26 单站三维激光扫描仪测试数据

6.5.6 影响精度因素分析

①点云数据的拼接因数据量大、数据离散非连续等特点,导致现有的相关算法难以满足要求。

②施测时扫描仪设置角度也直接影响到水体表面边界的精度。当距离较长时,架设高度不够、入射角较小无法反射,没有数据或光斑较大,导致位置偏差较大,需要将扫描角度设置较小。

③现场遮挡物直接影响施测范围,扫描仪架设不高时无法直接施测到水体表面边界。

④动态施测三维激光扫描仪系统的精度除以上外还与姿态仪、罗经、GNSS 的精度及运行速度有关。

6.6 影像解译获取潮汐河口动态水边线

6.6.1 基本原理

当前我国的测图手段普遍采用的是航空摄影,但是我们国家一年航空摄影的成像能力仅仅在 70 万～100 万 km^2,已经远远落后于国民经济的发展需求。资源 3 号(ZY-3)卫星的研制、发射及时有效地解决了这一难题。ZY-3 卫星能够长期、稳定、快速以及有效地获取立体测绘影像、多光谱影像及辅助数据,ZY-3 卫星影像能够进行 1∶5 万比例尺立体影像测图和数字正射影像图制作,以及更新修测 1∶2.5 万比例尺地形图的部分要素;2013 年 12 月 30 日投入使用的高分一号对地观测卫星可向用户提供 2m 全色/8m 多光谱影像,已在国土资源调查与动态监测、环境监测、气候变化、精准农业和城市规划等领域发挥重要作用。

高分辨率遥感影像解译是指从高分辨率遥感影像上获取有用信息的基本过程。解译的基本过程包括利用各种解译标志,根据相关理论和知识经验,在高分辨率遥感影像图上识别、分析地物或现象,揭示其性质、运动状态及成因联系,并编制有关数字化地图等一系列的工作过程。

遥感影像解译有两种方式:一种是目视解译,又称目视判读,指专业技术人员通过直接观察或者借助一定的简单判读工具,在影像上获取信息的解译方式;另一种是计算机解译,它以计算机系统为平台,结合模式识别技术与人工智能技术,根据影像中地物目标的各种影像特征,结合专家知识库中目标地物的成像规律和解译经验,来进行分析和推理的解译方式。

6.6.2　工作流程

（1）工作准备

①根据测区的区域特征,搜集所有的测量资料,包括高清影像图、外业调绘图、外业测量数据等,准备好遥感影像。

②根据测区坐标系统信息,将高分辨率遥感影像导入遥感数据处理软件中,经过影像几何纠正、投影转换、影像拼接、影像剪切、影像增强、空间增强、光谱增强等处理过程,得到用作影像解译的高清影像。

（2）建立解译标志

解译标志指在高分辨率遥感影像上,能识别区分地物或现象并能说明它们的性质及相互关系的影像特征。解译标志是地物目标的空间信息和波谱信息的图形显示。

解译标志可分为直接解译标志和间接解译标志。直接解译标志是由地物自身有关属性在高清影像上所直接表现出来的影像特征,如形状、大小、色调/色彩。间接解译标志是指与地物目标的属性有内在联系、通过相关分析能够识别、推断目标物性质的影像特征,如地质岩性/构造解译中的水系、地形地貌等标志。

（3）室内解译

高分辨率遥感影像解译的关键是影像识别,实质是图像的分类过程,即根据遥感影像的光谱特征、空间特征、时间特征,按照解译者的认知程度或自信程度和准确度,逐步进行目标的探测、识别和鉴定的过程。首先确定一个目标或特征的客观存在,在更高一层的认识水平上去理解目标或特征,并把它粗略地定为某个十分普通的、大类别中的一个实体,再进一步根据图像上目标的细微特征,以足够的自信度和准确度,将上述识别的实体划归在某一种特定的类别中。高分辨率遥感影像解译是从影像特征入手的,包括色调或颜色、阴影、大小、形状、纹理、图案、位置、组合等。影像特征指不同地物在遥感影像上所表现出的几何形状、大小、色调、纹理等方面的特征,是光线差异在影像上的典型反映,分“色、形、位”三大类。“色”指目标地物的颜色,包括色调、颜色和阴影等。“形”指目标地物的形状,包括形状、纹理、大小和图形等。“位”指目标地物的空间位置,包括目标地物的空间位置、布局关系等。依据这些地物特征,作为分析、解译、理解和识别高分辨率遥感影像的基础。常用方法包括:直接判读法、逻辑推理法、对比分析法、信息复合法、综合推理法及地理相关分析法等。

6.6.3 成果输出

　　根据提供的高清影像图,结合室内解译,在电脑上进行草图勾绘。在进行勾绘时,需要注意勾绘出主要地物,包括主要道路、建筑物、河流等,这样一些地物在实地勘察具有重要的指向作用,可保证外业调绘的有效进行。对于航片的初步勾绘,详略应该得当,如果绘制得过于细致,则会导致勾绘图上分不清具体的地物;如果勾绘得过于粗略,则会导致不能充分地反映影像内容而造成外业勘察的困难。近年来,基于高分辨率的遥感应用越来越多,各种新测绘技术也逐步在工程测量上得以实际应用。通过高分辨率遥感影像解译在实际经验的总结,可以让我们更高效、更准确地获取目标地物的测量信息,以实现对遥感影像的理解,获得所需的目标地物的测量信息,这样就能在工程测量中,结合多种测量技术,高效省力地完成各项测量任务。

6.7 "空天地"一体化岸线动态监管关键技术研究

6.7.1 研究背景与思路

　　(1)研究背景

　　长江中下游干流河道岸线长达 5046km,传统的监测方法(人工巡检、定点仪器观测等)虽然可以直接对岸线信息进行高精度监测,但由于监测站点的建设、运行和维护成本较高,在宏观尺度上无法实现大面积地、密集地、均匀地布点监测,而人工巡检强度大、耗时长、效率低、信息反馈慢,因而无法大范围动态监测岸线、滩地和涉河工程的变化。监测难度极大,可以说是目前长江中下游面临的最复杂的问题之一。因此,充分发挥"空天地"一体化监测优势,全面、细致和真实地监测长江岸线,推进长江岸线"空天地"一体化动态监管,对开展长江岸线开发利用研究、进行长江岸线资源保护与可持续利用具有重要的意义。

　　利用高分影像及无人机影像,定期或不定期对长江岸线、滩地和主要涉河目标进行精准识别及提取,形成长江岸线及岸滩带管理保护现状遥感"一张图"。针对堤防、港区、险工险段等堤防岸线,构建逐季度的时序遥感数据,及时掌握河道岸线利用、涉水工程建设、岸坡守护等要素的时间和空间动态变化。选择重点岸段,对河道三维空间数据进行快速建模,实现河道的三维真实显示和对三维河流周边设施的综合管理,提升河道的精细化监管能力。同时,通过对重点河段三维精细建模关键技术的探索,为长江岸线三维建模提供技术支撑。

　　(2)研究思路

　　①完成对多源数据的采集工作。采集了所需的多源中高分辨率卫星遥感影像数据(GF-1、GF-2、GF-6、Landsat-8、Sentinel-2)、无人机 LiDAR 数据、地表实测样本数据。其中国产的高分数据是在中国资源卫星应用中心的网站上进行订购的,Landsat-8 影像是在美国

地质勘探局（USGS）官网上下载的，而 Sentinel-2 数据是在欧空局官网下载的。无人机 LiDAR 数据是长江水利委员会水文局长江下游水文水资源勘测局于 2020 年 5 月 27 日当天对于重点岸段（江心洲）完成采集的数据。

②完成对多种格式文件的转化工作。将长江水利委员会水文局长江下游水文水资源勘测局和南京市长江河道管理处提供的多种格式文件（DWG、PDF、JPG、Excel 文件）进行统一转化，以供制作"一张图"使用。

③相关数据的整合工作。将已有的基准线信息、管理范围线信息、保护范围线信息、水源地相关信息以及影像和地图信息进行整合展示，调整要素的投影、坐标系与展示形式，最终将多源数据的投影坐标系统一为 WGS_84/UTM zone 50N，并结合研究区分类结果，形成包含河道管理范围、生态保护区、岸线岸滩土地利用等要素的"一张图"。

④利用 GF-1、GF-2、GF-6、Landsat-8、Sentinel-1 等中高分辨率影像，分别对近一年内，及 2016 年 2 月、2019 年 12 月的遥感影像进行地物分类。其中近一年内的分类，主要分析岸线及岸滩区域主要涉水工程的年内变化；2016 年 2 月、2019 年 12 月的地物分类则是为了体现长江大保护前后岸线及岸滩区域主要涉水工程的变化。

⑤利用机器学习的方法得到图形分类结果，对 2016 年和 2019 年全江段土地利用类型分布，参照长江岸线利用规划标准，分为生态岸线、生产岸线、生活岸线，得到两年 3 类长江岸线分布图，主要分析了 2016 年 2 月、2019 年 12 月长江大保护前后岸线分布变化检测。本书接着将近一年全江段土地利用类型分布分为生态岸线、生产岸线、生活岸线，得到近一年逐季度的长江岸线分布图，并分析了近一年内逐季度相对于春季岸线分布变化。

⑥对预处理后的 LiDAR 数据进行分割分类，然后对稀疏建筑点云进行加密，接着对陆地以及建筑进行精细建模，之后对岸边与水下地形数据进行插值，将其中间的缝隙填补起来。

⑦在三维点云俯视图上，利用点云切面，快速勾画出建筑水平截面的轮廓线，然后利用点云建筑物高度进行拉升，构建出建筑物模型。对水下多波束数据构建 TIN，手动去除多余三角边，再利用内插算法生成格网 DEM，并对处理好的水下地形的高程进行分级显示。

6.7.2 多源数据预处理

6.7.2.1 多源矢量数据预处理及"一张图"制作流程

（1）数据格式转换

需要将多种格式的文件，统一转成 SHP 格式文件，以制作"一张图"使用。

1）DWG 文件转 SHP 文件，转换的方法步骤（图 6.7-1）

①将 DWG 图层转换成 SHP 图层；

②建立数据与图层属性结构的映射关系，创建对应的 DBF 表结构；

③利用二次开发语言编写 VBA 代码，将 DWG 图层中图元的属性数据写入对应的 DBF

格式的文件,得到图形图层对应的属性信息表;

④通过 SHP 图层和属性信息表中的公共字段 layer 将图形与属性挂接;

⑤将输出的 SHP 图层中的多余公共字段删除,再进行编辑,最后得到符合要求的 SHP 成果数据。

转换结果见图 6.7-2。

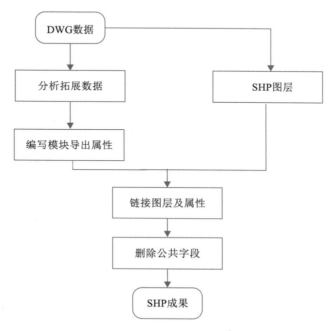

图 6.7-1 DWG 图文件转 SHP 文件流程

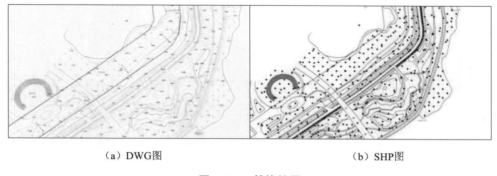

（a）DWG图 　　　　　　　　（b）SHP图

图 6.7-2 转换结果

2)PDF、JPG、Excel 文件转 SHP 文件

根据 PDF、JPG、Excel 文件描述的范围,进行数字矢量化,得到 SHP 格式的对应专题文件。

（2）数据整合

将已有的基准线信息、管理范围线信息、保护范围线信息、水源地相关信息以及影像和地图信息进行整合展示，调整要素的投影、坐标系与展示形式，形成包含河道管理范围、生态保护区、岸线岸滩土地利用等要素的"一张图"。

由于"一张图"涉及的数据格式多种多样，需要进行数据转换和整合，以保证制图数据的统一，进而制作"一张图"。

"一张图"的部分要素见图 6.7-3 至图 6.7-8。

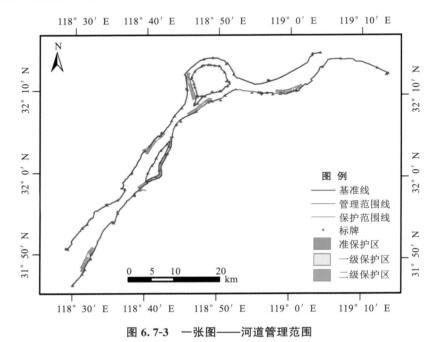

图 6.7-3　一张图——河道管理范围

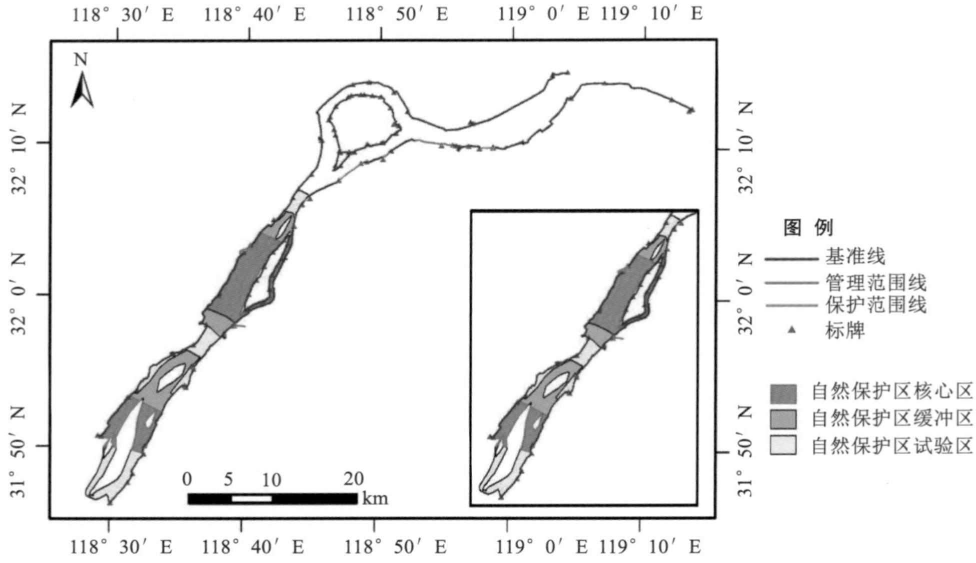

图 6.7-4　一张图——生态保护区（江豚）

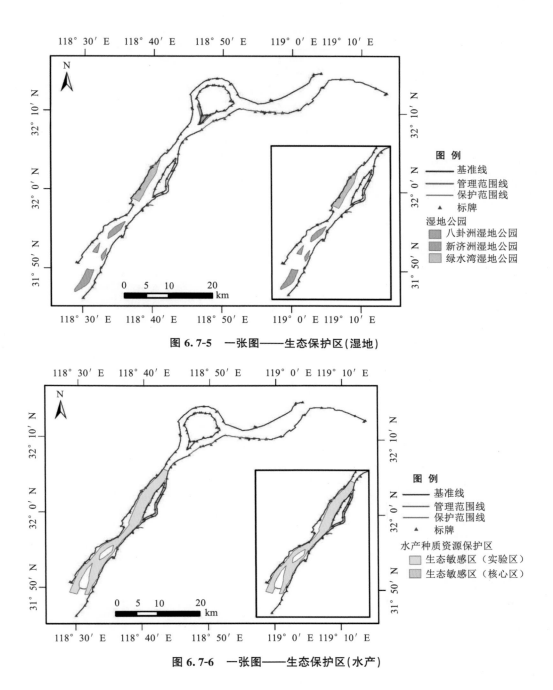

图 6.7-5 一张图——生态保护区(湿地)

图 6.7-6 一张图——生态保护区(水产)

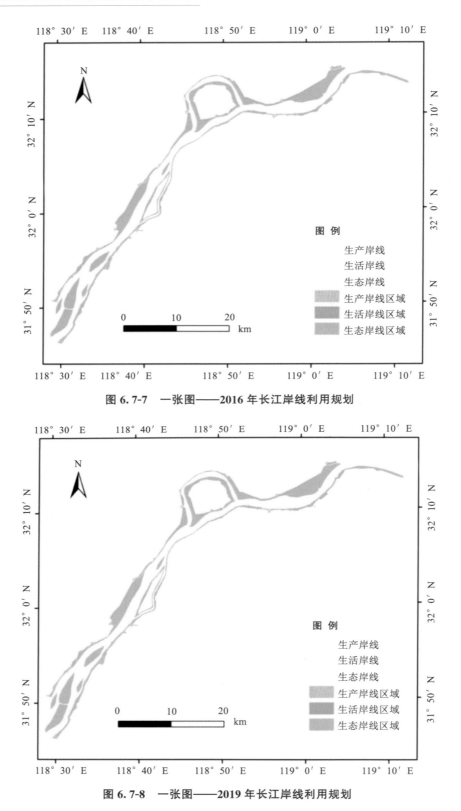

图 6.7-7　一张图——2016 年长江岸线利用规划

图 6.7-8　一张图——2019 年长江岸线利用规划

6.7.2.2　高分系列影像预处理流程

高分系列卫星分为 4 个波段的多光谱影像和单波段全色影像,在影像处理前,需要对原始影像进行检查和筛选,筛选出的数据必须符合地理国情监测中土地覆盖变化研究的需要。

首先,对影像的重叠度进行检测,查看同年份的所有影像重叠度,根据监测研究的要求尽量选择重合度在 5%~10% 的影像数据,排除无重叠的影像;其次,对影像上云雪覆盖情况进行目视判别,影像拍摄过程中偶尔还会存在云朵的影响,故要求研究的影像中云朵覆盖率小于 10%;最后,还需要对影像的质量进行粗略查看,检查影像数据是否存在噪声、黑点以及影像光谱信息的丰富度是否满足地理国情监测的条件。

在对原始影像数据进行筛选检查结束后,筛选出的影像基本为可用数据。为了提供更加精准的变化监测数据,需要对这些数据进行相应的处理,在影像处理阶段对部分影像进行试验,制定出较完善的影像处理流程。

（1）辐射定标

辐射定标是遥感信息定量化的前提,是遥感数据可靠性及可应用性的基础保障。辐射定标分为绝对定标和相对定标,相对定标又称为传感器探测元件归一化,是为了校正传感器中各个探测元件响应度差异而对卫星传感器测量到的原始亮度值进行归一化的一种处理过程。因原始影像并未做过辐射定标处理,需对多光谱影像和全色影像进行相对辐射定标处理。经过辐射定标后的影像亮度发生了变化,色调上经过辐射定标后影像对比度更强,地物辨析程度更高。通过查看波谱曲线,辐射定标后的数值主要集中在 0~10 范围内。

（2）大气校正

大气校正是遥感数据处理的重要部分,随着遥感技术的发展,利用遥感数据对土地覆盖、土地利用、气候变化等国情信息进行变化监测的要求也越来越高。电磁波透过大气层时,不仅改变了光线的方向,也会影响遥感图像的辐射特征。大气校正的目的在于通过图像处理减弱大气散射、吸收等引起的误差,使图像数据更加精确。

所用高分系列影像均进行了 FLAASH 大气校正,FLAASH 大气校正采用了 MODTRAN 4+辐射传输模型。任何有关影像标准的 MODTRAN 大气校正模型和气溶胶类型都可以直接使用。FLAASH 大气校正的优势在于:可以通过影像像素光谱上的特征来估计大气的属性,不依赖遥感成像时同步测量的大气参数数据。同时,有效去除气溶胶散射效应（水蒸气）,并基于像素级校正目标像元和邻近像元交叉辐射的"邻近效应",对由于人为抑止而导致的波谱噪声进行光谱平滑处理。

对经过辐射定标后的多光谱影像进行 FLAASH 大气校正,其成像中心点经纬度 FLAASH 自动从影像中获取,传感器高度根据规定为 645km,像元大小为 8m,成像时间需要在真实时间的基础上减去 8h 换算成 GMT 时间,大气模型和气溶胶模型可根据影像区域类别进行选择。完成设置后存储文件输出,查看大气校正前后影像对比。经过大气校正后,图像的对比度增强,同时去除了部分雾的干扰,视觉改善效果虽不显著,但像元值发生变化,校正后的水体波谱曲线更加接近真实水体波谱曲线。

（3）正射校正

遥感影像在拍摄过程中，受飞行器拍摄时的姿态、飞行速度、轨道高度以及地球自转等因素的影响，使得获取的图像相对于地面目标发生几何畸变，其表现为像元相对于地面目标的实际位置发生挤压、扭曲、拉伸和偏移等现象，通常要对这种几何畸变进行几何校正。几何校正是指通过数学模型改正和消除遥感影像成像时产生的原始图像上各地物的几何位置、形状、尺寸、方位等特征的变形。本书主要采用的是正射校正。高分一号的 L1A 级包括了 RPC 文件，在经过辐射定标、大气校正等处理后，多光谱和全色数据结果进行基于无控制点正射校正。

（4）影像融合

高分卫星数据包括多光谱影像和全色影像，通过影像融合的方式生成高分辨率多光谱影像，新生成的高分辨率影像既保留了光谱特征，又具有高空间分辨率，满足了在影像上提取足够监测信息的需要。本书使用 NNDiffuse Pan Sharpening 算法的图像融合方法。该方法融合的影像保真度较好，且操作简单，通过改变多光谱影像存储顺序可以提高融合速率。为了验证此方法的可行性，进行了试验比较，首先不改变正射校正后影像的存储顺序进行融合，大约需要 40min 完成影像融合，融合影像质量较好，轮廓色调清晰；再将同一幅经过正射校正后的多光谱影像存储为 BIP 模式后进行融合，大约需要 15min 完成影像融合，影像质量与未改变存储顺序融合的影像一致。

经融合后的影像在分辨率上明显优于融合前的多光谱影像，融合后的影像轮廓也变得更加清晰，色调明显优于融合前影像。地物特征更加鲜明，便于后期影像解译标志的建立及分类信息提取。

（5）影像镶嵌

在卫星拍摄过程中，因相机宽幅有限，数据采集区域具有一定的局限性，因此使用的原始数据必须为具有一定重叠度的影像。本书需要基于影像研究长江南京段岸线及岸滩带地物分布，为满足样本选择标准的统一性及土地覆盖变化研究的需要，对已有多景影像进行拼接。在拼接过程中部分影像背景为黑色，需要对背景值赋值为 0，从而消除在镶嵌过程中背景的影响。

（6）影像裁剪

在进行土地覆盖变化监测之前需要对研究区域影像进行裁剪，以保证数据范围一致、面积大小相等，进而保证结果的科学性和有效性。根据已有影像数据情况，在处理过程中按照长江南京段保护范围线对影像进行裁剪，获取符合监测需要的影像区域。在裁剪过程中，首先将研究区域边界矢量化，由于高分卫星影像和研究区域边界矢量图的坐标系统不一致，不能直接进行裁剪，需要先对边界矢量图进行投影转换，再根据转换后的矢量边界对影像进行裁剪,获取研究区域影像图。

图 6.7-9 为经过预处理后的长江南京段高分影像。

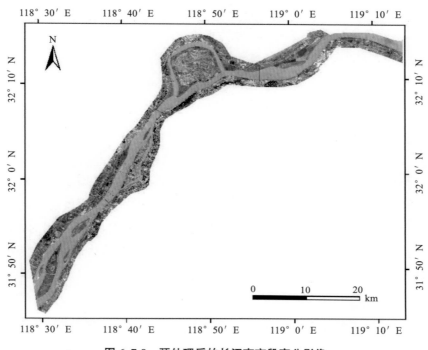

图 6.7-9　预处理后的长江南京段高分影像

6.7.2.3　Landsat-8 系列影像预处理流程

Landsat-8 数据基本能覆盖全球,行列号采用 WRS2(卫星条带号的一个参考坐标系统),下载的数据多为 L1T 数据包。

（1）辐射定标

因为 L1T 文件已经经过了带 DEM 的地形校正,所以坐标精度基本能满足中小比例尺的要求,但还未做辐射定标和大气校正,具体操作过程同高分系列影像一样。

其中需要注意辐射定标后发现只剩下 7 个波段的图像,这是因为定标过程自动剔除了无用的卷云波段(B9)和质量检查波段(BQA),而热红外的两个波段和全色波段因分辨率不同也没有参与运算。

（2）大气校正

现阶段采用较为通用的大气辐射传输模型 MODTRA 对 Landsat-8 数据进行大气校正,具体操作流程同高分数据一样。

（3）图像融合

Landsat-8 OLI 图像包含了多光谱 8 个波段,30m 空间分辨率,一个全色波段,15m 分辨率，以及热红外数据。利用 Gram-Schmidt Pan Sharpening 融合方法将 8 波段 30m 的多光谱数据和 15m 全色数据进行融合可以得到非常好的融合效果。Gram-Schmidt Pan Sharpening 融合方法对于 Landsat-8 影像是融合效果最好的方法，其他方法的融合结果显示辐射校正影像的颜色失真严重，所以采用该方法进行图像融合。

6.7.2.4　Sentinel-2 影像预处理

由于目前国内用户仅能下载 Level-1C 数据，2A 级产品要用户自己进行处理生产。由于哨兵二号影像波段空间分辨率不统一，因此先将哨兵二号影像波段分辨率重采样为 10m。

6.7.3　分类精度评价

精度评价是分类结果与已知属性的训练样本间的对比，是评估遥感分类准确性的方式，在遥感自动分类中避免不了误差，精度评价能够对分类工作的好坏优劣进行评价，所以在遥感分类中精度评价是必不可少的环节之一。现阶段相关研究中，普遍使用的方法是基于混淆矩阵建立的各项统计参数的位置精度评价，主要的统计参数有生产者精度、用户精度、总体分类精度、Kappa 系数等。每个评价指标的定义如下：

（1）生产者精度

生产者精度是指假定真实地表为 A 类，分类结果也是 A 类的概率，即参考地表数据中被正确分类的百分比，计算公式为：

$$P_{ij} = \frac{P_{ii}}{P_{i+}} \times 100\% \tag{6.7-1}$$

（2）用户精度

假定分类结果类别为 A 类，相应真实地表类别也是 A 类的概率，即表示一个被分类的对象能够真实代表这一类的概率，计算公式为：

$$P_{ji} = \frac{P_{ii}}{P_{+i}} \times 100\% \tag{6.7-2}$$

（3）总体分类精度

总体分类精度表示实际值和正确分类值的接近程度，也就是分类的准确度。可以表示为：总体分类精度＝像元总数/总像元数。其中，像元总数是指所有被正确分类的像元数。总像元数是指所有参与分类的像元数，计算公式为：

$$P = \frac{\sum_{i=1}^{n} P_{ii}}{N} \times 100\% \tag{6.7-3}$$

（4）Kappa 系数

由混淆矩阵间的相互运算而产生一个分类精度统计值，范围在 0～1 之间，是在生产者精度和用户精度结合的基础上提出的一个综合指标。表示采用这种分类方法与随机地将每个对象分配到任意一个类中相比好多少,计算公式为:

$$Kappa = \frac{N \sum_{i=1}^{r} P_{ii} - \sum_{i=1}^{r} (P_{ih} P_{il})}{N^2 - \sum_{i=1}^{r} (P_{ih} P_{il})}$$

(6.7-4)

式中,r——类别总数;

P_{ii}——混淆矩阵中第 i 行、i 列的值,即被正确分类的像元数;

P_{i+} 和 P_{+i}——i 行和 i 列上值的总和(即每种类型选取的检测样本总数和实际被分为该种类型检测样本的总数);

P_{ih}——第 i 行总像元数量;

P_{il}——第 j 列总像元数量;

N——所有检测样本数的总和。

基于原始样本集建立两年分类结果的混淆矩阵进行分类精度验证,结果表明 2016 年分类总体精度为 88.25%,Kappa 系数为 0.76;2019 年分类总体精度为 90.51%,Kappa 系数为 0.80。为了检验该方法提取精度比较高,本次还采用最大似然法这种传统的监督分类方法来提取土地利用类型作为对比分析。最大似然法是基于概率建立判别规则,即先计算每个像元属于某一类别的概率,然后将该像元归于概率最大的一类中,这种方法在土地利用分类提取方面也得到了广泛的应用,得到表 6.7-1 和表 6.7-2 精度评价对比表。

表 6.7-1　　　　2016 年随机森林法与最大似然法提取精度评价对比

类别	随机森林	最大似然
生产者精度/%	91.89	91.88
用户精度/%	71.44	60.68
总体精度/%	88.25	73.83
Kappa 系数	0.76	0.50

表 6.7-2　　　　2019 年随机森林法与最大似然法提取精度评价对比

类别	随机森林	最大似然
生产者精度/%	94.75	83.44
用户精度/%	73.18	66.71
总体精度/%	90.51	76.00
Kappa 系数	0.80	0.64

总体来说,该方法提取效果明显优于最大似然法。该方法可以将道路、桥梁以及田埂的

轮廓提取得很清晰，而最大似然法整体的轮廓非常模糊，尤其是密集房屋之间的轮廓混淆得非常严重，这样不仅影响了提取精度，同时房屋建筑之间的植被提取效果也受到了严重的影响。最明显的差距是裸土信息的提取，由于该方法中加入了区分裸土信息的参数，因此提取结果中建筑与裸土可以很好地区分开来，而最大似然法则将二者混淆，基本没有区分，严重影响了提取精度。

6.7.4　关键技术及成果

6.7.4.1　岸线及岸滩区域主要涉水工程分布

　　基于上述分析，本书将采用多参数随机森林法进行长江南京段岸线及岸滩带地物分类，参照地理国情检测云平台土地利用分类一级分类标准，结合遥感影像的目视解译以及实地考察，将研究区域的类型划分为城乡工矿居民用地、绿地、水域、裸地共4种。针对每种地物选取具有光谱代表性的地物样本用于分类模型的构建和精度验证。

　　南京长江沿线流域面积较大，在整个研究区内要充分选择样本，每一块流域的样本要确保包含每个地物类别信息，选择的训练样本与验证样本并不是越多越好，样本越多会造成随机森林分类结果地物混淆严重，同时也会造成随机森林分类过程缓慢，分类精度过低。而样本数过少，便会出现部分区域没有参与分类。因此，在随机森林分类过程中需要不断地对训练样本与验证样本进行修正，使得训练与验证样本既能代表地物特征又不至于使样本选择过多，样本的空间分布见图6.7-10。

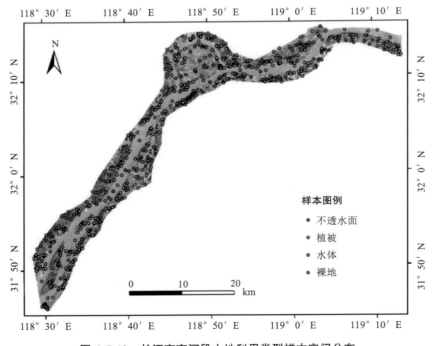

图 6.7-10　长江南京河段土地利用类型样本空间分布

由于 2016 年、2019 年两年南京长江沿线地物变化程度不是十分明显,因此选择一景影像进行样本选择即可,但在选取样本的过程中要保证样本选择区域在 2016—2019 年没有发生变化。本书选择 2019 年影像进行样本选取,城乡工矿居民用地样本主要为城乡建筑以及公路,考虑到 2016—2019 年地物类型发生变化,因此需避开可能发生变化的地物,以免影响分类精度,于是城乡工矿居民用地样本中少部分为工矿用地,港口码头几乎没有。将所选样本集划分为 70% 的模型训练样本集和 30% 的独立验证样本集。最终共选择样本 636 个,其中训练样本 445 个,验证样本共选择 191 个,并保证样本点在研究区内均匀分布,土地利用类型样本统计见表 6.7-3。

表 6.7-3   南京长江沿线土地利用类型样本统计   (单位:个)

类别	城乡工矿居民用地	绿地	水域	裸地	总数
训练	171	129	76	69	445
验证	73	55	33	30	191
总数	244	184	109	99	636

基于训练样本集构建多参数随机森林法分类模型用于地物分类,同时基于独立验证样本集构建混淆矩阵对分类结果进行精度评价,技术路线见图 6.7-11。

(1)改进的归一化差异水体指数

由于水体和植被在不同波段的反射率不同,利用绿光波段除以近红外波段的比值运算构建的归一化水体指数(NDWI)就有利于抑制植被信息,增强水体信息,NDWI 的公式如下:

$$\text{NDWI} = \frac{(\text{Green} - \text{NIR})}{(\text{Green} + \text{NIR})} \tag{6.7-5}$$

式中,Green——绿光波段;

    NIR——近红外波段。

由于房屋建筑在绿光和近红外波段的光谱特性与水体几乎一致,在绿光的反射率高于近红外波段,有的还具有较大反差,因此提取水体会存在较大噪声。然而构建 NDWI 指数时却只考虑了植被对水体的影响,忽略了房屋建筑。显然,用 NDWI 提取有较多房屋背景的水体,如城市中的水体信息,将不会达到满意的效果。然而,水体在短波红外波段的反射率持续降低,因此将近红外波段替换为短波红外波段后得出的指数使水体与建筑物的反差明显增强,极大地降低了二者的混淆,减少了背景噪声,从而有利于水体信息的提取。因此本书将使用归一化差异水体指数(MNDWI)来提取城市中的水体信息,MNDWI 的计算公式如下:

$$\text{MNDWI} = \frac{(\text{Green} - \text{SWIR}_1)}{(\text{Green} + \text{SWIR}_1)} \tag{6.7-6}$$

式中,SWIR_1——短波红外波段。

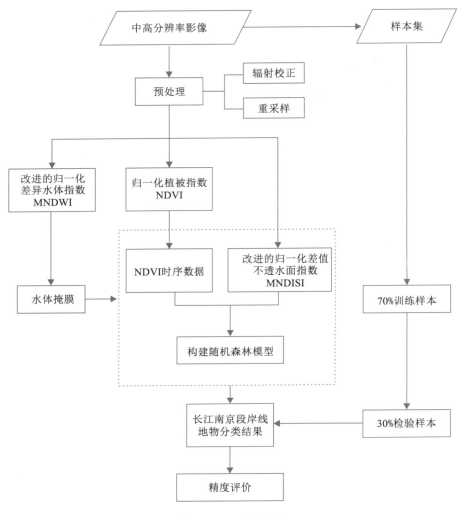

图 6.7-11　技术路线

（2）归一化植被指数

归一化植被指数（Normalized Difference Vegetation Index，NDVI）常常作为特征参数来评估地表植被的生长情况，也较为广泛地应用于提取植被信息。NDVI 表达了红波段（植物吸收强烈）与近红外波段（植被反射强烈）之间的关系，其计算公式为：

$$\mathrm{NDVI} = \frac{(\mathrm{NIR} - \mathrm{Red})}{(\mathrm{NIR} + \mathrm{Red})} \tag{6.7-7}$$

式中，NIR——近红外波段；

Red——红光波段。

由于 NDVI 能够很好地反映植被的覆盖状况，因此本书将 NDVI 作为南京长江沿线绿地覆盖状况的主要特征参数。利用 2016 年 7 月 1 日至 2017 年 1 月 1 日以及 2019 年 7 月 1

日至 2020 年 1 月 1 日两个时间段内所有去云后的高分数据作为辅助数据并计算所有影像的 NDVI 值,根据影像的获取时间对 NDVI 数据进行时间排序。与此同时,对排好序的 NDVI 时间序列,计算两个时间段内所有 NDVI 的平均值,并将得到的结果作为一个特征波段,即得到 NDVI 时序数据。

(3)改进的归一化差值不透水面指数

由于城乡工矿居民用地与裸土在可见光波段光谱特征相似,但在近红外、短波红外波段光谱特征差异明显,因此裸土的反射率普遍高于不透水表面。而利用归一化差值型指数模型,则可以在二者差值的比值运算的基础上创建一种适应性较强的改进型归一化差值不透水表面指数 MNDISI(Modified Form of Normalized Difference Impervious Surface Index),更大程度地突出不透水表面。其表达式为:

$$\text{MNDISI} = \frac{(\text{NIR} + \text{SWIR}_1 + \text{SWIR}_2) - (\text{Blue} + \text{Green} + \text{Red})}{(\text{NIR} + \text{SWIR}_1 + \text{SWIR}_2) + (\text{Blue} + \text{Green} + \text{Red})} \tag{6.7-8}$$

式中,NIR、SWIR_1 和 SWIR_2——影像的近红外、短波红外 1、2 波段。

该指数具有归一化指数的特征,即指数值在 $-1\sim1$,被增强的信息值大于零,受抑制的信息值小于等于零,这就有利于被增强的信息的快速自动提取。

(4)随机森林法

随机森林法是由 Leo Breiman 与 Adele Cutler 于 2001 年提出的一种集成学习方法,由众多决策树构成,每棵树单独完成分类运算后,最终得出的分类结果将由各个决策树的分类结果投票而确定。随机森林作为一种有效的机器学习方法,对于分析分类回归等问题有着独特的优势。

1)决策树原理

决策树是一种运用统计概率分析的图法,是附加概率结果的一个树状的决策图。它的学习算法是从根节点开始执行,将所有训练与预测的数据均放在根节点上,选择一个最优特征,按照最优特征将训练与预测数据集分割成各个子集,使得每个子集有一个在当前条件下最好的分类。如果这些子集基本可以被正确分类,那么构建决策树的叶节点时,将这些子集一一分到所对应的叶节点中去,如果有部分子集还不能够正确地被分类,那么需要对这些不能被正确分类的子集选择新的最优特征,继续分割,直至所有训练与预测的数据子集均可以被正确地分类,或者没有合适的特征为止。每个子集都被分到相对应的叶节点上,这样就构建了一棵新的决策树。决策树输出结果具有较易理解、实现较为简单、可以处理不相关特征数据、计算复杂度不高、对中间值的缺失不敏感等优点。

决策树有很多的算法,比如 ID3,C4.5,C5.0 等,这些算法中的每个内部节点均选择分类效果最好的属性来分裂节点,采用自上而下的贪婪算法。在决策树生成算法中,信息增益被用来给出最优分割的标准。另外一种最优分割标准是基尼不纯度(Gini Impurity)。信息熵增益，是度量样本集合纯度最常用的一种指标，知道如何计算信息增益，就可以计算根据每个特征划分数据集获得的信息增益，最优的特征获得的信息熵最高。另外一种基尼系数，基尼系数的值越小，该训练样本分割所产生的决策树分枝越能代表不同类别之间的差异，从而降低了错误分类的概率。

①信息熵增益。

在决策树构建时，假设在训练样本数据集 N 中，含有 s 种类别的数据，按照给定的训练样本数据集以选择某个特征值作为构建决策树的节点。在给定的训练样本数据集中，可以计算出该训练样本数据集的信息熵，公式如下：

$$\text{Info}(N) = -\sum_{i=1}^{s} P_i \log_2(P_i)$$ (6.7-9)

式中，N——训练样本数据集；

s——数据类别数；

P_i——类别 i 样本数量占总样本的比例。

对应数据集 N，选择特征 B 作为决策树的判断节点，则特征 B 作用后的信息熵为 Info (N)，计算公式如下：

$$\text{Info}_B(N) = -\sum_{j=1}^{k} \frac{|N_j|}{|N|} \times \text{Info}(N_j)$$ (6.7-10)

式中，k——样本 N 被分为 k 个部分。

信息增益是数据集 N 在特征 B 的作用后，其信息熵减少的值。公式如下：

$$\text{Gain}(B) = \text{Info}(N) - \text{Info}_B(N)$$ (6.7-11)

Gain(B)值最大的特征就是决策树节点最优的特征选择。

②基尼系数。

基尼系数是另一种数据不纯度的度量方法，其公式为：

$$\text{Gini}(N) = 1 - \sum_{i}^{s} P_i^{2}$$ (6.7-12)

式中，s——训练数据集中类别的数量；

P_i——类别 i 样本数量占总样本的比例。

通过上述公式可以看出，当数据集 N 只有一种数据类型时，基尼系数的值为 0。当训练数据集中数据类别混合的程度越高，基尼系数也就越高。假设选取的属性为 B，那么分裂后的数据集 N 的基尼系数的计算公式为：

$$\text{Gini}_B(N) = \sum_{j=1}^{k} \frac{|N_j|}{|N|} \times \text{Gini}(N_j)$$ (6.7-13)

式中，k——样本 N 被分为 k 个部分，数据集 N 分裂成为 k 个 N_j 数据集。

由上述公式可知，决策树分裂的结果与基尼系数的大小成反比，基尼系数的值越小，则说明训练样本子集中，样本的类别越相似，也就是说，该训练样本分割所产生的决策树分枝越能代表不同类别之间的差异,从而降低了错误分类的概率。因此,在利用基尼系数评价分割效果的时候,应该选择分割具有最小 GsplitTini 的分割方式时对应的特征。

2)集成学习

集成学习的一般结构是:用某种策略将产生的一组个体分类器结合起来。个体分类器的分类精度往往不高,构建的模型容易出现过拟合,使得分类器的稳定性较差,泛化能力较弱。集成学习可以将单个个体分类器聚集起来,通过对每个个体分类器的分类结果进行组合,决定待分类样本的最终类别。集成学习可以有效地提高学习系统的泛化性,与单个分类器相比集成学习构建的分类模型具有更好的稳健性。目前最常见的集成学习分类器包括 Boosting 和 Bagging。

Boosting 是将弱学习器提升为强学习器的算法。这一算法的工作机制都是类似的:首先是在初始训练集训练出单个学习器,然后根据单个个体学习器的表现对训练样本数据分布进行调整,通过调整后的训练样本分布来训练和预测下一个个体学习器;依次重复进行,直到单个学习器数目达到事先预定的值,最后将这些单个学习器进行结合。Boosting 算法要求单个学习器对特定的数据分布进行学习,在每一轮学习中,根据训练样本分布对训练集重新进行采样,再用新的样本集对单个学习器进行训练。

Bagging 自助采样法(Bootstrap Sampling)是 Leo Breiman 在 1996 年提出的通过组合随机生成的训练集而改进分类的集成算法。Bagging 的基本流程是:给定含有 n 个样本的训练数据集,随机取出一个样本放入采样集中,再将随机取出的该样本放回原始数据集中,使得下次采样时随机取出的该样本仍有可能被选中,经过 n 次随机采样操作,可以得到含 n 个样本的采样集。从而在自助采样法中可以采样出 D 个含 n 个训练样本的采样集,再基于各个采样集训练出单个学习器,再将这些单个学习器进行集成。Bagging 的自助采样法优点是:由于单个个体学习器仅选用了原始训练集中的 2/3 的训练样本,剩下的约 1/3 的样本可作为验证样本对泛化性能进行"袋外估计"。

6.7.4.2 随机森林法原理与性质

(1)随机森林法原理

随机森林法是由多棵分类决策树组合构成的一种新型机器学习算法。诸多领域研究所验证,随机森林比单棵的决策树更稳健,泛化性能更好,在分类中,它结合了 Bagging 和随机选择特征变量等方法的特点。随机森林算法的基本原理是构建一个集成模型,该模型可表示为一个包含 K 个决策树的集合,其中 K 为随机森林所包含的不同随机化决策树的个数,进行集成学习后得到的一个组合分类器。当输入待分类的训练样本时,随机森林分类器输出的分类结果则由每个决策树的分类结果简单投票所决定(图 6.7-12)。

随机森林的实现过程是通过 Bootstrap 自助重采样技术,从初始训练样本集 N 中有放回地随机重复抽取 d 个样本生成新的 Bootstrap 样本集,每个训练样本集的大小约为原始训练样本集的 2/3，然后根据自助样本集构建分类回归树，生成若干 CART 分类树组成的随机森林，在每棵树生长的过程中，特征选择采用随机的方法从全部 M 个特征变量中抽选 m 个作为预测变量，其中主要是选择足够的预测变量，预测变量具有提供充足预测能力的最低相关性，Breiman 建议设定随机特征变量的个数 m 等于特征变量的总数 M 的平方根，再构建随机森林模型可以得到最优的结果。

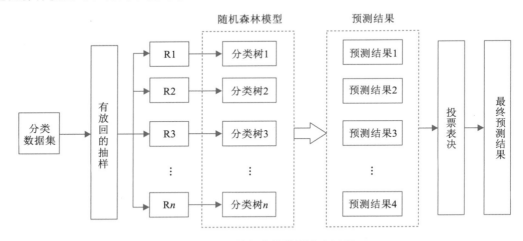

图 6.7-12　随机森林模型建立过程

（2）随机森林收敛性

随机森林的收敛性与 Bagging 相似，当只包含一个个体学习器的时候，随机森林中个体学习器泛化性能及稳健性能较差，但是随着个体学习器数目的不断增加，随机森林的泛化误差会收敛到最低。

当给定一组分类模型，每个分类模型的训练集都是从原始数据集随机抽样所得，由此可以得到其余量函数（Margin Function）的公式为：

$$mg(X,Y)=avkI(hk(X))=Y-\max j\neq kavkI(hk(X)=j) \tag{6.7-14}$$

余量函数是用来测量平均正确分类数超过平均错误分类数的程度。余量值越大，分类的预测结果就越可靠。

外推误差（泛化误差）公式可写成：

$$PE*=PX,Y(mg(X,Y))<0 \tag{6.7-15}$$

进而证明，随着分类树的增加，所有序列几乎处处收敛于

$$PXY(P\theta(h(X,\theta)=Y)-\max j\neq YP\theta(h(X,\theta)=j)<0 \tag{6.7-16}$$

说明随机森林法随着决策树的增加不会出现过度拟合的问题，同时能保证随机森林分类的精度，但要注意的是可能会产生一定限度内的泛化误差。

（3）随机森林袋外估计

随机森林是 Bagging 的一个扩展变体。用 Bagging 方法生成训练数据集，原始训练集

N 中每个样本未被抽取的概率约为 37%，这些未被抽取的样本称为袋外（Out-of-Bag，OOB）数据，使用这些数据来估计模型的性能称为 OOB 估计。OOB 袋外数据可用来估计 RF 的单棵 CART 树的分类强度及其相关性，从而将随机森林的无偏估计计算出来。Breiman 证明，OOB 误差是无偏估计，在选择 OOB 数据估计组合分类器的泛化误差时，可以在构建各分类树的同时计算出 OOB 误差率，最终仅增加少量的计算就可以得到。相对于用交叉验证估计组合分类器的泛化误差，OOB 估计的精度与运算效率是最优的。

（4）随机森林随机性

随机森林的随机性体现在以下几个方面。

①训练每棵分类树时，从所有的训练样本中随机选取一个子集进行训练，用剩余的 37% 的数据进行评测，评估其泛化误差。

②随机选择子样本时，在面对部分数据有些变动时其稳健性较好，进而提高随机森林的分类精度。

③随机森林法可以随机选择 m 个特征变量，在每个树节点分裂时，从随机的 m 个特征变量中选择最优的特征变量，使得每棵分类树之间的相关性降低，减少泛化误差。

（5）随机森林特征重要性估计

随机森林法的一大特点是可以对输入的特征变量进行重要性估计，而重要性估计是在袋外数据误差分析的基础上做出的。如前所述，可以知道随机森林法是一种基于 Bagging 的集成学习分类器，而 Bagging 集成中的每一个新训练集都是通过 Bagging 随机重复得到，那些没有被抽取到的数据成为袋外数据。袋外数据误差估计作为泛化误差的无偏估计，每棵树是用原始数据中的一个不同的 bootstrap 样本集构建的。要构建第 k 棵决策树时，大约有 1/3 的样本不会被选入该 bootstrap 样本集中，即成为所谓的"袋外"样本。在所有树构建完毕后，对于每个样本 n，统计它作为袋外数据被各个决策树分类的次数，并记录其中被分类次数最多的类别 d（假设为真实的类别标签）。然后，计算样本 n 实际类别与分类次数最多的类别 d 之间的差异，若两都不一致，则样本 n 被错误分类；累计所有样本 n 被错误分类的次数并除以总袋外样本个数，得到的比例就是样本 n 对应的袋外误差估计值。最后，通过所有袋外样本的平均袋外误差估计值，可以得到整个模型的袋外误差估计。

以袋外数据误差估计为基础可以估算单个特征的重要性，其主要思想是当一个被研究的特征被随机取值的噪声取代后，随机森林泛化误差增大的幅度可以表征此特征的重要性。随机森林法利用 OOB 误差计算特征变量重要性：第一步计算袋外数据计算随机森林中每个分类树的袋外误差；其次随机改变袋外数据第 X^j 个特征变量的值，并计算新的袋外误差；最后变量的重要性 $V(X^j)$ 的公式可表示为：

$$V(X^j) = \frac{1}{N} \sum_{t=1}^{N} (e_t^j - e_t) \tag{6.7-17}$$

随机特征变量选取的优点在于：可以提高模型预测精度，引入随机性，减小相关系数而保持强度不变。

（6）随机森林优点

相比传统基于数理统计的分类方法，随机森林的优势体现在以下几个方面。

①在当前很多数据集上，随机森林相对其他算法如决策树、人工神经网络、支持向量机等有着很大的优势，表现良好。

②它能够处理很多高维度的数据。

③在建立随机森林模型时，随机森林袋外估计对泛化误差使用的是无偏估计，使得模型泛化能力强。

④训练与预测速度快，分类精度较高。

⑤在训练过程中，可以对特征变量进行重要性估计。

⑥实现比较简单。

⑦对于不平衡的数据集来说，它可以平衡误差。

⑧如果在分类过程中有缺失的数据，仍可以维持准确度，模型适应性较强。

6.7.4.3 岸线及岸滩区域主要涉水工程动态监测

本书所提出的变化检测新方法，其整体实现流程见图 6.7-13。主要包括 3 个步骤：①首先从预处理后的前后两时相影像上分别提取光谱特征和 LBP 纹理特征，然后考虑邻域像元计算差分特征影像图，并将该结果作为变化检测的输入特征影像；②将前后两时相的影像进行叠合，基于多尺度分割原理，结合分割评价准则设计最佳的分割尺度参数实现影像分割，并将分割结果作为变化检测的输入对象；③在差分特征影像上，根据对象与像元的空间包含关系计算对象的分类特征参数，采用自适应样本方式选择训练样本，并基于随机森林模型构建变化检测模型，最后利用变化检测模型获得变化检测结果。

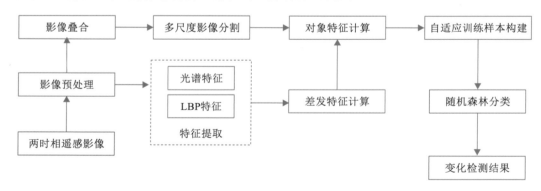

图 6.7-13　变化检测技术路线

（1）影像预处理

光谱信息的一致性和位置信息的匹配程度是影响变化检测效果的关键因素，因此在进行变化检测分析前,需要对遥感影像做适量的预处理工作,使得同一区域内的未变化地物的光谱信息尽可能接近,而变化地物的光谱信息则差异明显。本书的遥感影像预处理措施主要包括影像配准和相对辐射校正,经过二阶多项式模型的全局校正后,影像间的全局配准误差约为 2 个像素。

(2)光谱差分特征

一般而言,不同的地物一般具有不同的光谱响应特征。反映在遥感影像上就是不同地物在同一波段的反射率信息存在差异,因此波段的反射率特征可以直接作为区分地物差异的光谱特征参数。假设 x_1 和 x_2 分别代表 T_1 时相和 T_2 时相上的同一位置像元,对应的光谱特征向量分别表示为 $x_1=(x_1^1,x_1^2,\cdots,x_1^n)$ 和 $x_2=(x_2^1,x_2^2,\cdots,x_2^n)$,其中 n 为遥感影像的波段数,x_i^k 表示第 i 时相的第 k 波段的像元值。则 T_1 到 T_2 时相的变化矢量见式(6.7-18)和式(6.7-19)。

$$x_d=x_2-x_1=(x_2^1-x_1^1,x_2^2-x_1^2,\cdots,x_2^n-x_1^n) \tag{6.7-18}$$

$$x_w=\parallel x_d \parallel = \parallel x_2-x_1 \parallel \tag{6.7-19}$$

式中,x_d——变化矢量的方向,标识变化的类型信息;

x_w——变化矢量的大小,标识变化的幅度信息。

通过逐像元的计算差值,便可得到光谱差分特征影像。如果 $x_w \geqslant \delta x_w > \delta$($\delta$ 为变化阈值),这说明像元 x_1 和 x_2 发生了变化,否则没有发生变化。

现有的对象级变化矢量分析方法针对中低空间分辨率的遥感影像分析效果比较好,但对于高分辨率影像而言,由于空间分辨率较高,即便是非常小的配准误差也可能带来目标错位,导致两幅影像上的相同位置像元所对应的区域发生错位(图 6.7-14)。为了尽可能减少影像配准误差所带来的错位影响,在计算差分特征时,本书将当前位置的邻域像元也一并纳入考虑。通常来说,越是相似的地物其对应的光谱差异应该越小。基于这样的假设,本书适当扩大当前像元的搜索范围,使用一个 w 大小的移动窗口(窗口应略大于局部配准误差大小)将邻域像元也加入搜索域内进行查找匹配,然后按照下述步骤计算差分影像。首先在 T_2 时相影像上寻找匹配于 T_1 时相影像的像元进行差分影像计算;接着在 T_1 时相影像上寻找匹配于 T_2 时相影像的像元进行差分影像计算,如式(6.7-20)和式(6.7-21)所示。

$$x_d^1(i,j)=\min_{p\in[i-w,i+w],q\in[j-w,j+w]}\{\parallel x_2(i,j)-x_1(p,q) \parallel\} \tag{6.7-20}$$

$$x_d^2(i,j)=\min_{p\in[i-w,i+w],q\in[j-w,j+w]}\{\parallel x_1(i,j)-x_2(p,q) \parallel\} \tag{6.7-21}$$

最后对每个像元取两者差分影像的最小值作为取值生成最终的差分影像,如式(6.7-22)所示。

$$\min(i,j)=\begin{cases} x_d^1(i,j),x_d^2(i,j)\geqslant x_d^1(i,j) \\ x_d^2(i,j),x_d^2(i,j)<x_d^1(i,j) \end{cases} \tag{6.7-22}$$

 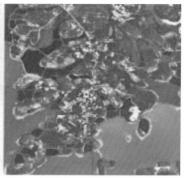

（a）影像配准前　　　　　　　　　　（b）影像配准后

图 6.7-14　配准误差引起的区域错位

（3）LBP 纹理差分特征

LBP(Local Binary Patterns)是一种纹理描述算子,考虑一幅影像上的某像素点以及以该像素点为中心的八邻域,见图 6.7-15(a)。以中心像素点的灰度值作为阈值,如果邻域点的值大于等于中心值,则该邻域像素记为 1,反之则记为 0,见图 6.7-15(b)。假定以中心点的左边像素为起始点,按逆时针方向顺次读取标记便会得到一个二进制序列,按位加权转换为十进制数,该值即为中心点的 LBP 值,其值在 0～255 范围内。

为适应不同尺寸和频率的纹理特征需要,本书将正方形邻域拓展为圆形邻域(图 6.7-16)。圆形半径 R 以像素为单位,在圆上均匀地选取 P 个点作为采样点,每个采样点的灰度值可以通过周围像元的双线性插值计算得到。同时,将每个采样点都作为起始点计算一次中心点的 LBP 值,再取这 P 个 LBP 值中的最小值作为当前中心点的 LBP 值。这种形式的 LBP 纹理算子具有灰度不变性和旋转不变性的优点,不易受光照条件变化的影响,而且计算复杂度低,在纹理分析方面用途非常广泛。本书取 $P=8$、$R=2$ 的圆形邻域结构计算影像的 LBP 特征,接着,采用类似于光谱差分特征图的计算方法,i 计算对应的 LBP 差分特征图。

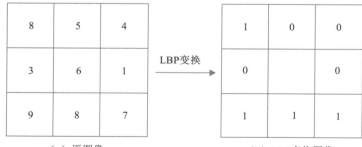

（a）原图像　　　　　　　　　　　　（b）LBP变换图像

$$LBP=(01110001)_2=(113)_{10}$$

图 6.7- 15　LBP 特征

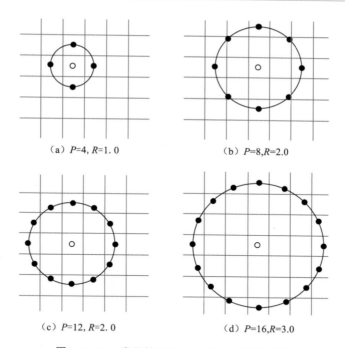

(a) $P=4, R=1.0$　　　　(b) $P=8, R=2.0$

(c) $P=12, R=2.0$　　　　(d) $P=16, R=3.0$

图 6.7-16　常见的用于 LBP 的圆形领域结构

（4）影像叠合

考虑到如果单独对两个时相的影像分别进行面向对象分析,则独立分析后的影像对象边界可能会不一致,导致前后两时相的影像对象比较存在难度,也不利于对象的差分特征计算。因此本书在变化检测过程中,将前后两个时相的影像波段叠合在一起形成一幅综合的影像,在此基础上采用统一的分析方法对叠合影像进行处理,使得影像对象之间保持空间对应关系。叠合过程中需要注意,两幅影像的空间范围要保持一致,并且影像的像元大小相匹配。

（5）多尺度影像分割

影像分割是基于一定的分割原则,将影像分解成一系列空间邻近且光谱相似的同质性区域,这些同质性区域即为影像对象,它们是后续变化信息提取的基本单元。本书基于异质性最小的原则对像素区域执行自底向上的合并策略实现影像分割,其中影响分割效果的关键参数是分割尺度。分割尺度的不同,生成的影像对象的数量和大小也不同:分割尺度过小,虽然能突出地物的细节特征,但会导致影像对象破碎,对象的整体结构遭到破坏;分割尺度过大,则会导致细节信息丢失,生成的影像对象内部混合像元较多。本书采用对象的灰度局部方差表示对象内部的同质性,利用 Moran'sI 指数表示对象之间的异质性,计算公式见式(6.7-23)和式(6.7-24)。

$$HI_s = \frac{\sum_{i=1}^{N} a_i \sigma_i}{\sum_{i=1}^{N} a_i} \qquad (6.7\text{-}23)$$

式中，HI——同质性指数；

　　　s——分割尺度；

　　　N——分割后的对象总数；

　　　a_i——第 i 个对象的面积大小（像素个数）；

　　　σ_i——第 i 个对象的灰度标准差。

HI 指数越大，对象内部的同质性越高，反之亦然。

$$MI_s = \frac{N\{\sum\limits_{i=1}^{N}\sum\limits_{j=1}^{N,j\neq i} w_{ij}(x_i-\bar{x})(x_j-\bar{x})\}}{(\sum\limits_{i=1}^{N}\sum\limits_{j=1}^{N,j\neq i} w_{ij})\sum\limits_{i=1}^{N}(x_i-\bar{x})^2} \tag{6.7-24}$$

式中，MI——异质性指数；

　　　x_i——第 i 个对象的灰度均值；

　　　$\bar{x}$——整个图像的灰度均值；

　　　N——分割后的对象总数；

　　　w_{ij}——第 i 个对象与第 j 个对象是否邻近，如果两对象具有公共边界，则其值为 1，否则为 0。

MI 的值越小，说明对象之间的相关性越低，分割边界越清晰。因此，基于对象的同质性指数和异质性指数构建如式（6.7-25）所示的综合评价函数。

$$F_s(HI,MI) = (1-w)F_s(HI) + wF_s(WI) \tag{6.7-25}$$

式中，$F_s(HI)$——同质性评价指数；

　　　$F_s(MI)$——异质性评价指数；

　　　w——异质性权重因子，其值在 0～1 范围内，研究中认为同质性和异质性两者重要性相当，因此权重取 0.5。

在进行综合评价之前，需要对这两个指数进行归一化处理，以消除数量级的主导影响，计算方法见式（6.7-26）和式（6.7-27）。

$$F_s(HI) = \frac{HI_{max} - HI_s}{HI_{max} - HI_{min}} \tag{6.7-26}$$

$$F_s(MI) = \frac{MI_{max} - MI_s}{MI_{max} - MI_{min}} \tag{6.7-27}$$

根据上述判别准则，计算分割尺度 s 在某个范围内的所有取值，当取得最大值时，其对应的分割尺度 s 就是最优分割尺度。

（6）基于随机森林对象的变化检测

随机森林法是 Breiman 提出的一种采用决策树作为机器学习的集成学习算法，通过对各个决策树的预测值进行平均或者投票，得到最终的预测结果，具有良好的抗噪声和泛化能力。该算法实现变化检测的过程见图 6.7-17，主要包含训练和预测两个阶段：在训练阶段，首先从标记变化状态的样本中基于 Bagging 抽样技术产生 T 个自助样本集,再对每个自助样本集构建一棵决策树,每棵决策树由节点、分支和叶节点 3 个部分组成。节点包括根节点和内节点两类。决策树的根节点存储的是自助样本数据,从根节点开始按照最小不纯度原则选择特征变量进行分裂生长,生成内节点。节点的不纯度可用基尼系数进行度量,其定义如下,若当前节点的样本数据中变化与未变化的样本比例分别为 p 和 q,则该节点基尼系数 G 计算见式(6.7-28):

$$G = 1 - p^2 - q^2 \tag{6.7-28}$$

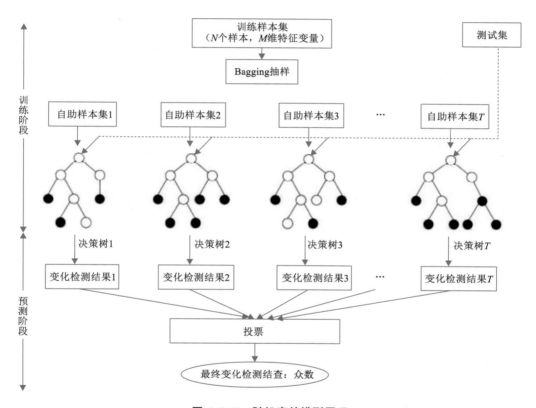

图 6.7-17 随机森林模型原理

从根节点开始分裂生长,选择能使当前节点分裂前后的基尼系数下降量达到最大的特征变量进行分裂生长,产生新的子节点,如此递归的执行特征变量的选择和节点的分裂生长,直至决策树达到最大深度或者每个叶节点的样本数达到预设下限,从而完成随机森林模型的构建。在预测阶段,每棵决策树都对当前未知状态样本进行一次投票,最后按照众数原则确定未知样本的变化状态。

6.7.5 应用案例

变化监测的重要要素见图 6.7-18 至图 6.7-22。

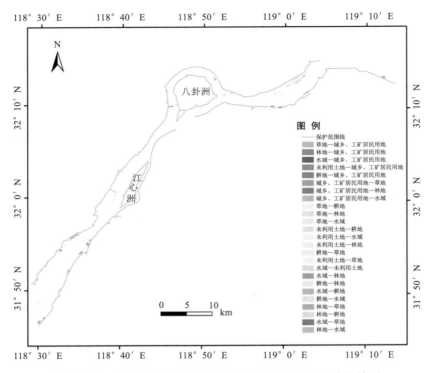

图 6.7-18　2016—2019 年全江段岸线及岸滩涉水工程变化检测

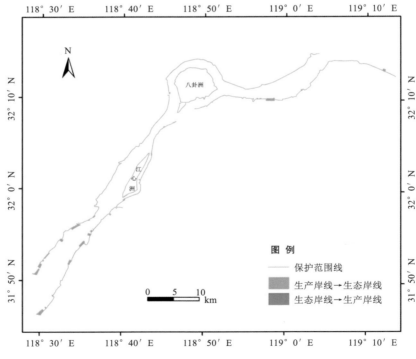

图 6.7-19　全江段 2016—2019 年岸线规划分布变化结果

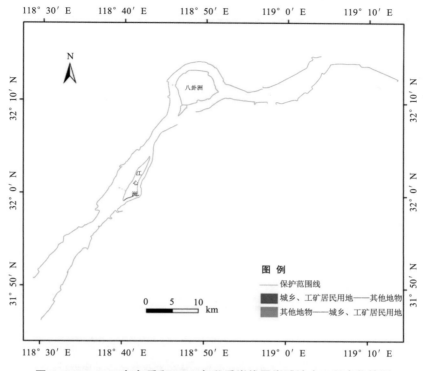

图 6.7-20 2019 年冬季和 2019 年秋季岸线及岸滩涉水工程变化检测

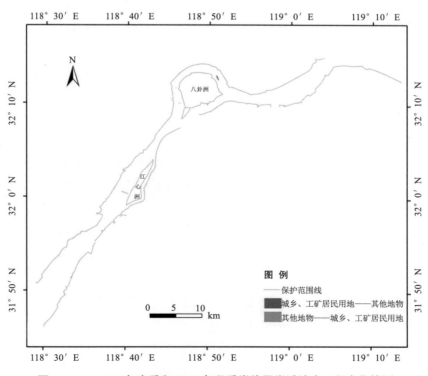

图 6.7-21 2020 年春季和 2019 年秋季岸线及岸滩涉水工程变化检测

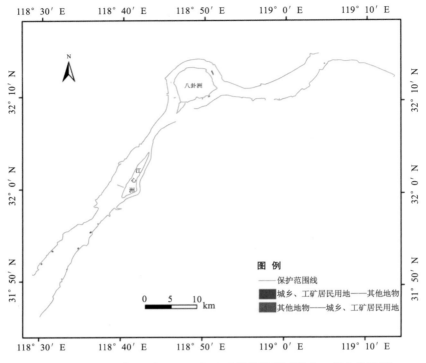

图 6.7-22　2020 年夏季和 2019 年秋季岸线及岸滩涉水工程变化检测

6.8　小结

　　针对现有河道水体表面边界测量方法以及关于内陆河道水体表面边界提取现有研究的不足，长江水利委员会水文局先后开展了固定、车载机载船载三维激光扫描仪、遥感影像、低空 LiDAR 点云的水边线提取等研究，但碍于现场可操作性、测量精度以及生产安全等原因，不能在河道水体表面边界测量生产中得到广泛应用。基于民用船载雷达施测水边线的方法利用雷达结合 GNSS 罗经获取水体表面边界图像，并通过影像滤波、边缘提取等方法获取水体表面边界，计算其实际位置，实现了水体表面边界的快速、高精度获取；时序多基线影像获取水边界技术利用普通数码相机摄影的方式，经畸变矫正和特征匹配等影像处理流程，并通过相对定向和绝对定向将其纳入地理坐标系统，实现了水体表面边界的立体、自动化提取，在此基础上进行了民用船载雷达快速采集生成水边界成果和利用相机时序多基线影像处理水边界施测成果的验证，并研究开发了相应的技术和软件产品。

　　近年来，随着小型无人机低空摄影测量在地形测量上的普及应用，低空摄影测量监测河道水体表面形态曲折边界具有高精度和高效连续的优势，但与水下地形同步监测还需要对方案进一步进行研究。